基于PLC控制的传动系统

基于PLC的智能群控电梯

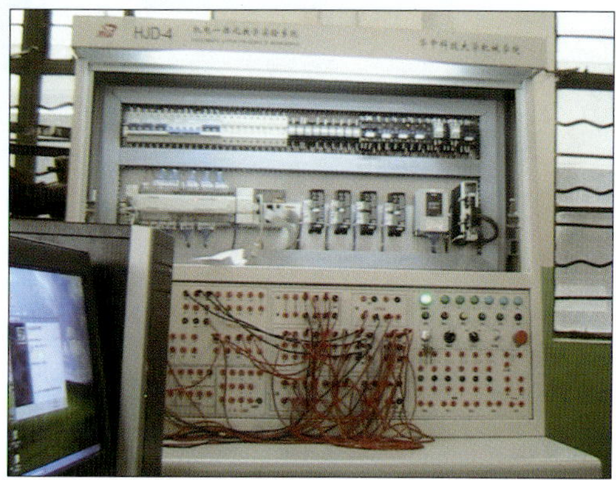
基于PLC控制的传动系统

PLC与编程器的电缆连接

可编程控制器用于电梯控制的教学实验模型

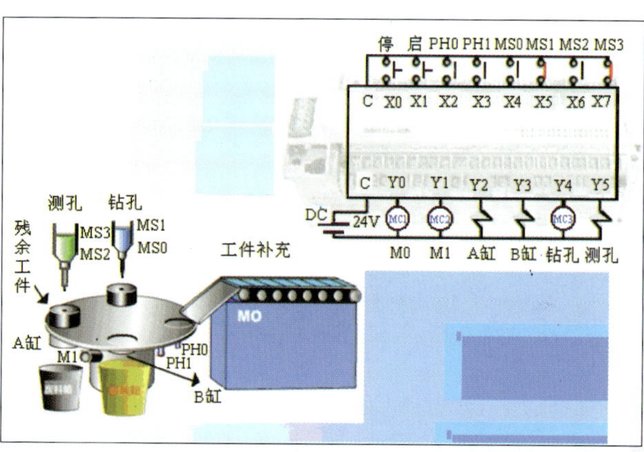

基于PLC控制的自动送料加工系统

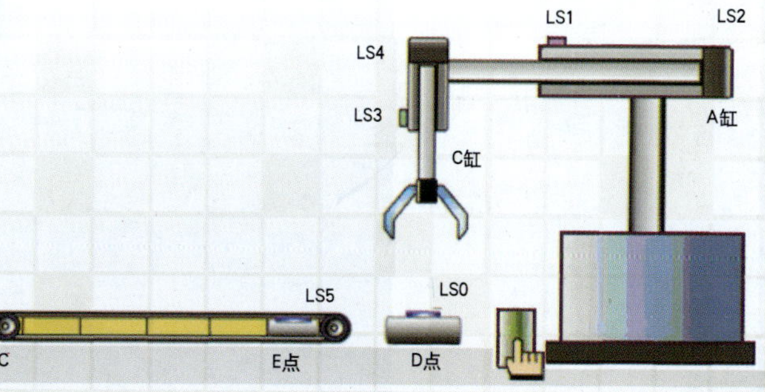

基于PLC控制的搬运机械手系统

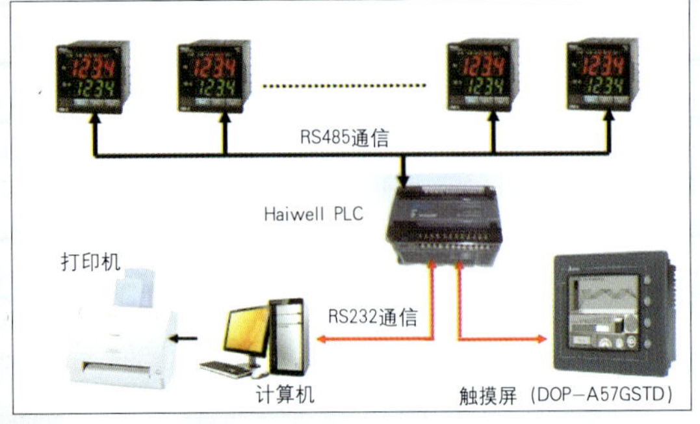

PLC主机与触摸屏、变频器的连接用于速度同步控制

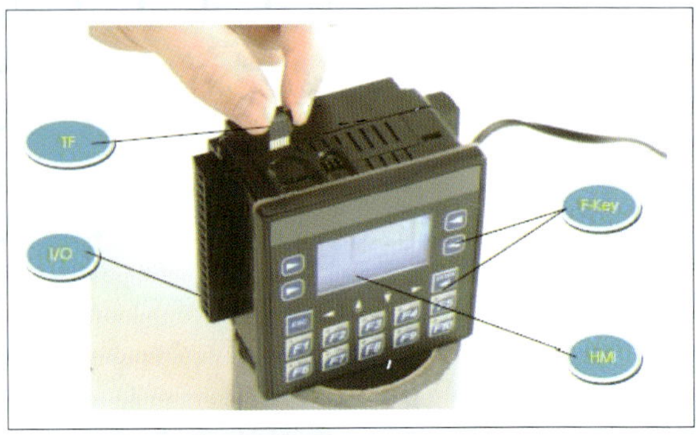

一体化控制器（OCS）的构成

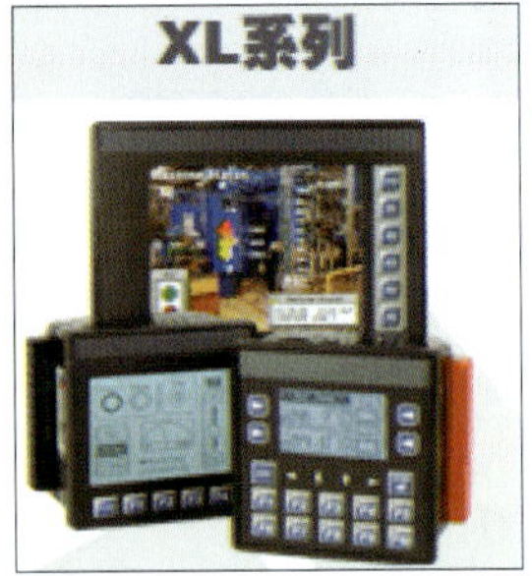

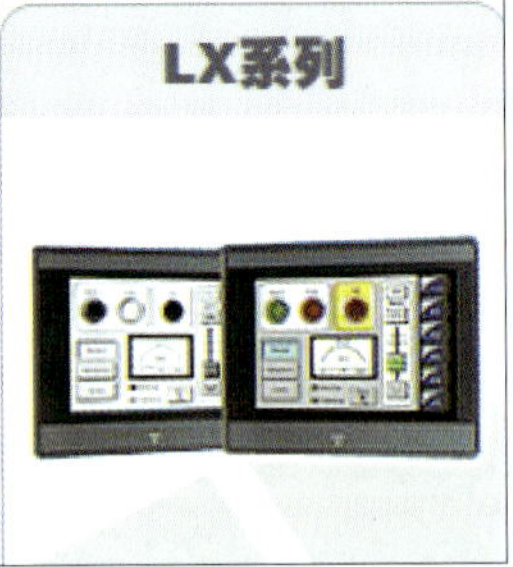

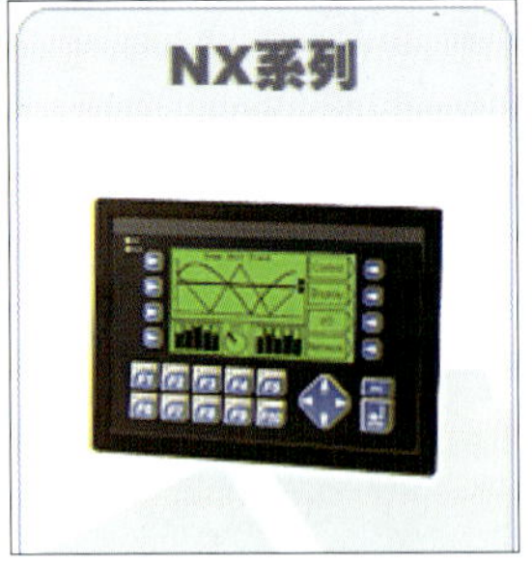

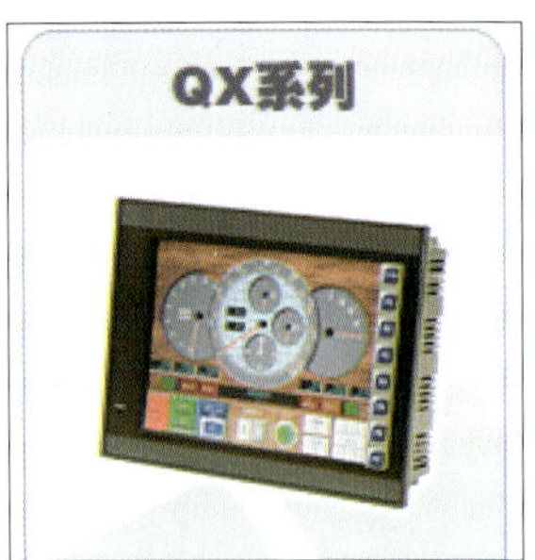

集PLC控制器、人机界面HMI、输入/输出点和网络于一体的一体化控制器（OCS）

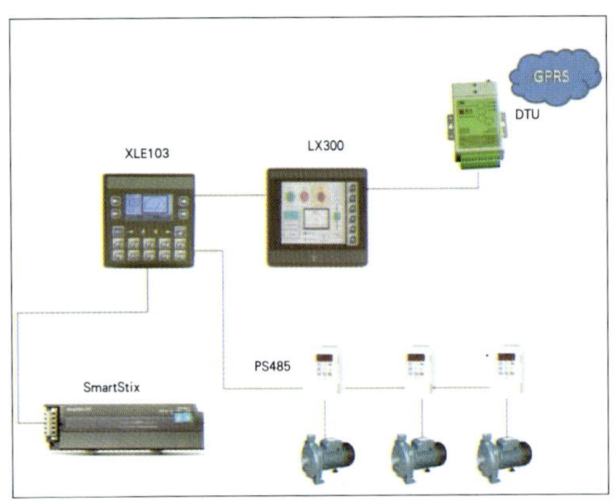

一体化控制器（OCS）用于换热站的配置图

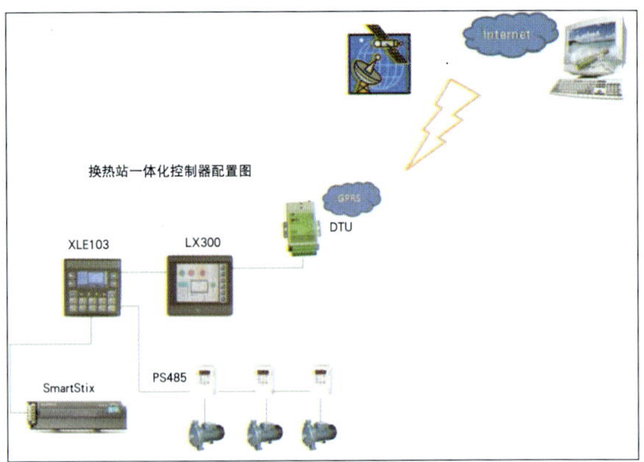

一体化控制器（OCS）用于换热站时，PLC和上位机的通信

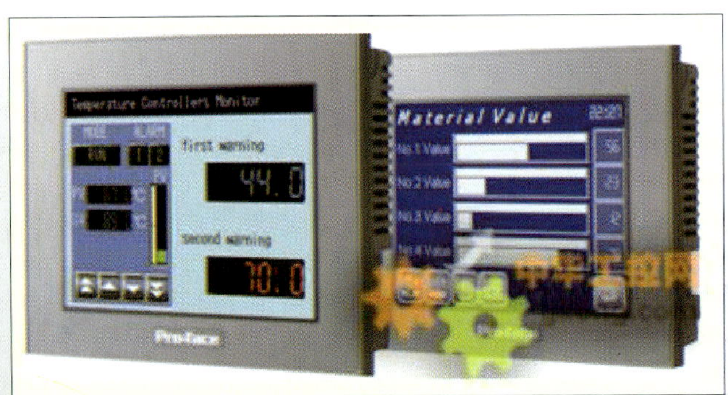

人机界面

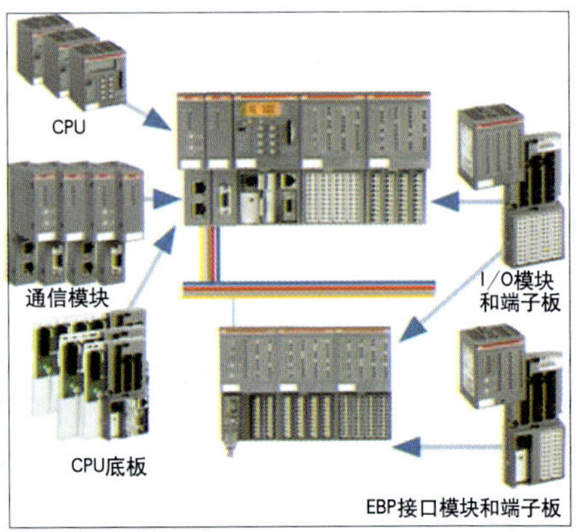

PLC主机与专用模块的配置

全国高等院校测控技术与仪器专业创新型人才培养规划教材

可编程控制器原理与应用

(第2版)

主　编　赵　燕　周新建
副主编　麦云飞　阮祥发
参　编　杨福合　余先涛　陈　娟
主　审　江征风

北京大学出版社
PEKING UNIVERSITY PRESS

内 容 简 介

本书以我国目前应用最为广泛的高性能小型可编程控制器(简称 PLC)为基础，系统地阐述了可编程控制器系统的构造、工作原理以及 PLC 应用系统的硬件和软件设计、系统以及 PLC 控制系统从设计、安装和维护方法，并对 PLC 的组网技术进行了详细介绍。本书内容新颖，深入浅出，语言通俗易懂，注重理论联系实际，通过实例详细介绍了 PLC 在不同行业中的具体应用。在编写形式上，注重理论与实践的结合，不但在各章节适时插入实例，使读者加深理解和掌握具体内容，而且以 PLC 控制系统的解决方案作为第 7 章的内容，以便于读者参考，以提高其综合应用可编程控制器的能力。

本书可作为高等院校机电一体化专业、自动化专业、电气技术专业及其他相关专业的教材，也可作为广大工程技术人员的参考用书。

图书在版编目(CIP)数据

可编程控制器原理与应用/赵燕，周新建主编. —2 版. —北京：北京大学出版社，2010.3

(全国高等院校测控技术与仪器专业创新型人才培养规划教材)

ISBN 978-7-301-16922-3

Ⅰ. 可…　Ⅱ. ①赵…②周…　Ⅲ. 可编程序控制器—高等学校—教材　Ⅳ. TP332.3

中国版本图书馆 CIP 数据核字(2010)第 020132 号

书　　名：可编程控制器原理与应用(第 2 版)

著作责任者：赵　燕　周新建　主编

责 任 编 辑：郭穗娟

标 准 书 号：ISBN 978-7-301-16922-3/TH・0179

出　版　者：北京大学出版社

地　　址：北京市海淀区成府路 205 号　100871

网　　址：http://www.pup.cn　http://www.pup6.cn

电　　话：邮购部 62752015　发行部 62750672　编辑部 62750667　出版部 62754962

电 子 邮 箱：pup_6@163.com

印　刷　者：北京鑫海金澳胶印有限公司

发　行　者：北京大学出版社

经　销　者：新华书店

787mm×1092mm　16 开本　印张 19.5　彩插 1　447 千字

2006 年 8 月第 1 版　2010 年 3 月第 2 版　2016 年 8 月第 4 次印刷

定　　价：33.00 元

第 2 版前言

本书于 2006 年 8 月第 1 次出版以来，经过全国多所高校和大量读者的使用，编者获得了许多宝贵的经验和意见。为此，编者对第 1 版的部分章节的内容进行了调整和补充，主要是对第 2、3、4 章进行了较大的修改。将原来第 3 章的“FX_{2N}的系统特点及配置”归到第 2 章中，并增加了“存储式控制系统与编程式控制系统”的内容，使第 2 章内容更具系统性。将第 3 章改为“可编程控制器程序设计基础”，增加了“PLC 的编程语言”和“可编程控制器与微型计算机及继电器控制的区别”的内容。此外，还对第 1 版中存在的某些疏漏和印刷错误做了更正。

赵燕、周新建担任本书的主编，麦云飞、阮祥发担任副主编，杨福合、余先涛、陈娟参加编写。具体分工为：第 1 章及附录由安徽科技学院的陈娟编写；第 2、第 9 章由武汉理工大学的赵燕编写；第 3、第 8 章由中北大学的杨福合编写；第 4、第 5 章和第 7 章的第 3、第 4 节由武汉理工大学的阮祥发编写；第 6 章由武汉理工大学的余先涛编写；第 7 章的第 1、第 2 节及第 11 章由上海理工大学的麦云飞编写；第 10 章由华东交通大学的周新建编写。由赵燕负责本书的组织、修改和统稿。

本书部分内容参考了相关企业的最新产品资料和兄弟院校同行作者的有关文献，在此对书中所列参考文献、引用的相关教材与资料的作(译)者和出版单位一并表示感谢！

因编者水平有限，书中难免有疏漏之处，恳请读者批评指正。

编　者

2010 年 1 月

第 1 版前言

可编程控制器(PLC)是一种数字式运算操作的电子系统，专为在工业环境下应用而设计。它采用可编程的存储器，用来在其内部存储执行逻辑运算、顺序控制定时、计数和算术运算等操作的指令，并通过数字式、模拟式的输出，控制各种类型的机械或生产过程。可编程控制器以其简单易懂、操作方便、可靠性高、通用灵活、体积小、使用寿命长等一系列优点，在汽车、钢铁、航空航天、船舶、化工、纺织、食品、造纸、军工等工业领域获得了广泛的应用。

本书以目前市场上具有广泛影响的主流机型 FX_{2N} 为主要对象，详细介绍了 PLC 的工作原理、软硬件构成、指令系统和通信应用等相关知识。在选材上本书特别注意从应用角度出发，以大量的编程方法和 PLC 的工程应用实例贯穿全书，以帮助读者更快地理解和掌握 PLC 技术及使用方法。同时还以专门的篇幅采用对比的方法介绍了与 FX_{2N} 系列相似的西门子公司的 S7-200 和欧姆龙公司的 C 系列 PLC，以方便读者全面掌握不同厂家的 PLC 系统。在编写风格上遵循由浅入深、循序渐进的认识规律，便于读者自学。

赵燕、周新建担任本书的主编，麦云飞、阮祥发担任副主编，杨福合、余先涛、陈娟参加编写。具体分工为：第 1、第 2 章及附录由安徽科技学院的陈娟编写；第 3、第 8 章由中北大学的杨福合编写；第 4、第 5 章和第 7 章的第 3、第 4 节由武汉理工大学的阮祥发编写；第 6 章由武汉理工大学的余先涛编写；第 7 章的第 1、第 2 节及第 11 章由上海理工大学的麦云飞编写；第 9 章由武汉理工大学的赵燕编写；第 10 章由华东交通大学的周新建编写。其中赵燕负责了全书的组织、修改和统稿。

武汉理工大学的江征风教授担任本书的主审，他仔细审阅了全部书稿，提出了许多宝贵的意见和建议，在此表示诚挚的谢意！书中部分章节还参考了三菱公司最新技术资料和同行作者的有关文献，在此对书中所参考和引用的相关教材与资料的作者、译者和单位一并表示感谢！

因编者水平有限，书中难免有疏漏之处，恳请读者批评指正。

编　者

2006 年 9 月

目　录

第 1 章

可编程控制器(PLC)概论

教学提示

可编程控制器(Programmable Logic Controller，PLC)是以微处理器为核心，综合计算机技术、自动控制技术和通信技术发展起来的一种新型工业自动控制装置。随着大规模、超大规模集成电路技术和数字通信技术的进步和发展，PLC 技术不断提高，在工业生产中获得了极其广泛的应用。

教学要求

本章要求学生了解 PLC 及其控制系统的基本知识，重点了解 PLC 的技术特点、类型以及发展概况。

1.1 PLC 定义及特点

PLC 是在继电器控制技术、计算机技术和现代通信技术的基础上逐步发展起来的一项先进的控制技术。在现代工业发展中，PLC 技术、CAD/CAM 技术和机器人技术并称为现代工业自动化的三大支柱。它主要以微处理器为核心，用编写的程序进行逻辑控制、定时、计数和算术运算等，并通过数字量和模拟量的输入/输出(I/O)来控制各种生产过程。

1.1.1 PLC 的产生及定义

20 世纪 60 年代以前，用以对工业生产进行自动控制的装置是继电器-接触器控制系统。这种系统存在一些缺陷，如系统的能耗较多；工艺流程的更新需要大量的人力物力；因系统要通过各种硬件接线的逻辑控制来实现运行，导致机械触点较多，系统运行的可靠性较差等。到了 60 年代以后，美国汽车制造业为适应市场需求不断更新汽车型号，要求及时改变相应的加工生产线。而汽车生产流水线基本上都采用传统的继电器-接触器控制，所以就必须重新设计和配置整个系统。汽车生产流水线的更换越来越频繁，原有的继电器-接触器控制系统就需要经常重新设计安装，这不但造成了极大的浪费，而且新系统的接线也非常费时，从而延长了汽车的设计生产周期。在这种情况下，采用传统的继电器-接触器控制就显出许多不足。

1968 年美国 General Motors(GM)公司首次公开招标，要求制造商为其装配线提供一种新型的通用程序控制器，并提出了著名的 10 项招标指标，即著名的“GM 十条”：

(1) 编程简单，可在现场修改程序。

(2) 系统的维护方便，采用插件式结构。

(3) 体积小于继电器控制柜。

(4) 可靠性高于继电器控制柜。

(5) 成本较低，在市场上可以与继电器控制柜竞争。

(6) 可将数据直接送入计算机。

(7) 可直接用交流 115V 输入(注：美国电网电压是 110V)。

(8) 输出采用交流 115V，可以直接驱动电磁阀、交流接触器等。

(9) 通用性强，扩展方便。

(10) 程序可以存储，存储器容量可以扩展到 4KB。

如果说电子技术和电器控制技术是可编程逻辑控制器出现的物质基础，“GM 十条”就是可编程逻辑控制器出现的技术基础，也是当今 PLC 的最基本功能。

1969 年美国数字设备公司(DEC)根据这 10 项技术指标的要求研制出了第 1 台可编程逻辑控制器——PDP-14，并成功地应用在 GM 公司的生产线上。第 1 台 PLC 采用计算机的初级语言编写应用程序，其 CPU 采用中、小规模集成电路组成，以逻辑运算为主，它实质上是一台专用的逻辑控制计算机。1971 年，日本引进了这项技术，并开始生产自己的 PLC。1973 年，欧洲一些国家也生产出自己的 PLC。1974 年，我国开始了 PLC 技术的研究，并在 1977 年研制出第一台具有实用价值的 PLC。

在这一时期，PLC 主要用于顺序控制。随着半导体技术，尤其是微型计算机技术的发展，到了 20 世纪 70 年代中期以后，PLC 广泛采用微处理器作为中央处理器，并且在外围的输入/输出(I/O)电路中逐渐使用了大规模和超大规模的集成电路，这时的 PLC 已经不仅仅具有逻辑判断功能，还同时具有数据处理、PID 调节和通信联网功能。虽然美国电气制造商协会(NEMA)将其正式命名为可编程控制器(Programmable Controller，PC)，但由于近年来 PC 又可表示为个人计算机(Personal Computer)，为了加以区别，人们常把可编程控制器称为 PLC。

1987 年国际电工委员会(IEC)颁布的“可编程控制器标准草案”中对 PLC 作了如下的定义：“可编程控制器是一种数字运算操作的电子系统，专为在工业环境下应用而设计。它采用了可编程序的存储器，用来在其内部存储程序、执行逻辑运算、顺序控制、定时、计数与算术操作等，并通过数字式和模拟式的输入和输出，控制各种类型的机械或生产过程。可编程控制器及其有关外围设备，都应按易于与工业控制系统联成一个整体，易于扩充其功能的原则设计。”

PLC 发展至今大体经历了三个主要阶段：

(1) 从 20 世纪 60 年代 PLC 产生到 70 年代，占支配地位的 PLC 技术是处在序列发生器状态机(sequencer state machines)和基于 CPU 的位片(bit-slice)技术之间。AMD 2901 和 2903 在施奈德公司的 Modicon 和 Rockwel(公司的)A-B PLC 中非常流行。传统的微处理器主要用于小型的 PLC，但缺乏快速处理的能力。PLC 的主要功能基本局限在逻辑控制阶段，各个生产公司都是以单机为主发展硬件技术，为各类继电器-接触器控制系统设计开发各种基本型号和具有基本逻辑控制功能的 PLC。

(2) 1973 年，PLC 具备了通信能力，PLC 之间可以进行相互对话，使得它们可以远离工业控制现场。PLC 之间也可以发送和接收各种电平，从而进入模拟控制的世界。但由于缺乏统一的标准，使得协议和物理网络均无法兼容，在某种程度上影响了 PLC 的通信联网能力。到了 80 年代末期，随着工业电器自动化程度的不断提高，在开发研制 PLC 单机功能的同时，还着重加强了软件技术的开发，提高 PLC 的联网和通信功能，并且许多公司还加强了特殊功能模块的研制。

(3) 20 世纪 90 年代以来，由于大规模和超大规模集成电路等微电子技术的迅速发展，同时为了适应计算机集成制造系统(CIMS)和现代网络技术，PLC 由单 CPU 转向多 CPU，16 位和 32 位微处理器被大量应用于 PLC 中，使其运算速度、通信联网、图像显示和数据处理功能都大大增强。同时随着通信联网技术的发展，新通信协议不断产生。最新的标准(IEC 1131-3)已经尽量将 PLC 编程语言融合为一个国际标准。现在，我们可以同时使用功能模块图(function block diagram)、指令表(instruction list)、梯形图(ladder diagram)和结构化文本(structured text)等对 PLC 进行编程。在现代工业控制系统中，PLC 已经真正成为具有逻辑控制、过程控制、运动控制、数据处理和联网通信等功能的多功能控制器。

1.1.2 PLC 的特点

PLC 技术的高速发展，除了得益于工业自动化的客观需求外，还因为它具有许多独特的优点。PLC 是传统的继电器技术和现代的计算机技术相结合的产物。而在工业控制方面，PLC 还具有继电器控制或计算机控制无法比拟的优点。

1. 可靠性高，抗干扰能力强

可靠性高、抗干扰能力强是PLC最重要的特点之一。这主要是由于它采用了一系列特有的硬件和软件措施。

(1) 硬件方面：在输入/输出(I/O)通道采用光电隔离，有效抑制外部干扰源对PLC的影响；在设计中采用滤波器等电路增强PLC对电噪声、电源波动、振动、电磁波等的干扰，确保PLC在高温、高湿以及空气中存有各种强腐蚀物质粒子的恶劣工业环境下能稳定地工作；对中央处理器(Central Processing Unit，CPU)等重要部件采用具有良好的导电、导磁材料进行屏蔽，以减少电磁干扰。

(2) 软件方面：PLC的监控定时器可用于监视执行用户程序的专用运算处理器的延迟，保证在程序出错和程序调试时，避免因程序错误而出现死循环；当CPU、电池、输入/输出接口、通信等出现异常时，PLC的自诊断功能可以检测到这些错误，并采取相应的措施，以防止故障扩大；停电时，后备电池会正常工作。

2. 应用灵活，编程方便

PLC的方便灵活性主要体现在以下两个方面。

(1) 编程的灵活性：PLC采用与实际电路非常接近的梯形图方式编程，广大电气技术人员非常熟悉，易于掌握，易于推广。对于企业中一般的电气技术人员和技术工人，也可以很容易地学会程序设计。这种面向生产、面向用户的编程方式，与常用的计算机语言相比更易于接受，故梯形图被称为面向“蓝领的编程语言”，PLC也被称为“蓝领计算机”。

(2) 扩展的灵活性：它可以根据应用的规模进行容量、功能和应用范围的扩展，甚至可以通过与集散控制系统(DCS)或其他上位机的通信来扩展功能，并与外围设备进行数据的交换。

3. 易于安装、调试、维修

PLC用软件功能取代了继电器-接触器控制系统中大量的中间继电器、时间继电器、计数器等器件，大大减少了控制设备外部的接线。在安装时，由于PLC的I/O接口已经做好，因此可以直接和外围设备相连，而不再需要专用的接口电路，所以硬件安装上的工作量大幅减少。用户程序可以在实验室进行模拟调试，调试完成后再进行生产现场联机调试，使控制系统设计及建造的周期大为缩短。

PLC还能够通过各种方式直观地反映控制系统的运行状态，如内部工作状态、通信状态、I/O状态和电源状态等，非常有利于维护人员对系统的工作状态进行监视。另外，PLC的模块化结构可以使维护人员很方便地检查、更换故障模块，当控制功能改变时能及时更改系统的结构和配置。而且各种模块上均有运行状态和故障状态指示灯，便于用户了解运行情况和查找故障。如果其中某个模块发生故障，用户可通过更换模块的办法，使系统迅速恢复运行。有些PLC(如奥地利贝加莱公司的产品)还允许带电插拔I/O模块。

4. 功能完善，适用性强

PLC发展至今，已形成了大、中、小各种规模的系列化产品，可用于各种规模的工业控制场合。PLC除了具有逻辑运算、算术运算、数制转换以及顺序控制功能外，还具备模拟运算、显示、监控、打印及报表生成等功能，可用于各种数字控制领域。此外，PLC还具有较完善的自诊断、自测试功能。

近年来PLC的功能单元大量涌现，使PLC渗透到了位置控制、温度控制、CNC等各种工业控制中。由于PLC通信功能的增强及人机界面技术的发展，使用PLC组成各种自动控制系统变得非常容易。

PLC还具有强大的网络功能。它所具有的通信联网功能，使相同或不同厂家和类型的PLC可进行联网，并与上位机通信，构成分布式控制系统。使其不仅能做到远程控制、进行PLC内部或与上位机进行通信，还具备专线上网、无线上网等功能。这样PLC就可以组成远程控制网络。

5. 体积小，能耗低

PLC内部电路主要采用微电子技术设计，因此具有体积小、质量轻的特点。这些特点使其很容易装入机械结构内部，组成机电一体化的设备。

1.1.3 PLC的分类

PLC产品种类繁多，其规格和性能也各不相同。对PLC的分类可以根据结构、功能的差异等进行大致分类。

1. 按I/O点数分类

PLC按其I/O点数多少一般可分为以下4类。

1) 微型PLC

I/O点数小于64点的PLC为超小型或微型PLC。

2) 小型PLC

I/O点数为256点以下，用户程序存储容量小于8KB的为小型PLC。它可以连接开关量和模拟量I/O模块以及其他各种特殊功能模块，能执行包括逻辑运算、计时、计数、算术运算、数据处理和传送、通信联网等功能。如西门子公司的S7-200PLC，三菱公司的F1、F2和FX0系列PLC都属于小型机。

3) 中型PLC

I/O点数在512～2048点之间的为中型PLC。它除了具有小型机所能实现的功能外，还具有更强大的通信联网功能、更丰富的指令系统、更大的内存容量和更快的扫描速度。如西门子公司的S7-300PLC、三菱公司的A1S 系列PLC都属于中型机。

(4) 大型PLC

I/O点数为2048点以上的为大型PLC。它具有极强的软件和硬件功能、自诊断功能、通信联网功能，它可以构成三级通信网，实现工厂生产管理自动化。另外，大型PLC还可以采用3个CPU构成表决式系统，使机器具有更高的可靠性。如西门子公司的S7-400系列PLC、三菱公司的A3M、A3N系列PLC都属于大型机。

2. 按结构分类

PLC按其结构可分为整体式、模块式及叠装式3种。

1) 整体式PLC

将CPU、I/O单元、电源、通信等部件集成到一个机壳内的称为整体式PLC。整体式PLC由不同I/O点数的基本单元(又称主机)和扩展单元组成。基本单元内有CPU、I/O接口、与I/O扩展单元相连的扩展口以及与编程器相连的接口。扩展单元内只有I/O接口和电源等，没有 CPU。基本单元和扩展单元之间一般用扁平电缆连接。它还配备特殊功能单元，如模拟量单元、位置控制单元等，使其功能得以扩展。整体式 PLC 一般都是小型机。

2) 模块式 PLC

模块式 PLC 是将 PLC 的每个工作单元都制成独立的模块，如 CPU 模块、I/O 模块、电源模块(有的含在 CPU 模块中)以及各种功能模块。模块式 PLC 由母板(或框架)以及各种模块组成。把这些模块按控制系统需要选取后，安插到母板上，就构成了一个完整的 PLC 系统。这种模块式 PLC 的特点是配置灵活，可根据需要选配不同规模的系统，而且装配方便，便于扩展和维修。大、中型 PLC 一般采用模块式结构。例如，西门子公司的 S7-300 系列、S7-400 系列 PLC 都采用模块式结构形式。

3) 叠装式 PLC

将整体式和模块式的特点结合起来，构成所谓的叠装式 PLC。叠装式 PLC 将 CPU 模块、电源模块、通信模块和一定数量的 I/O 单元集成到一个机壳内，如果集成的 I/O 模块不够使用，可以进行模块扩展。其 CPU、电源、I/O 接口等也是各自独立的模块，但它们之间要靠电缆进行连接，并且各模块可以一层层地叠装。叠装式 PLC 集整体式 PLC 与模块式 PLC 优点于一身，它不但系统配置灵活，而且体积较小，安装方便。西门子公司的 S7-200 系列 PLC 就是叠装式的结构形式。

3. 按功能分类

根据 PLC 所具有的功能不同，可将 PLC 分为低档、中档及高档 3 类。

1) 低档 PLC

具有逻辑运算、定时、计数、移位以及自诊断、监控等基本功能，还可有少量的模拟量 I/O、算术运算、数据传送和比较、通信等功能。主要用于逻辑控制、顺序控制或少量模拟量控制的单机控制系统。

2) 中档 PLC

除具有低档 PLC 的功能外，还具有较强的模拟量 I/O、算术运算、数据传送和比较、数制转换、远程 I/O、子程序、通信联网等功能。有些还可增设中断控制、PID (比例、积分、微分控制)控制等功能，以适用于复杂控制系统。

3) 高档 PLC

除具有中档 PLC 的功能外，还增加了带符号算术运算、矩阵运算、函数、表格、CRT 显示、打印和更强的通信联网功能，可用于大规模过程控制或构成分布式网络控制系统，实现工厂自动化。

一般低档机多为小型 PLC，采用整体式结构；中档机可为大、中、小型 PLC，其中小型 PLC 多采用整体式结构，中型和大型 PLC 采用模块式结构。

1.2 PLC 的发展趋势

从世界上第一台 PLC 诞生至今的 40 多年时间里，PLC 技术得到了迅猛的发展。PLC 的应用领域从最初单一的逻辑控制发展到包括模拟量控制、数字控制及机器人控制等在内的各种工业控制场合，成为工业控制领域中占主导地位的基础自动化设备。

在 PLC 应用方面，我国是很活跃的，应用的行业也很广。如上海宝钢第一、二期工程中共使用了近 900 台 PLC，又如武汉钢铁厂、首都钢铁厂、秦山核电站、上海别克汽车生产线、北京吉普车生产线等都大量采用 PLC 进行自动化控制，取得了显著的经济效益。迅猛发展的经济催生了巨大的需求，生产的快速发展带来了可编程逻辑控制器(PLC)以及各种自动化产品和服务的健康增长。ARC 咨询集团的一份新报告指出，预计未来 5 年里全球 PLC 市场总值将以每年 7.3％的年复合增长率(CAGR)增长。2006 年该市场总值超过 83 亿美元，而到 2011 年将接近 120 亿美元。PLC 未来的发展方向如下。

1. 微型化、网络化、开放性

微型化、网络化、开放性是 PLC 未来发展的主要方向。随着 PLC 控制组态软件的进一步完善和发展，安装有 PLC 组态软件和 PC-based 控制的市场份额将逐步得到增长。当前，过程控制领域最大的发展趋势之一就是以太网(Ethernet)技术的扩展，PLC 也不例外。现在，越来越多的 PLC 供应商开始提供 Ethernet 接口。

2. 智能模块

智能模块是以微处理器为基础的功能部件，是 PLC 未来发展的另一方向。为满足工业自动化各种控制系统的需要，国内外众多 PLC 生产厂家不断致力于开发各种新器件和智能模块，如专用智能 PID 控制群，智能模拟量 I/O 模块，智能位置控制模块，语音处理模块，专用数控模块，智能通信与计算模块等。这些模块的特点是本身带有 CPU，能独立工作，在速度、精度、适应性、可靠性等各方面都对 PLC 作了极好的补充，有助于克服 PLC 扫描算法的局限，完成许多 PLC 本身无法完成的功能。

3. 编程语言的标准化和高级化

PLC 的编程语言主要有梯形图、状态转移图和指令表语言等，其中最常用的是梯形图。梯形图编程虽然方便直观，但随着现代 PLC 产品应用领域的急速扩展，尤其是对于逻辑控制以外的控制领域，如一些复杂的大规模的控制系统以及在通信联网方面的应用，仅靠梯形图编程已经不能满足需求。因此，近年来 PLC 已发展出了多种编程语言，有面向顺序控制的步进顺控语言和面向过程控制系统的流程图语言，还有与计算机兼容的高级语言，如 BASIC、C 语言及汇编语言。另外还有专用的高级语言，如三菱公司的 MELSAP 采用编译的方法将语句变为梯形图程序。还有很多 PLC 公司已开发了图形化编程组态软件，这种软件提供简洁、直观的图形符号及注释信息，使得用户控制逻辑的表示更加直观明了，操作和使用也更加方便。

对于编程语言，各个生产厂家的 PLC 表达方式各不相同，因此不同品牌的 PLC 互不兼容。从 1978 年起，国际电工委员会(IEC)第 65 技术委员会(TL65)在其下设的分技术委员会 SC65B 中，专设了 WGT 工作组制定 PLC 的国际标准，现已颁布的 PLC 标准主要有以下 5 种。

(1) IEC-1131-1：General Information(一般信息)。

(2) IEC-1131-2：Equipment Characteristics and Test Requirement (设备特性与测试要求)。

(3) IEC-1131-3：Programming Language(编程语言)。

(4) IEC-1131-4：User Guidelines(用户导则)。

(5) IEC-1131-5：MMS Companion Standard(制造信息规范伴随标准)。

目前更多的PLC生产厂家研制出了符合IEC-1131-3标准的PLC指令系统或软件包，但编程语言在标准化方面还有待进一步完善，以使其具有良好的兼容性。

4. 网络通信功能标准化

网络方面的发展是PLC发展的一个重要特征，加强PLC的联网能力已成为PLC产品的发展趋势之一。

由于目前各公司的总线、扩展接口及通信功能均是各自独立制定的，各个厂家的PLC通信协议往往是专用的，还没有一个适合所有公司产品的统一标准。在通信接口上，虽然大多数产品采用了标准化接口，但在通信功能上却是非标准化的。近年来，许多PLC生产厂家都在努力使自己的产品与制造自动化协议(MAP)兼容，这将使不同机型的PLC之间、PLC与计算机之间能方便地进行通信与联网，实现资源共享。因此，制定统一的、规范化的总线和标准化的PLC扩展接口是PLC今后发展的必然趋势。

5. 外部故障检测能力

根据分析，在PLC的故障中，CPU板占5%，I/O接口单元占15%，传感器占45%，执行器占30%，接线占5%。除了前两项共20%的故障可由CPU本身的硬、软件检测以外，其他的80%都不能通过自诊断查出，因此，各厂家都在开发专门用于检测外部故障的专用智能模块。国外一些主要的PLC生产厂家在其生产的PLC中增加了容错功能，如自动切换I/O双机表决(当输出状态与PLC的逻辑状态相比较出错时，会自动断开该输出)和I/O三重表决(对I/O的状态进行软硬件表决，取两个相同的)，以大幅提高PLC控制系统的可靠性。

小　　结

PLC具有可靠性高、抗干扰能力强、编程方便、功能完善和适用性强等特点，可用于各种自动控制领域中的开关量控制、模拟量控制、运动控制、数据处理和通信联网等。PLC的种类较多。

(1) 按I/O点数可分为大型(2048点以上)、中型(512～2048点之间)、小型(256点以下)、微型(64点以下)。

(2) 按其结构可分为整体式、模块式及叠装式三种。

(3) 按PLC所具有的功能不同，可将PLC分为低档、中档、高档三类。

习　　题

1．什么是可编程控制器？它的发展经历了哪几个阶段？它有哪些主要特点？

2．简述可编程控制器主要应用在哪些领域。

3．可编程控制器是如何进行分类的？

4．为什么说可编程控制器是通用的工业控制计算机？与一般的计算机控制系统相比，PLC有哪些优点？

5．简述PLC的发展趋势。

第 2 章

可编程控制器的组成和工作原理

教学提示

要正确地应用 PLC 去完成各种不同的控制任务，必须了解 PLC 的工作原理和技术构成。PLC 产品种类较多，不同型号的 PLC 在结构上有一定的区别，但基本组成和工作原理是基本相同的。了解 PLC 的基本组成和工作原理对后续课程的学习和系统设计很有必要。

教学要求

学习、使用可编程控制器首先要了解 PLC 的基本结构、各部分的作用和 I/O 接口电路；掌握可编程控制器循环扫描的工作原理；熟悉基本配置情况，熟悉 PLC 的技术指标、各单元的功能 I/O 点数、编程器及其他外围设备的使用等内容；了解 PLC 的控制系统与继电器控制系统的异同点。

2.1 PLC 的组成及各部分的作用

可编程控制器是微型计算机技术和继电器常规控制概念相结合的产物，是一种以微处理器为核心的用于控制的特殊计算机。从广义上讲，可编程控制器是一种计算机系统，只不过它比一般计算机具有更强的与工业过程相连接的 I/O 接口，具有更适用于控制要求的编程语言和更适应于工业环境的抗干扰性能。因此，可编程控制器是一种用于工业控制的专用计算机，它的实际组成与一般微型计算机系统类似，也由硬件系统和软件系统两大部分组成。

2.1.1 PLC 的硬件组成

PLC 的硬件系统由主机、I/O 扩展单元及外部设备组成，如图 2.1 所示。PLC 主机由中央处理器(CPU)、存储器(memory)、输入/输出单元(input/output unit)、通信接口、扩展接口、外围设备接口和电源等部分组成。

PLC 的主要组成部件及其主要作用如下。

1. 中央处理器

CPU 是 PLC 的核心部件，是 PLC 的运算和控制中心，PLC 的工作过程都是在 CPU 的统一指挥和协调下进行的。CPU 由微处理器和控制器组成，可以实现逻辑运算和数学运算，协调控制系统内部各部分的工作。它的运行是按照系统程序所赋予的任务进行的。

PLC 常用的 CPU 有通用微处理器、单片机和位片式微处理器。通用微处理器按其处理数据的位数可分为 4 位、8 位、16 位和 32 位等。PLC 大多用 8 位和 16 位微处理器。

控制器的作用是控制整个微处理器的各个部件有条不紊地进行工作，其基本功能就是从内存中读取指令和执行指令。控制器接口电路是微处理器与主机内部其他单元进行联系的部件，主要有数据缓冲、单元选择、信号匹配、中断管理等功能。微处理器通过它来实现与各个单元之间的可靠的信息交换和最佳的时序配合。控制器的主要功能有以下几点。

(1) 采集由现场输入装置送来的状态或数据，通过输入接口存入输入映像寄存器或数据寄存器中，用扫描方式接收输入设备的状态信号，并存入相应的数据区(输入映像寄存器)。

(2) 按用户程序存储器中存放的先后次序逐条读取指令，完成各种数据的运算、传递和存储等功能，进行编译解释后，按指令规定的任务完成各种运算和操作。

(3) 将各种运算结果向外界输出。

(4) 监测和诊断电源 PLC 内部电路工作状态以及用户程序编程过程中出现的语法错误。

(5) 根据数据处理的结果，刷新有关标志位的状态和输出状态寄存器的内容，响应各种外围设备(如编程器、打印机、上位计算机、图形监控系统、条码判读器等)的工作请求，以实现输出控制、制表打印或数据通信等功能。

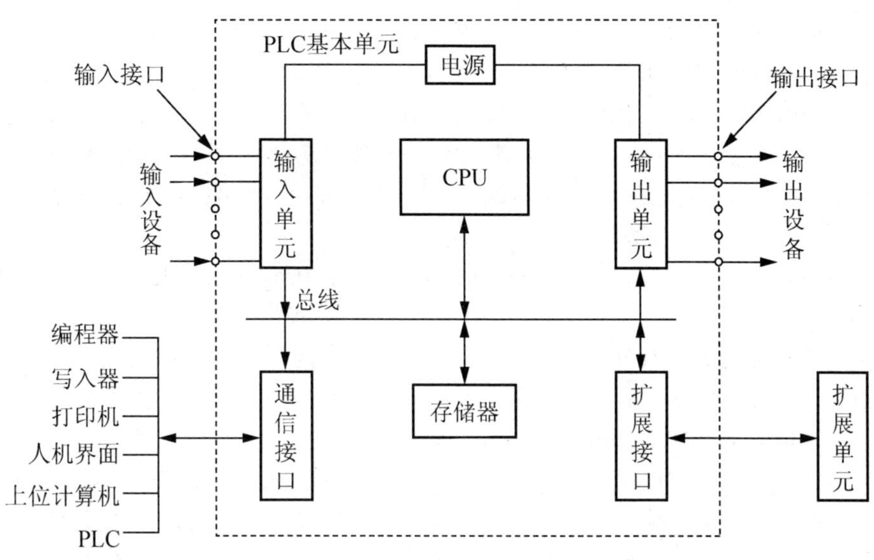

图 2.1　PLC 的硬件系统构成

2. 存储器

存储器是 PLC 存放系统程序、用户程序和运行数据的单元。PLC 的存储器由系统程序存储器和用户程序存储器两部分组成。系统存储器是 PLC 用于存放系统程序如指令(软件)等内容的部件，这部分存储器用户不能访问。

用户存储器是为用户程序提供存储的区域，用户程序存储器容量的大小，决定了用户程序的大小和复杂程度，从而决定了用户程序所能完成的功能和任务的大小。用户程序存储器的容量一般以字节为单位。小型 PLC 的用户程序存储器容量在 1KB 左右，典型 PLC 的用户程序存储器容量可达数兆字节(MB)。PLC 的用户存储区一般包括几个部分，每一部分都有特定的功能和用途。

PLC 的存储器主要包括以下几种类型。

1) 只读存储器(Read Only Memory，ROM)

ROM 一般用来存放 PLC 的系统程序，其内容可读，但数据存储后不可再写或修改。大多数 PLC 采用了程序固化的运行方法，不仅将系统启动、自检及基本的 I/O 驱动程序写入 ROM 中，而且将各种控制、检测功能模块、用户组态的应用程序及所有固定参数也全部固化在 ROM 中，即所有的系统程序和绝大部分的用户程序都存储在 ROM 中。因此在 PLC 的存储器中，ROM 占有较大的比例。只要一接通电源，PLC 就可正常运行，由于这一特点，ROM 基本不受掉电、电噪声等的影响。ROM 的内容只能读出，不能写入，是非易失的内容。

2) 可编程只读存储器(Programmable Read Only Memory，PROM)

存入 PROM 的程序是用户用编程器一次性写入的，不能再改变。PLC 很少使用 PROM 作为应用存储器。一般在使用这类存储器时需用 RAM 作永久备份。虽然 PROM 可编程，像 ROM 有非易失性，但它需要专门的编程设备，一旦编程便不易修改或擦除，对程序的任一修改则要求一组新的 PROM 芯片。

3) 可擦除可编程只读存储器(Erasable Programmable Read Only Memory，EPROM)

EPROM 是特制的 PROM，也是非易失性的，兼有 ROM 的非易失性和 RAM 的随机存取的优点。EPROM 可视为半永久性存储器，可永久地存储某一程序直至需要修改。如果需要对芯片内容进行彻底清除，只须将芯片窗口暴露在紫外线下约 20min 即可，在彻底清除 EPROM 原内容后可对程序进行重新编制。EPROM 的永久存储能力及易修改的 RAM 特性使其构成一个适宜的存储系统。

4) 电可擦除可编程只读存储器(Electrically Erasable Programmable Read Only Memory，EEPROM)

EEPROM 是非易失性存储器，然而也具有与 RAM 同样的编程灵活性。EEPROM 的存储内容由用户写入，并可反复写入。在写入新的内容时，原来存储的内容会自动清除。

5) 随机存取存储器(Random Access Memory，RAM)

RAM 又称读/写(R/W)存储器，信息可读，可写，在 PLC 中作为用户程序和数据的存储器。用户可以通过编程器读出 RAM 中的内容，也可以将用户程序写入 RAM。RAM 为程序运行提供了存储实时数据与计算中间变量的空间，用户在线操作时需修改的参数(如设定值、手动操作值、PID 参数等)也须存入 RAM 中。另外，一些较先进的 PLC 还提供了在线修改用户程序的功能。

由于 RAM 是一种挥发性的器件，即当供电电源关掉后，其存储的内容会丢失，因此在实际使用中通常为其配备掉电保护电路，当正常电源关断后，由备用电池供电，保护其存储的内容不丢失。为了在关断 PLC 外部电源后，保存在 RAM 中的用户程序和某些数据(如计数器的计数值)不会丢失，一般为 RAM 配备一个锂电池。当电源发生间隙断电时保持其内容。通常锂电池可用 2～5 年，需要更换锂电池时，PLC 面板上的“电池电压过低”发光二极管亮，同时有一个内部标志位变为“1”状态，可以用它的常开触点来接通控制屏面板上的指示灯或声光报警器，通知用户及时更换锂电池。

3. I/O 接口单元

I/O 接口单元通常也称 I/O 单元或 I/O 模块，是 PLC 与工业过程控制现场之间的连接部件。PLC 通过输入接口能够得到生产过程的各种参数，并向 PLC 提供开关信号量，经过处理后，变成 CPU 能够识别的信号。PLC 通过输出接口将处理结果送给被控制对象，以实现对工业现场执行机构的控制目的。由于外部输入设备和输出设备所需的信号电平是多种多样的，而 PLC 内部 CPU 处理的信息只能是标准电平，所以 I/O 接口必须能实现这种转换。

4. I/O 扩展单元

I/O 扩展单元用来扩展 PLC 的 I/O 点数。当用户所需要的 I/O 点数超过 PLC 基本单元的 I/O 点数时，即主机单元(带 CPU)的 I/O 点数不能满足 I/O 设备点数需要时，可通过此接口用扁平电缆线将 I/O 扩展单元(不带有 CPU)与主机单元相连接，以增加 PLC 的 I/O 点数，适应控制系统的要求。其他很多的智能单元也通过该接口与主机相连。PLC 的扩展能力主要受 CPU 寻址能力和主机驱动能力的限制。

5. 编程装置

编程装置是人与 PLC 联系和对话的工具，是 PLC 重要的组成设备之一。用户可以利用相关的编程装置来编辑、输入、修改、调试、读出用户程序，也可在线监控 PLC 内部状

态，显示错误代码和参数。它是开发、应用、维护 PLC 不可缺少的工具。编程装置主要有专用编程器和配有专用编程软件包的通用计算机系统。

1) 专用编程器

专用编程器由 PLC 厂家生产，专供该厂家生产的某些 PLC 产品使用。专用编程器有简易编程器和图形智能编程器两类。

简易型编程器一般由简易键盘和发光二极管矩阵或液晶显示器组成。简易型编程器在编制程序的过程中只能联机编程，而且不能直接输入和编辑梯形图程序，需将梯形图程序转化为指令表程序才能输入。简易编程器体积小，价格便宜，如三菱公司的 FX-20P-E。

智能编程器又称图形编程器，本质上是一台专用便携式计算机，可以联机编程，也可以脱机编程。近年来，智能型的编程器一般采用微型计算机加上相应的应用软件构成，既可用于编制调试用户程序，又能够完成彩色图形显示、通信联网、打印输出和事务管理等多项功能。对于梯形图程序的输入和编辑可直接完成，使用直观、方便，但价格较高，操作也比较复杂，如三菱公司的 GP-80FX-E-KIT 智能型编程器。

2) 配有专用编程软件包的通用计算机系统

PLC 在程序编制的过程中也可使用以个人计算机为基础的编程装置。用户只要购买 PLC 厂家提供的专用编程软件和相应的硬件接口装置就可以进行相关应用程序的修改和编制。这类编程装置既可以编制、修改 PLC 的梯形图程序，又可以监视系统运行、打印文件、系统仿真等。配上相应的软件还可实现数据采集和分析等多种功能。这样，用户只用较少的投资即可得到性能很高的 PLC 程序开发系统。

6. 电源

PLC 的电源是指把外部供应的交流电源经过整流、滤波、稳压处理后转换成满足 PLC 内部的 CPU、存储器和 I/O 接口等电路工作所需要的直流电源电路或电源模块。不同型号的 PLC 有不同的供电方式，所以 PLC 的电源输入电压既有 12V 和 24V 直流，又有 110V 和 220V 交流。

7. 通信接口

PLC 配有各种通信接口，这些通信接口一般都带有通信处理器。PLC 通过这些通信接口可与监视器、打印机、其他 PLC、计算机等设备实现通信。

8. 外围设备接口及特殊模块

外围设备接口是可编程控制器主机实现人-机对话、机-机对话的通道。通过它，可编程控制器可以和编程器、彩色图形显示器、打印机等外围设备相连，也可以与其他可编程控制器或上位计算机连接。

PLC 还具有许多特殊功能模块。主要包括模拟量 I/O 单元、远程 I/O 单元、高速计数模块、中断输入模块和 PID 调节模块等。随着 PLC 的进一步发展，特殊功能单元的种类也越来越多。

2.1.2 PLC 的软件组成

除了硬件系统外，PLC 还需要有软件系统的支撑，两者缺一不可。PLC 的软件系统由系统程序(又称系统软件)和用户程序(又称应用软件)两大部分组成。

1. 系统程序

系统程序由生产厂家设计，由管理程序(运行管理、生成用户元件、内部自检)、用户指令解释程序、编辑程序、功能子程序以及调用管理程序组成。它和PLC的硬件系统相结合，完成系统诊断、命令解释、功能子程序的调用管理、逻辑运算、通信及各种参数设定等功能，提供了PLC运行的平台。

1) 系统管理程序

系统管理程序主管整个PLC的运行，因此是管理程序中最重要最核心的部分，管理程序由以下三部分组成。

(1) 运行管理：时间分配的运行管理，即控制可编程控制器输入、输出、运算、自检及通信的时序。

(2) 存储空间的分配管理：主要是进行存储空间的管理，即生成用户环境，由它规定各种参数、程序的存放地址，将用户使用的数据参数存储地址转化为实际的数据格式及物理存放地址。它将有限的资源变为用户可直接使用的很方便的元件。

(3) 系统自检程序：包括各种系统出错检验、用户程序语法检验、句语检验、警戒时钟运行等。在系统管理程序的控制下，整个PLC就能按要求正确地工作了。

2) 用户指令解释程序(包含编辑程序)

用户指令解释程序的主要任务是将用户编程使用的PLC语言(如梯形图语言)变为机器能懂的机器语言程序。它将梯形图程序逐条翻译成相应的机器语言，然后通过CPU完成这一步的功能。在实际操作中，为了节省内存，提高解释速度，用户程序是用内码的形式存储在PLC中的。用户程序变为内码形式的这一步是由编辑程序实现的，它可以插入、删除、检查、查错用户程序，方便程序的调试。

3) 标准模块和系统调用

这部分主要由许多独立的程序块组成，各自能完成不同的功能，有些完成I/O，有些完成特殊运算等。

2. 用户程序

PLC的用户程序是用户利用PLC厂家提供的编程语言，根据工业现场的控制目的来编制的程序。它存储在PLC的用户存储器中，用户可以根据系统的不同控制要求，对原有的应用程序进行改写或删除。用户程序包括开关量逻辑控制程序、模拟量运算程序、闭环控制程序和操作站系统应用程序等。

2.2 PLC的输入/输出(I/O)接口

PLC不仅要能够识别和接收描述现场设备的信号，同时还要能够输出信号给相关的执行机构，以便实现对现场设备的控制。而I/O接口单元是PLC与现场I/O装置或其他外围设备之间的重要连接电路。PLC通过输入接口将现场的输入信号，包括人为的控制信号和能描述现场状态的开关量信号，经过输入接口电路进行滤波、光电隔离、电平转换等处理

后，转换为 CPU 能接受和识别的低压信号，送给 CPU 进行运算；通过输出接口将经过 CPU 处理的弱电信号通过光电隔离、功率放大等处理，把低压信号变换为控制器件所能接受的电压、电流信号，以驱动各种执行元器件，如信号灯、接触器、电磁阀、电磁铁、调节阀和调速装置等。

2.2.1 PLC 的开关量输入接口

开关量输入接口的作用是把现场的开关量信号转变成 PLC 内部可处理的标准信号。常用的开关量输入接口按其使用的电源不同可以分成 3 种类型，即直流输入接口、交流输入接口和交-直流输入接口。

图 2.2 是 FX_{1N} 基本单元直流输入电路的示意图，COM 是各输入信号的公共点。可以用外接的触点或 npn 集电极开路晶体管提供输入信号。FX 系列 PLC 有交流输入型的扩展模块 FX_{2N}-48ER-UA1/UL，外接的输入电压额定值为 AC110V；另外还有用于输入 TTL 电平的扩展模块 FX_{2N}-16EXC-L，输入回路电压为 DC5V。

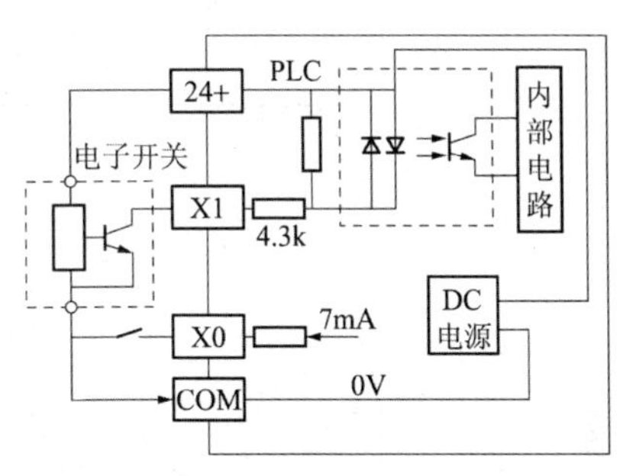

图 2.2 FX_{1N} 输入接口示意

2.2.2 PLC 的开关量输出接口

开关量输出接口的作用是将 PLC 内部的标准信号转换为外部现场执行机构所需要的电开关量输出信号。PLC 的开关量输出接口按 PLC 内部所使用的功率放大元器件不同可分为晶体管型、继电器型及晶闸管型。晶体管型输出模块用于驱动直流负载，晶闸管型用于驱动交流负载，继电器型既可以驱动交流负载又可以驱动直流负载。

1. 晶体管型输出接口

晶体管输出单元的驱动电路一般采用晶体管进行驱动放大，其输出方式一般为集电极输出，外加直流负载电源。带负载能力为每个输出点一般 1A 左右，每个模块 3A 左右。晶体管开关量输出模块为无触点输出模块，使用寿命较长，图 2.3 是 FX_{1N} 的晶体管集电极输出电路，PLC 内部的输出电路，框外左侧为外部用户连接线。各组的公共点接外接直流电流电源的负极。输出信号送给内部电路中的输出锁存器，再经光耦合器送给输出晶体管，后者的饱和导通状态和截止状态相当于触点的接通和断开。图中的稳压管用来抑制关断过电压和外部的浪涌电压，以保护晶体管，晶体管输出电路的延迟时间小于 1ms。场效应晶体管输出电路的结构与晶体管输出电路基本相同。

2. 继电器型输出接口

图 2.4 是继电器型输出电路。内部电路使继电器的线圈通电，常开触点闭合，使外部负载得电工作。断电器同时起隔离和功率放大作用，每一路只给用户提供一对常开触点。与触点并联的 *RC* 电路和压敏电阻用来消除触点断开时产生的电弧，以减轻对 CPU 的干扰。继电器型输出电路的滞后时间一般在 10ms 左右。

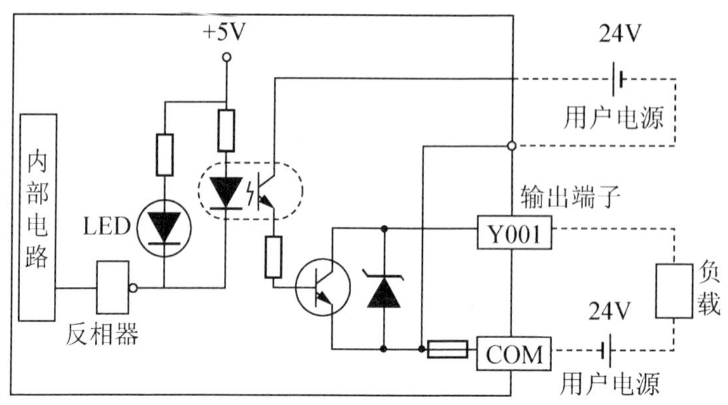

图 2.3　晶体管型输出电路

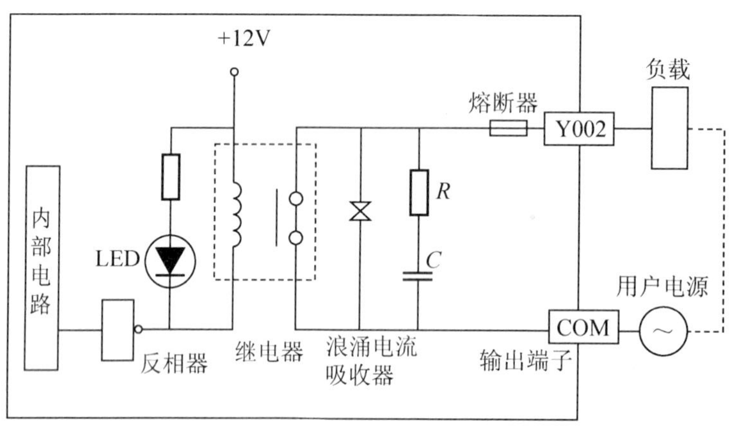

图 2.4　继电器型输出电路

除了上述两种输出电路外，还有如图 2.5 所示的晶闸管型输出电路。它采用的开关器件是光控双向晶闸管，驱动电路采用光控双向晶闸管进行驱动放大。该模块外加交流负载电源，带负载能力一般为每个输出点 1A 左右，每个模块 4A 左右。双向晶闸管为无触点开关，输出的负载电源可以根据负载的需要选用相应的交流电源。双向晶闸管多用于交流负载，负载驱动能力比继电器型的大，可直接驱动小功率接触器。其响应时间介于晶体管型与继电器型之间。

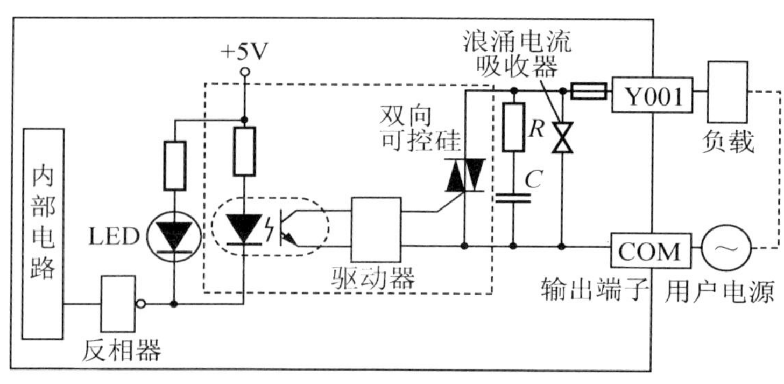

图 2.5　晶闸管型输出电路

2.3 FX_{2N}型 PLC 的特点及系统配置

三菱公司 FX 系列产品中，有 FX_{1S}、FX_{1N}、FX_{2N}和 FX_{2NC} 4 个子系列，与过去的 F_1、F_2等产品相比，在性价比上有显著的提高。FX_{2N}是 FX 家族中最先进的子系列，其标准特点在最大范围涵盖了 FX 其他系列，同时具有执行速度更快、通信功能更齐全等特点，为工厂自动化应用提供了最大的灵活性和控制能力。

2.3.1 FX_{2N}的技术特点

FX 系列适应面广，是国内使用最广泛的 PLC 系列产品之一。FX_{1S}、FX_{1N}、FX_{2N}和 FX_{2NC}的外观几何尺寸相差无几，但是性能和价格有很大的差别。其性能对比见表 2-1。

表 2-1 FX 系列 PLC 的性能对比

型　号	I/O 点数	用户程序步数	功能指令	通信功能
FX_{1S}	10～30	2K 步 EEPROM	85 条	较强
FX_{1N}	14～128	8K 步 EEPROM	89 条	强
FX_{2N}和 FX_{2NC}	16～256	内置 8K 步 RAM，最大 16K 步	128 条	最强

FX_{1S} 的功能简单实用，价格便宜，多用于小型开关量控制系统；FX_{1N} 最多可以配置 128 个 I/O 点，多用于要求较高的中小型系统；FX_{2N}的功能最强，与其他类型 PLC 相比，FX_{2N}系列 PLC 有以下技术特点。

(1) FX_{2N}系列 PLC 采用一体化箱体结构，其基本单元将 CPU、存储器、I/O 接口及电源等都集成在一个模块内，结构紧凑，体积小巧，成本低，安装方便。

(2) FX_{2N}是 FX 系列中功能最强、运行速度最快的 PLC。FX_{2N}基本指令执行时间高达 0.08μs，比 FX_2 快 4 倍，超过了许多大、中型 PLC。

(3) FX_{2N}的用户存储器容量可扩展到 16KB，其 I/O 点数最大可扩展到 256 点。

(4) FX_{2N}有多种特殊功能模块，如模拟量 I/O 模块、高速计数器模块、脉冲输出模块、位置控制模块、RS-232C/RS-422/RS-485 串行通信模块或功能扩展板、模拟定时器扩展板等。使用这些特殊功能模块和功能扩展板，可以实现模拟量控制、位置控制和联网通信等功能。

(5) FX_{2N}有 3000 多点辅助继电器、1000 点状态继电器、200 多点定时器、200 点 16 位加计数器、35 点 32 位加/减计数器、8000 多点 16 位数据寄存器、128 点跳步指针以及 15 点中断指针。

(6) FX_{2N}有 128 种功能指令，具有中断输入处理、修改输入滤波器常数、数学运算、浮点数运算、数据检索、数据排序、PID 运算、开方、三角函数运算、脉冲输出、脉宽调制、ASC 转换、串行通信、模拟量模块读/写以及触点比较等功能指令。

(7) FX_{2N}还有矩阵输入、10 键输入、16 键输入、数字开关、方向开关以及七段显示器扫描显示等方便指令。

2.3.2 FX_{2N}的型号说明

FX 系列 PLC 型号命名的基本格式如下所示。

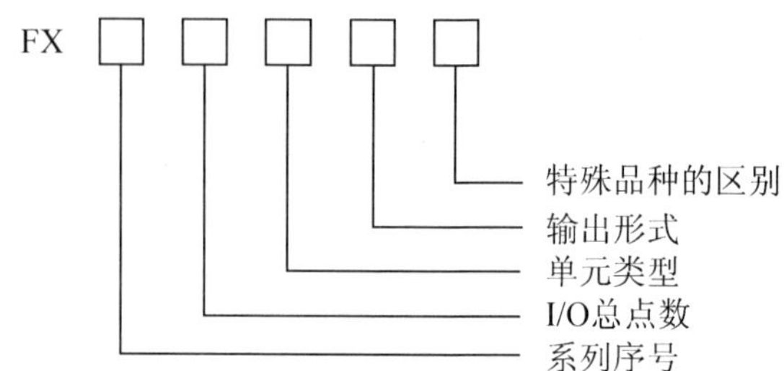

(1) 系列序号：如 0、2、0N、2C、1S、1N、2N、1NC、2NC。

(2) I/O 点数：为 10～256 点。

(3) 单元类型如下。

M——基本单元。

E——扩展单元(I/O 混合)。

EX——扩展输入单元(模块)。

EY——扩展输出单元(模块)。

(4) 输出形式有如下几种。

R——继电器输出。

T——晶体管输出。

S——晶闸管输出。

(5) 特殊品种区别如下。

D——直流电源，直流输入。

A——交流电源，交流输入。

H——大电流输出扩展单元。

V——立式端子排的扩展单元。

C——接插口输入/输出方式。

F——输入滤波器 1ms 的扩展单元。

L——TTL 输入型扩展单元。

S——独立端子(无公共端)扩展单元。

若特殊品种无符号，则说明通指 AC 电源，DC 输入，横式端子排；继电器输出，2A/点，个别产品可到 8A/点；晶体管输出 0.5A/点；晶闸管输出 0.3A/点。

例如 FX_{2N}-32MT-D 表示 FX_{2N} 系列，32 个 I/O 点基本单位，晶体管输出，使用直流电源，24V 直流输出型。

2.3.3 FX_{2N}系统的硬件配置

FX_{2N} 系列 PLC 的硬件包括基本单元、扩展单元、扩展模块、模拟量 I/O 模块、各种特殊功能模块及外围设备等。

FX_{2N}系列 PLC 吸取了整体式和模块式 PLC 的优点，各单元间采用叠装式连接，即 PLC 的基本单元、扩展单元和扩展模块深度及高度均相同，连接时不用基板，仅用扁平电缆连接，构成一个整齐的长方体。使用 FROM/TO 指令的特殊功能模块，如模拟量输入和输出模块、高速计数模块等，可直接连接到 FX 系列的基本单元，或连接到其他扩展单元、扩展模块的右边。根据与基本单元的距离，对每个模块按 0～7 的顺序编号，最多可连接 8 个特殊功能模块。模块连接如图 2.6 所示。

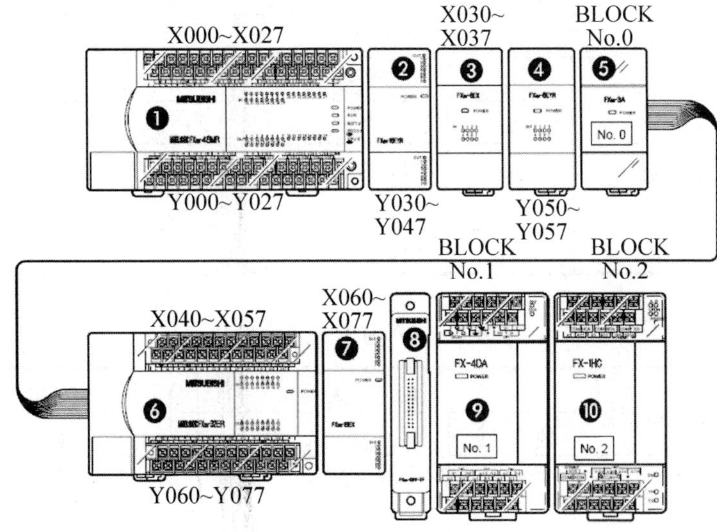

图 2.6 FX_{2N}模块连接

1. 基本单元

基本单元是构成 PLC 系统的核心部件，内有 CPU、存储器、I/O 模块、通信接口和扩展接口等。FX_{2N}基本单元有 16/32/48/64/80/128 点，6 个基本单元中的每一个单元都可以通过 I/O 扩展单元扩充为 256 I/O 点，其基本单元见表 2-2。

表 2-2 FX_{2N}系列的基本单元

型号			输入点数	输出点数	扩展模块可用点数
继电器输出	晶闸管输出	晶体管输出			
FX_{2N}-16MR-001	FX_{2N}-16MS	FX_{2N}-16MT	8	8	24～32
FX_{2N}-32MR-001	FX_{2N}-32MS	FX_{2N}-32MT	16	16	24～32
FX_{2N}-48MR-001	FX_{2N}-48MS	FX_{2N}-48MT	24	24	48～64
FX_{2N}-64MR-001	FX_{2N}-64MS	FX_{2N}-64MT	32	32	48～64
FX_{2N}-80MR-001	FX_{2N}-80MS	FX_{2N}-80MT	40	40	48～64
FX_{2N}-128MR-001		FX_{2N}-128MT	64	64	48～64

2. I/O 扩展单元和扩展模块

FX_{2N}系列具有较为灵活的 I/O 扩展功能，可利用扩展单元及扩展模块实现 I/O 扩展。扩展单元内部设有电源。扩展模块用于增加 I/O 点数及改变 I/O 比例，内部无电源，用电由基本单元或扩展单元供给。因扩展单元及扩展模块无 CPU，所以必须与基本单元一起使用。

FX_{2N} 系列的扩展单元见表 2-3。FX_{2N} 系列的扩展模块见表 2-4。

表 2-3　FX_{2N} 的扩展单元

型　　号	总 I/O 点数	输　　入			输　　出	
		数　　目	电　　压	类　　型	数　　目	类　　型
FX_{2N}-32ER	32	16	24V 直流	漏型	16	继电器
FX_{2N}-32ET	32	16	24V 直流	漏型	16	晶体管
FX_{2N}-48ER	48	24	24V 直流	漏型	24	继电器
FX_{2N}-48ET	48	24	24V 直流	漏型	24	晶体管
FX_{2N}-48ER-D	48	24	24V 直流	漏型	24	继电器(直流)
FX_{2N}-48ET-D	48	24	24V 直流	漏型	24	晶体管(直流)

表 2-4　FX_{2N} 的扩展模块

型　　号	总 I/O 点数	输　　入			输　　出	
		数　　目	电　　压	类　　型	数　　目	类　　型
FX_{2N}-16EX	16	16	24V 直流	漏型		
FX_{2N}-16EYT	16				16	晶体管
FX_{2N}-16EYR	16				16	继电器

3. 特殊功能单元

特殊功能单元是一些专用装置，如模拟量 I/O 单元、高速计数单元、位置控制单元、通信单元等。这些单元大多数通过基本单元的扩展口连接基本单元，也可以通过编程器接口接入或通过主机上并接的适配器接入，不影响原系统的扩展。常用特殊功能单元的型号及功能见表 2-5，特殊功能单元的应用编程见第 8 章。

表 2-5　FX_{2N} 的特殊功能单元的型号及功能

型　　号	功能说明
FX_{2N}-4AD	4 通道 12 位模拟量输入模块
FX_{2N} -4AD-PT	供 PT-100 温度传感器用的 4 通道 12 位模拟量输入
FX_{2N} -4AD-TC	供热电偶温度传感器用的 4 通道 12 位模拟量输入
FX_{2N} -4DA	4 通道 12 位模拟量输出模块
FX_{2N} -3A	2 通道输入、1 通道输出的 8 位模拟量模块
FX_{2N} -1HC	2 相 50Hz 的 1 通道高速计数器
FX_{2N} -1PG	脉冲输出模块
FX_{2N} -10GM	有 4 点通用输入、6 点通用输出的 1 轴定位单元
FX-20GM 和 E-20GM	2 轴定位单元，内置 EEPROM

续表

型　　号	功能说明
FX_{2N}-1RM-SET	可编程凸轮控制单元
FX_{2N}-232-BD	RS-232C 通信用功能扩展板
FX_{2N}-232IF	RS-232C 通信用功能模块
FX_{2N}-422-BD	RS-422 通信用功能扩展板
FX-485PC-IF-SET	RS-232C/485 变换接口
FX_{2N}-485-BD	RS-485C 通信用功能扩展板
FX-16NP/NT	MELSECNET/MINI 接口模块
FX_{2N}-8AV-BD	模拟量设定功能扩展板

4. 编程器

1) 简易编程器

最常用 FX 简易编程器有 FX-10P-E 和 FX-20P-E 手持型简易编程器，有在线编程和离线编程两种方式。采用液晶显示屏显示，分别显示 2 行和 4 行字符，配有 ROM 写入器接口、存储器卡盒接口。编程器可用指令表的形式读出、写入、插入和删除指令，进行用户程序的输入和编辑。可监视位编程元件的 ON/OFF 状态和字编程元件中的数据，如计数器、定时器的当前值及设定值、内部数据寄存器的值以及 PLC 内部的其他信息。

2) 其他编程工具

其他编程工具将在第 11 章中详细讲解。

2.3.4 FX_{2N}的技术指标

FX_{2N} 系列可编程控制器的技术指标包括一般技术指标、电源技术指标、输入技术指标、输出技术指标和性能技术指标，分别见表 2-6、表 2-7、表 2-8、表 2-9 及表 2-10。

表 2-6　FX_{2N}的一般技术指标

环境温度	使用时：0～55℃；储存时：－20～+70℃	
环境湿度	35%～89%RH 时(不结露)使用	
抗振	标准 JIS C0911，10～55Hz，0.5mm(最大 2g)，3 轴方向各 2h(但用 DIN 导轨安装时 0.5g)	
抗冲击	标准 JIS C0912，10g，3 轴方向各 3 次	
抗噪声干扰	在用噪声仿真器产生电压为 1000V、噪声脉冲宽度为 1μs 、周期为 30～100Hz 的噪声干扰时工作正常	
耐压	AC 1500V，1min	所有端子与接地端之间
绝缘电阻	5MΩ 以上(DC 500V 兆欧表)	
接地	第三种接地，不能接地时亦可悬空	
使用环境	无腐蚀性气体，无尘埃	

表 2-7　FX_{2N} 电源技术指标

项　目		FX_{2N}-16M	FX_{2N}-32M FX_{2N}-2E	FX_{2N}-8M FX_{2N}-48E	FX_{2N}-64M	FX_{2N}-80M	FX_{2N}-128M
电源电压		AC 100～240V，50/60Hz					
允许瞬间断电时间		对于 10ms 以下的瞬间断电，控制动作不受影响					
电源熔断器		250V，3.15A，$\varphi 5\times 20$mm		250V，5A，$\varphi 5\times 20$mm			
功率(V · A)		35	40(32E 35)	50(48E 45)	60	70	100
传感器电源	无扩展部件	DC 24V，≤250mA		DC 24V，≤460mA			
	有扩展部件	DC 5V　基本单元 290mA，扩展单元 690mA					

表 2-8　FX_{2N} 输入技术指标

输入电压/V	输入电流/mA		输入 ON 电流/mA		输入 OFF 电流/mA		输入阻抗/ kΩ		输入隔离	输入响应时间/ms
	X000～X007	X010 以内	X000～X007	X010 以内	X000～X007	X010 以内	X000～X007	X010 以内		
DC 24	7	5	4.5	3.5	≤1.5	≤1.5	3.3	4.3	光电隔离	0～60 可变

注：输入端 X0～X17 内有数字滤波器，其响应时间可由程序调整为 0～60ms。

表 2-9　FX_{2N} 输出技术指标

项　目		继电器输出	晶闸管输出	晶体管输出
外部电源		AC 250V，DC 30V 以下	AC 85～240V	DC 5～30V
最大负载	电阻负载	2A/1 点，8A/4 点共享，8A/8 点共享	0.3A/1 点 0.8A/4 点	0.5A/1 点 0.8A/4 点
	感性负载/(V·A)	80	15 /AC 100V 30 /AC 200V	12 /DC 24V
	灯负载/W	100	30W	15 /DC 24V
开路漏电流/mA		—	1mA/AC 100V 2mA/AC 200V	≤0.1 /DC 30V
响应时间/ms	OFF 到 ON	约 10	≤1	≤0.2
	ON 到 OFF	约 10	≤10	≤0.2①
电路隔离		机械隔离	光电晶闸管隔离	光电耦合器隔离
动作显示		继电器通电时 LED 灯亮	光电晶闸管驱动时 LED 灯亮	光电耦合器隔离驱动时 LED 灯亮

注：响应时间 0.2ms 是在条件为 24V/200mA 时，实际所需时间为电路切断负载电流到电流为 0 的时间，可用并接续流二极管的方法改善响应时间。大电流时为 0.4mA 以下。

表 2-10 FX_{2N} 性能技术指标

运算控制方式			存储程序反复运算方法(专用 LSI)，中断命令	
输入/输出控制方式			批处理方式(在执行 END 指令时)，但有输入/输出刷新指令	
运算处理速度	基本指令		0.08 微秒/指令	
	应用指令		(1.52 微秒到数百微秒)/指令	
程序语言			继电器符号+步进梯形图方式(可用 SFC 表示)	
程序容量存储器形式			内附 8K 步 RAM，最大为 16K 步(可选 RAM，EPROM EEPROM 存储卡盒)	
指令数	基本、步进指令		基本(顺控)指令 27 个，步进指令 2 个	
	应用指令		128 种 298 个	
输入继电器(扩展合用时)			X000～X267(八进制编号)184 点	合计最大 256 点
输出继电器(扩展合用时)			X000～X267(八进制编号)184 点	
辅助继电器	一般用		M000～M499① 500 点	
	锁存用		M500～M1023② 524 点，M1024～M3071③ 2048 点	合计 2572 点
	特殊用		M8000～M8255 256 点	
状态寄存器	初始化用		S0～S9 10 点	
	一般用		S10～S499① 490 点	
	锁存用		S500～S899② 400 点	
	报警用		S900～S999③ 100 点	
定时器	100ms		T0～T199(0.1～3276.7s)200 点	
	10ms		T200～T245(0.01～327.67s)46 点	
	1ms(积算型)		T246～T249(0.001～32.767s)4 点	
	100ms(积算型)		T250～T255(0.1～32.767s)6 点	
	模拟定时器(内附)		1 点①	
计数器	增计数	一般用	C0～C99① (0～32767)(16 位)100 点	
		锁存用	C100～C199②(0～32767)(16 位)100 点	
	增/减计数用	一般用	C220～C234① (32 位)20 点	
		锁存用	C220～C234②(32 位)15 点	
	高速用		C235～C255 中有：1 相 60kHz 2 点，10kHz 4 点或 2 相 30kHz 1 点，5kHz 1 点	
数据寄存器	通用数据寄存器	一般用	D0～D199① (16 位)200 点	
		锁存用	D200～D511② (16 位)312 点，D512～D7999③(16 位)7488 点	
	特殊用		D8000～D8195(16 位)106 点	
	变址用		V0～V7，Z0～Z7 (16 位)16 点	
	文件寄存器		通用寄存器的 D1000③以后可每 500 点为单位设定文件寄存器(MAX7000 点)	

续表

运算控制方式		存储程序反复运算方法(专用 LSI)，中断命令
指针	跳转、调用	P0～P127 128 点
	输入中断、计时中断	I0□□～I8□□ 9 点
	计数中断	I010～I060 6 点
	嵌套(主控)	N0～N7 8 点
常数	十进制 K	16 位：-32768～+32767；32 位：-2147483648～+2147483647
	十六进制 H	16 位：0～FFFF(H)，32 位：0～FFFFFFFF(H)
SFC 程序		○
注释输入		○
内附 RUN/STOP 开关		○
模拟定时器		FX_{2N}-8AV-BD(选择)安装时 8 点
程序 RUN(运行)中写入		○
时钟功能		○(内藏)
输入滤波器调整		X000～X017 0～60ms 可变；FX_{2N}-16M X000～X007
恒定扫描		○
采样跟踪		○
关键字登录		○
报警信号器		○
脉冲列输出		20kHz/DC5V 或 10kHz/DC12～24V 1 点

注：① 非后备锂电池保持区。通过参数设置，可改为后备锂电池保持区。
② 后备锂电池保持区，通过参数设置，可改为非后备锂电池保持区。
③ 后备锂电池固定保持区固定，该区域特性不可改变。

2.4 PLC 的工作原理

2.4.1 存储式控制系统与编程式控制系统

众所周知，开发 PLC 的初衷是采用现代计算机技术，用存储式编程的控制装置来替代继电器和半导体逻辑组件固定式连接编程的控制系统，如图 2.7 所示。

在一个继电器逻辑装置系统中，要完成一项逻辑控制功能，支持控制系统的“程序”由各分立元件(继电器、接触器、电子元件等)点到点之间布线连接来实现，即连接式编程。如果元件是串联，那就是一个“与”逻辑变为“或”逻辑，两个触点的串联的电路必须重新布线，改为并联电路以适应控制程序的变化。这种继电器逻辑控制系统称为连接编程的控制器，见图 2.7(a)。

如果支持系统工作的“程序”是通过编程器预先写好，存放在存储器中，而且控制器以怎样的顺序查询继电器触点，构成“与”或“或”逻辑电路，以及线圈的接通或断开都是在编程器中由程序决定，与控制器的结构和布线无关，这种控制系统称为存储式编程的

控制系统。这样就可以使用标准的控制设备，将生产过程的传感器和执行机构分别与控制设备的端子相连。如果需改变控制功能，只要通过编程器改变存储器中的程序，外部的连线不需要做任何改变。PLC 就是存储式编程的控制器，见图 2.7(b)。它根据用户不同的控制要求，编写好用户程序后又能够用编程器键入 PLC 的用户存储器中，并由中央处理器单元 CPU 来执行和运行该程序。

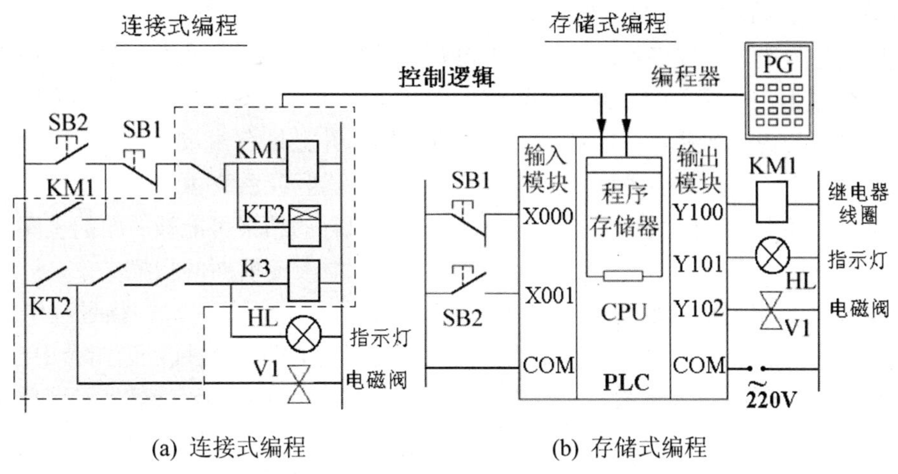

图 2.7 连接式编程和存储式编程的对比

2.4.2 PLC 的工作原理

1. 循环扫描的工作原理

PLC的CPU究竟如何执行用户程序？控制功能是怎样实现的？PLC与其他的计算机系统一样，也是采用分时操作原理，一个时刻执行一个操作，随着时间推移，一个操作一个操作地顺序进行。这种分时操作进程称作 CPU 对程序“扫描”。扫描是一个形象描述 CPU 如何完成赋予它的各项任务的术语。也就是说用户程序是由若干条指令组成，指令在存储器内是按顺序排列的，CPU 从第一条指令开始顺序地逐条执行，执行完最后一条指令后返回第一条指令，开始新的一轮扫描，并且周而复始地循环。

PLC 的工作原理可以简单地表述为：在系统程序的管理下，通过运行应用程序，对控制要求进行处理判断，并通过执行用户程序来实现控制任务。但是，在时间上，PLC 执行的任务是按串行方式进行的，其具体的运行方式与继电器-接触器控制系统及计算机控制系统都有着一定的不同。

PLC 的一个工作过程分三个阶段进行，即输入采样阶段、程序执行阶段和输出刷新阶段。当 PLC 开始上电运行时，首先清除 I/O 映像区的内容，然后进行自诊断，确认正常后开始扫描。对每个程序，CPU 从第一条指令开始执行，按指令步序号做周期性的程序循环扫描，如果无跳转指令，则从第一条指令开始逐条执行用户程序，直至遇到结束符后又返回第一条指令，如此周而复始不断循环，因此，PLC 的工作方式是一种串行循环工作方式。如图 2.8 所示。

1) 输入采样阶段

在输入采样阶段，PLC 首先扫描所有的输入端子，按顺序将所有输入端的输入信号状态(0 状态或 1 状态，表现在输入接线端上的输入设备是断开或接通，即端口承受的外加电压)读入输入映像寄存区。这个过程称为对输入信号的采样，或称输入刷新阶段。完成输入端刷新工作后，将关闭输入端口，转入下一步工作过程，即程序执行阶段。在程序执行期间即使输入端的状态发生变化，输入映像寄存器的内容也不会发生改变，而这些变化必须等到下一个工作周期的输入刷新阶段才能被读入。

2) 程序执行阶段

程序执行阶段又称程序处理阶段，是 PLC 对程序按顺序进行执行的过程。在程序执行阶段，PLC 根据用户输入的控制程序，从第一条指令开始逐条执行，并将相应的逻辑运算结果存入对应的内部辅助寄存器和输出状态寄存器。并且只有输入映像寄存区存放的输入采样值不会发生改变，其他各种数据在输出映像寄存器区或系统 RAM 存储区内的状态和数据都有可能随着程序的执行随时发生改变。前面执行的结果可能被后面的程序用到，从而影响后面程序的执行结果；而后面执行的结果不可能改变前面的扫描结果，只有到了下一个扫描周期再次扫描前面程序的时候才有可能起作用。但是，在扫描过程中如果遇到程序跳转指令，就会根据跳转条件是否满足来决定程序的跳转地址。当指令中涉及输入、输出状态时，PLC 从输入映像寄存器中“读入”上一阶段存入的对应输入端子状态。从输出映像寄存器“读入”对应输出映像寄存器的当前状态。然后，进行相应的运算，运算结果再存入元件映像寄存器中。对于元件映像寄存器来说，每一个元件(输出软继电器的状态)都会随着程序执行过程而变化。当最后一条控制程序执行完毕后，即转入输出刷新阶段。

3) 输出刷新阶段

程序中所有指令执行完毕后，PLC 将输出状态寄存器中所有输出继电器的状态，依次送到输出锁存电路，并通过一定的输出方式输出，驱动外部负载，这就形成 PLC 的实际输出。

输入采样、程序执行和输出刷新 3 个阶段构成 PLC 的工作周期。由此循环往复，因此称为循环扫描工作方式。实际上，除了进行以上 3 个阶段的计算处理外，PLC 还要进行各种错误检测(自诊断功能)并与编程工具通信，这些操作统称为“监视服务”，一般在程序执行之后进行。由此可以总结出 PLC 在扫描过程中信号的处理规则。

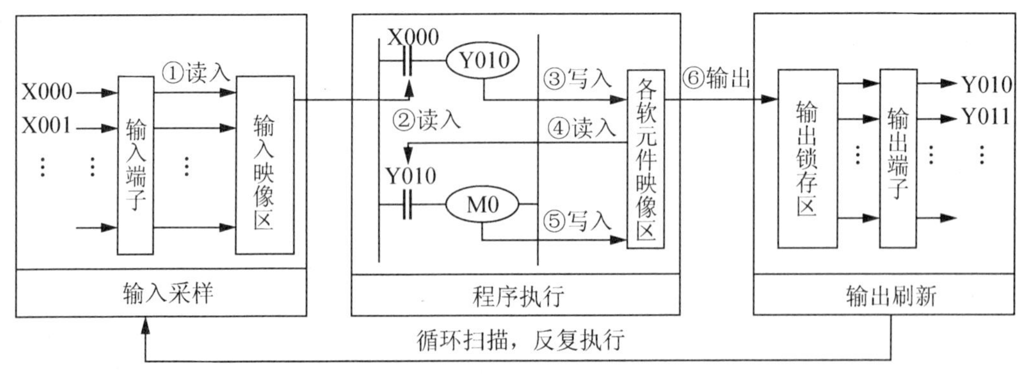

图 2.8　PLC 的循环扫描过程

(1) 输入映像区中的数据取决于本扫描周期输入采样阶段所处的状态。在程序执行和输出刷新阶段，输入映像区中的数据不会因为有新的输入信号而发生改变。

(2) 输出映像区中的数据由程序中输出指令的执行结果决定。在输入采样和输出刷新阶段，输出映像区的数据不会发生改变。

(3) 输出端子直接与外部负载连接，其状态由输出状态寄存器中的数据来确定。

2. PLC 的工作状态

PLC 有两种工作状态，即运行(RUN)状态与停止(STOP)状态。运行状态是执行应用程序的状态。停止状态一般用于程序的编制与修改。图 2.9 给出了运行和停止两种状态下 PLC 不同的扫描过程。由图可知，在这两个不同的工作状态中，扫描过程所要完成的任务是不尽相同的。

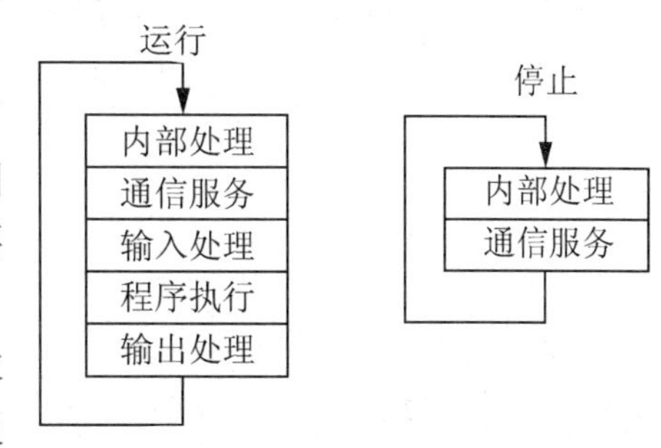

图 2.9 PLC 的两种工作状态

在运行状态，PLC 通过反复执行反映控制要求的用户程序来实现控制功能。为了使 PLC 的输出及时地响应随时可能变化的输入信号，用户程序不是只执行一次，而是不断地重复执行，直至 PLC 停机或切换到停止(STOP)工作模式。

在内部处理阶段，PLC 检查 CPU 模块内部的硬件是否正常，将监控定时器复位，以及完成一些其他内部工作。

在通信服务阶段，PLC 与其他带微处理器的智能装置通信，以更新编程器的显示内容。

当 PLC 处于停止模式时，只执行以上两种操作。PLC 处于运行(RUN)模式时，还要完成另外三个阶段的操作。

3. 扫描周期和响应时间

PLC 在运行状态时，执行一次扫描操作所需的时间称为扫描周期，其典型值为 0.5～100ms。扫描周期的长短主要取决于以下几个因素：CPU 执行指令的速度，执行每条指令占用的时间；程序中指令条数的多少。指令执行所需的时间与用户程序的长短、指令的种类和 CPU 执行速度有很大关系，一般说来，一个扫描过程中，输入采样和输出刷新所占时间较少，执行指令的时间占了绝大部分。

PLC 的响应时间是指从 PLC 外部输入信号发生变化的时刻起至由它控制的有关外部输出信号发生变化的时刻之间的间隔，也叫做滞后时间(通常滞后时间为几十毫秒)。它由输入电路的时间常数、输出电路的时间常数、用户语句的安排和指令的使用、PLC 的循环扫描方式以及 PLC 对 I/O 的刷新方式等部分组成。显然，PLC 的响应时间不为零，这种现象称为 I/O 延迟响应或滞后现象。

由于 PLC 的这种周期循环扫描工作方式，决定了响应时间的长短与收到输入信号的时刻有关。响应时间可以分为最短响应时间和最长响应时间。

1) 最短响应时间

如果在一个扫描周期刚结束之前收到一个输入信号，在下一个扫描周期之前进入输入采样阶段，这个输入信号就被采样，使输入更新，这时响应时间最短。

2) 最长响应时间

如果收到一个输入信号经输入延迟后，刚好错过 I/O 刷新的时间，在该扫描周期内这个输入信号无效，要到下一个扫描周期输入采样阶段才被读入，使输入更新，这时响应时间最长。

由于 PLC 采用循环扫描的工作方式(即对信息串行处理方式)必定导致输入、输出延迟响应，产生滞后现象。对于一般工业控制要求，这种滞后现象是允许的。但是对那些要求响应时间小于扫描周期的控制系统则不能满足，这时可以使用智能输 I/O 单元(如快速响应 I/O 模块)或专门的指令(如立即 I/O 指令)，通过与扫描周期脱离的方式来解决。

小　　结

PLC 是一种工业控制计算机，由硬件和软件组成。硬件有 CPU、存储器、I/O 接口、编程器、特殊功能模块等；软件由系统软件和用户(应用)软件构成。

在系统程序的管理下，PLC 以循环扫描的工作方式通过运行应用程序，对控制要求进行处理判断，并通过执行用户程序来实现控制任务。

FX_{2N} 是三菱公司 FX 系列产品中最先进的子系列，其标准特点在最大范围涵盖了 FX 其他系列，同时具有执行速度更快、通信功能更强，模块齐全等特点。

习　　题

1．PLC 常用的存储器有哪几种？它们各有什么特点？分别用来存储什么信息？

2．PLC 主要有哪些外部设备？各有何作用？

3．什么是直流、交流输入接口单元？它们各有什么特点？分别适用于什么场合？

4．什么是晶体管型、晶闸管型、继电器型输出接口单元？简述它们的特点和使用场合。

5．以 FX_{2N}-40MR-D 为例，说明 FX 系列 PLC 型号命名格式中各符号代表的含义是什么。

6．FX_{2N} 系列 PLC 的硬件主要包括哪些部分？各单元之间如何连接？各单元的主要作用是什么？

7．简述 PLC 的基本工作原理，并说明 PLC 在输入和输出的处理上有什么特点。

8．什么是 PLC 的扫描周期？PLC 扫描周期的长短与哪些因素有关？

第 3 章

可编程控制器程序设计基础

本章主要介绍可编程控制器程序设计的基础知识，包括可编程控制器编程语言、FX_{2N}系列可编程控制器的内部编程等效元件及功能。通过可编程控制器与微型计算机及继电器控制的比较，了解其区别和各自的特点。

教学要求

学习并理解可编程控制器的编程元件的概念，熟练掌握编程指令，尤其是各等效元件的功能、使用方法及编号范围应重点掌握。

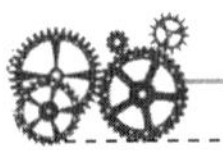

3.1 PLC 的编程语言

3.1.1 PLC 编程语言的国际标准

PLC 是专为工业控制而开发的装置，主要使用者是企业电气技术人员。为了适应他们的传统习惯和掌握能力，通常 PLC 不采用计算机编程语言，而采用面向控制过程、面向问题的“自然语言”编程。国际电工委员会(IEC)1994 年 5 月公布的 IEC 61131-3《可编程控制器语言标准》详细地说明了句法、语义和下述 5 种编程语言。

(1) 梯形图(Ladder Diagram，LD)。

(2) 顺序功能图(Sequential Function Chart，SFC)，也称为状态转移图。

(3) 功能块图(Function Black Diagram，FBD)。

(4) 指令语言(Instruction List，IL)。

(5) 结构文本(Structured Text，ST)。

其中梯形图(LD)和功能块图(FBD)为图形语言，指令语言(IL)和结构文本(ST)为文字语言，顺序功能图(SFC)是一种结构块控制流程图。

目前已有越来越多生产 PLC 的厂家提供符合 IEC 61131-3 标准的产品，有的厂家推出在个人计算机上运行的“PLC 软件包”也是按 IEC 61131-3 标准设计的。

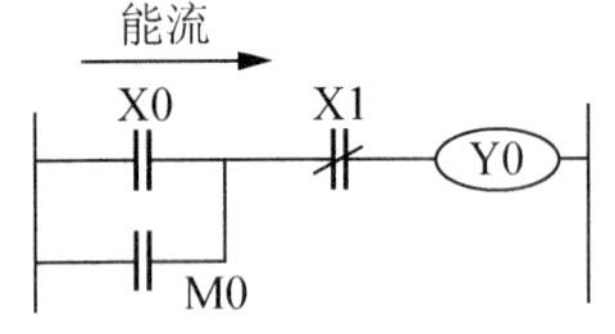

图 3.1 梯形图基本结构形式

1. 梯形图

梯形图是使用得最多的图形编程语言，其基本结构形式如图 3.1 所示。梯形图与继电器控制系统的电路图很相似，特别适用于开关量逻辑控制。梯形图常被称作电路或程序，梯形图的设计称为编程。梯形图由触点、线圈和应用指令等组成。线圈通常代表逻辑输出结果和输出标志位。触点代表逻辑输入条件。

在进行梯形图编程过程时一般会涉及以下几个基本概念。

1) 能流

在梯形图中为了分析各个元器件间的输入与输出关系，就会假想一个概念电流，也称作能流(power flow)。一般认为电流是按照从左到右的方向流动，这一方向与执行用户指令顺序时的逻辑运算关系是一致的。在图 3.1 中，当 X0 与 X1 的触点接通，或 M0 与 X1 的触点接通时，就会有一个假想的能流流过 Y0 的线圈，使线圈通电。利用能流这一概念，可以帮助我们更好地理解和分析梯形图，能流只能从左向右流动。

2) 母线

梯形图两侧的垂直公共线称为母线(bus bar)。母线之间有能流从左向右流动。通常梯形图中的母线有左右两条，左侧的母线必须画出，但右侧母线可以省略不画。

3) 软触点

PLC 梯形图中的某些编程元件沿用了继电器这一名称，如输入继电器、输出继电器、内部辅助继电器等，但是它们不是真实的物理继电器，而是一些存储单元(称为软继电器)，

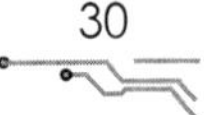

每个软继电器的触点与PLC存储器中映像寄存器的一个存储单元相对应，所以把这些触点称为软触点。这些软触点的“1”或“0”状态代表着相应继电器触点或线圈的接通或断开。而且对于PLC内部的软触点，该存储单元如果为“1”状态，表示梯形图中对应软继电器的线圈通电，其常开触点接通，常闭触点断开。在继电器控制系统的接线中，触点的数目是有限的，而PLC内部的软触点的数目和使用次数是没有限制的，用户可以根据控制现场的具体要求在梯形图程序中多次使用同一软触点。

2. 功能块图

这是一种类似于数字逻辑门电路的编程语言，有数字电路基础的人很容易掌握。该编程语言用类似与门、或门的方框来表示逻辑运算关系。方框的左侧为逻辑运算的输入变量，右侧为输出变量。I/O端的小圆圈表示“非”运算，方框被“导线”连接在一起，信号自左向右流动。功能图块程序如图3.2所示。

3. 状态转移图

状态转移图如图3.3所示。它是一种有别于其他编程语言的图形语言，用来编制顺序控制程序。它提供了一种组织程序的图形方法，在状态转移图中可以用别的语言嵌套编程。步、转换和动作是顺序功能图中的3种主要元素。状态转移图主要用来描述开关量顺序控制系统，根据它可以很容易地画出顺序控制梯形图程序。

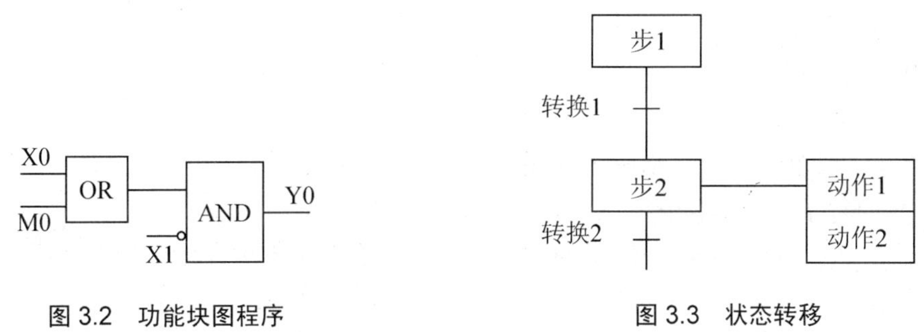

图3.2 功能块图程序

图3.3 状态转移

4. 指令语言

PLC的指令是一种与微机的汇编语言中的指令相似的助记符表达式。助记符表达式与梯形图有一一对应关系，由指令组成的程序叫做指令(表)程序。在用户程序存储器中，指令按步序号顺序排列。将图3.1所示梯形图程序用指令语言编写如下。

序号	操作码	操作数
1	LD	X0
2	OR	M0
3	ANI	X1
4	OUT	Y0

5. 结构文本

结构文本是为IEC 61131-3标准创建的一种专用的高级编程语言。它采用计算机的描述语句描述系统中各种变量之间的各种运算关系，完成所需的功能或操作。与梯形图相比，它能实现复杂的数学运算，编写的程序非常简洁和紧凑。在大中型的可编程控制器系统中，常采用结构文本设计语言来描述控制系统中各个变量的关系。它也被用于集散控制系统的编程和组态。在进行 PLC 程序设计过程中，除了允许几种编程语言供用户使用外，标准还规定编程者可在同一程序中使用多种编程语言，这使编程者能选择不同的语言来适应特殊的工作。

3.1.2 梯形图的特点

PLC 的梯形图源于继电器逻辑控制系统的描述，并与电气控制系统梯形图的基本构架和控制逻辑的本质是一致的，只是在使用符号和表达方式上有一定的区别。它采用梯形图的图形符号来描述程序设计，是 PLC 程序设计中最常用的一种程序设计语言。

梯形图程序设计语言采用因果关系描述系统发生的条件和结果。其中每个梯级是一个因果关系。在梯级中，描述系统发生的条件表示在左面，事件发生的结果表示在右面。PLC 的梯形图使用的内部继电器、定时/计数器等，都是由软件实现的，它的最大优点是使用方便，修改灵活，形象、直观和实用。这是传统电气控制的继电器硬件接线无法比拟的。

关于梯形图的格式，一般有如下一些要求：每个梯形图网络由多个梯级组成；每个输出元素可构成一个梯级，每个梯级可有多个支路；通常每个支路可容纳 11 个编程元素，最右边的元素必须是输出元素；一个梯级最多允许 16 条支路。

关于梯形图有以下几个基本特点。

(1) PLC 梯形图与电气控制原理图相对应，具有直观性和对应性，并与传统的继电器逻辑控制技术一致。

(2) 梯形图中的“能流”不是实际意义的电流，而是“概念”电流，是用户程序解算中满足输出执行条件的形象表示方式。“能流”只能从左向右流动。

(3) 梯形图中各编程元件所描述的常开触点和常闭触点可在编制用户程序时无限引用，不受次数的限制，既可常开又可常闭。

(4) 梯形图格式中的继电器与物理继电器是不同的两个概念。PLC 的编程元件沿用了继电器这一名称，如输入继电器、输出继电器、内部辅助继电器等。对于 PLC 来说，其内部的继电器并不是实际存在的具有物理结构的继电器，而是指软件中的编程元件(软继电器)。编程元件中的每个软继电器触点都与 PLC 存储器中的一个存储单元相对应。因此，在应用时，须与原有继电器逻辑控制技术的有关概念区别对待。

(5) 梯形图中输入继电器的状态只取决于对应的外部输入电路的通断状态，因此在梯形图中没有输入继电器的线圈。输出线圈只对应输出映像区的相应位，不能用该编程元件直接驱动现场机构，位的状态必须通过 I/O 模板上对应的输出单元，才能驱动现场执行机构进行最后动作的执行。

(6) 根据梯形图中各触点的状态和逻辑关系，可以求出与图中各线圈对应的编程元件的 ON/OFF 状态，称为梯形图的逻辑解算。逻辑解算是按梯形图中从上到下、从左至右的顺序进行的。逻辑解算是根据输入映像寄存器中的值，而不是根据逻辑解算瞬时外部输入触点的状态来进行的。

(7) 梯形图中的用户逻辑解算结果很快就可为后面用户程序的逻辑解算利用。

(8) 梯形图与其他程序设计语言有一一对应关系，便于相互的转换和对程序的检查。但对于较为复杂的控制系统，与状态转移图等程序设计语言比较，梯形图的逻辑性描述还不够清晰。

3.2 FX_{2N}的编程等效元件

PLC 在软件设计中需要各种各样的逻辑器件和运算器件，称为编程元件。编程元件用来完成程序所赋予的逻辑运算、算术运算、定时、计数等功能。这些器件的工作方式和使用概念与硬件继电器类似，具有线圈和常开常闭触点。为便于区别，称 PLC 的编程元件为软元件。从编程者的角度看，可以不管这些器件的物理实现，只注重其功能，像在继电器-接触器电路中一样使用。

每种软元件根据其功能给一个名称并用相应的字母表示，如输入继电器 X、输出继电器 Y、定时器 T、计数器 C、辅助继电器 M、状态继电器 S、数据寄存器 D 等。当有多个同类软元件时，在字母的后面加以数字编号，该数字也是元件的存储地址。其中输入继电器和输出继电器用八进制数字编号，其他均采用十进制数字编号。

1. 输入继电器(X000～X267)

输入继电器与输入端子相连，其物理层面是 PLC 与外部用户输入设备连接的接口电路模块。功能层面，输入设备、输入端子、接口电路模块组成的输入模块可简化为图 3.4(a)所示的电路结构。这种电路结构的功能可以用“输入继电器”来等效。即 PLC 通过将外围输入设备的状态(接通或断开状态)转换成输入接口电路中“输入继电器”的“线圈”的通电、断电状态(接通时为“1”状态，断开时为“0”状态，这个过程实际为外围设备状态的读入)，并存储在输入映像寄存器中。每个输入模块电路都可以等效成一个输入继电器。

以图 3.4 为例，当输入端 X000 接受到外部输入设备(按钮)接通的信号时，发光二极管 VD_1、VD_2 导通。VD_2 作输入信号指示作用。在 VD_1 发光的激励下，光电三极管 VT 导通，驱动内部电路接通或断开。这里，VD_1、VT 的导通相当于继电器线圈的接通；内部电路的断开相当于继电器常开、常闭接点的通、断。图中的 R、C 构成输入滤波电路。图 3.4(b)为输入单元的等效电路，由图 3.4(b)可见，输入继电器的线圈连接到输入端。在 PC 内部，它还有无数对常开接点和常闭接点供编程时使用。输入继电器线圈只能由外部输入信号驱动，而不能由程序中的指令驱动。所以在程序中只能用其触点(即该输入继电器的专用数据存储区——输入映像寄存器的状态)，而不可用其线圈。由于输入继电器(X)为输入映像寄存器中的状态，所以其触点的使用次数不限。另外，输入继电器的触点只能用于内部编程，无法驱动外部负载。

FX 系列 PLC 的输入继电器以八进制数字进行编号，FX_{2N} 输入继电器的编号范围为 X000～X267(184 点)。需要注意的是，基本单元输入继电器的编号是固定的，扩展单元和扩展模块是按离基本单元最近的数开始编号。例如：基本单元 FX_{2N}-64M 的输入继电器编号为 X000～X037(32 点)，如果接有扩展单元或扩展模块，则扩展的输入继电器从 X040 开始编号。

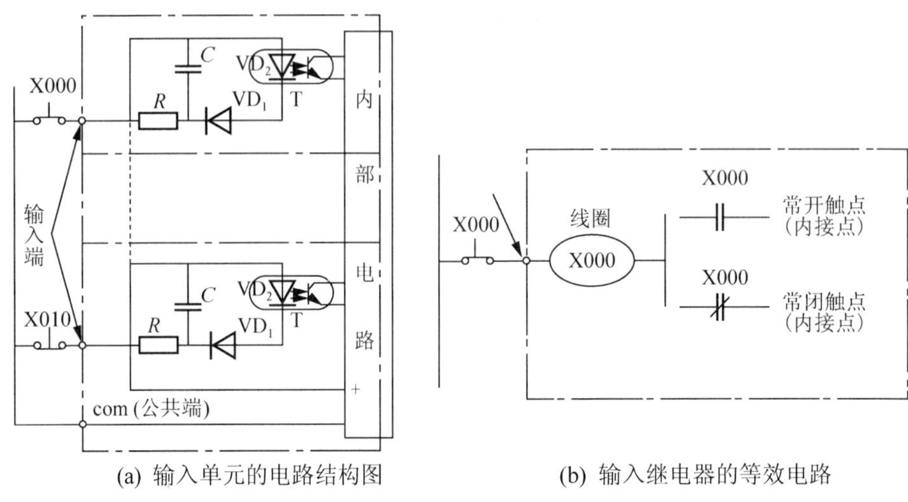

(a) 输入单元的电路结构图　　(b) 输入继电器的等效电路

图 3.4　输入继电器

2. 输出继电器(Y000～Y267)

输出继电器是 PC 与外部用户输出设备连接的接口单元，用以将 PLC 内部程序运算结果输出给外部负载(用户输出设备)。PLC 的继电器输出方式的电路图如图 3.5 所示。与输入继电器的概念相似，每个输出单元电路都可以等效成一个输出继电器。

现以 Y010 单元为例来说明其工作原理。PLC 运行程序后，如果运算结果是“1”，则输出接口电路模块中的三极管 VT 基射极接通信号，VT 导通，随之发光二极管 VD_1 导通，VD_1 作输入信号指示作用。继电器 J 线圈接通，其输出常开接点闭合，用以接通外部负载电路。这里，输出单元 Y010 当作是一个输出继电器，其等效电路如图 3.5(b)所示。由图可见，输出继电器的输出接点连接到输出端。输出继电器的通断是根据程序的执行结果而定，即输出继电器线圈是由 PLC 内部程序的指令驱动，其线圈状态传送给输出单元，再由输出单元对应的硬触点来驱动外部负载。

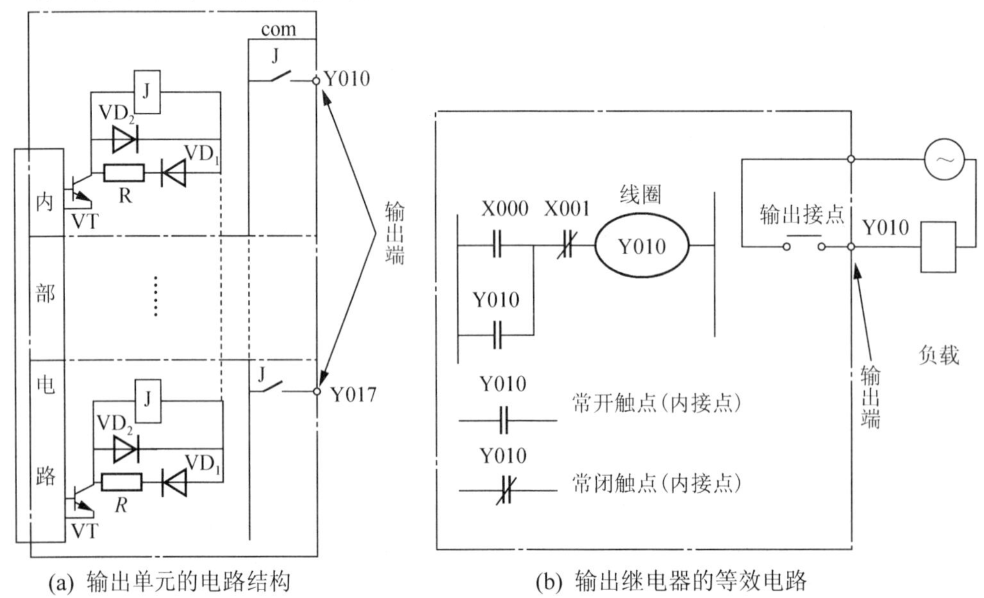

(a) 输出单元的电路结构　　(b) 输出继电器的等效电路

图 3.5　输出继电器

图3.6将输入/输出继电器的等效电路及PLC的梯形图软件与输入/输出设备的关系完整地表示出来。这样，在设计PLC的梯形图时，只要根据输入/输出继电器的等效电路的概念来完成逻辑控制关系的设计，不需要再画接口电路。

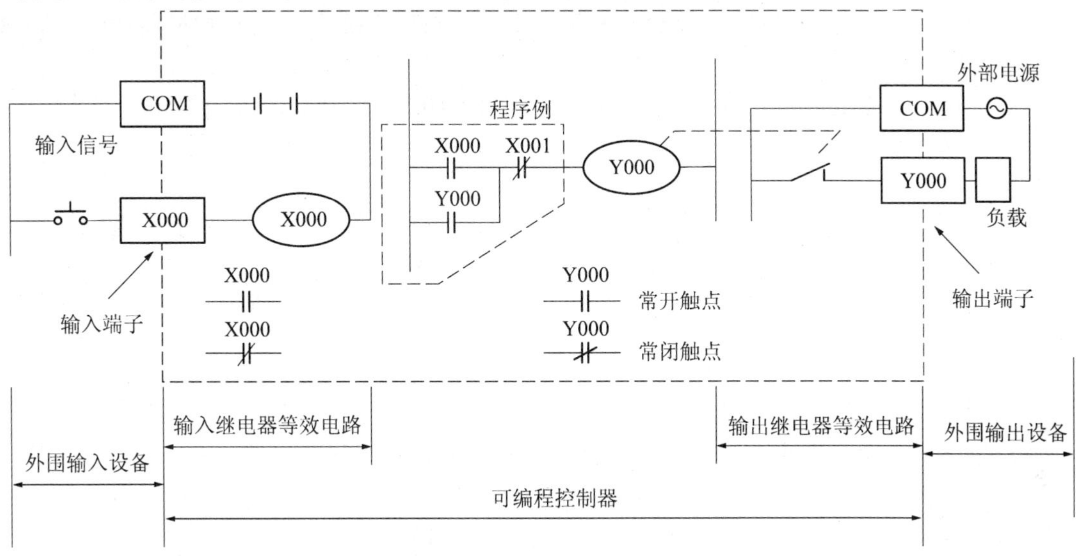

图 3.6 输入/输出继电器的等效电路

每个输出继电器在输出单元中都对应有唯一一个常开硬触点，其硬触点可以是继电器触点、可控硅触点、晶体管等输出元件。但在程序中供编程的输出继电器，不论是常开还是常闭触点，都可以无数次使用。

输出继电器编号范围为Y000～Y267(184点)。与输入继电器一样，输出继电器基本单元的编号是固定的，扩展单元和扩展模块的编号也是按与基本单元最靠近的数开始进行编号。

3. 辅助继电器(M)

一般的辅助继电器与继电器控制系统中的中间继电器相似。辅助继电器不能直接驱动外部负载。辅助继电器采用M与十进制数字共同组成编号(只有I/O继电器才用八进制数字)。

1) 通用辅助继电器(M0～M499)

FX_{2N}系列共有500点通用辅助继电器。通用辅助继电器在PLC运行时，如果电源突然断电，则全部线圈均为OFF。当电源再次接通时，除了因外部输入信号而变为ON的以外，其余的仍将保持OFF状态，它们没有断电保护功能。通用辅助继电器常在逻辑运算中作辅助运算、状态暂存、移位等。

根据需要可通过程序设定，将M0～M499变为断电保持辅助继电器。

2) 断电保持辅助继电器(M500～M3071)

FX_{2N}系列有M500～M3071共2572个断电保持辅助继电器。它与普通辅助继电器不同的是具有断电保护功能，即能记忆电源中断瞬时的状态，并在重新通电后再现其状态。它之所以能在电源断电时保持其原有的状态，是因为电源中断时用PLC中的锂电池保持其映像寄存器中的内容。其中M500～M1023可由软件将其设定为通用辅助继电器。

3) 特殊辅助继电器

PLC内有大量的特殊辅助继电器，它们都有各自的特殊功能。FX_{2N}系列中有256个特殊辅助继电器，可分成触点型和线圈型两大类。

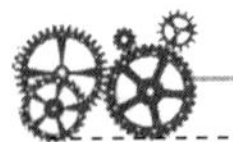

(1) 触点型。该类特殊辅助继电器的触点为只读型，用户可读取该触点来监视 PLC 的运行或获取时钟等状态。例如：

M8000——运行监视器(在 PLC 运行中接通)，M8001 与 M8000 的逻辑相反。

M8002——初始脉冲(仅在 PLC 从 STOP 到 RUN 时，瞬时接通一个扫描周期)，M8003 与 M8002 的逻辑相反。

M8011、M8012、M8013 和 M8014 分别是产生 10ms、100ms、1s 和 1min 时钟脉冲的特殊辅助继电器。

(2) 线圈型。由用户程序驱动线圈后 PLC 执行特定的动作。例如：

M8033——若使其线圈得电，则 PLC 停止时保持输出映像存储器和数据寄存器内容。

M8034——若使其线圈得电，则将 PLC 的输出全部禁止。

M8039——若使其线圈得电，则 PLC 按 D8039 中指定的扫描时间工作。

4. 状态继电器(S)

状态继电器是对工序步进型控制进行编程的重要软元件，与步进指令 STL 组合使用。如图 3.7 所示的状态转移图就应用了状态器 S。S 不仅用于步进指令中，也可作为一般的辅助继电器使用，如图 3.8 所示。与辅助继电器 M 一样，利用来自外围设备的参数设定，若 X100 为 ON，则 S10 被置位，M20 和 Y003 同时被置位。

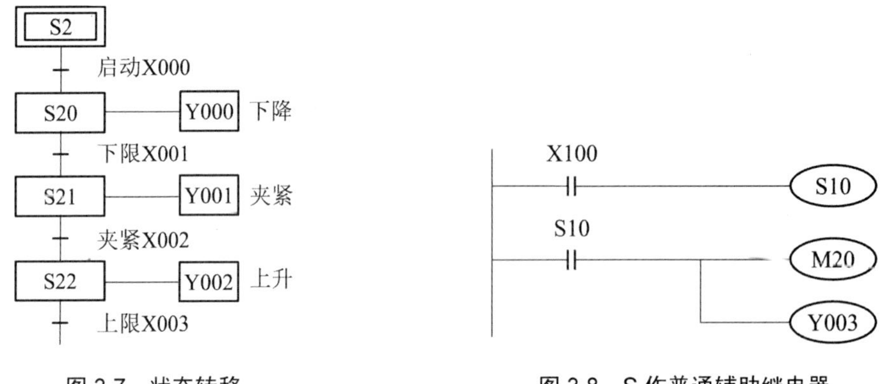

图 3.7 状态转移　　图 3.8 S 作普通辅助继电器

1) 初始状态器(S0～S9)

初始状态即为步进指令开始时的状态，存储初始状态的状态器称为初始状态器。在并行分支中最多可以有 10 个初始状态被同时选中。

2) 普通型(S10～S499)/断电保持型(S500～S899)

在图 3.7 所示的工序步进控制中，若初始状态器 S2 为 ON，当启动信号 X000 为 ON 时，状态器 S20 被置位(ON)，下降用的电磁阀 Y000 动作。若下限位开关 X001 为 ON，则状态 S21 被置位(ON)，夹紧用的电磁阀 Y001 动作。如果夹紧动作的限位开关 X002 为 ON，则状态器 S22 被置位(ON)，动作随着状态转移，而前状态也自动返回 OFF 状态。

普通型状态器在电源断开后，都变为 OFF 状态。而断电保持用的状态可记忆断电前的 ON/OFF 状态，所以，恢复供电后可以从中途工序开始运行。在应用指令(FNC60)IST 的使用中，S10～S19 被用作回零状态。

3) 信号报警器型状态器(S900～S999)

也称故障报警状态，主要用作外部故障诊断。在如图 3.9 所示的外部故障诊断梯形图

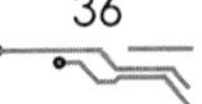

中，因为特殊辅助继电器 M8049 为 ON，则可对特殊数据寄存器 D8049 的内容进行监视，而 D8049 指出 S900～S999 状态中已被置位状态的最小地址号，该地址号对应某个特定的外部故障。图 3.9 中，当 Y000 为 ON 和 X000 为 OFF 的时间达 1s、X001 为 ON 和 X002 为 OFF 的时间达 2s、X003 为 ON 和 X004 为 OFF 的时间达 10s 时的 3 个特定外部故障发生时，分别置位 S900、S901 和 S902。而当 S900～S902 中有 ON 时，则 M8048 自动为 ON，外部故障指示 Y010 接通，查 D8049 的内容即可知道外部故障原因。发生多个故障时，X005 每接通一次，将按从小到大的地址号依次复位小地址的故障信号，同时在 D8049 中可知道下一个故障地址号。未驱动特殊辅助继电器 M8049 时，信号报警器型状态器与普通型状态器一样使用。

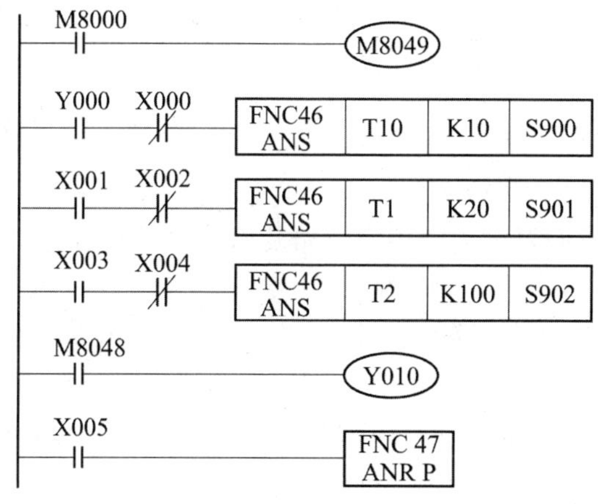

图 3.9 外部故障诊断梯形

5. 定时器(T)

定时器又称计时器，用于时间控制。根据设定时间值与当前时间值的比较，使定时器触点动作，也可以将当前时间值作为数值读取用于控制。不使用的定时器，可用作数据寄存器。

计时器对 PLC 内部的 1ms、10ms 和 100ms 等时钟进行计数，并将计数值存储于当前时间值寄存器中，在当前时间值寄存器中的数值等于或大于时间设定值寄存器中的设定值时，该定时器触点动作。

1) 定时器的地址号

定时器(T)的地址号见表 3-1。

表 3-1 定时器的地址号与功能

<table>
<tr><th>时 钟</th><th>100ms 型
0.1～3276.7s</th><th>10ms 型
0.01～327.67s</th><th>1ms 累积型
0.001～32.767s</th><th>100ms 累积型
0～3276.7s</th><th>机内容量型
0～255 个</th></tr>
<tr><td rowspan="2">定时器</td><td>T0～T199
200 点</td><td rowspan="2">T200～T245
46 点</td><td rowspan="2">T246～T249
4 点
执行中断用
断电保持型</td><td rowspan="2">T250～T255
6 点
断电保持型</td><td rowspan="2">用作功能扩展板
可连接容积 48 点</td></tr>
<tr><td>子程序用
T192～T199</td></tr>
</table>

2) 定时器的定时值设定

定时器的定时常数可采用立即数设定，也可用数据寄存器 D 间接寻址方法设定。

(1) 立即数设定方法如图 3.10 所示。当 X003＝ON，则将十进制整数 K100 赋予定时器 T10 的时间设定值寄存器，同时启动 T10 定时器，对 PLC 内部的 100ms 时基进行计数。

(2) 间接寻址方法设定如图 3.11 所示。当 X001＝ON，则将十进制整数 K100 赋予数据寄存器 D5，当 X003＝ON，将 D5 的数值(K100)赋予定时器 T10 的时间设定值寄存器，同时启动 T10 定时器，对 PLC 内部的 100ms 时基进行计数。

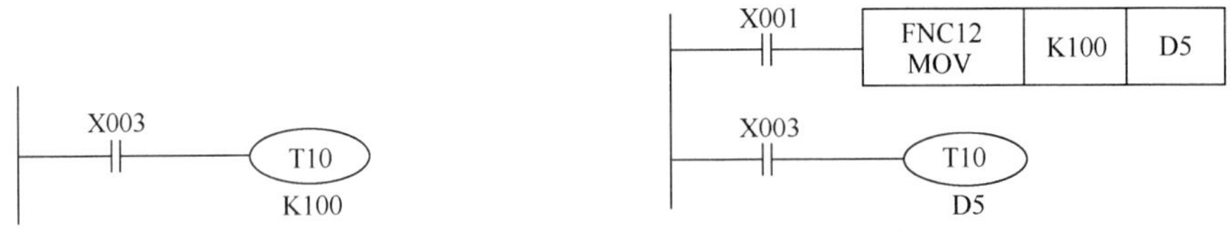

图 3.10　立即数设定　　　图 3.11　间接寻址方法设定

3) 定时器的功能

FX_{2N} 系列 PLC 的定时器分为通用定时器及积算型定时器两类。

(1) 通用定时器

通用定时器的特点是不具备断电保持功能，即当输入电路断开或停电时定时器复位。通用定时器有 100ms 和 10ms 通用定时器两种。

① 100ms 通用定时器(T0～T199)共 200 点。其中 T192～T199 为子程序和中断服务程序专用定时器。这类定时器是对 100ms 时钟累积计数，设定值为 1～32767，所以其定时范围为 0.1～3276.7s。

② 10ms 通用定时器(T200～T245)共 46 点。这类定时器是对 10ms 时钟累积计数，设定值为 1～32767，所以其定时范围为 0.01～327.67s。

通用定时器的工作原理如图 3.12 所示。当输入 X000 接通时，定时器 T200 从 0 开始对 10ms 时钟脉冲进行累积计数，当计数值与设定值 K123 相等时，定时器的常开接通 Y000，经过的时间为 123×0.01s=1.23s。当 X000 断开后定时器复位，计数值变为 0，其常开触点断开，Y000 也随之 OFF。若外部电源断电，定时器也将复位。

(2) 积算型定时器

积算型定时器具有计数累积的功能。在定时过程中如果断电或定时器线圈 OFF，积算型定时器将保持当前的计数值(当前值)，通电或定时器线圈 ON 后继续累积，即其当前值具有保持功能，只有将积算型定时器复位，其当前值才变为 0。

① 1ms 积算型定时器(T246～T249)共 4 点。这类定时器对 1ms 时钟脉冲进行累积计数的定时的时间范围为 0.001～32.767s。

② 100ms 积算型定时器(T250～T255)共 6 点。这类定时器对 100ms 时钟脉冲进行累积计数的定时的时间范围为 0.1～3276.7s。

积算型定时器的工作原理如图 3.13 所示。当 X000 接通时，T253 当前值计数器开始累积 100ms 的时钟脉冲的个数。当 X000 经 t_0 后断开，而 T253 尚未计数到设定值 K345，其计数的当前值保留。当 X000 再次接通，T253 从保留的当前值开始继续累积，经过 t_1 时间，当前值达到 K345 时，定时器的触点动作。累积的时间为 $t_0+t_1=0.1\times345s=34.5s$。当复位输

入 X001 接通时，定时器才复位，当前值变为 0，触点也跟随复位。

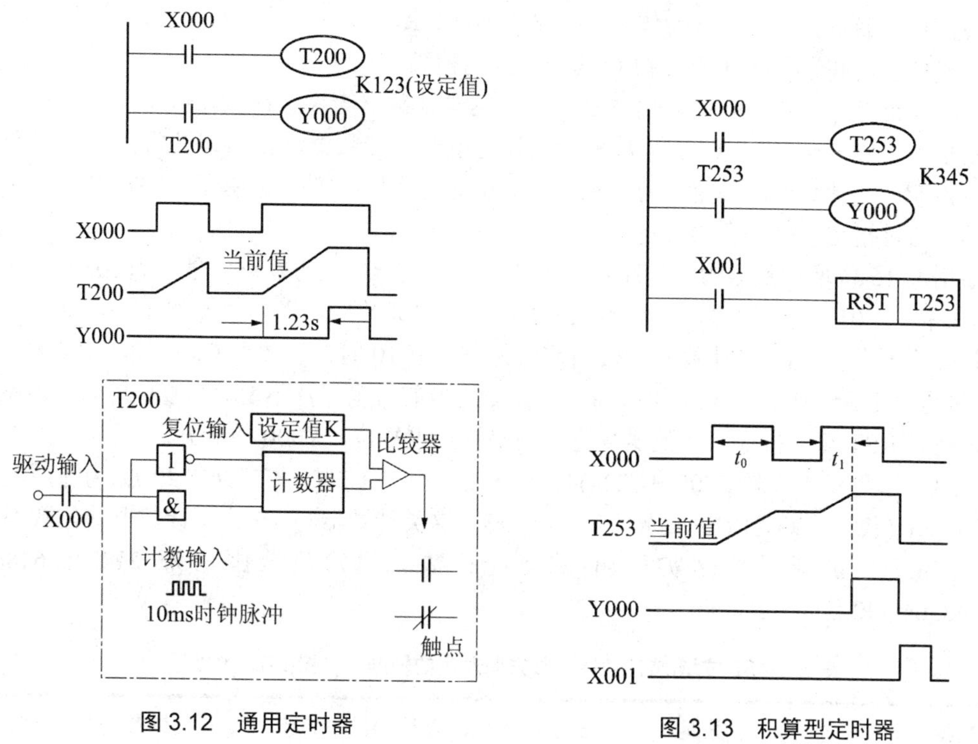

图 3.12　通用定时器

图 3.13　积算型定时器

6. 计数器(C)

计数器用于对 X、Y、M、S、T 和 C 等变量元件的触点通断次数进行计数。计数器与定时器相同，可以根据设定计数值与当前计数值的比较结果输出触点信号，也可以读取计数器的当前值用于控制。不使用的计数器，可用作数据寄存器。当用 MOV 等应用指令将小于当前值寄存器的数据写入设定值寄存器时，则在下次计数输入到来时，计数器触点立即接通，当前值寄存器的数值变为设定值。

当前值寄存器的最高位是符号位，符号位为“0”时，值为正数，符号位为“1”时，数值为负数。16 位当前值寄存器表示数值的有效范围是(K−32768)～(K+32767)，32 位当前值寄存器表示数值的有效范围是(K−2147483648)～(K+2147483647)。计数器的地址号与功能见表 3-2。

表 3-2　计数器的地址号与功能

计数器	16 位增计数型计数器		32 位增/减计数型计数器 −2147483648～+2147483647	
	普通型	断电保持型	普通型	断电保持型
地址号	C0～C99，100 点①	C100～C199，100 点②	C200～C219，20 点①	C220～C234，15 点②

注：① 为非停电保持型，利用参数设定，可变为停电保持型。

② 为停电保持型，利用参数设定，可变为非停电保持型。

FX_{2N} 系列计数器分为内部计数器和高速计数器两类。

1) 内部计数器

内部计数器是在执行扫描操作时对内部信号(如 X、Y、M、S、T 等)进行计数。内部输入信号的接通和断开时间应比 PLC 的扫描周期稍长。

(1) 16 位增计数器(C0～C199)共 200 点。这类计数器为递加计数，应用前先对其设置一设定值，当输入信号(上升沿)个数累加到设定值时，计数器动作，即其常开触点闭合、常闭触点断开。计数器的设定值为 1～32767(16 位二进制)。设定值除了用常数 K 设定外，还可间接通过指定数据寄存器设定。

通用型 16 位增计数器的工作原理如图 3.14 所示。X010 为复位信号，当 X010 为 ON 时 C0 复位。X011 是计数输入，每当 X011 接通一次计数器，当前值增加 1(注意 X010 断开，计数器不会复位)。当计数器计数当前值为设定值 10 时，计数器 C0 的输出触点动作，Y0 被接通。此后即使输入 X11 再接通，计数器的当前值也保持不变。当复位输入 X010 接通时，执行 RST 复位指令，计数器复位，输出触点也复位，Y000 被断开。

(2) 32 位增/减计数器(C200～C234)共有 35 点，其中 C200～C219(共 20 点)为通用型，C220～C234(共 15 点)为断电保持型，见表 3-3。这类计数器与 16 位增计数器除位数不同外，还在于它能通过控制实现加/减双向计数。设定值范围均为-2147483648～+2147483647(32 位)。

表 3-3　32 位增/减计数器计数方向对应的辅助继电器(M)的地址号

计数器地址号	方向切换	计数器地址号	方向切换	计数器地址号	方向切换	计数器地址号	方向切换
C200	M8200	C209	M8209	C218	M8218	C226	M8226
C201	M8201	C210	M8210	C219	M8219	C227	M8227
C202	M8202	C211	M8211	—	—	C228	M8228
C203	M8203	C212	M8212	C220	M8220	C229	M8229
C204	M8204	C213	M8213	C221	M8221	C230	M8230
C205	M8205	C214	M8214	C222	M8222	C231	M8231
C206	M8206	C215	M8215	C223	M8223	C232	M8232
C207	M8207	C216	M8216	C224	M8224	C233	M8233
C208	M8208	C217	M8217	C225	M8225	C234	M8234

C200～C234 是增计数还是减计数，分别由特殊辅助继电器 M8200～M8234 设定。对应的特殊辅助继电器被置为 ON 时为减计数，置为 OFF 时为增计数。

计数器的设定值与 16 位计数器一样，可直接用常数 K 或间接用数据寄存器 D 的内容作为设定值。在间接设定时，要用编号紧连在一起的两个数据寄存器。

如图 3.15 所示，X010 用来控制 M8200，X010 闭合时为减计数方式。X012 为计数输入，C200 的设定值为 5(可正、可负)。将 C200 置为增计数方式(M8200 为 OFF)，当 X012 计数输入累加由 4→5 时，计数器的输出触点动作。当前值大于 5 时计数器仍为 ON 状态。只有当前值由 5→4 时，计数器才变为 OFF。只要当前值小于 4，则输出保持为 OFF 状态。复位输入 X011 接通时，计数器的当前值为 0，输出触点也随之复位。

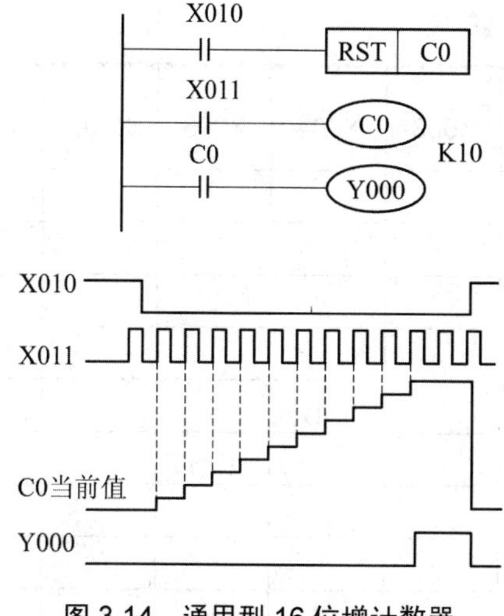

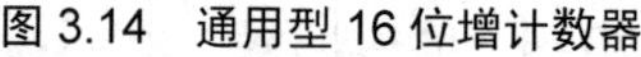

图 3.14 通用型 16 位增计数器

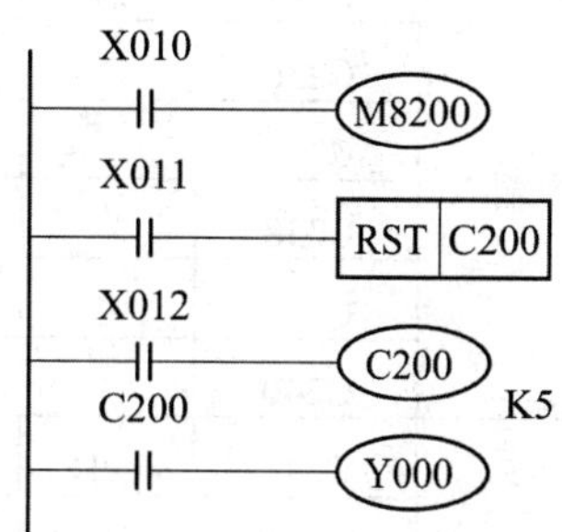

图 3.15 32 位增/减计数器

2) 高速计数器(C235～C255)

高速计数器与内部计数器相比除允许输入频率高之外，应用也更为灵活。高速计数器均有断电保持功能，通过参数设定也可变成非断电保持。FX_{2N} 有 C235～C255 共 21 点高速计数器。适合用来作为高速计数器输入的 PLC 输入端口有 X000～X007。X000～X007 不能重复使用，即某一个输入端已被某个高速计数器占用，既不能再用于其他高速计数器，也不能用作它用。各高速计数器对应的输入端见表 3-4。

高速计数器可分为如下 4 类。

(1) 单相单计数输入高速计数器(C235～C245)。其触点动作与 32 位增/减计数器相同，可进行增或减计数(取决于 M8235～M8245 的状态)。如图 3.16(a)所示为无启动/复位端单相单计数输入高速计数器的应用。当 X010 断开，M8235 为 OFF，此时 C235 为增计数方式(反之为减计数)。由 X012 选中 C235，从表 3-9 中可知其输入信号来自于 X000，C235 对 X000 信号增计数，当前值达到 1234 时，C235 常开接通，Y000 得电。X011 为复位信号，当 X011 接通时，C235 复位。

如图 3.16(b)所示为带启动/复位端单相单计数输入高速计数器的应用。由表 3-4 可知，X001 和 X006 分别为复位输入端和启动输入端。利用 X010 通过 M8244 可设定其增/减计数方式。当 X012 为接通，且 X6 也接通时，则开始计数，计数的输入信号来自于 X000，C244 的设定值由 D0 和 D1 指定。除了可用 X001 立即复位外，也可用梯形图中的 X011 复位。

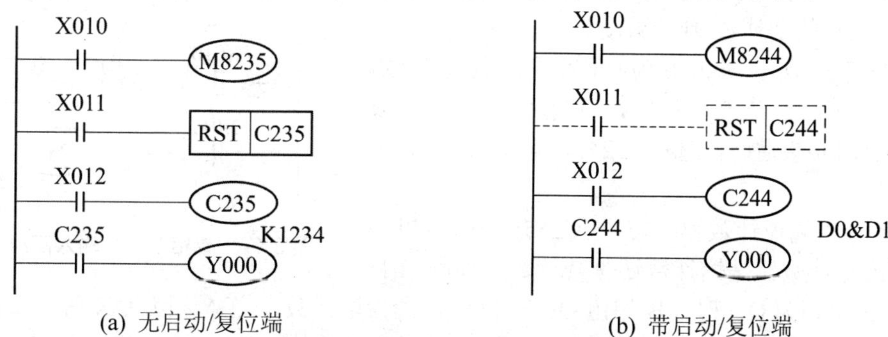

(a) 无启动/复位端　　(b) 带启动/复位端

图 3.16 单相单计数输入高速计数器

表 3-4　高速计数器简表

计数器 \ 输入		X000	X001	X002	X003	X004	X005	X006	X007
单相单计数输入	C235	U/D							
	C236		U/D						
	C237			U/D					
	C238				U/D				
	C239					U/D			
	C240						U/D		
单相单输入带启动/复位	C241	U/D	R						
	C242			U/D	R				
	C243				U/D	R			
	C244	U/D	R					S	
	C245			U/D	R				S
单相双计数输入	C246	U	D						
	C247	U	D	R					
	C248				U	D	R		
	C249	U	D	R				S	
	C250				U	D	R		S
双相	C251	A	B						
	C252	A	B	R					
	C253				A	B	R		
	C254	A	B	R				S	
	C255				A	B	R		S

注：U 为加计数输入，D 为减计数输入，B 为 B 相输入，A 为 A 相输入，R 为复位输入，S 为启动输入。X006、X007 只能用作启动信号，而不能用作计数信号。

(2) 单相双计数输入高速计数器(C246～C250)。这类高速计数器具有两个输入端，一个为增计数输入端，另一个为减计数输入端。利用 M8246～M8250 的 ON/OFF 动作可监控 C246～C250 的增计数/减计数动作。

如图 3.17 所示，X010 为复位信号，其有效 ON 则 C248 复位。由表 3-4 可知，可利用 X005 对其复位。当 X011 接通时，选中 C248，输入来自 X003 和 X004。

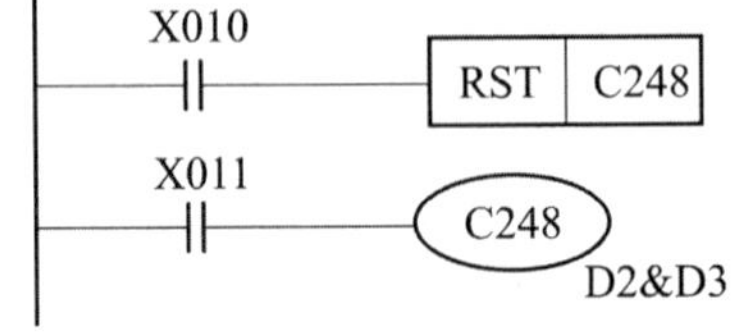

图 3.17　单相双计数输入高速计数器

(3) 双相高速计数器(C251～C255)。A 相和 B 相信号决定计数器是增计数还是减计数。如图 3.18 所示，当 A 相为 ON 时，B 相由 OFF 到 ON，则为增计数；当 A 相为 ON 时，B 相由 ON 到 OFF，则为减计数。当 X012 接通时，C251 计数开始。由表 3-4 可知，其输入来自 X000(A 相)和 X001(B 相)。只有当计数使当前值超过设定值，则 Y002 为 ON。如果 X011 接通，则

计数器复位。根据不同的计数方向，Y003 为 ON(增计数)或为 OFF(减计数)，即用 M8251～M8255，可监视 C251～C255 的加/减计数状态。

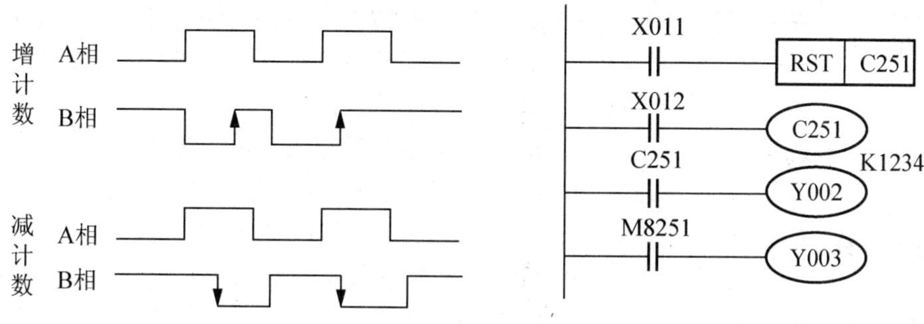

图 3.18 双相高速计数器

注意：高速计数器的计数频率较高，它们的输入信号的频率受两方面的限制。一是全部高速计数器的处理时间，因采用中断方式，所以计数器用的越少，则可计数频率就越高；二是输入端的响应速度，其中 X000、X002、X003 最高频率为 10kHz，X001、X004、X005 最高频率为 7kHz。

7. 数据寄存器(D)

PLC 在进行 I/O 处理、模拟量控制、位置控制时，需要许多数据寄存器存储数据和参数。数据寄存器为 16 位，最高位为符号位。可用两个数据寄存器来存储 32 位数据，最高位仍为符号位。数据寄存器有以下几种类型。

1) 通用数据寄存器(D0～D199)

通用数据寄存器共 200 点。当 M8033 为 ON 时，D0～D199 有断电保护功能；当 M8033 为 OFF 时则无断电保护，即当 PLC 由 RUN→STOP 或停电时，数据全部清零。

2) 断电保持数据寄存器(D200～D7999)

断电保持数据寄存器共 7800 点，其中 D200～D511(共 312 点)有断电保持功能，可以利用外部设备的参数设定改变通用数据寄存器与有断电保持功能数据寄存器的分配；D490～D509 供通信用；D512～D7999 的断电保持功能不能用软件改变，但可用指令清除其内容。根据参数设定可以将 D1000 以上的数据寄存器作为文件寄存器。

3) 特殊数据寄存器(D8000～D8255)

特殊数据寄存器共 256 点。特殊数据寄存器的作用是监控 PLC 的运行状态，如扫描时间、电池电压等。未加定义的特殊数据寄存器，用户不能使用。具体情况可参见用户手册。

8. 变址寄存器(V/Z)

FX_{2N} 系列 PLC 有 V0～V7 和 Z0～Z7 共 16 个变址寄存器，都是 16 位的寄存器。变址寄存器 V/Z 实际上是一种特殊用途的数据寄存器，其作用相当于计算机中的变址寄存器，用于改变元件的编号(变址)。例如，设 V0=5，则执行 D20V0 时，被执行的数据寄存器的地址编号为 D25(D20+5)。变址寄存器可以像其他数据寄存器一样进行读写，需要进行 32 位操作时，可将 V、Z 串联使用(Z 为低位，V 为高位)。

9. 指针(P、I)

在 FX 系列中，指针用来指示分支指令的跳转目标和中断程序的入口标号，分为分支

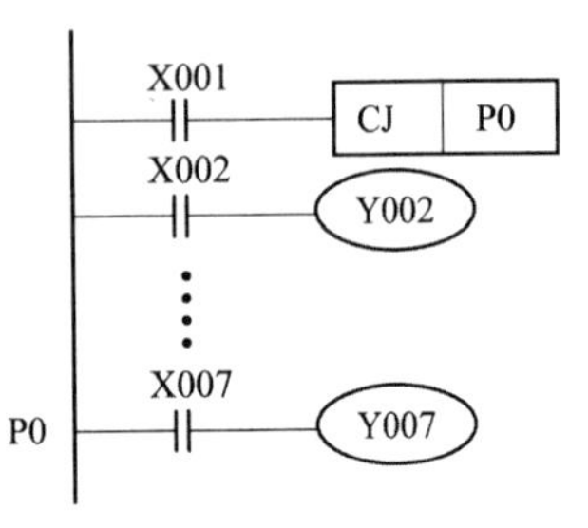

图 3.19 分支用指针

用指针、输入中断指针、定时中断指针和计数中断指针。

1) 分支用指针(P0～P127)

FX_{2N}有 P0～P127 共 128 点分支用指针。分支用指针用来指示跳转指令(CJ)的跳转目标或子程序调用指令(CALL)调用子程序的入口地址。

如图 3.19 所示，当 X001 常开接通时，执行跳转指令 CJ P0，PLC 跳到标号为 P0 处之后的程序去执行。

2) 中断指针(I0□□～I8□□)

中断指针用来指示某一中断程序的入口位置。执行中断后遇到 IRET(中断返回)指令，则返回主程序。中断用指针有以下 3 种类型。

(1) 输入中断指针(I00□～I50□)共 6 点，用来指示由特定输入端的输入信号而产生中断的中断服务程序的入口位置，这类中断不受 PLC 扫描周期的影响，可以及时处理外界信息。输入中断指针的编号格式如下所示。

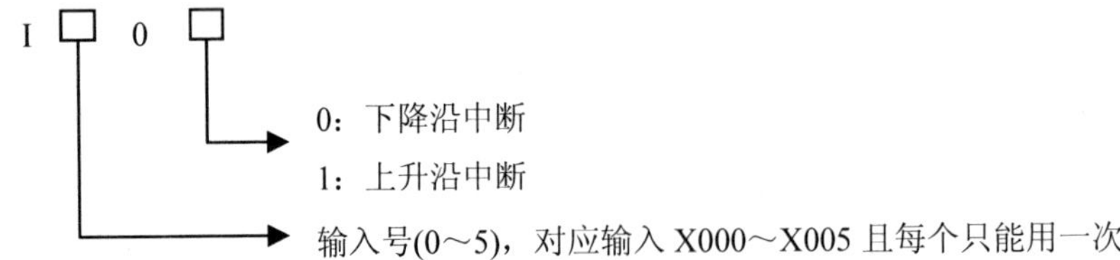

例如：当输入 X001 从 OFF→ON 变化时，执行以 I101 为标号的后面的中断程序，并根据 IRET 指令返回。

(2) 定时中断指针(I6□□～I8□□)共 3 点，是用来指示周期定时中断的中断服务程序的入口位置，这类中断的作用是 PLC 以指定的周期定时执行中断服务程序，定时循环处理某些任务，处理的时间也不受 PLC 扫描周期的限制。□□表示定时范围，可在 10～99ms 中选取。

(3) 计数中断指针(I010～I060)共 6 点，用在 PLC 内置的高速计数器中。根据高速计数器的计数当前值与计数设定值的关系确定是否执行中断服务程序，常用于利用高速计数器优先处理计数结果的场合。

10. 常数(K、H)

K 是表示十进制整数的符号，主要用来指定定时器或计数器的设定值及应用功能指令操作数中的数值；H 是表示十六进制数的符号，主要用来表示应用功能指令的操作数值。例如 20 用十进制表示为 K20，用十六进制则表示为 H14。

3.3 可编程控制器与微型计算机及继电器控制的区别

3.3.1 PLC 与微机(MC)的区别

从微型计算机(Micro-Computer)的应用范围来说，MC 是通用机，而 PLC 是专用机。微型计算机是在以往计算机与大规模集成电路基础上发展起来的，其最大特征是运算速度快，功能强，应用范围广。例如近代科学计算、科学管理和工业控制等都离不开它。所以说MC是通用计算机，而PLC是一种为适应工业控制环境而设计的专用计算机。但从工业控制角度来看，PLC则又是一种通用机。选配对应的模块便可适用于各种工业控制系统。用户只需改变用户程序即可满足工业控制系统的具体控制要求。如果采用MC作为某一设备的控制器，就必须根据实际需要，考虑干扰问题和硬件软件设计，以适应设备控制的专门需要。这样，势必把通用的MC转化成具有特殊功能的控制器，而成为一台专用机。

因此，PLC与MC的主要差异以及各自的特点如下。

(1) PLC抗干扰性能比MC高；

(2) PLC编程比MC简单；

(3) PLC设计调试周期短；

(4) PLC的输入/输出相应速度慢，有较大的滞后现象(一般为ms级)，而MC的响应速度快(为μs级)；

(5) PLC易于操作，人员培训时间短，而MC则较难，人员培训时间长；

(6) PLC易于维修，MC则较困难。

随着PLC功能的不断增强，越来越多地采用了微机技术；同时MC也为了适应用户需要，向提高可靠性、耐用性与便于维修的方向发展，两者相互渗透，使PLC与MC的差异越来越小，两者之间的界线也越来越模糊。

由于PLC与MC的各自的特点有极强的互补性，使得两者常共存于一个控制系统中。PLC集中在功能控制上，而MC则集中在信息处理上，如在数控机床和加工中心的大型设备的控制系统就是采用这种控制模式。

3.3.2 PLC与继电器控制的区别

在PLC的编程语言中，梯形图是最为广泛使用的语言。通过PLC指令系统将梯形图转变成PLC能接受的程序，由编程器将程序键入到PLC的用户存储区中去。

PLC的梯形图与继电器控制线路图十分相似，主要原因是PLC梯形图的发明大致上沿用了继电器控制电路元件符号，仅个别处有些不同。同时，信号输入/输出形式及控制功能也相同，但PLC的控制与继电器的控制有不同之处，主要是：

1. 组成器件不同

继电器控制线路是许多真正的硬件继电器组成的，而梯形图则由许多所谓“软继电器”组成。这些“软继电器”实质上是存储器中的每一位触发器，可以置“0”或置“1”。硬件继电器易磨损，而“软继电器”则无磨损现象。

2. 触点数量的不同

硬继电器的触点数量有限，用于控制的继电器的触点数一般只有4～8对；而梯形图中每只“软继电器”供编程使用的触点数有无限对。因为在存储器中的触发状态(电平)可取用任意次数。

3. 实施控制的方法不同

在继电器控制线路中，要实现某种控制是通过各种继电器之间的硬接线解决的。由于其控制功能已包含在固定线路之间，因此它的功能专一，不灵活；而 PLC 控制是通过梯形图即软件编程解决的，所以其灵活多变。

另外，在继电器控制线路中，为了达到某种控制目的，又要安全可靠，同时还要节约使用继电器接点，因此设置了许多制约关系的联锁电路；而在梯形图中，因它是扫描工作方式，不存在几个支路并列同时动作的因素，同时在软件编程中也可将联锁条件编制进去，因而 PLC 的电路控制设计比继电器控制设计大大简化了。

4. 工作方式不同

在继电器控制线路中，当电源接通时，线路中各继电器都处于受制约状态，即该吸合的继电器全部同时吸合，不应该吸合的继电器都因受某种条件的限制不能吸合。这种工作方式有时称为并行工作方式；而在梯形图的控制线路中，图中各软继电器都处于周期性循环扫描接通中，受同一条件制约的各个继电器的动作次序决定于程序扫描顺序。这种工作方式有时被称为串行工作方式。

一个继电器控制线路可以转化成 PLC 的梯形图，但由于工作方式的不同，即前者是并行工作方式，后者是串行工作方式，再加上 PLC 工作过程的特点还有集中输入、集中输出刷新等，因此 PC 的控制结构具有一定的特殊性，主要表现在以下两个方面。

输入/输出滞后现象是输入/输出反应延迟的实例，如图 3.20 所示。

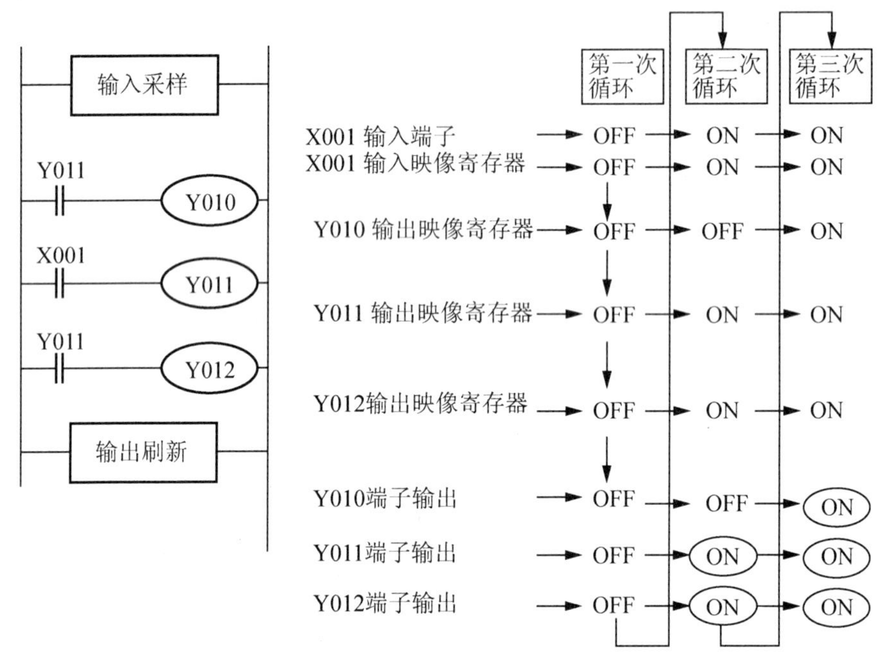

图 3.20 输入/输出的反应延迟

第一次循环：由于 X001 输入映像寄存器是 OFF，所有输出 Y010、Y011、Y012 均处于 OFF 状态。

第二次循环：在输入采样阶段，由于 X1 输入映像寄存器转为 ON，Y011 输出映像寄存器在执行程序后也为 ON，同时 Y012 输出映像寄存器也变为 ON。输出刷新后在输出端子 Y010=OFF，Y011=ON，Y012=ON。

第三次循环：由于 Y31 输出映像寄存器是 ON 状态，所以 Y011 也接通 ON 状态。可见，在输入条件接通后，输出将出现延迟响应。

最大延迟时间有可能占 2～3 个循环周期时间，所以延迟时间与程序长度、指令执行速度有关。

实际上，输入/输出滞后现象原因除了上面所说的 PLC 的集中输入集中刷新，程序循环执行有关外，还与输入滤波器造成的时间常数以及输出继电器机械滞后有关。对于一般工业控制设备来说，这些滞后现象是完全允许的。对有些设备，需要输入/输出作快速反应，则可采用快速响应模块、高速技术模块及中断处理。在选择 PC 机种时，也应考虑 PC 程序执行时间短，编制程序尽量精简，减少程序的执行时间等。

如果输入滤波时间常数近似为 5ms，这样，对应于输入信号最大响应时间等于循环周期加 5ms。

如果 FX_{2N} 的每一个程序语句平均需要 15μs，一个完整程序若有 1000 条语句，则最终的最大响应时间是：(15μs×1000)+6ms=21ms。

PLC 的梯形图中，不允许双重输出。图 3.21 是一个双重输出例子。图中，Y013 是双重输出。例如 X001=ON，X002=OFF 状态。由于 X001=ON，使 Y013 输出映像寄存器=ON，继而 Y014 输出映像寄存器=ON，由于 X002 对于第二个 Y013 是 OFF 状态，使得 Y013 输出映像寄存器内容重新改写成 OFF。最后在输出刷新阶段，端子的实际输出是 Y013=OFF，Y014=ON。

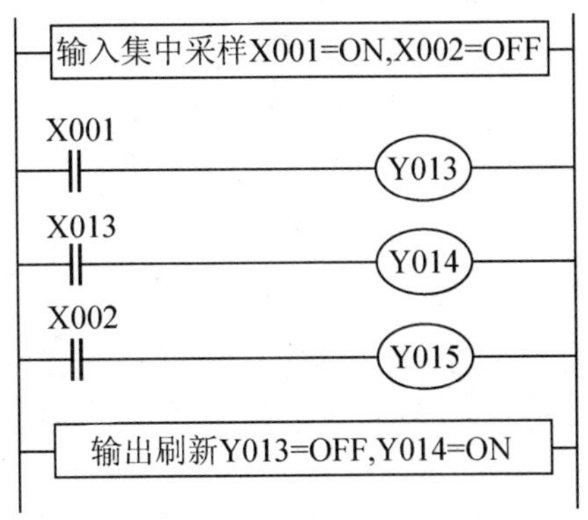

图 3.21　双重输出

可见，对于图 3.21 中的双重输出，输出处理是优先处理后者的工作程序。

小　　结

梯形图和指令语言是 PLC 的主要编程软件。

可编程控制器的内部编程等效元件是程序设计的重要基础概念。不同厂家、不同系列的 PLC，其内部软继电器(编程元件)的功能和编号也不相同。因此在使用 PLC 时，必须熟练掌握所选用 PLC 的编程元件的功能、编号、使用方法及注意事项。FX_{2N} 系列 PLC 的等效编程元件包括输入继电器 X、输出继电器 Y、定时器 T、计数器 C、辅助继电器 M、状态继电器 S、数据寄存器 D、变址寄存器 V/Z、指针、常数等。

编程指令是程序设计的基本要素，应熟练掌握编程指令的功能和用法。

习　题

1．PLC 有哪些常用的编程语言？

2．什么是“软元件”？FX_{2N} 系列 PLC 内部供编程使用的软元件有哪几种？说明它们的用途及编号。

3．输入继电器与输出继电器的等效电路是以什么为基础建立的？

4．当 X010 接通时，定时器 T217 开始计时 1s，如何对其设定？

5．FX_{2N} 系列 PLC 的计数器有哪些类型？各有什么特点？

6．32 位的数据寄存器是如何组成的？

7．状态继电器 S 有哪些类型？分别有什么用途？

8．PLC 与继电器控制电路相比，两者的主要区别是什么？

9．梯形图中的常开触点、常闭触点和线圈是如何表示的？

第 4 章

基本逻辑指令

PLC 中用于一般控制系统的逻辑编程的指令是基本逻辑指令。FX_{2N}的基本逻辑指令有 27 条，其功能很强，能解决实际生产中一般的继电器–接触器控制问题。

教学要求

本章要求学生了解 FX_{2N} 逻辑指令的类别、定义、书写方式和功能，掌握应用基本逻辑指令的功能、编程的规则、方法与步骤，能针对一般的工程控制要求应用基本逻辑指令编写工程控制程序。

4.1 基本逻辑指令

FX$_{2N}$ 可编程控制器有 13 类 27 条基本逻辑指令。基本逻辑指令可采用指令符和梯形图两种常用语言形式表达。每条基本逻辑指令都有特定的功能和应用对象。

4.1.1 逻辑取及线圈驱动指令 LD，LDI，OUT

1. 指令定义及应用对象

逻辑取及线圈驱动指令 LD，LDI，OUT 的定义及应用对象见表 4-1。

表 4-1 逻辑取及线圈驱动指令的定义与应用对象

指令符	名称	指令对象	程序步
LD	取指令	X，Y，M，S，T，C	1
LDI	取反指令	X，Y，M，S，T，C	1
OUT	线圈驱动指令	Y，M，S，T，C	Y，M：1； S，特殊 M：2； T：3； C：3～5

注：使用 M1563～M3071 时，程序步加 1。

2. 指令功能及说明

(1) LD，LDI 指令用于将常开/常闭触点连接到母线上，其他用法与后述的 ANB 指令组合，在分支起点处也可使用。

(2) OUT 指令是对输出继电器、辅助继电器、状态、定时器、计数器的线圈驱动指令。

(3) 并列的 OUT 命令能多次连续使用。

(4) 对于定时器的计时线圈或计数器线圈，使用 OUT 指令后，必须设定常数 K。

(5) 常数 K 的设定范围、实际的定时器常数、相对于 OUT 指令的程序步数(包含设定值)见表 4-2。

【例 4.1】 LD、LDI 及 OUT 指令的梯形图和指令程序见图 4.1。

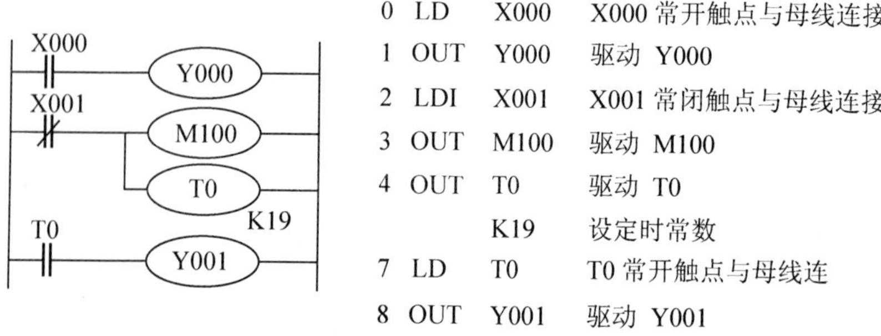

图 4.1 LD、LDI 及 OUT 指令应用

表 4-2　定时器、计数器的设定与步数

定时器，计数器	K 的设定范围	实际的设定值	步数
1ms 定时器	1～32767	0.001～32.767	3
10ms 定时器	1～32767	0.01～327.67	3
100ms 定时器		0.1～3276.7	
16 位计数器	1～32767	同左	3
32 位计数器	-2147483648～+2147483647	同左	5

4.1.2　触点串联指令 AND，ANI

1. 指令定义及应用对象

触点串联指令 AND，ANI 的定义及应用对象见表 4-3。

表 4-3　触点串联指令 AND，ANI 的定义与应用对象

指令符	名称	指令对象	程序步
AND	与	X，Y，M，S，T，C	1
ANI	与非	X，Y，M，S，T，C	1

注：使用 M1563～M3071 时，程序步加 1。

2. 指令功能及说明

(1) 用 AND/ANI 指令可串联连接单个常开/常闭触点。串联触点数量不受限制，该指令可多次使用。

(2) OUT 指令后，通过触点对其他线圈使用 OUT 指令，称为纵接输出(图 4.2 的 OUT M101 与 OUT Y004)。这样的纵接输出如果顺序不错，可重复多次。

串联触点数量和纵接输出次数不受限制，在显示数量及打印的字符功能上有限制时，建议尽量做到一行不超过 10 个触点和一个线圈，总共不超过 24 行。

(3) 如图 4.2 所示，紧接 OUT M101 以后，通过触点 T1 可以使用 OUT Y004，若驱动顺序相反(见图 4.3)，则必须使用后述的 MPS 指令。

【例 4.2】 AND/ANI 指令的梯形图和指令程序如图 4.2 所示。

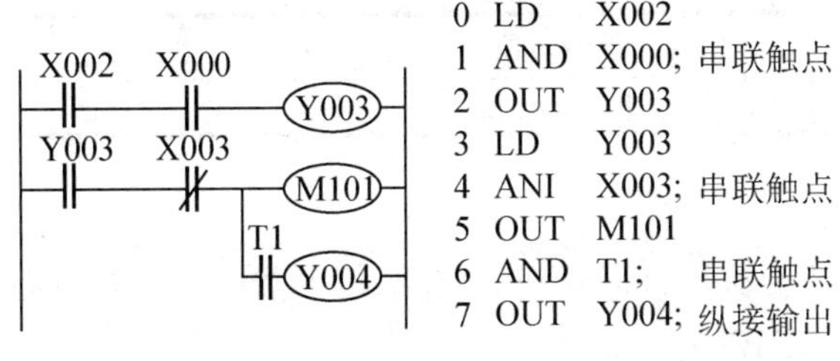

图 4.2　AND、ANI 指令应用

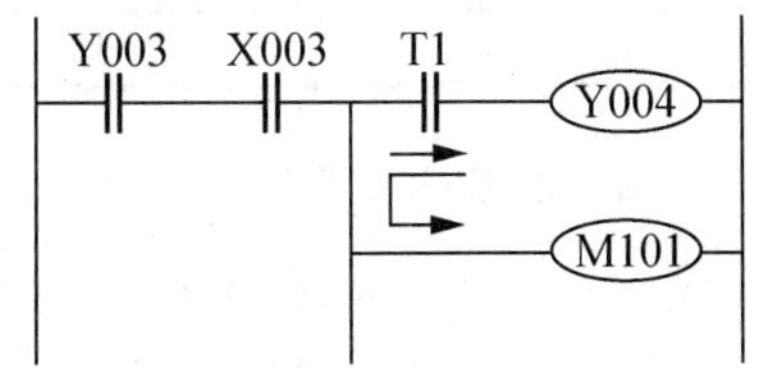

图 4.3　改变图 4.2 中的 Y004 驱动顺序

4.1.3 触点并联指令 OR，ORI

1. 指令定义及应用对象

逻辑或 OR，ORI 的定义及应用对象见表 4-4。

表 4-4 逻辑或指令的定义与应用对象

指令符	名称	指令对象	程序步
OR	或	X，Y，M，S，T，C	1
ORI	或非	X，Y，M，S，T，C	1

注：使用 M1563～M3071 时，程序步加 1。

2. 指令功能及说明

(1) OR，ORI 被用作单个常开/常闭触点的并联连接指令。

(2) OR，ORI 是指从该指令的步开始，与前述的 LD，LDI 指令步进行并联连接。并联连接的次数不受限制，在显示数量和打印字符功能等受限制时，建议在 24 行以下。

【例 4.3】 OR，ORI 指令应用的梯形图和指令程序见图 4.4。

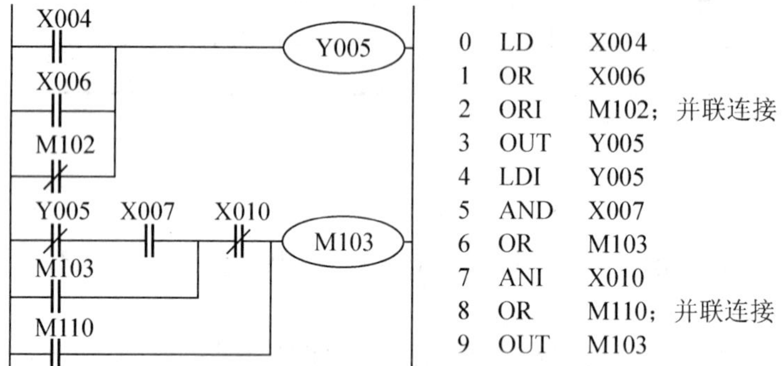

图 4.4 OR、ORI 指令应用

4.1.4 串联回路块并联指令 ORB

1. 指令定义及应用对象

串联回路块的并联指令定义及应用对象见表 4-5。

表 4-5 串联回路块的并联指令的定义与应用对象

指令符	名称	指令对象	程序步
ORB	回路块或	串联回路块	1

2. 指令功能及说明

(1) 由两个以上的触点串联连接的回路称为串联回路块。将串联回路块并联连接时，分支开始用 LD 或 LDI 指令，分支结束用 ORB 指令。

(2) ORB 指令是不带软元件编号的独立指令。

(3) 有多个串联回路并联连接时，如对每个回路块的并联连接逐个使用 ORB 指令，则串联回路数没有限制。

(4) ORB 指令也可成批使用，但是由于 LD、LDI 指令的重复次数限制在 8 次以下，因此编程时必须注意。

【例 4.4】 ORB 指令的梯形图和指令程序见图 4.5。

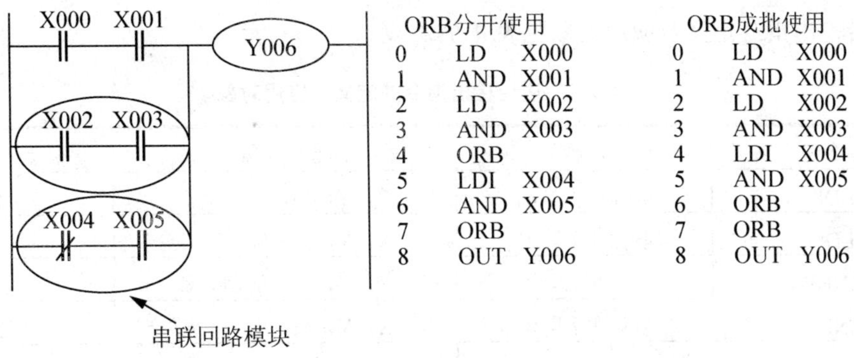

图 4.5　ORB 指令应用

4.1.5　并联回路块串联指令 ANB

1. 指令定义及应用对象

并联回路块的串联指令定义及应用对象见表 4-6。

表 4-6　并联回路块的串联指令的定义与应用对象

指令符	名称	指令对象	程序步
ANB	回路块与	并联回路块	1

2. 指令功能及说明

(1) 由两个以上的触点并联连接的回路称为并联回路块。当并联回路块与前面的回路串联连接时，使用 ANB 指令。分支的起点用 LD 或 LDI 指令，并联回路块结束后，使用 ANB 指令与前面的回路串联连接。

(2) 多个并联回路块按顺序和前面的回路串联时，ANB 指令的使用次数没有限制。也可成批使用 ANB 指令。在这种场合，要注意 LD 与 LDI 指令的使用次数限制在 8 次以下。

【例 4.5】 ANB 指令的梯形图和指令程序如图 4.6 所示。

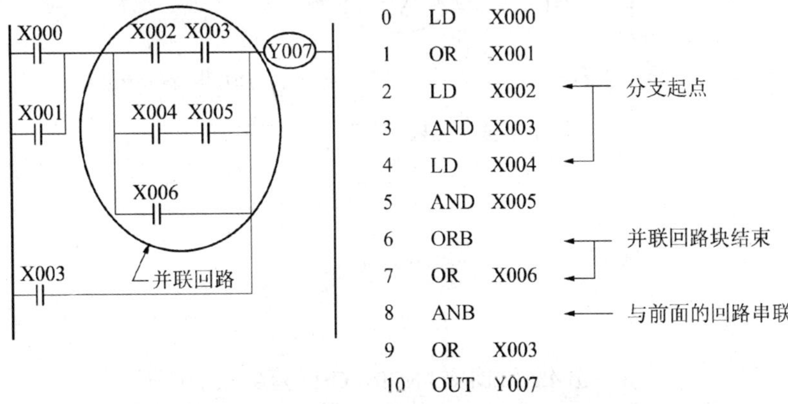

图 4.6　ANB 指令应用

4.1.6 边沿检出指令 LDP，LDF，ANDP，ANDF，ORP，ORF

1. 指令定义及应用对象

边沿检出指令定义及应用对象见表 4-7。

表 4-7 边沿检出指令的定义与应用对象

指令符	名称	指令对象	程序步
LDP	取脉冲上升沿	X，Y，M，S，T，C	2
LDF	取脉冲下降沿	X，Y，M，S，T，C	2
ANDP	与脉冲上升沿	X，Y，M，S，T，C	2
ANDF	与脉冲下降沿	X，Y，M，S，T，C	2
ORP	或脉冲上述沿	X，Y，M，S，T，C	2
ORF	或脉冲下降沿	X，Y，M，S，T，C	2

2. 指令功能及说明

(1) LDP，ANDP，ORP 指令是进行上升沿检出的触点指令，仅在指定位软元件的上升沿时(OFF→ON 变化时)接通一个扫描周期。

(2) LDF，ANDF，ORF 指令是进行下降沿检出的触点指令，仅在指定位软元件的下降沿时(ON→OFF 变化时)接通一个扫描周期。

(3) 利用上升沿检出和下降沿检出这一特性，可以利用同一信号进行状态转移。

【例 4.6】 LDP，LDF，ANDP，ANDF，ORP，ORF 指令的梯形图和指令程序如图 4.7 和图 4.8 所示。在图 4.7 与图 4.8 中，X000～X002 由 OFF→ON 或由 ON→OFF，M0 或 M1 仅有一个扫描周期接通。

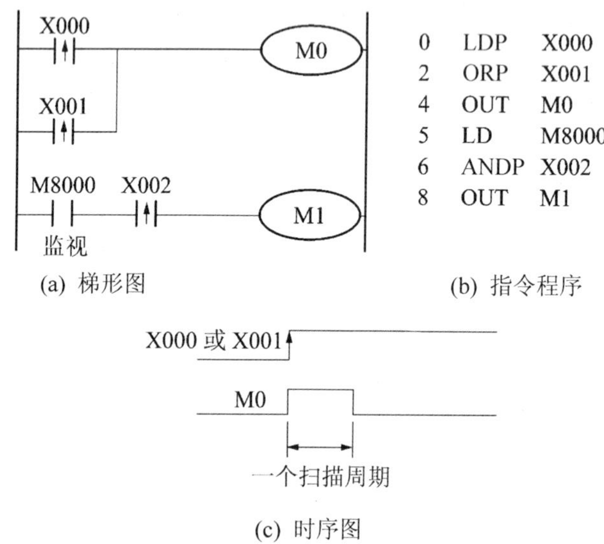

(a) 梯形图　(b) 指令程序

(c) 时序图

图 4.7 LDP，ANDP，ORP 指令应用

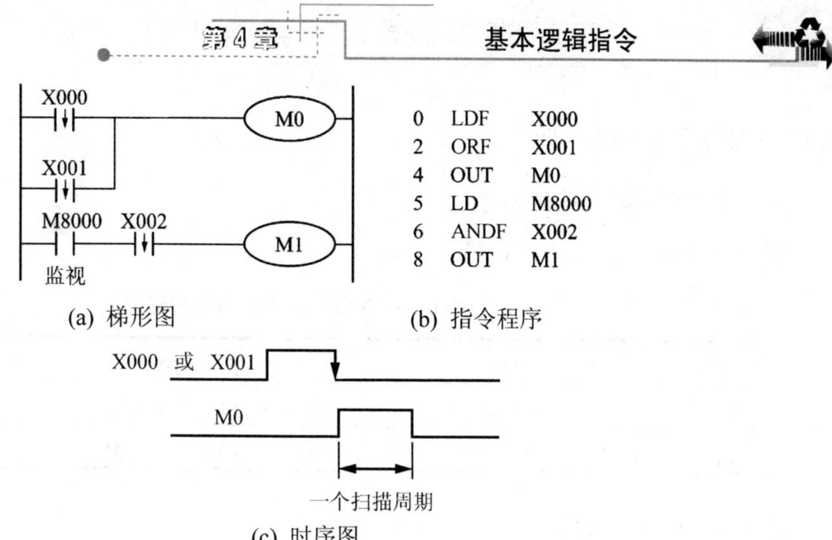

图 4.8　LDF，ANDP，ORF 指令应用

【例 4.7】　双稳态电路程序设计。图 4.9 是双稳态电路的梯形图和时序图。

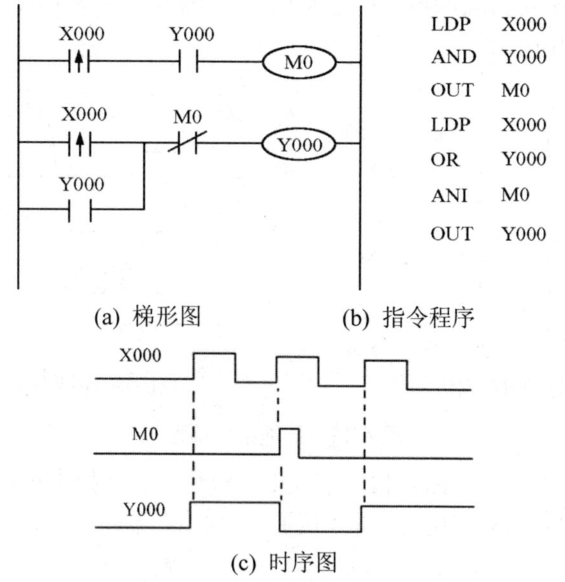

图 4.9　双稳态电路

【例 4.8】　图 4.10 所示的梯形图是 LDP 指令的应用例。当 X000 驱动 M0 后，①③执行 M0 的上升沿检出功能；而④为 LD 指令，因此在 M0 接通时，Y002 接通。

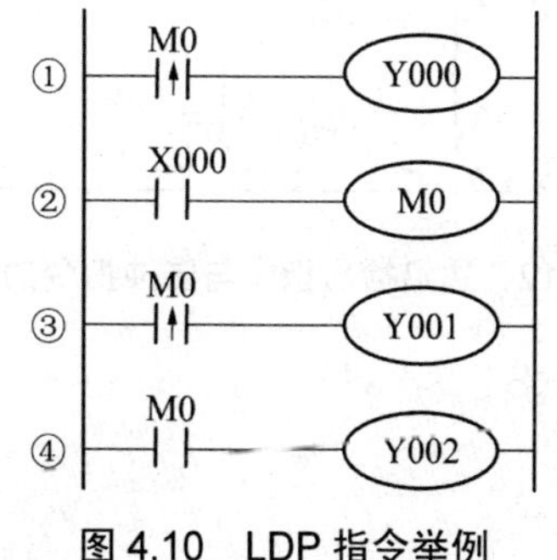

图 4.10　LDP 指令举例

4.1.7 脉冲指令 PLS，PLF

1. 指令定义及应用对象

脉冲指令定义及应用对象见表 4-8。

表 4-8 脉冲指令的定义与应用对象

指令符	名称	指令对象	程序步
PLS	上升沿脉冲	除特殊的 M 以外的 M，Y	1
PLF	下降沿脉冲	除特殊的 M 以外的 M，Y	1

2. 指令功能及说明

(1) 使用 PLS 指令时，仅在驱动输入为 ON 后的一个扫描周期内，软元件 Y，M 动作。

(2) 使用 PLF 指令时，仅在驱动输入为 OFF 后的一个扫描周期内，软元件 Y，M 动作。

【例 4.9】 X000、X001 作为脉冲指令的触发信号(见图 4.11)。X000、X001 与输出 Y000 的时序关系，如图 4.11(b)所示。

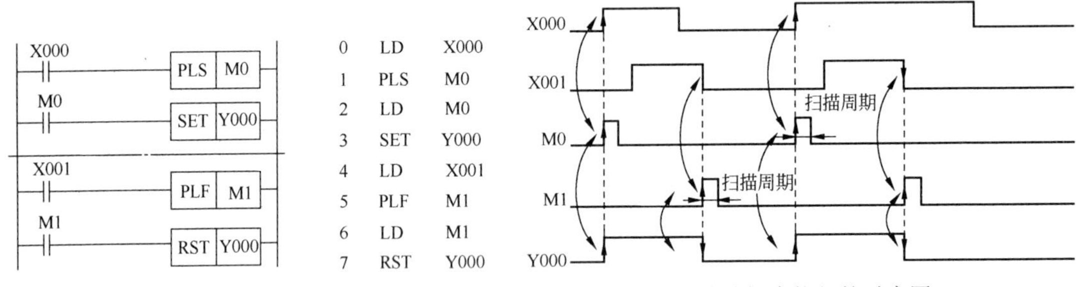

(a) 脉冲指令编程的梯形图　　(b) 脉冲指令执行的时序图

图 4.11 脉冲指令编程

(3) 相同动作的指令程序。图 4.12 中的 OUT 指令与脉冲指令程序有相同的动作。两种情况都在 X010 由 OFF→ON 变化时，M6 接通一个扫描周期。

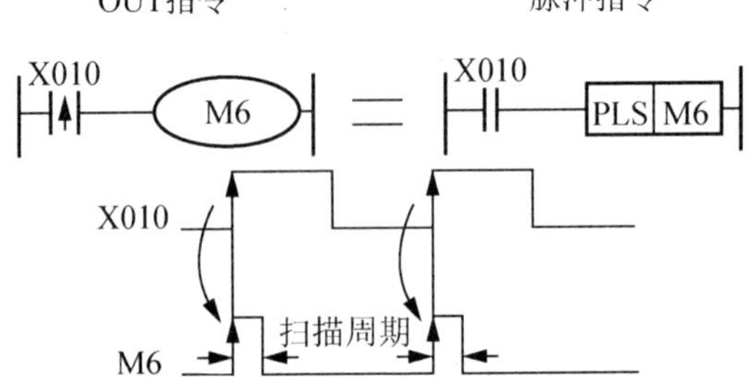

图 4.12 边沿检出指令与脉冲指令的比较

4.1.8 置位与复位指令 SET，RST

1. 指令定义及应用对象

置位与复位指令定义及应用对象见表 4-9。

表 4-9　置位与复位指令的定义与应用对象

指令符	名称	指令对象	程序步
SET	置位	Y，M，S	Y，M：1 S，特殊 M：2
RST	复位	Y，M，S，T，C，D，V，Z	T，C：2 D，V，Z，特殊 D：3

注：用 M1563～M3071 时，程序步加 1。

2. 指令功能及说明

(1) 在例 4.10 所示程序中，X000 一旦接通，即使再断开，Y000 仍然继续动作。X001 一旦接通，Y000 被复位。对于 M，S 也是一样的。

(2) 对于同一软元件，SET、RST 可多次使用，顺序也可随意，但最后执行者有效。

(3) 此外，要使数据寄存器(D)、变址寄存器(V)、(Z)的内容清零时，也可使用 RST 指令。

(4) 此外，累积定时器 T246～T255 的当前值的复位以及触点复位也可使用 RST 指令。

【例 4.10】 置位与复位令的梯形图与指令程序见图 4.13。

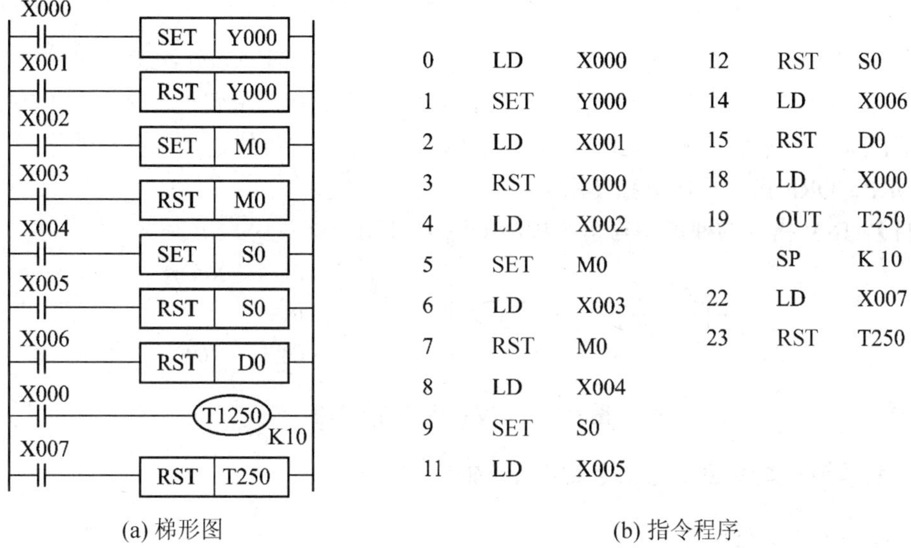

(a) 梯形图　　(b) 指令程序

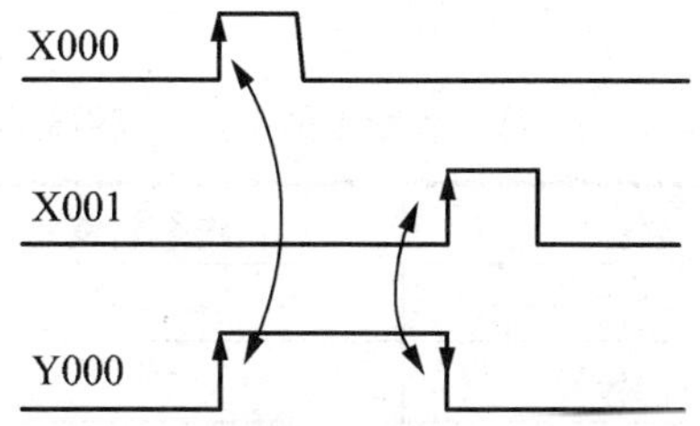

(c) X000，X001和Y000的时序图

图 4.13　置位与复位指令应用

4.1.9 反转指令 INV

1. 指令定义及应用对象

反转指令定义及应用对象见表 4-10。

表 4-10 反转指令的定义与应用对象

指令符	名称	指令对象	程序步
INV	反转	—	1

2. 指令功能及说明

(1) INV 指令是将 INV 指令执行之前的运算结果反转的指令，不需要指定软元件号。

执行 INV 指令前的运算结果	执行 INV 指令后的运算结果
OFF	ON
ON	OFF

(2) 在例 4.11 中，如果 X000 断开，则 Y000 为 ON，如果 X000 接通，则 Y000 断开。

(3) 在能输入 AND 或 ANI，ANDP，ANDF 指令步的相同位置处，可编写 INV 指令。

(4) INV 指令不能像指令 LD，LDI，LDP，LDF 那样与母线连接，也不能像指令 OR，ORI，ORP，ORF 指令那样单独使用。

【例 4.11】 INV 指令的梯形图与指令程序如图 4.14 所示。

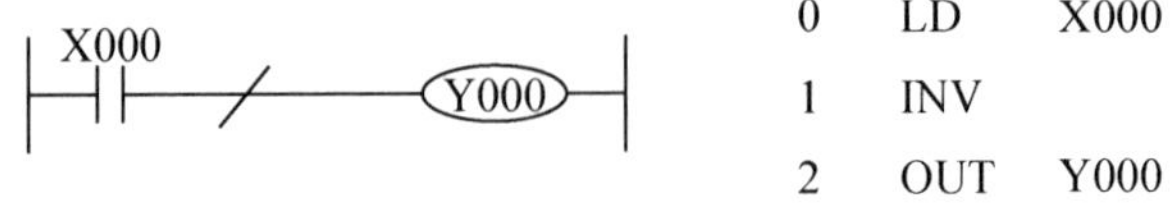

图 4.14 INV 指令的应用编程

4.1.10 栈存储器与多重输出指令 MPS，MRD，MPP

1. 指令定义及应用对象

栈存储器与多重输出指令定义及应用对象见表 4-11。

表 4-11 栈操作指令的定义与应用对象

指令符	名称	指令对象	程序步
MPS	进栈		1
MRD	读栈		1
MPP	出栈		1

2. 指令功能及说明

MPS(push)、MRD(read)和 MPP(pop)指令分别是进栈、读栈和出栈指令，它们用于多重输出电路。

FX 系列有 11 个存储中间运算结果的堆栈存储器(见图 4.15)，堆栈采用先进后出的数据存取方式。MPS 指令用于储存电路中有分支的逻辑运算结果。使用一次 MPS 指令，当时的逻辑运算结果压入堆栈的第一层，堆栈中原来的数据依次向下一层推移。MRD 指令读取存储在堆栈最上层的电路中分支点处的运算结果，将下一个触点强制性地连接在该点。读数后堆栈内的数据不会上下移动。MPP 指令弹出(调用并去掉)存储在堆栈最上层的电路中分支点对应的运算结果。将下一触点连接在该点，并从堆栈中去掉该点的运算结果。使用 MPP 指令时，堆栈中各层的数据向上移动一层，最上层的数据在读出后从栈内消失。这些指令都是不带软元件编号的独立指令。

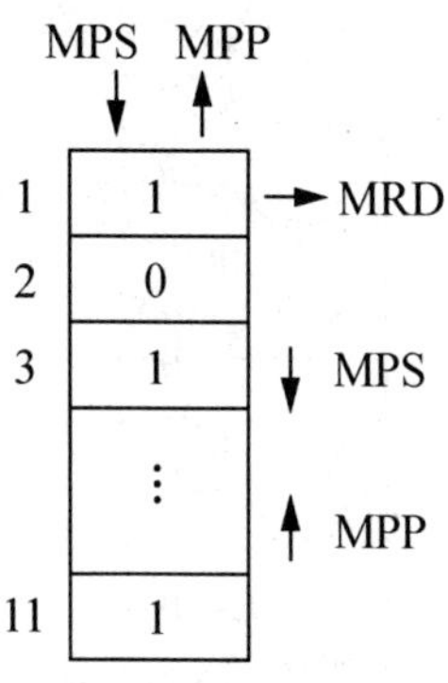

图 4.15 栈存储器与多重输出指令

【例 4.12】 栈操作指令的梯形图与指令程序如图 4.16 所示。

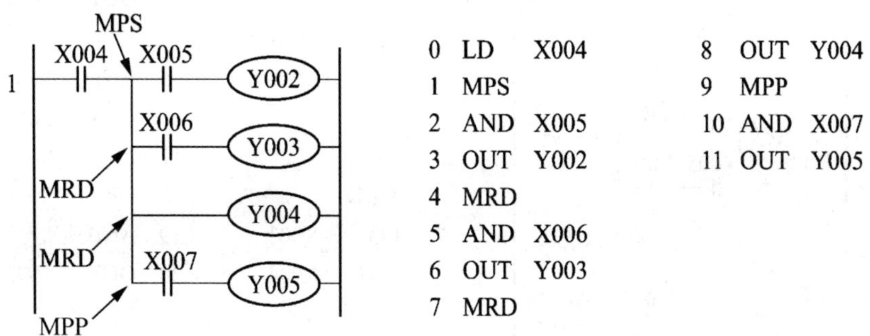

图 4.16 栈存储器与多重输出指令的编程

(1) 这项指令是进行例 4.12 所示的分支多重输出回路编程用的方便指令。利用 MPS 指令存储得出的运算中间结果，然后驱动 Y002。用 MRD 指令将该存储读出，再驱动输出 Y003 等输出继电器。

(2) MRD 指令可多次编程，但是在打印图形编程面板的画面显示方面有限制(并联回路 24 行以下)。

(3) 最终输出回路以 MPP 指令替代 MRD 指令，从而在读出上述存储的同时将它复位。

(4) MPS 指令也可重复使用，MPS 指令与 MPP 指令的数量差额少于 11，但最终二者的指令数要一样。

【例 4.13】 一段堆栈的梯形图与指令程序如图 4.17 所示。

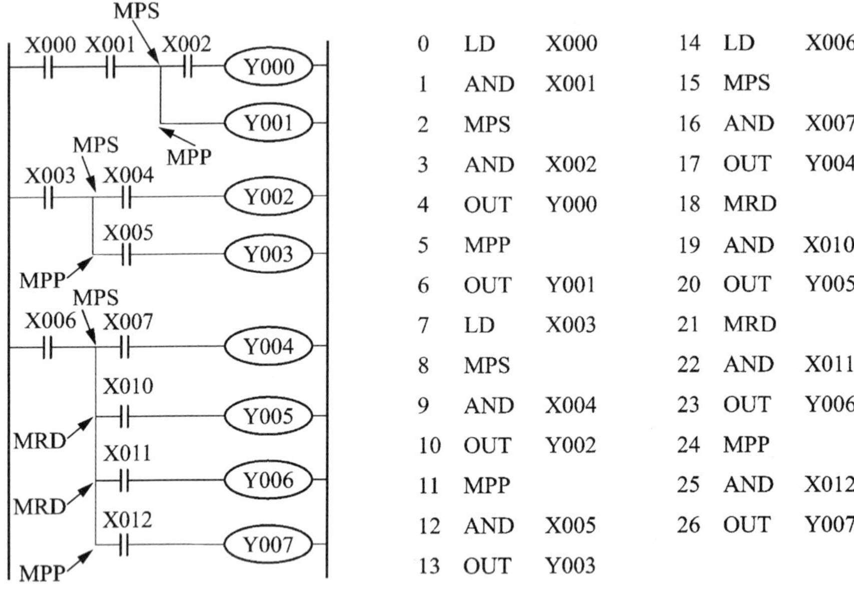


```
0   LD    X000        14  LD    X006
1   AND   X001        15  MPS
2   MPS               16  AND   X007
3   AND   X002        17  OUT   Y004
4   OUT   Y000        18  MRD
5   MPP               19  AND   X010
6   OUT   Y001        20  OUT   Y005
7   LD    X003        21  MRD
8   MPS               22  AND   X011
9   AND   X004        23  OUT   Y006
10  OUT   Y002        24  MPP
11  MPP               25  AND   X012
12  AND   X005        26  OUT   Y007
13  OUT   Y003
```

图 4.17　堆栈的编程

【例 4.14】　一段堆栈与 ANB，ORB 指令并用的梯形图与指令程序见图 4.18。

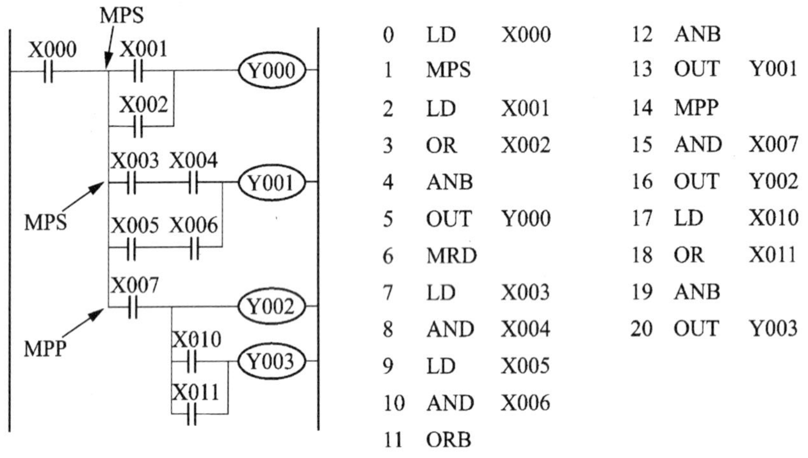


```
0   LD    X000        12  ANB
1   MPS               13  OUT   Y001
2   LD    X001        14  MPP
3   OR    X002        15  AND   X007
4   ANB               16  OUT   Y002
5   OUT   Y000        17  LD    X010
6   MRD               18  OR    X011
7   LD    X003        19  ANB
8   AND   X004        20  OUT   Y003
9   LD    X005
10  AND   X006
11  ORB
```

图 4.18　堆栈与 ANB，ORB 指令并用

【例 4.15】　两段堆栈的梯形图与指令程序见图 4.19。

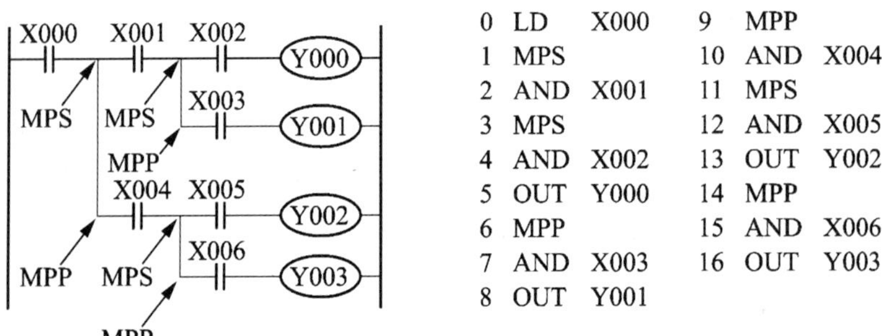


```
0  LD   X000     9   MPP
1  MPS           10  AND  X004
2  AND  X001     11  MPS
3  MPS           12  AND  X005
4  AND  X002     13  OUT  Y002
5  OUT  Y000     14  MPP
6  MPP           15  AND  X006
7  AND  X003     16  OUT  Y003
8  OUT  Y001
```

图 4.19　两段堆栈编程

【例 4.16】 四段堆栈的梯形图与指令程序见图 4.20。

图 4.20(a)所示的回路需要采用四重 MPS 指令编程。但是，如果改用图 4.20(b)所示的回路，则不必采用 MPS 指令，编程也很方便。

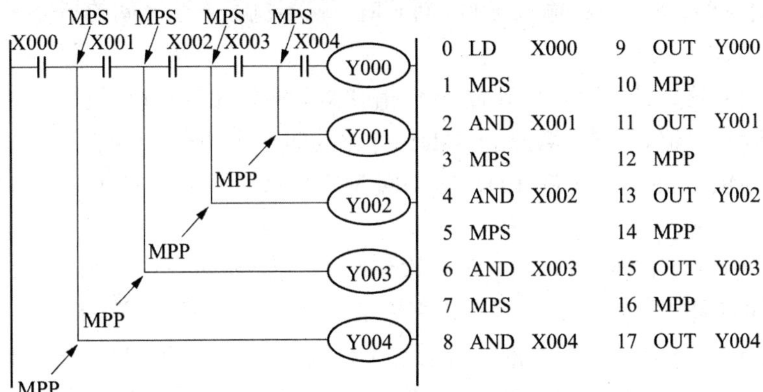

(a) 采用 MPS 指令的编程

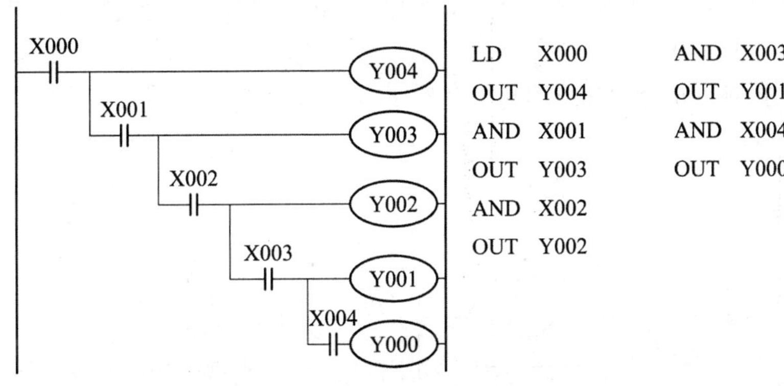

(b) 未采用 MPS 指令的编程

图 4.20 四段堆栈的编程

4.1.11 主控触点指令 MC，MCR

在编程时，经常遇到许多由触点和线圈组成的回路同时受一个或一组触点控制的情况，如果每个回路都串入同样的触点，将占用很多存储单元，应用主控指令就可以解决这一问题。

1. 指令定义及应用对象

主控触点指令定义及应用对象见表 4-12。

表 4-12 主控触点指令的定义与应用对象

指令符	名称	指令对象	程序步
MC	主控(回路块起点)	Y，M (除特殊继电器以外)	3
MCR	主控复位(回路块终点)		2

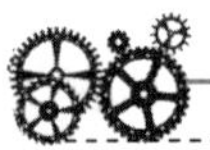

2. 指令功能及说明

(1) 在例 4.17 的编程示例中，X000 为 MC 指令的执行条件。当输入 X000 接通时，就执行从 MC 到 MCR 的指令；输入 X000 断开时，就不执行上述区间的指令，这时程序中的软元件有两种状态。

① 累计定时器、计数器等用置位/复位指令驱动的软元件保持现状。

② 非累计定时器、计数器，用 OUT 指令驱动的软元件变为断开。

(2) 执行 MC 指令后，母线(LD，LDI)向 MC 触点后移动，将其返回到原母线的指令为 MCR。

(3) 通过更换软元件号 Y，M，可多次使用主控指令(MC)。但是，如果使用同一软元件号，将同 OUT 指令一样，会出现双线圈输出。SP 为手持式编程器的空格键。

(4) 如例 4.18 所示，在 MC 指令内采用 MC 指令时，嵌套级 N 的编号按顺序增大(N0→N1→N2→N3→N4→N5→N6→N7)。在将该指令返回时，采用 MCR 指令，则从大的嵌套级开始消除(N7→N6→N5→N4→N3→N2→N1→N0)。

(5) 如 MCR N6，MCR N7 不编程时，若用 MCR N5 编程，则嵌套级立刻回到 5。嵌套级最大可编写 8 级(N7)。

【例 4.17】 主控触点指令的梯形图与指令程序(无嵌套)如图 4.21 所示。

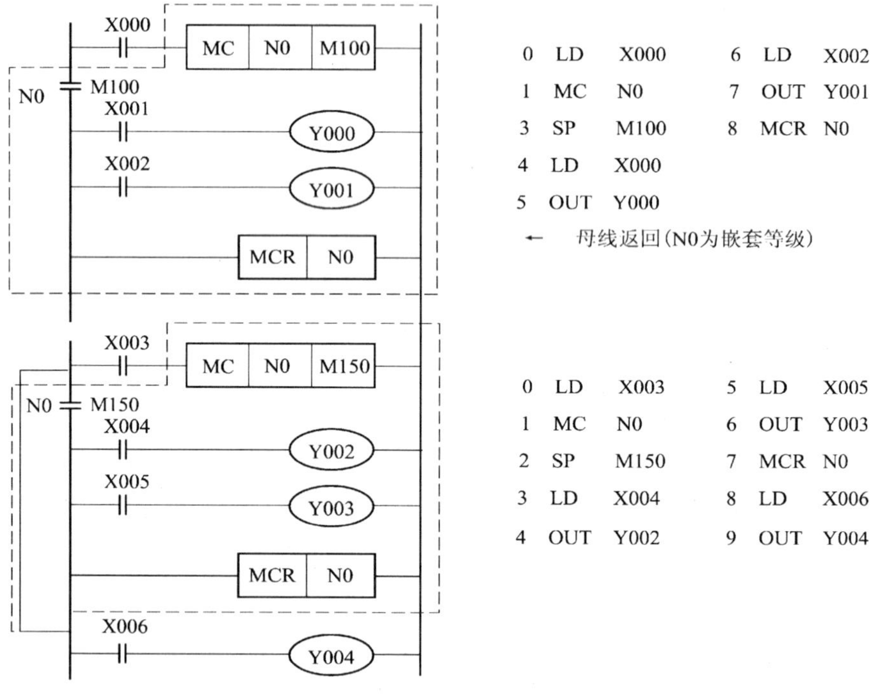

图 4.21 主控触点指令的编程(无嵌套)

(6) 在没有嵌套结构时，可再次使用 N0 编制程序。N0 的使用次数无限制。在有嵌套结构时，如例 4.18 所示，嵌套级 N 的编号从 N0→N1…N6→N7 增大。

【例 4.18】 主控触点指令的梯形图与指令程序(有嵌套)如图 4.22 所示。

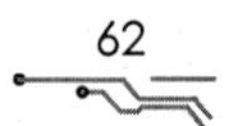

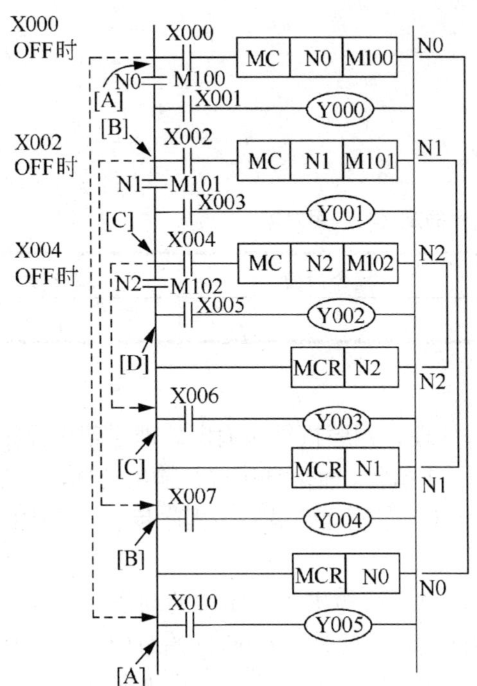

(级 N0)
母级B在X000为ON时，呈激活状态。

(级 N1)
母级C在X000，X002为ON时，呈激活状态。

(级 N2)
母级D在X000，X002，X004都为ON时，呈激活状态。

(级 N1)
通过MCR N2，母线返回到C的状态。

(级 N0)
通过MCR N1，母线返回到B的状态。

(初始状态)
通过MCR N0，母线返回到初始的A状态。因此，Y005的接通/断开只取决于X010的接通/断开状态，而与X000，X002，X004的状态无关。

图 4.22　有嵌套的主控触点指令的编程

4.1.12　空操作指令 NOP

1. 指令定义及应用对象

空操作指令定义及应用对象见表 4-13。

表 4-13　空操作指令的定义与应用对象

指令符	名称	指令对象	程序步
NOP	空操作	—	1

2. 指令功能及说明

(1) 在将程序全部消除时，全部指令成为 NOP。若在普通的指令与指令之间加入 NOP 指令，则可编程控制器将无视其存在继续工作。若在程序中加入 NOP 指令，则在修改或追加程序时，可以减少步号的变化。

(2) 若将已写入的指令换成 NOP 指令，则回路会发生变化(见例 4.19)。

【例 4.19】 空操作指令的应用如图 4.23 所示。

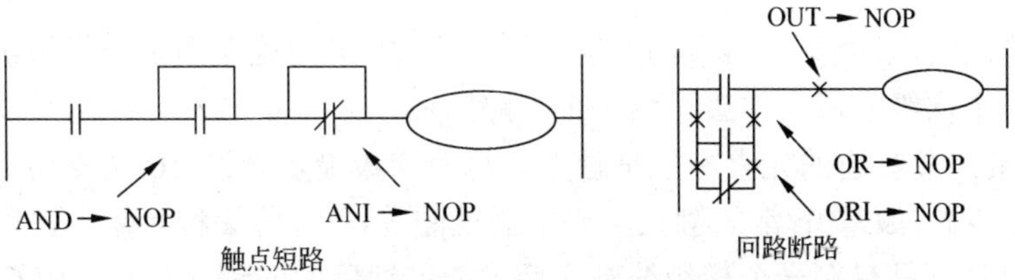

图 4.23　空操作指令的应用

4.1.13 程序结束指令 END

1. 指令定义及应用对象

程序结束指令的定义及应用对象见表 4-14。

表 4-14 程序结束指令的定义与应用对象

指令符	名称	指令对象	程序步
END	结束程序	—	1

2. 指令功能及说明

可编程控制器的工作过程是反复进行输入处理、程序执行和输出处理。若在程序的最后写入 END 指令，则 END 以后的其余程序步不再执行，而是直接进行输出处理，如图 4.24 所示。在程序中没有 END 指令时，可编程控制器一直处理到最终的程序步，然后从 0 步开始重复处理，而不进行输出处理。

在调试阶段，在各程序段插入 END 指令，可依次检出各程序段的动作。这时，在确认前面回路块动作正确无误后，依次删去 END 指令。此外，RUN 开始时的首次执行，从执行 END 指令开始。执行 END 指令时，也刷新监视定时器(检查扫描周期是否超长的定时器)。

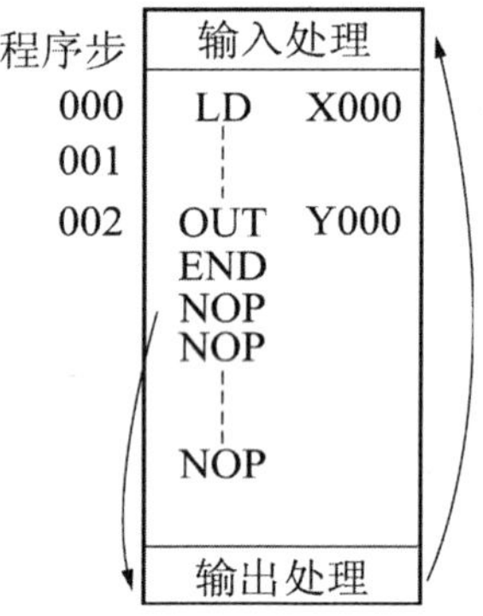

图 4.24 程序结束指令的作用

4.2 梯形图设计

4.2.1 梯形图编程格式

设计梯形图时应注意梯形图编程的格式。每个梯形图程序由多个梯级组成，一个输出元素可构成一个梯级，每个梯级可由多个支路组成，如图 4.25 所示。每个支路通常可容纳 11 个编程元素，最右边的元素不能是触点。每个梯级最多允许 16 条支路。简单的编程元素只占用一条支路(如常开/常闭触点，继电器线圈等)，有些编程元素要占用多条支路。在用梯形图编程时，只有在一个梯级编制完后才能继续后面的程序编程。PLC 的梯形图从上至下按行绘制，两侧的竖线类似电器控制图的电源线，称为母线，每一行左侧是触点，在图形符号上只用常开和常闭符号，而不计其物理属性。输出线圈用圆形或椭圆形表示。

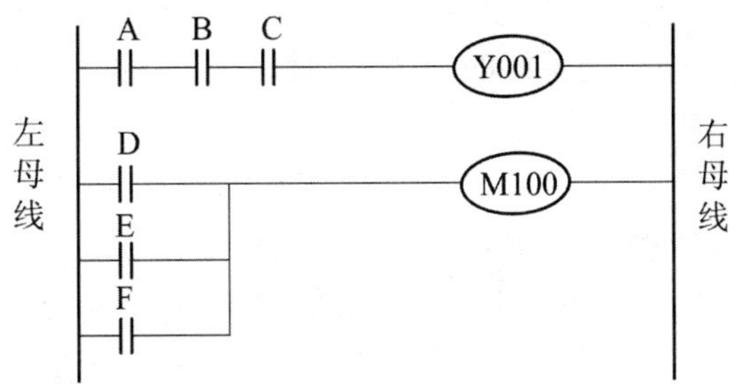

图 4.25 梯形图编程的格式

4.2.2 梯形图设计的基本步骤

在应用梯形图设计控制系统的 PLC 程序时，一般按如下步骤进行。

1. 根据控制系统的控制要求和内容确定 PLC 机型

设计 PLC 控制系统，首先应分析被控对象的具体情况(生产过程、技术特点、工艺方法、环境条件)，研究对控制系统的要求，然后确定以下内容。

(1) 根据被控对象状态参数的数目和被采集信号的数目，确定 PLC 的 I/O 点数，以此作为选择 PLC 机型的条件。

(2) 根据被采集信号及被控制对象的特点(数字量、模拟量)以及所需电源的情况，确定输入器件，输出执行器件及接线方式。结合上面的条件选择 PLC 的型号。

2. 设计 PLC 的 I/O 信号连接图

根据已确定的 PLC I/O 信号的特点和用电性质，分配所选 PLC 的 I/O 编号(地址)。设计并画出 PLC I/O 信号连接图。

由于每一种 PLC 的输入点和输出点编号都有严格的规定，用户必须根据所选用机型的规定作科学合理的分配，并注意保留若干输入点和输出点的余量。

3. 编写程序

采用一种编程语言(多数是梯形图语言)编写出符合控制要求(包括须完成的动作与顺序)的程序。

梯形图设计好后，有的 PLC 编程器可直接将梯形图图形及有关参数用键输入。大多数小型 PLC 的编程器为简易型，只能输指令代码，因此用户还需要将梯形图按指令语言编出指令代码程序，列出程序清单。

4. 输入并编辑程序

用编程器将指令语句编写的程序清单依次输入 PLC 中。按 PLC 的说明使用修改、删除、插入、搜索等功能进行程序编程。

5. 程序调试

可先在调试板上进行模拟调试和修改，然后再进行现场调试。

6. 程序存储

程序存储就是将已编辑、调试好的程序存储起来。

4.2.3 梯形图设计规则

在设计梯形图程序时须遵守以下规则。

(1) 梯形图按 PLC 在一个扫描周期内扫描程序的顺序，从左到右、从上到下的顺序进行绘制。与右边线圈相连的全部支路组成一个逻辑行。逻辑行起于左母线，终于右母线(或终于线圈，或一特殊指令)。不能在线圈与右母线之间接其他元件。编程顺序如图 4.26 所示。一个逻辑行编程顺序则是从上到下、从左到右进行。

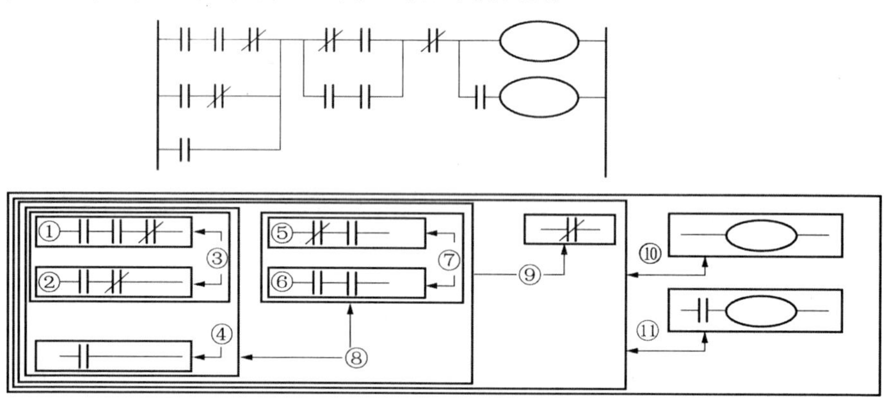

图 4.26 梯形图编程规则一

(2) 触点应画在水平支路上，不能画在垂直支路上。图 4.27(b)比图 4.27(a)逻辑关系要明确，编写指令程序时可对应编写。

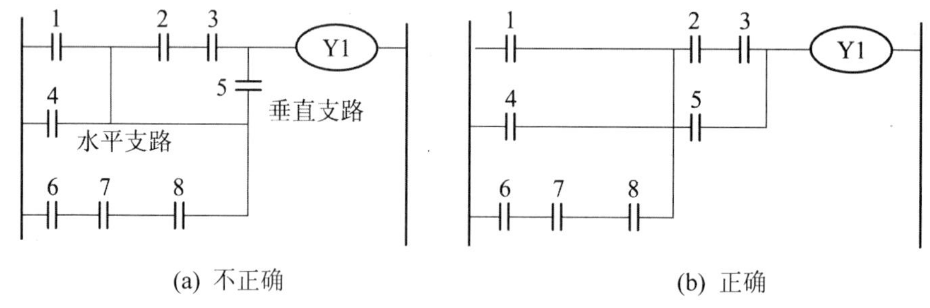

图 4.27 梯形图编程规则二

(3) 几条支路并联时，串联触点多的，安排在上面(先画)，如图 4.28 所示；几个支路串联时，并联触点多的支路块安排在左面，如图 4.29 所示，这样可减少“块”的编写程序。

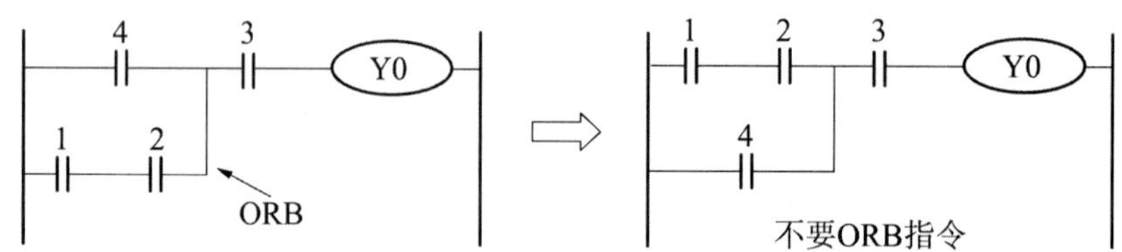

图 4.28 梯形图编程规则三

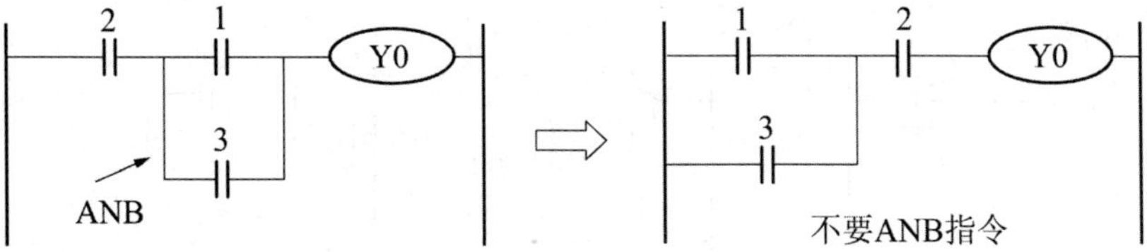

图 4.29 梯形图编程规则四

(4) 一个触点不允许有双向电流通过。当出现这种情况时，按图 4.30 的示例改画。

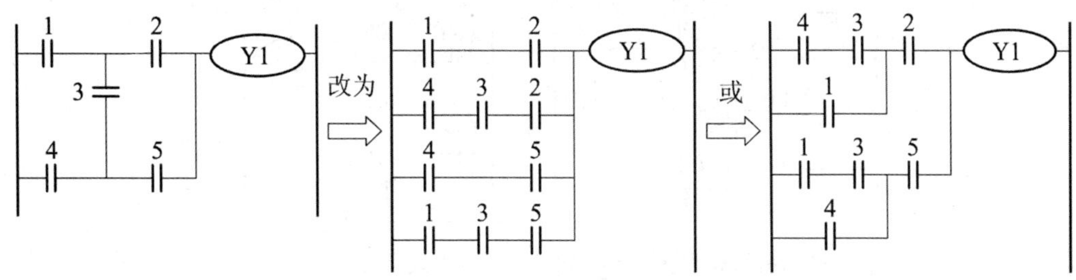

图 4.30 梯形图编程规则五

(5) 当两个逻辑行之间互有牵连时，如图 4.31 所示，可按图 4.31 所示的方法加以改画。

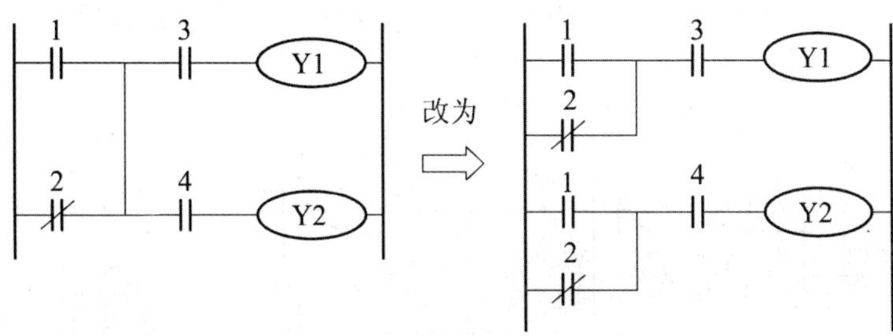

图 4.31 梯形图编程规则六

(6) 在梯形图中任一支路上的串联触点、并联触点以及内部并联线圈的个数一般不受限制，但有的 PLC 有规定，应注意看说明书。

(7) 若在顺序控制中进行线圈的双重输出(双线圈)，则后面的动作优先执行。

(8) 绘图时应注意 PLC 外部所接“输入信号”的触点状态，与梯形图中所采用内部输入触点(X 编号的触点)的关系。

如图 4.32 所示，继电器控制电路[图 4.32(a)]中启动按钮 PB1 用常开按钮，停止按钮 PB2 用常闭按钮。当在接入 PLC 时，PB1 用常开按钮，PB2 也用常开按钮时[见图 4.32(b)]，则在梯形图设计时 X001 用常开触点，X002 用常闭触点，梯形图的设计是正确的。如果在接入 PLC 时，PB1 用常开按钮，PB2 用常闭按钮[见图 4.32(c)]，则在梯形图设计时 X001 用常开触点，X002 也应用常开触点，这样梯形图才是正确的。图 4.32(d)是对图 4.32(b)和图 4.32(c)具体等效电路的分析。

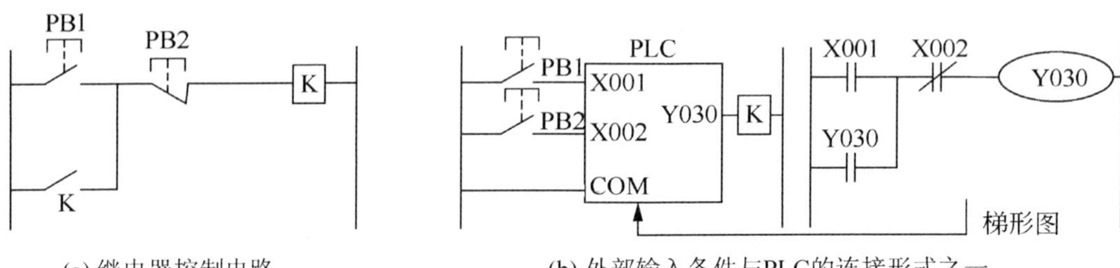

(a) 继电器控制电路　　(b) 外部输入条件与PLC的连接形式之一

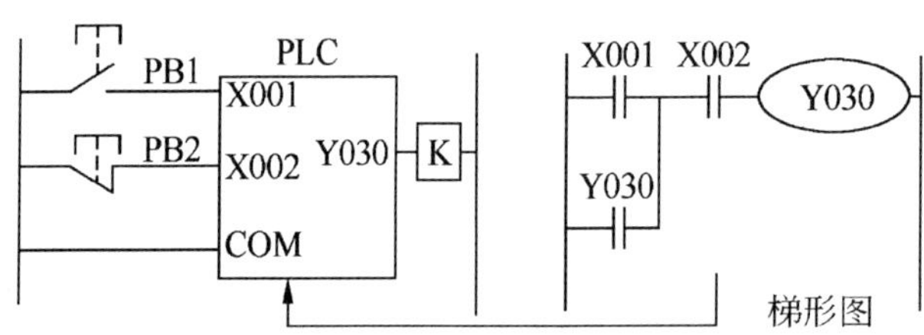

(c) 外部输入条件与PLC的连接形式之二

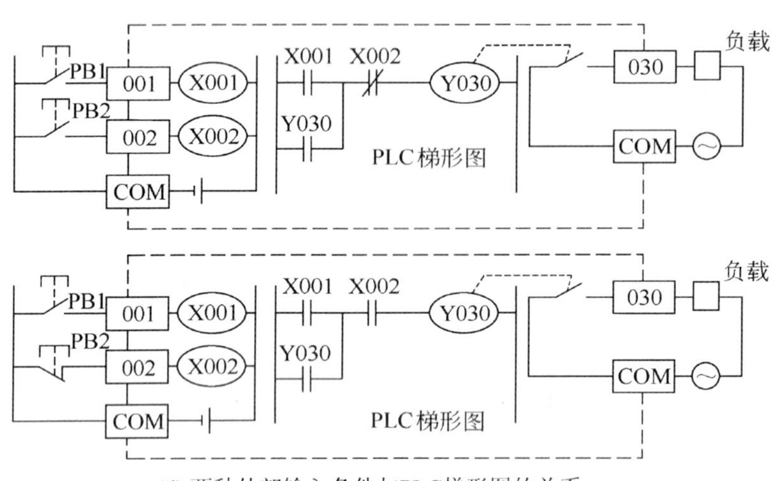

(d) 两种外部输入条件与PLC梯形图的关系

图 4.32　外部输入条件与梯形图编程的关系

4.3　基本逻辑指令应用举例

一个系统的逻辑控制描述的是这个系统 I/O 信号之间的静态关系，因此在设计 PLC 控制程序时，首先要根据工艺要求分析输入激励和输出驱动之间的逻辑关系，然后确定 PLC 机型，画出 I/O 接点分配图，并分别标上 PLC 的端口号，再根据 I/O 的接线图和工作状态流程图设计控制逻辑图(梯形图)，并按控制逻辑图编写指令程序。

【例 4.20】 延时释放电路的 PLC 程序设计。控制要求如下：

控制开关 S＝ON，负载 R_L＝ON；

控制开关 S＝OFF，5s 后负载 R_L＝OFF。

解：

(1) I/O 接点分配见表 4-15。

表 4-15　I/O 接点分配表

输入装置	PLC 输入端口号	输出负载	PLC 输出端口号
S	000	R_L	003

(2) 控制逻辑梯形图见图 4.33。

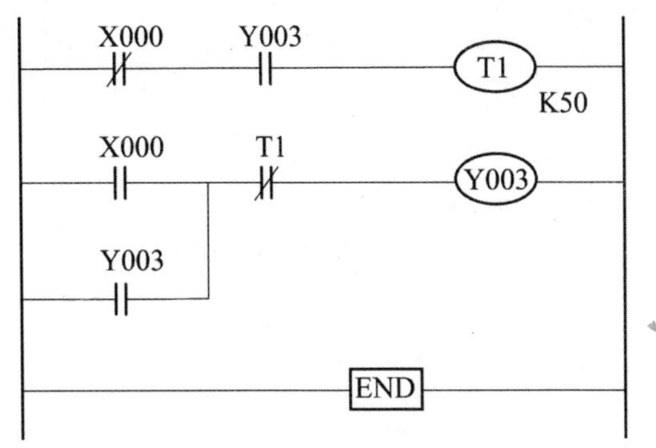

图 4.33　延时释放电路梯形图

(3) 指令程序如下。

```
LDI     X000     LD      X000
AND     Y003     OR      Y003
OUT     T1       ANI     T1
K       50       OUT     Y003
                 END
```

【例 4.21】 触发器电路(分频电路)的 PLC 程序设计。控制要求为：SB 为控制信号，R_L 为输出负载，其时序图如图 4.34 所示。

解:

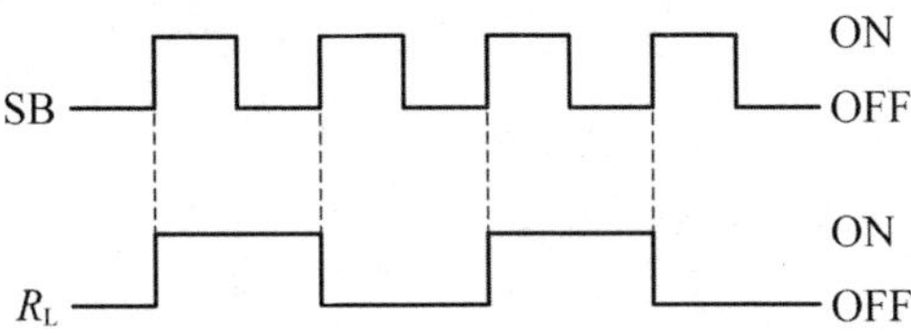

图 4.34　例 4.21 时序图

(1) I/O 接点分配见表 4-16。

表 4-16　I/O 接点分配表

输入装置	PLC 输入端口号	输出负载	PLC 输出端口号
SB	001	R_L	030

(2) 控制逻辑梯形图如图 4.35 所示。

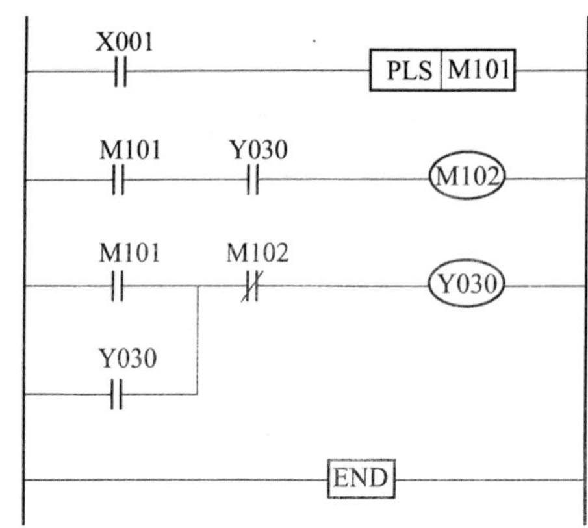

图 4.35　触发器电路的梯形图

(3) 指令程序如下。

```
LD    X001      LD    M101
PLS   M101      OR    Y030
LD    M101      ANI   M102
AND   Y030      OUT   Y030
OUT   M102      END
```

【例 4.22】 振荡电路的 PLC 程序设计。控制要求如下：

输入信号 X000＝ON，输出 Y030 按一定的周期通断。X000＝OFF，则 Y030＝OFF，其时序图如图 4.36 所示。

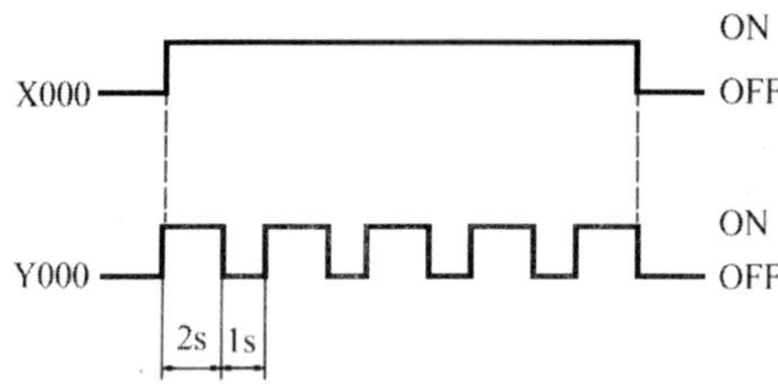

图 4.36　时序图

解：

(1) I/O 接点分配表略。

(2) 控制逻辑梯形图如图 4.37 所示。

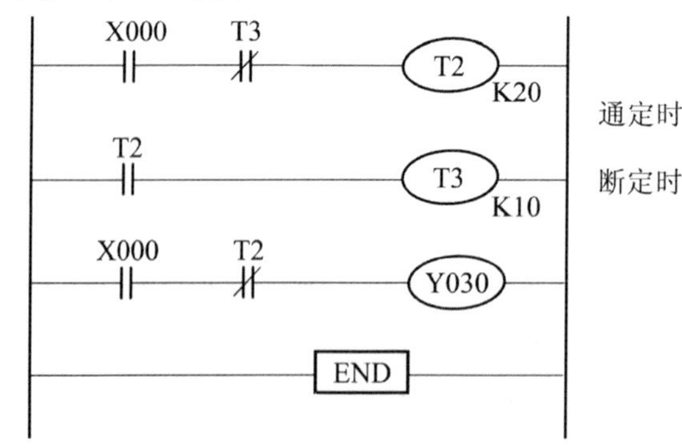

图 4.37　振荡电路的梯形图

(3) 指令程序如下。

```
LD      X000      OUT     T3
ANI     T3        K       10
OUT     T2        LD      X000
K       20        ANI     T2
LD      T2        OUT     Y030
                  END
```

【例 4.23】 报警电路的 PLC 程序设计。控制要求如下：

当报警继电器 K=ON，报警灯闪烁，蜂鸣器叫；

当报警响应按钮 SB1 按下时，报警灯常亮，蜂鸣器停叫；

当报警灯测试按钮 SB2 按下时，报警灯亮。

解：

(1) I/O 接点分配见表 4-17。

表 4-17　I/O 接点分配表

输入装置	PLC 输入端子号	输出装置	PLC 输出端子号
K	X000	报警灯	Y030
SB1	X001	蜂鸣器	Y031
SB2	X002		

(2) 控制逻辑梯形图如图 4.38 所示。

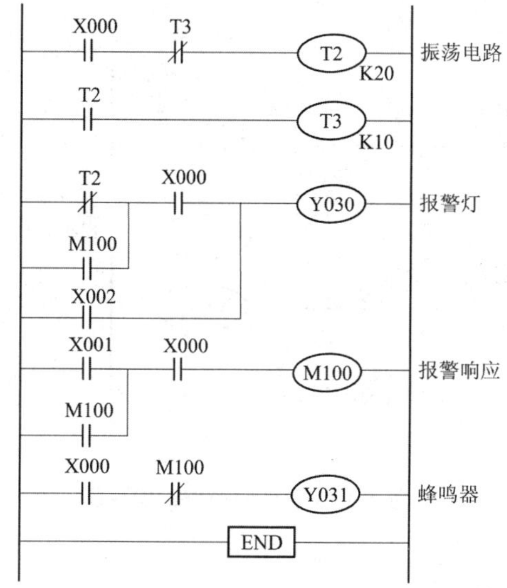

图 4.38　报警电路的梯形图

(3) 指令程序如下。

```
LD      X000      LDI     T2        AND     X000
ANI     T3        OR      M100      OUT     M100
OUT     T2        AND     X000      LD      X000
K       20        OR      X002      ANI     M100
LD      T2        OUT     Y030      OUT     Y031
OUT     T3        LD      X001      END
K       10        OR      M100
```

【例 4.24】 长延时电路的 PLC 程序设计。控制要求如下：

输入信号 X010 接通 8 小时 50 分钟后，输出信号 Y032 接通。

解：

(1) I/O 接点分配表略。

(2) 控制逻辑梯形图如图 4.39 所示。

选用普通定时器 T1(100ms)时，最大延时时间为 3276.7s<1h，所以采用定时器与计数器联合编程的方法解决长时间定时的控制要求。编程时，先计小时后计分。

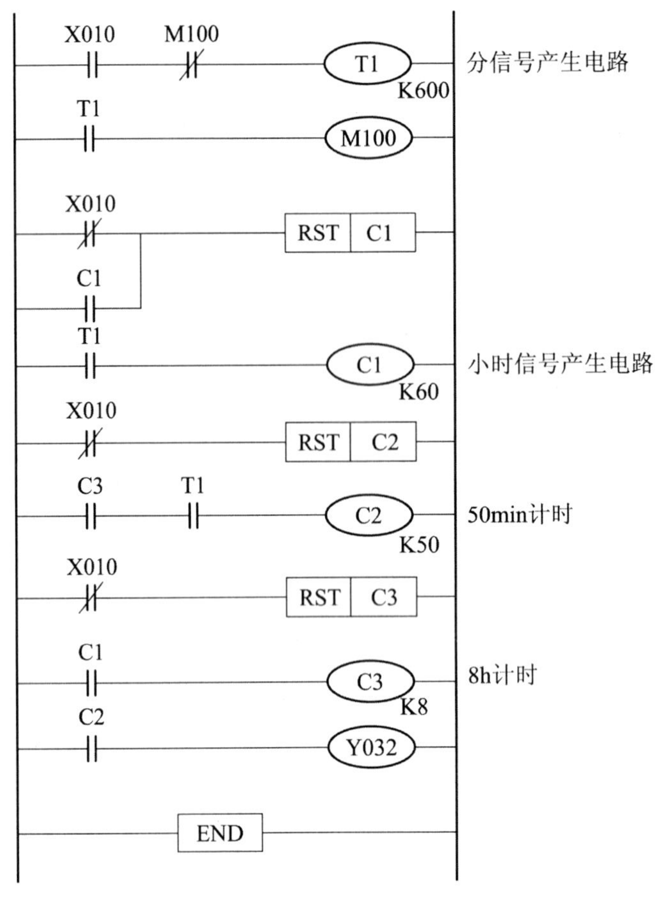

图 4.39 长延时电路的梯形图

(3) 指令程序如下。

```
LD      X010        LD      T1          LDI     X010
ANI     M100        OUT     C1          RST     C3
OUT     T1          K       60          LD      C1
K       600         LDI     X010        OUT     C3
LD      T1          RST     C2          K       8
OUT     M100        LD      C3          LD      C2
LDI     X010        AND     T1          OUT     Y032
OR      C1          OUT     C2          END
RST     C1          K       50
```

【例 4.25】 饲料箱盛料过少报警系统(见图 4.40)的 PLC 程序设计。控制要求如下：

(1) 在方式选择开关断开时，选择短时报警运行方式。

当料箱盛料过少，限位开关 LS 变为 ON 后，蜂鸣器开始鸣叫，同时报警灯 HL 连续闪烁 20 次(亮 1.5s，灭 2.5s)，此后蜂鸣器 HA 停止鸣叫，灯也熄灭。操作复位按钮 SB 可以使二者中止。

(2) 在方式选择开关接通时，选择连续报警运行方式。

当料箱盛料过少限位开关 LS 变为 OFF 后，蜂鸣器开始鸣叫，同时灯开始闪烁。只有按下复位按钮 SB 时，二者才中止。

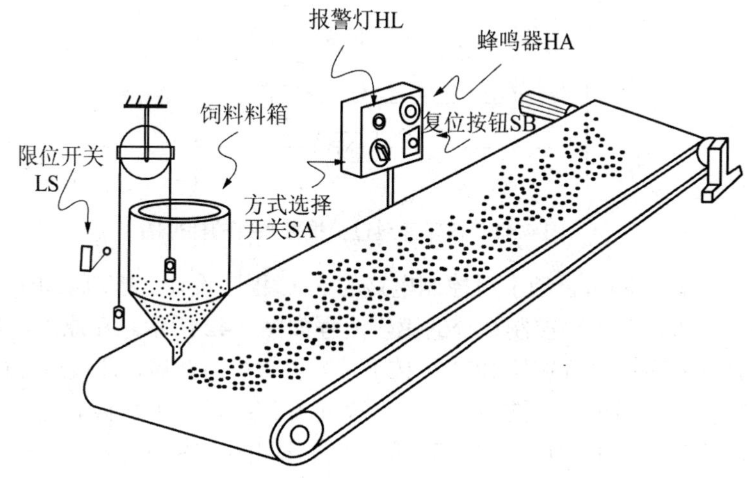

图 4.40 料箱盛料过少报警系统

解:

(1) I/O 接点分配见表 4-18。

表 4-18 I/O 接点分配表

输入装置	PLC 输入端子号	输出装置	PLC 输出端子号
限位开关 LS	000	蜂鸣器 HA	030
复位开关 SB	001	报警灯 HL	031
选择开关 SA	002		

(2) 控制逻辑梯形图如图 4.41 所示。

(3) 指令程序如下。

```
LD    X000        LD    Y030        K     25
PLS   M100        ANI   T1          LDI   Y030
LD    X002        OUT   T0          RST   C1
ORI   C1          K     15          LD    T0
AND   Y030        ANI   T0          OUT   C1
OR    M100        OUT   Y031        K     20
ANI   X001        LD    T0          END
OUT   Y030        OUT   T1
```

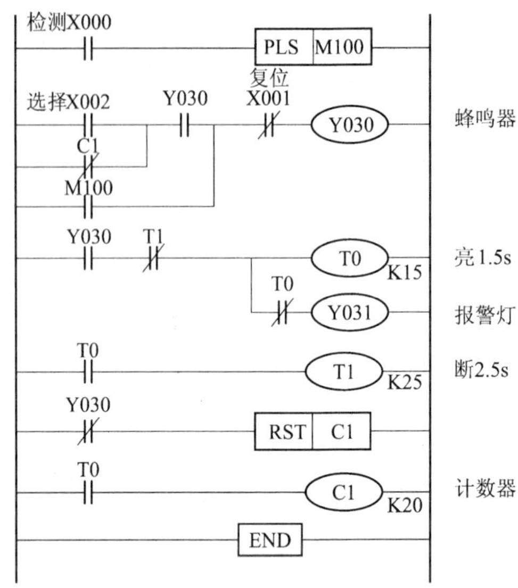

图 4.41 料箱盛料过少报警系统的梯形图

【例 4.26】 加热炉推料机自动上料控制电路的 PLC 程序设计。控制要求如下：

加热炉推料机自动上料控制系统的工作流程如图 4.42 所示。在原点，加热炉门关闭，行程开关 LS4 被压住。运行按钮 SB2 被按下后，驱动炉门开启，开启后行程开关 LS1 被压住，然后推料机往炉门推料，推到位压住行程开关 LS2 后，推料机后退，后退到位压住行程开关 LS3，然后炉门开始关闭，炉门关闭后，行程开关 LS4 被压住，整个工作流程结束。再按下 SB2 后，又重复上述过程。按下停机按钮 SB1 后，马上停止运转。

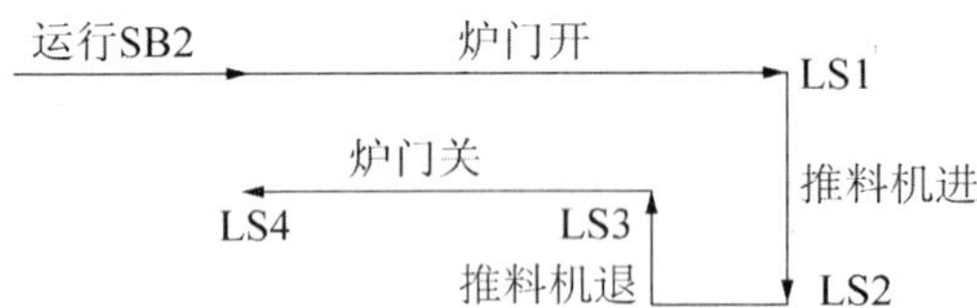

图 4.42 加热炉推料机自动上料控制流程图

解:

(1) I/O 接点分配见表 4-19。

表 4-19 I/O 接点分配表

输入装置	PLC 输入端子号	输出装置	PLC 输出端子号
停机 SB1	001	炉门开 KM1	031
运行 SB2	002	炉门关 KM2	032
门开 LS1	011	推料机进 KM3	033
进 LS2	012	推料机退 KM4	034
退 LS3	013		
门关，回原位 LS4	014		

(2) 控制逻辑梯形图如图 4.43 所示。

由一台电机的正/反向运转来驱动炉门的开或关。由另一台电机的正/反向运转来驱动推料机的进或退。因此，Y031 与 Y032 要互锁，Y033 与 Y034 要互锁。

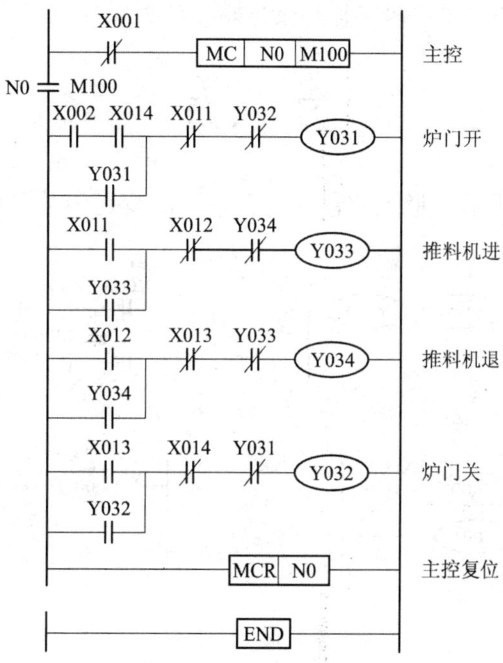

图 4.43 加热炉推料机自动上料控制逻辑梯形图

(3) 指令程序如下。

```
LDI    X001     LD     X011     OUT    Y034
MC     N0       OR     Y033     LD     X013
SP     M100     ANI    X012     OR     Y032
LD     X002     ANI    Y034     ANI    X014
AND    X014     OUT    Y033     ANI    Y031
OR     Y031     LD     X012     OUT    Y032
ANI    X011     OR     Y034     MCR    N0
ANI    Y032     ANI    X013     END
OUT    Y031     ANI    Y033
```

小　结

本章介绍了三菱公司 FX_{2N} 系列 PLC 的编程语言、编程方法和基本逻辑指令。

采用控制逻辑图或梯形图、指令程序来编写控制程序各有其特点。梯形图是一种类似于传统的继电器控制电路的图形编程语言。在梯形图编程时使用了软元件，如软继电器、软定时器等，它们是 PLC 内部的编程元件，这些编程元件的接触点在编程时可无限制使用。

指令程序采用助记符语言来编写。助记符语言是以汇编指令的格式来表示控制程序的程序设计语言。助记符指令能在小型编程器中一条一条地输入，特别适合现场调试。助记符指令由操作码和操作数两部分组成。操作码用来表示指令的功能，告诉 CPU 要执行什么操作；操作数用标识符和参数表示，用来表示参加操作的数的类别和地址。

FX_{2N} 系列 PLC 共有 27 条基本逻辑指令，这些指令可以解决一般的继电器-接触器控制系统的控制问题，要求读者能熟练掌握。对于 27 条基本逻辑指令，应当注意掌握每条指令的助记符名称、操作功能、梯形图、目标组件和程序步数。

习　题

1．指出图 4.44 中所示梯形图的错误，并在不改变逻辑关系的前提下画出正确的梯形图。

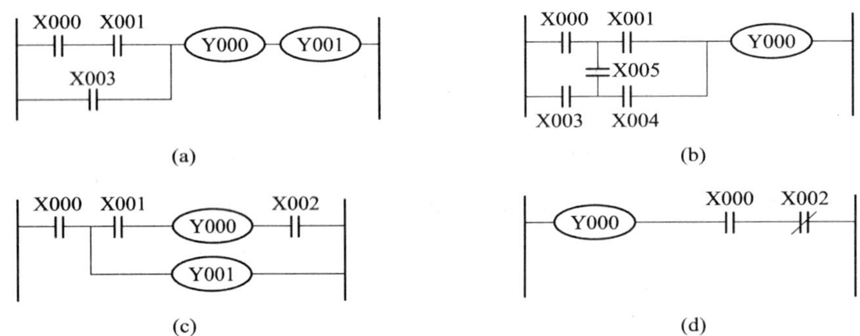

图 4.44　习题 1

2．根据表 4-20 中的指令表画出对应的梯形图。

表 4-20　习题 2 指令表

步　序	指　令	步　序	指　令
0	LD　X000	6	ORB
1	OR　X001	7	OR　X006
2	LD　X002	8	ANB
3	AND　X003	9	OR　X003
4	LDI　X004	10	OUT　Y000
5	AND　X005	11	END

3．根据表 4-21 中的指令画出对应的梯形图。

表 4-21　习题 3 指令表

步　序	指　令	步　序	指　令
0	LD　X000	10	OUT　Y002
1	AND　X001	11	MRD
2	MPS	12	AND　X005
3	AND　X002	13	OUT　Y003
4	OUT　Y000	14	MRD
5	MPP	15	AND　X006

续表

步　序	指　令	步　序	指　令
6	OUT　Y001	16	OUT　Y004
7	LD　X003	17	MPP
8	MPS	18	AND　X007
9	AND　X004	19	OUT　Y005

4．阅读图 4.45 的梯形图，要求：

(1) 写出图 4.45 梯形图所对应的指令表。

(2) 指出各指令的步序并计算程序的总步数。

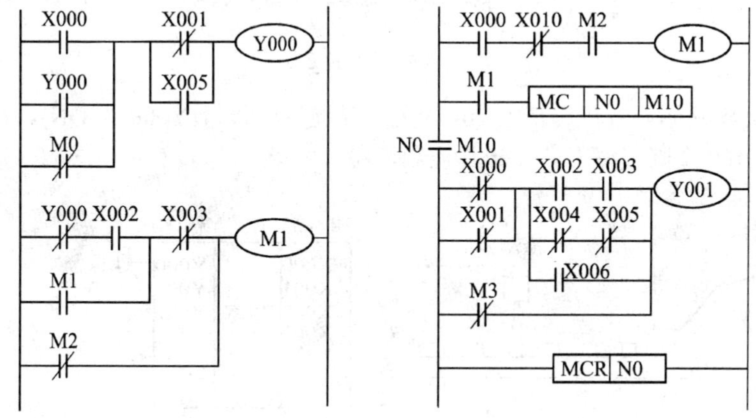

图 4.45　习题 4

5．阅读图 4.46 的梯形图，要求：

(1) 写出图 4.46(a)梯形图所对应的指令表。

(2) 计算出各指令的步序并计算程序的总步数。

(3) X000 和 X001 的时序如图 4.46(b)所示，画出 M0、M1 和 Y000 的时序图。

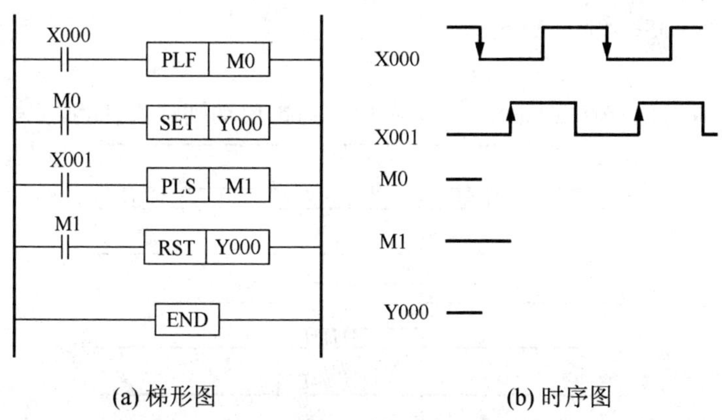

(a) 梯形图　　(b) 时序图

图 4.46　习题 5

6．用 PLC 的内部定时器设计一个延时电路，图 4.47 所示是其时序图。

功能要求：

(1) 当 X000 接通时，Y000 延时 10s 后才接通。

(2) 当X000断开时，Y000延时5s后才断开。

编程要求：

(1) 列出输入/输出的端口分配表。

(2) 画出梯形图和接线图。

(3) 写出指令程序。

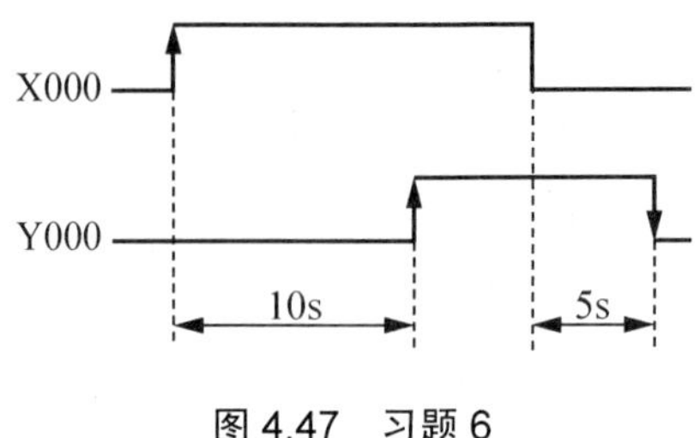

图4.47 习题6

7．如图4.48所示，若传送带上20s内无产品通过则报警(Y000为ON)。若通过检测器的产品数达到100个则报警。请设计其控制程序。

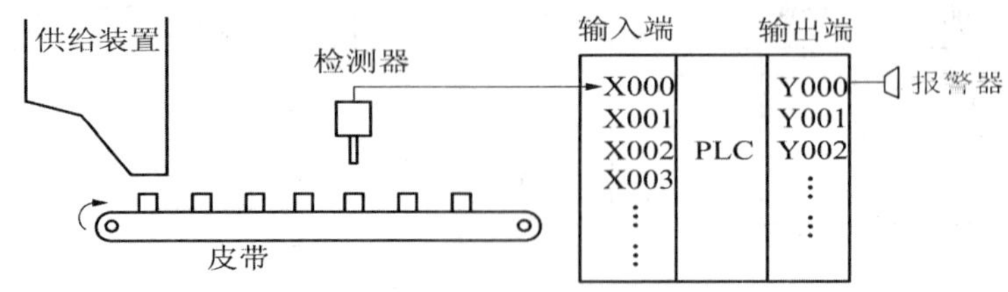

图4.48 习题7

8．对图4.49所示十字路口交通灯管理编制控制程序，写出梯形图及指令表。

I/O编号如下所示。

输入：启动X00。

输出：南北向的交通灯是①绿 Y00；①黄 Y01；①红 Y02；东西向的交通灯是②绿 Y04；②黄 Y05；②红 Y06。

工作要求：

两组交通灯时序图见图4.49，关断电源后再启动则从头开始。

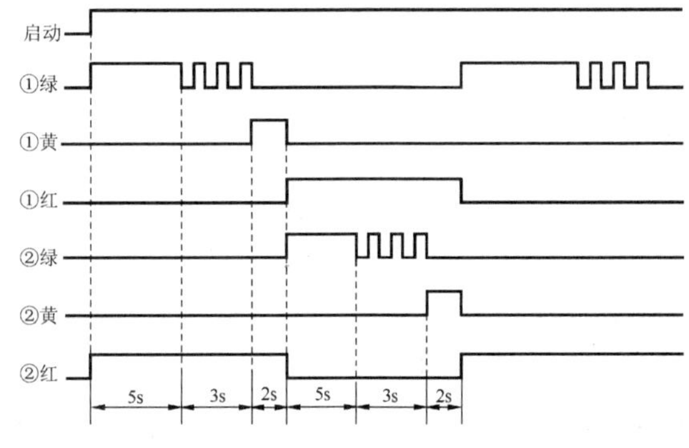

图4.49 习题8

9．设计一个两动力头来回往返 PLC 控制系统。图 4.50(a)所示是某机床的运动简图。行程开关 LS1 为动力头 1 的原位开关，LS2 为其终点限位开关；行程开关 LS3 为动力头 2 的原位开关，LS4 为其终点限位开关。SB2 为工作循环开始的启动按钮，M 是动力头的驱动电动机。试参照图 4.50(b)所示的机床工作循环图进行设计，要求：

(1) 列出输入/输出端口分配图。

(2) 画出梯形图和接线图。

(3) 写出指令表。

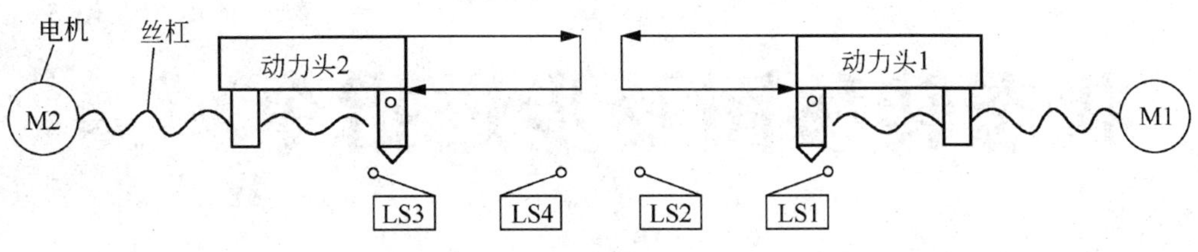

(a) 机床运动简图

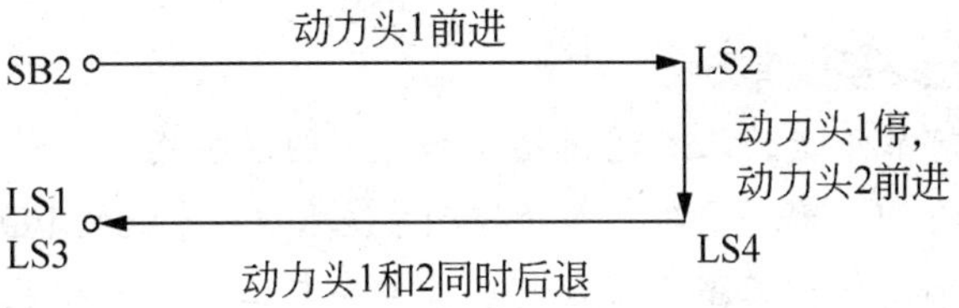

(b) 工作循环图

图 4.50　习题 9

第5章 状态转移图及步进指令

教学提示

前章介绍的基本逻辑指令和梯形图主要用于设计满足一般控制要求的PLC程序。对于复杂控制系统来说，系统的I/O点数较多，工艺复杂，每个工序的自锁要求及工序与工序间的相互联锁关系也复杂，直接采用逻辑指令和梯形图进行设计较为困难。在实际控制系统中，可将生产过程的控制要求以工序划分成若干段，每个工序完成一定的功能，在转移条件满足后，从当前工序转移到下道工序，这种控制通常称为顺序控制。为了方便地进行顺序控制设计，许多可编程控制器设置有专门用于顺序控制或称为步进控制的指令，FX_{2N} PLC在基本逻辑指令之外增加了两条步进指令，同时辅之以大量的状态器S，结合状态转移图可以很容易地编出复杂的顺序控制程序。

教学要求

本章要求学生熟练掌握FX_{2N}的步进指令和状态转移图的功能、应用范围和使用方法。重点让学生掌握步进指令和状态转移图编程的规则、步骤与编程方法，并能编写一些工程控制程序。

5.1 状态转移图

状态转移图(Sequential Function Chart，SFC)是描述控制系统的控制过程、功能和特性的一种图形，是指基于状态(工序)的流程以机械控制的流程来表示。状态器 S 是对工序步进控制进行编程的重要软元件，FX_{2N} 系列 PLC 共有状态器 S0～S999，其中 S0～S9 为初始状态，因此在并行分支中最多可以有 10 个初始状态被同时选中。S10～S499 为普通型，S500～S899 为断电保持型，S900～S999 为信号报警型。S10～S19 在功能指令(FNC60)IST 的使用中被用作回零状态器。图 5.1 为一顺序控制的状态转移。

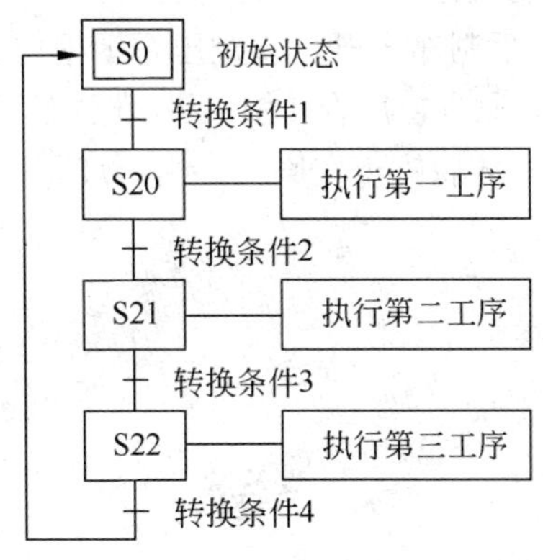

图 5.1 状态转移

顺序控制要根据预先规定的工作程序和各程序之间相互转换的条件，对控制过程各阶段的顺序进行自动控制。控制顺序根据逻辑规则所决定的信息传输与转换条件决定。因此，设计状态转移图时，首先要将系统的工作过程分解成若干个连续的阶段，这些阶段称为状态或步。每一状态都要完成一定的操作或驱动一定的负载，相邻的状态则又有不同的操作。一个步可以是动作的开始、持续或结束。一个过程划分的步越多，描述的就越精确。状态与状态之间(也可以说步与步之间)由转换条件来分隔。当相邻两步之间的转换条件得到满足时，转换得以实现。即上一步的活动结束，下一步的活动开始。

状态转移图的画法如下。

(1) 在状态转移图中，用矩形框来表示“步”或“状态”，矩形框中用状态器 S 及其编号表示。

(2) 与控制过程的初始情况相对应的状态称为初始状态，每个状态转移图应有一个初始状态，初始状态用双线框来表示。与步相关的动作或命令用与步相连的梯形图符来表示。当某步激活时，相应的动作或命令被执行。一个活动步可以有一个或几个动作(命令)被执行。

(3) 步与步(状态与状态)之间用有向线段来连接，如果进行方向是从上到下或从左到右，则线段上的箭头可以不画。状态转移图中，会发生步的活动状态的进展，该进展按有向连续规定的线路进行，这种进展是由转换条件的实现来完成的。

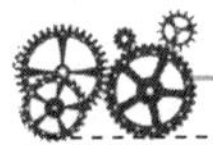

(4) 转换的符号是一条短线，它与步间的有向连接线段相垂直。在短线旁可用文字、布尔表达式或图形符号标注转换条件。

图 5.1 给出的是状态转移图的一种结构形式——单流程形式，它由一系列相继激活的步组成，在每步后面紧接一个转换。此外还有多分支的状态转移图等，后面将进行介绍。

状态转移图可以将一个复杂系统的顺序动作表示得非常清楚、简单、直观、容易理解。它并不涉及具体的实现方法，便于不同专业人员间的技术交流，对于设计系统、编写与调试程序和系统维修都是非常有帮助的。下面用状态转移图来描述一个运料车工作的过程控制。

【例 5.1】 图 5.2 中运料车处于原点，下限位开关 LS1 被压合，料斗门关上，原点指示灯亮。当选择开关 SA 闭合，按下启动按钮 SB1，料斗门打开，时间为 8s，给运料车装料。装运料结束，料斗门关上，延时 1s 后料车上升，直至压合上限位开关 LS2 后停止，延时 1s 之后卸料 10s，料车复位并下降至原点，压合 LS1 后停止。然后又开始下一个循环工作。当开关 SA 断开，料车工作一个循环后停止在原位，指示灯亮。按下停车按钮 SB2 后则立即停止运行。

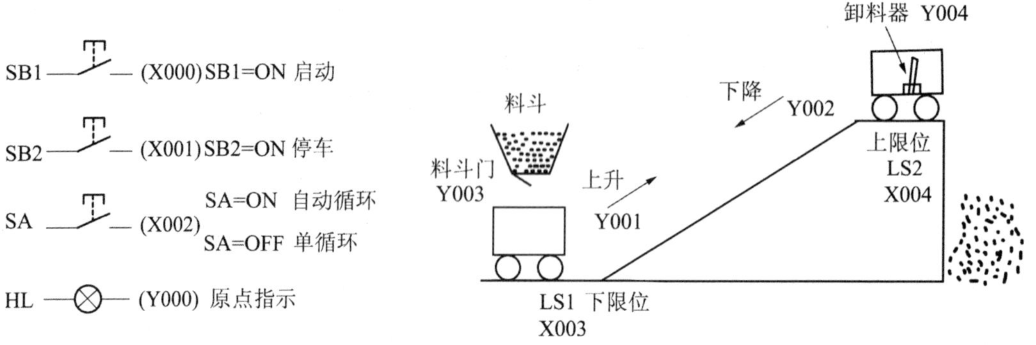

图 5.2 运料车的控制

启/停按钮 SB1、SB2 和选择按钮 SA 及行程开关 LS1、LS2 分别连接 PLC 输入端 X000～X004，指示灯 HL 和运料车上升/下降及斗门、卸料驱动器分别连接 PLC 输出端 Y000～Y004。

图 5.3 是控制运料车单循环或自动循环的状态转移。图中用到状态器 S0 及 S20～S25，每一个状态器表明了每一步的动作内容。当状态转移时，当前状态转移器自动停止工作(复位)，后一个状态器被置位，开始执行新的操作。

M8002 是特殊功能继电器，其功能是初始化脉冲，即 PLC 从 STOP→RUN 时，M8002 瞬时接通一个扫描周期，驱动初始状态器 S0 进入初始状态步，此处复位程序省略。在程序的初始化处理中可对原始参数进行设置或对状态器 S 进行复位等。

当运料车处于原点，即下限位开关 LS1 被压合，料斗门关上，则 S0 转到 S20，点亮原点指示灯 HL。当按下启动按钮 SB1，工作状态器从 S20 转移到 S21。S21 被激励后，接通输出继电器 Y003，料斗门打开 8s 后关闭，再延时 1s 后工作状态从 S21 转移到 S22，S22 被激励后，接通输出继电器 Y001，运料车上升直至上限位开关 LS2 接通，工作状态便从 S22 转移到 S23。注意：M8000 为 RUN 监控辅助继电器，PLC 在运行过程中，M8000 一直接通，在此处使用是为了符合编程规则(编程规则见 5.3 节图 5.5)。

S23 被激励后，延时 1s，工作状态从 S23 转移到 S24。S24 被激励后，接通卸料机构驱动输出继电器 Y004，运料车卸料 10s 后，工作状态从 S24 转移到 S25。S25 被激励后，接通输出继电器 Y002，运料车下降直至下限位开关 LS1 接通，此时如果工作方式选择开关 SA 闭合，则 X002 接通，工作状态从 S25 转移到 S21，运料车自动开始第二次循环工作。如果 SA 断开，即 X002 断开，则转移到初始状态 S0，当 X003＝ON，Y003＝OFF，则 S20 被激励，原点指示灯亮，此时启动按钮重新按下，又开始第二次循环工作。

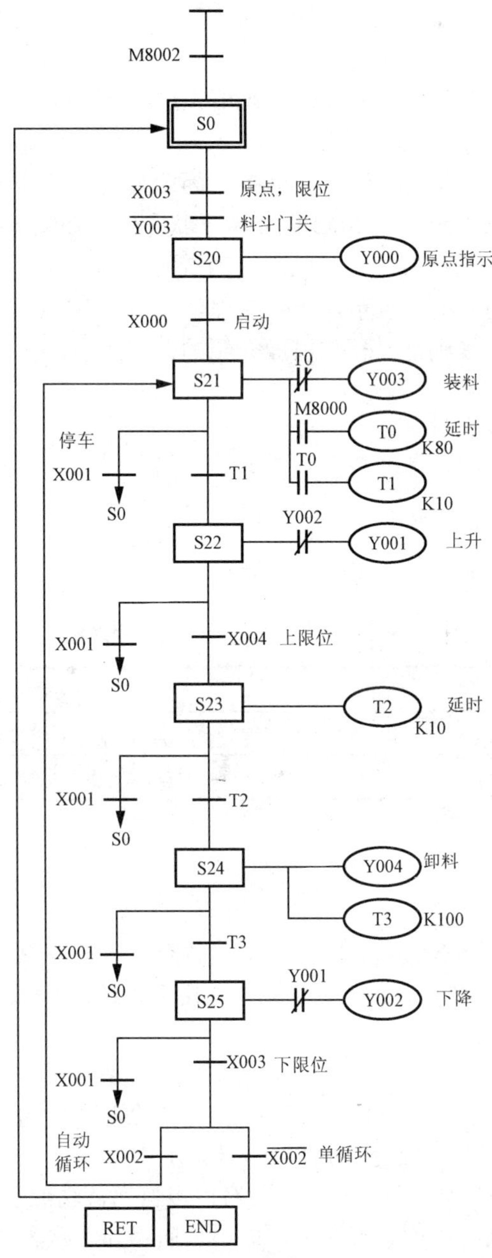

图 5.3 控制运料车状态转移

5.2 步进梯形图及步进指令

用状态转移图(SFC)表示控制系统的控制过程、功能和特性是应用步进指令编程的第一步。接下来将状态转移图改画成步进梯形图(STL)及指令符形式，用编程器将步进梯形图或指令符程序输入到 PLC 中。

5.2.1 步进梯形图

图 5.4 是将图 5.3 的状态转移图(SFC)改画成步进梯形图(STL)及指令符程序的例子。

比较步进梯形图 5.4(a)与状态转移图 5.3，其输出驱动、状态转移条件及转移目标都是相对应的，都按一定的规则编程，可相互转换，因此其实质内容全部是一致的。STL 图是以继电器梯形图的风格来表示，而 SFC 则将基于状态(工序)的流程以机械控制的流程来表示，与前面介绍的梯形图相比较也是一致的。两者的不同之处是：用步进指令对状态器的触点编程，则该触点用符号 ┤├ 表示，另外编程规则稍有不同。

在图 5.4(b)中其编程规则及过程与前面介绍的是一致的，在此应用了两条新指令，即下面将介绍的步进指令。

5.2.2 步进指令

1. 指令定义及应用对象

步进控制指令共有两条，其定义及应用对象见表 5-1。

表 5-1 步进指令的定义与应用对象

指令符	名　称	指令意义
STL	步进指令	在顺控程序上进行工序步进型控制的指令
RET	步进复位指令	表示状态流程的结束，返回主程序(母线)的指令

2. 指令功能及说明

1) 主控功能

STL 指令仅仅对状态器 S 有效。STL 指令将状态器 S 的触点与主母线相连并提供主控功能。使用 STL 指令后，触点的右侧起点处要使用 LD (LDI)指令，步进复位指令 RET 使 LD 点返回主母线。

2) 自动复位功能

即状态转移后原状态会自动复位。当使用 STL 指令时，新的状态器 S 被置位，前一个状态器 S 将自动复位。对于 STL 指令后的状态器 S，使用 OUT 指令和 SET 指令具有同样的功能，即都能使转移源自动复位，另外还具有停电自保持功能，两者的差别是 OUT 指令在状态转移图中只用于向分离的状态转移，而不是向相邻的状态转移。状态转移源自动复位须将状态转移电路设置在 STL 回路中，否则原状态不会自动复位。

3) 驱动功能

STL 触点可直接驱动或通过其他触点来驱动软元件线圈。

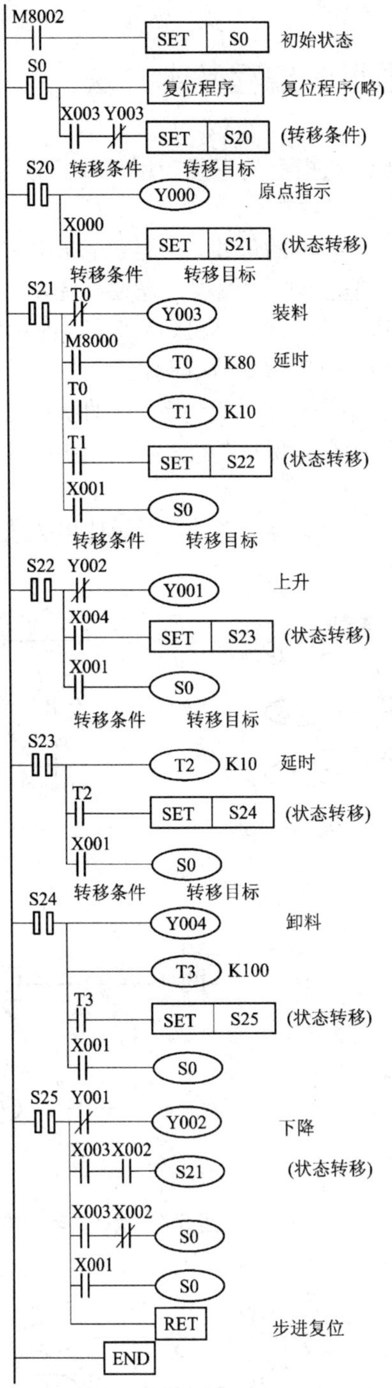

```
LD      M8002          OUT     Y004
SET     S0             OUT     T3
STL     S0             K       100
复位程序(略)            LD      T3
LD      X003           SET     S25
ANI     Y003           LD      X001
SET     S20            OUT     S0
STL     S20            STL     S25
OUT     Y000           LDI     Y001
LD      X000           OUT     Y002
SET     S21            LD      X003
STL     S21            AND     X002
LDI     T0             OUT     S21
OUT     Y003           LD      X003
LD      M8000          ANI     X002
OUT     T0             OUT     S0
K       80             LD      X001
LD      T0             OUT     S0
OUT     T1             RET
K       10             END
LD      T1
SET     S22
LD      X001
OUT     S0
STL     S22
LDI     Y002
OUT     Y001
LD      X004
SET     S23
LD      X001
OUT     S0
STL     S23
OUT     T2
K       10
LD      T2
SET     S24
LD      X001
OUT     S0
STL     S24
```

(a) 步进梯形图　　　　(b) 指令程序

图 5.4　运料小车控制编程

4) 步进复位指令 RET 功能

如前所述，使用 STL 指令后，与其相连的 LD(LDI)回路块被右移，当需要把 LD(LDI)触点返回到主母线上，要用 RET 指令。这里必须注意，STL 指令与 RET 指令并不需要成对使用，但当全部 STL 电路结束时，一定要写入 RET 指令。

5.3　步进梯形图指令编程基本方法

应用步进指令或状态转移图编程时，须注意指令的正确应用，注意指令的功能及程序执行中的差异。以下给出一些常见的编程注意事项。

(1) 输出的驱动方法：如图5.5所示，从状态内的母线，一旦纵接输出的上一行回路写入LD或LDI指令，对不带触点的下一行回路就不便再编程，需要按图示方法改变。

(2) MPS/MRD/MPP指令的位置：在状态内，不能直接从STL内母线中直接使用MPS/MRD/MPP指令(见图5.6)，而应在LD或LDI指令后编制程序。

(3) 状态的转移方法：OUT指令与SET指令对于STL指令后的状态器(S)具有同样的功能，都将自动复位转移源(见图5.7)，此外还有自保持功能。但是使用OUT指令时，在STL图中用于向分离的状态转移。

(4) 转移条件回路中不能使用的指令：在转移条件回路中，不能使用ANB，ORB，MPS，MRD，MPP指令(见图5.8)。

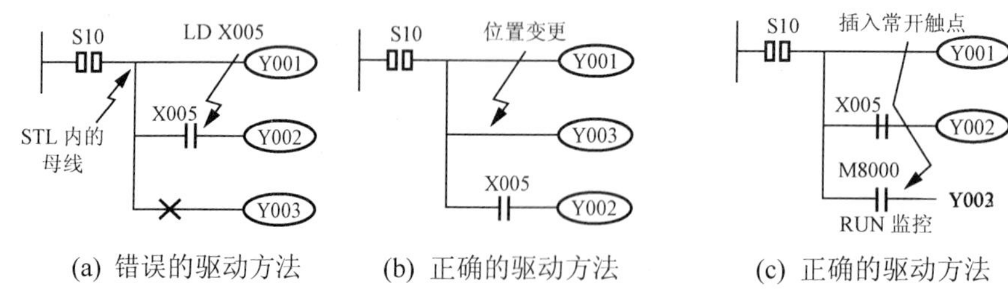

图5.5　输出的驱动

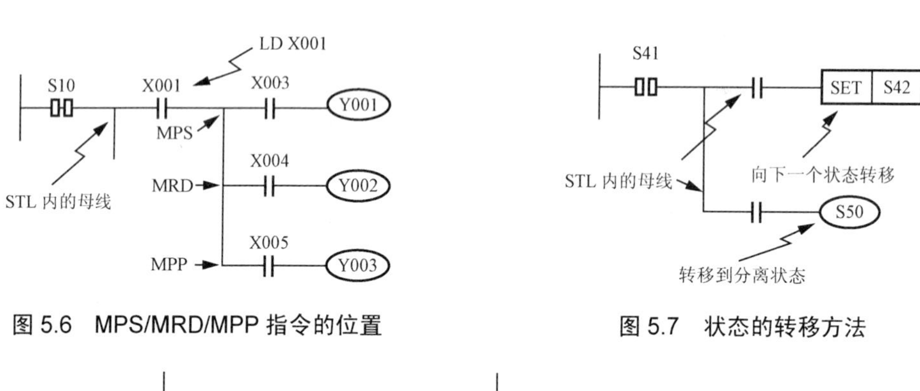

图5.6　MPS/MRD/MPP指令的位置　　图5.7　状态的转移方法

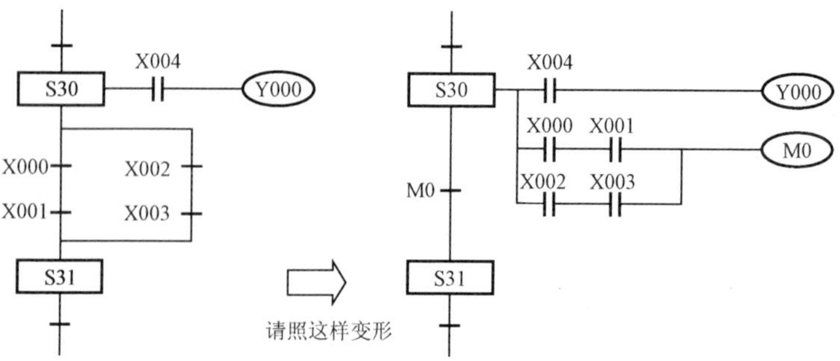

图5.8　转移条件回路指令的应用

(5) 符号↓与↓的应用场合：在流程中表示状态的复位处理时，用符号↓表示；而符号↓则表示向上面的状态转移(重复)或向下面的状态转移(跳转)，或者向分离的其他流程上的状态转移，如图 5.9 所示。

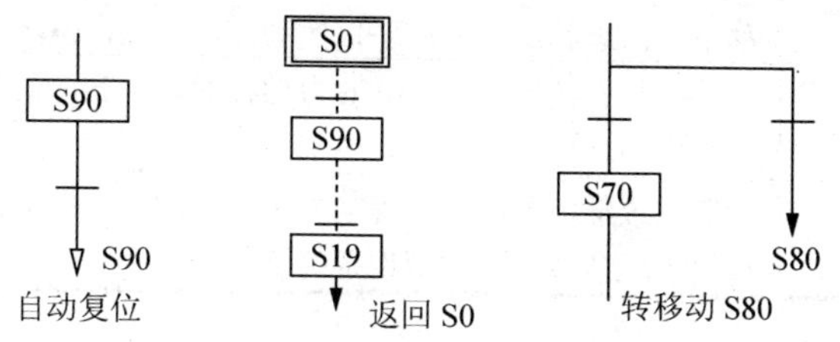

图 5.9　符号↓与↓的应用

(6) 状态复位：在选定的区间内的状态同时复位，如图 5.10 所示。

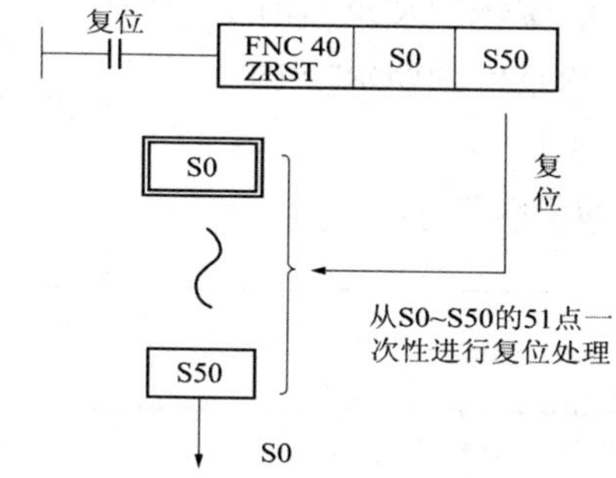

图 5.10　S0～S50 的 51 点状态器的同时复位

(7) 禁止输出的操作：禁止运行状态中的输出(见图 5.11)。

(8) 断开输出继电器(Y)的操作：将 PLC 中的所有输出继电器(Y)断开(见图 5.12)。

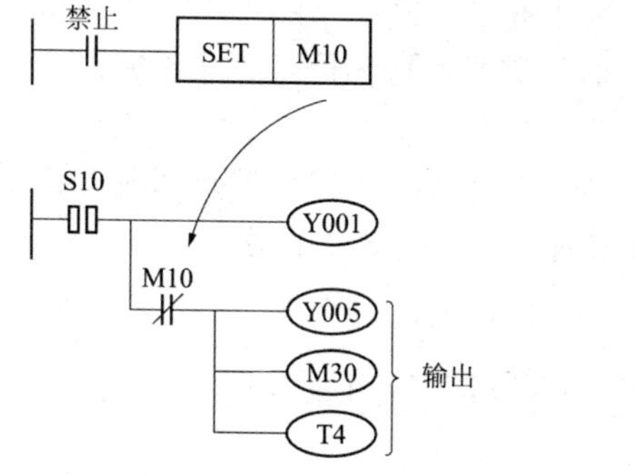

图 5.11　禁止运行状态中的输出

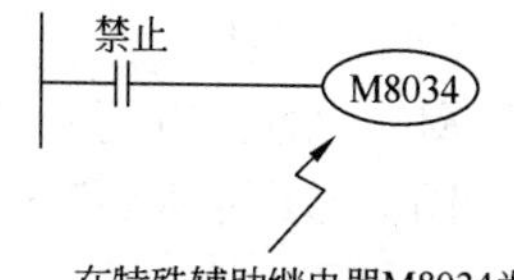

图 5.12　断开输出继电器

(9) SFC 需采用的特殊辅助继电器和逻辑指令：为了有效地编写 SFC 图，需要采用表 5-2 所示的数种特殊辅助继电器。在状态内处理时，可使用的逻辑指令见表 5-3。

表 5-2　SFC 采用的特殊辅助继电器

软元件号	名　　称	功能和用途
M8000	RUN 监视	可编程控制器在运行过程中，需要一直接通的继电器。可作为驱动的程序的输入条件或作为可编程控制器运行状态的显示来使用
M8002	初始脉冲	在可编程控制器由 STOP→RUN 时，仅在瞬间(一个扫描周期)接通的继电器，用于程序的初始状态设定或复位

续表

软元件号	名　　称	功能和用途
M8040	禁止转移	驱动该继电器，则禁止在所有状态之间转移。然而，即使在禁止状态转移下，由于状态内的程序仍然动作，因此，继电器线圈等不会自动断开
M8046	STL 动作	任一状态接通时，M8046 自动接通。用于避免与其他流程同时启动或用作工序的动作标志
M8047	STL 监视有效	驱动该继电器，则编程功能可自动读出正在动作中的状态并加以显示。详细事项请参考各外围设备的手册

表 5-3　可在状态内处理的逻辑指令

状态 \ 指令		LD/LDI/LDP/LDF，AND/ANI/ANDP/ANDF，OR/ORI/ORP/ORF，INV，OUT，SET/RST，PLS/PLF	ANB/ORB MPS/MRD/MPP	MC/ MCR
初始状态/一般状态		可使用	可使用	不可使用
分支、汇合状态	输出处理	可使用	可使用	不可使用
	转移处理	可使用	不可使用	不可使用

注：① 在中断程序与子程序内，不能使用 STL 指令。

② 在 STL 指令内不禁止使用跳转指令，但其动作复杂，建议不要使用。

(10) 停电保持用状态器：用电池保持其动作状态。在机械动作中途发生停电之后，再次通电时从这里继续运行并使用这些状态。

(11) 利用同一种信号的状态转移：有的情况下要通过同一个触点构成的转移条件的接通/断开动作进行状态转移。进行这种状态转移时，需要将转移信号脉冲化编程。转移条件的脉冲化有以下两种方法：

第一，在 M0 接通 S50 之后(见图 5.13)，转移条件 M1 的常闭触点即刻开路，在 S50 接通的同时，不向 S51 转移。当在 M0 再次接通时，状态向 S51 转移。

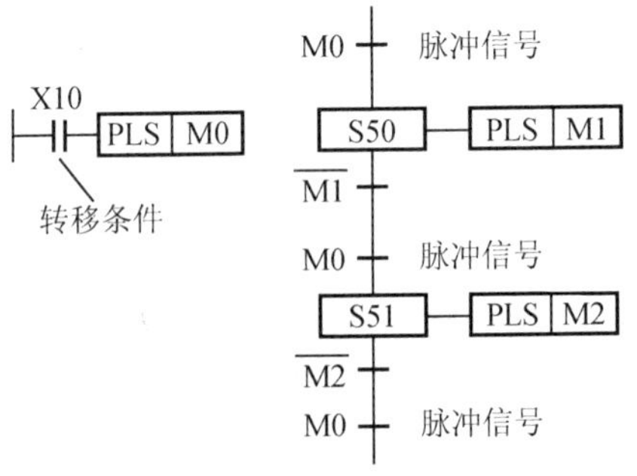

图 5.13　利用同一种信号的状态转移

第二，图 5.14 中，构成转移条件的限位开关 X030 在每次动作之后都可使工序进行一次转移。这种场合将转移条件脉冲化，如图 5.15 所示。S30 首次导通动作，即使此时 X030 动作，M101 动作，但通过自锁脉冲M100 使状态不向 S31 产生转移，当 X030 再次动作时，则 M100 不动作，而 M101 动作，状态从 S30 转到 S31。

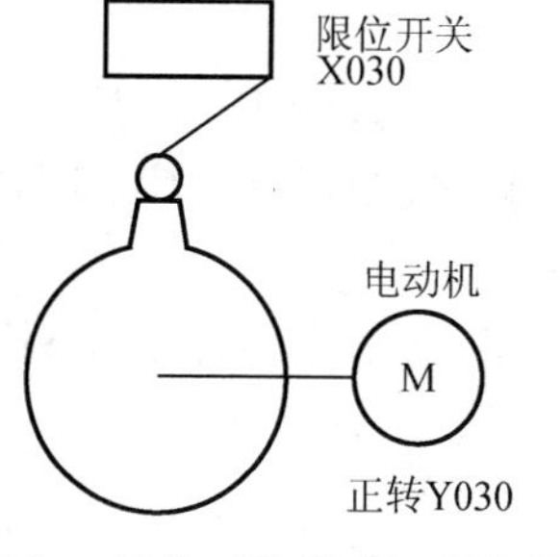

图 5.14 限位开关构成的转移条件

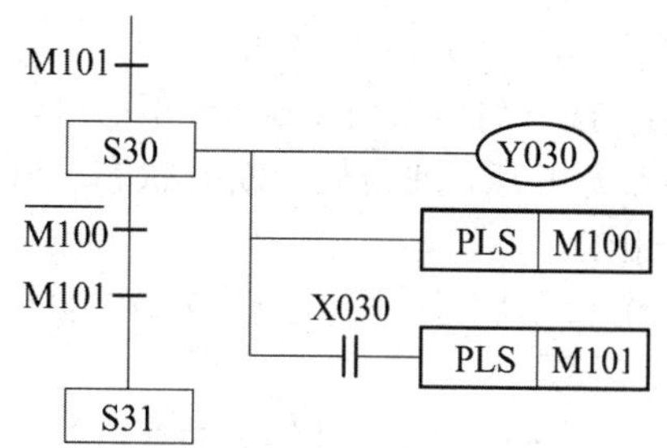

图 5.15 转移条件脉冲化

(12) 上升沿/下降沿检测触点使用时的注意事项：在状态内使用 LDP、LDF、ANDP、ANF、ORP、ORF 的上升沿/下降沿检测触点状态器触点断开时，变化的触点只有在状态器触点再次接通时才能被检出。如图 5.16(a)所示，X014 下降，此时因 S3 断开，X014 的下降沿无法检出；S3 再次接通时，X014 则被检出。因此，S3 第二次动作时，立即向 S70 转移。

在状态器触点断开的情况下，对上升沿/下降沿进行检测时，应按图 5.16(b)修改程序。

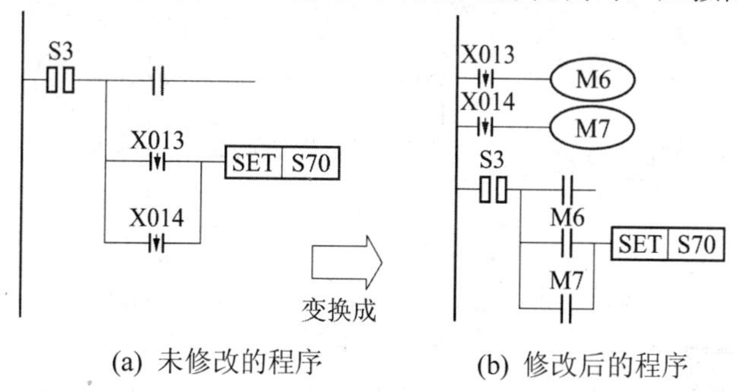

图 5.16 上升沿/下降沿检测触点使用时的编程

5.4 状态转移图常见流程状态的编程

5.4.1 单流程状态编程

工序转换的最基本形式是单流程形式。所谓单流程是指仅有单一的出、入口的单流程。图 5.17 所示台车运动控制就是典型的单流程。

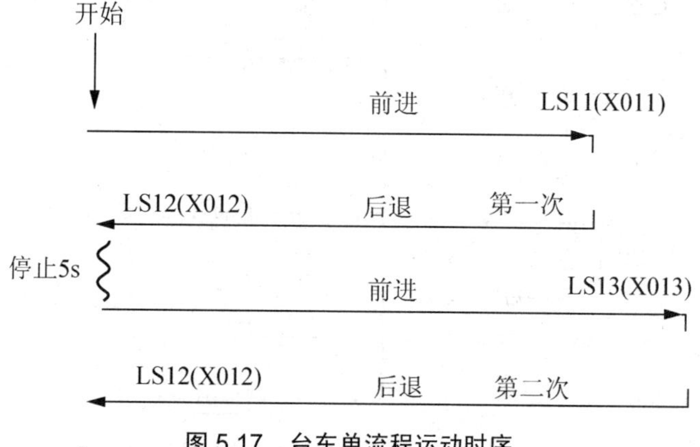

图 5.17 台车单流程运动时序

台车单流程运动时序如下：

(1) 按下启动按钮 SB，台车前进，限位开关 LS11 动作后，台车马上后退（限位开关 LS 为常开触点，通常处于断开状态，只有台车前进到位时才转为接通，其他限位开关的动作也相同)。

(2) 台车后退，限位开关 LS12 动作后，停 5s 再次前进，直到限位开关 LS13 动作，台车马上后退。

(3) 不久限位开关 LS12 动作，这时驱动台车的电动机停转。

在图 5.18 所示的阶梯电流块[LAD 0]中，PLC 由 STOP→RUN 时，初始脉冲辅助继电器 M8002 令 S0 置位(S0＝ON)。如前所述，S0～S9 被定义为初始状态，一个程序根据复杂程度，最多可编入 10 个初始状态。

在从指令表向 SFC 进行变换时，需要识别程序的起始段，因此要将 S0～S9 用作初始状态。若用其他的状态，S 就不能进行逆变换。

图 5.18 中的台车控制程序只需要一个初始状态。对于 SFC，其状态器顺序编号可自由选择，但不能重复。

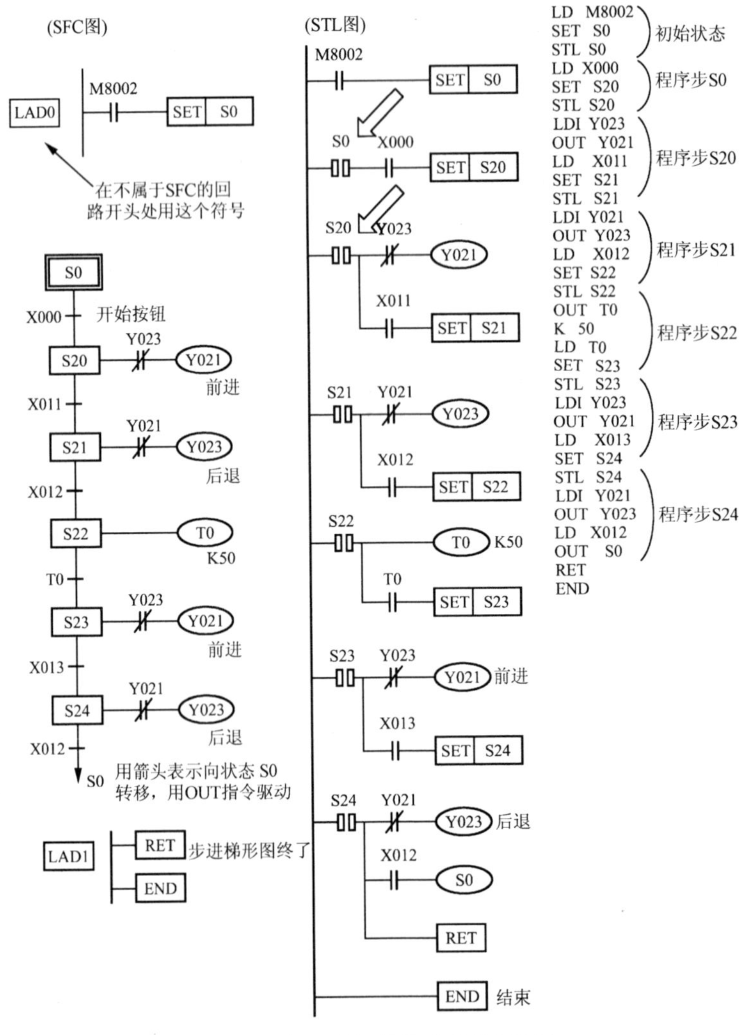

图 5.18　台车单流程运动的控制程序

5.4.2 跳转与重复状态编程

向下面的状态直接转移或向系列外的状态转移称为跳转，向上面的状态转移则称为重复或循环，如图 5.19 所示。

在图 5.20 中，跳转的转移目标状态和重复(循环)的转移目标状态都可以用↓加目标状态来表示，转移目标状态用 OUT 指令编程。在 S40 状态时，通过转移条件 X003 转移到 S52 中，使用 OUT 指令，S52 在自己保持动作的同时，转移源 S40 被自动复位。

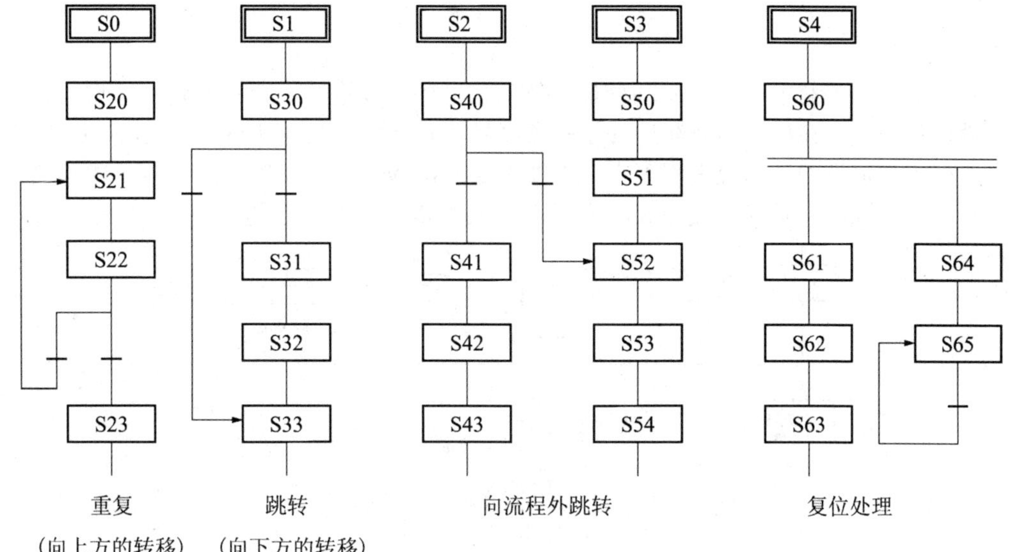

图 5.19 跳转、重复或循环

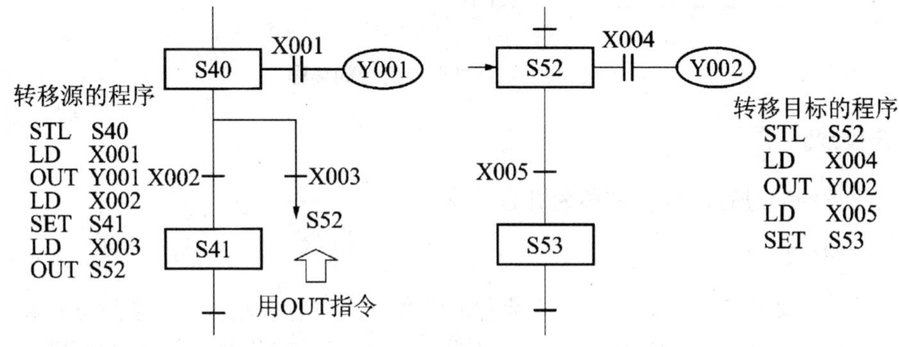

图 5.20 跳转的转移目标状态

5.4.3 选择性分支与汇合状态编程

选择执行多项流程中的某一项流程称为选择性分支。

1. 选择性分支

与一般状态的编程一样，选择性分支先进行驱动处理，然后进行转移处理。所有的转移处理按顺序继续进行，如图 5.21 所示，根据不同的条件转移到不同的分支。

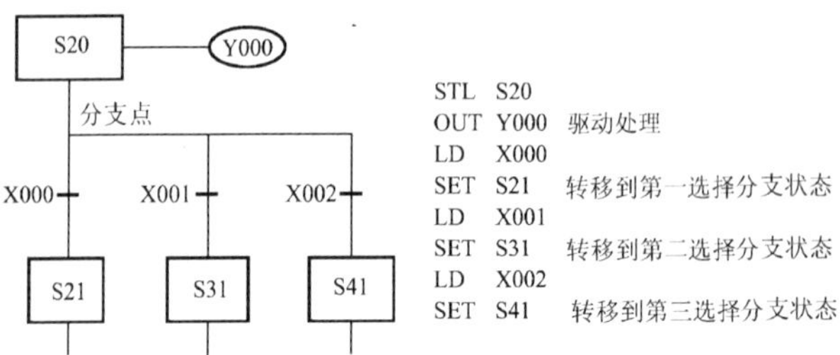

图 5.21 选择性分支

2. 选择汇合

首先只进行汇合前状态的驱动处理，然后按顺序继续进行汇合状态转移处理，根据不同条件转移分支。在使用中要注意程序的顺序号，分支列与汇合列不能交叉，如图 5.22 所示。在分支与汇合的转移处理程序中，不能用 MPS，MRD，MPP，ANB，ORB 指令。此外，负载驱动回路也不能直接在 STL 指令后面使用 MPS 指令。

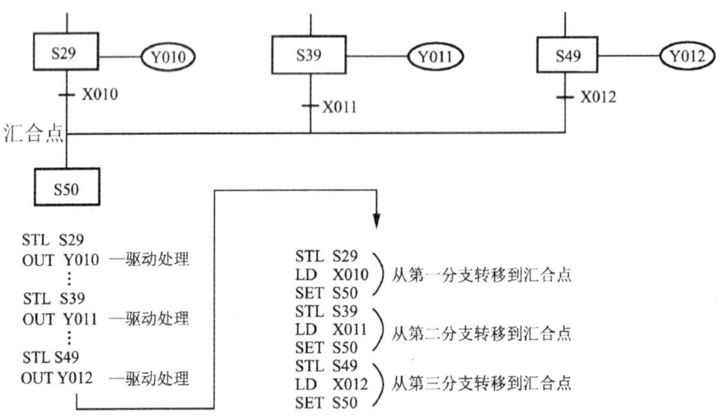

图 5.22 选择性分支汇合的编程

5.4.4 并行分支与汇合状态

多项流程同时进行的分支被称为并行分支。

1. 并行分支

与一般状态的程序一样，并行分支流程的编程首先进行驱动处理，然后进行转移处理。所有的转移处理按顺序继续进行，如图 5.23 所示，根据相同条件转入并行分支。

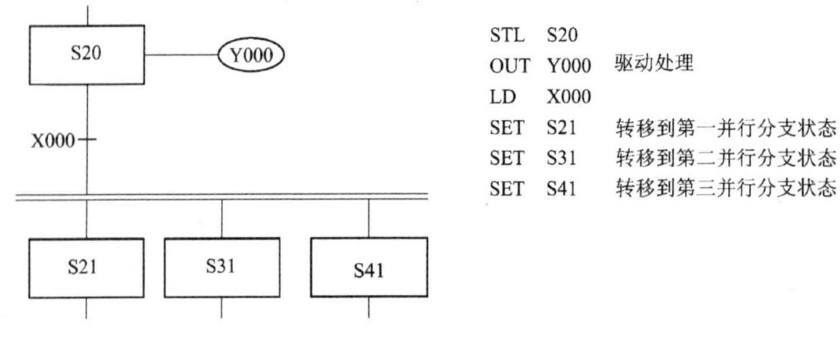

图 5.23 并行分支

2. 并行汇合

首先只进行汇合前状态的驱动处理，然后依次执行向汇合状态的转移处理，如图 5.24 所示，根据相同条件转出并行分支。

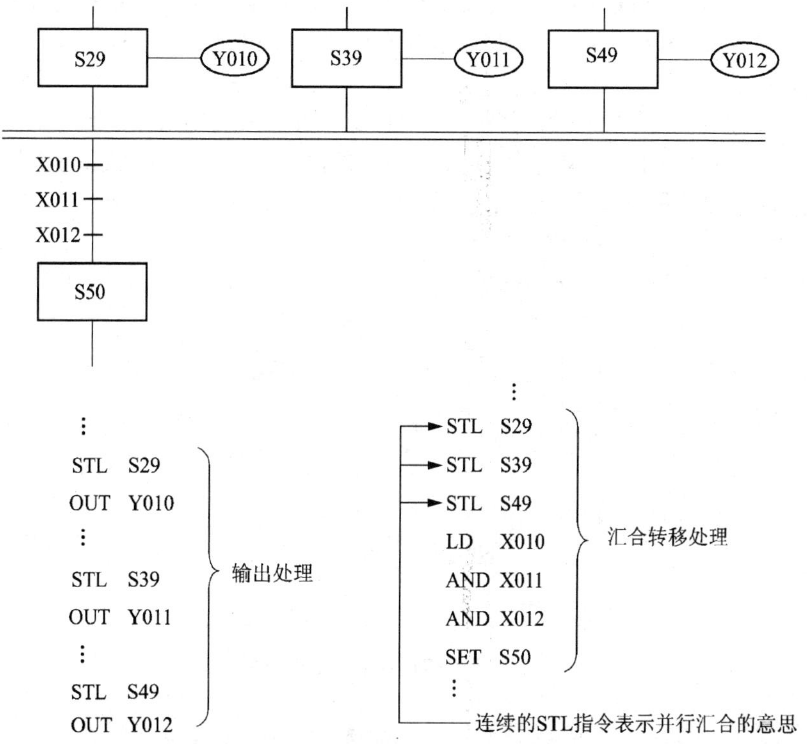

图 5.24 并行分支汇合的 SFC

3. 转移条件的设置位置

并行分支与汇合点中不容许在图 5.25(a)所示的符号※1、※2 或符号※3、※4 的位置设置转移条件，转移条件的设置应按图 5.25(b)所示 1、2、3、4 的位置进行设置。

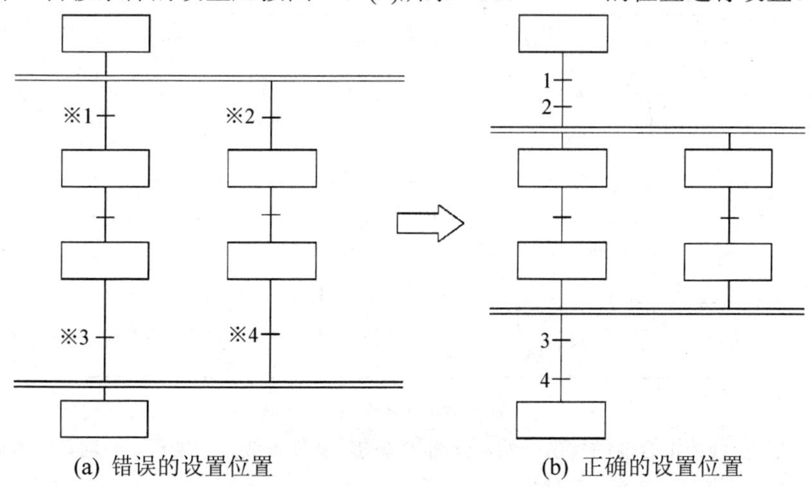

(a) 错误的设置位置 (b) 正确的设置位置

图 5.25 转移条件的设置位置

5.4.5 分支与汇合的组合

1. 多个初始状态的 SFC 的编程

有多个初始状态的 SFC 的程序须将各初始状态分离编程。如图 5.26 所示，与属于初始状态 S3 的状态 S20～S39 相对应的 STL 指令的程序都结束之后，再编写与下一个初始状态 S4 有关的程序。

但应注意，在自身的程序中，能够以 STL 之外的指令使用对方的状态号。如图 5.26 所示，在初始状态 S3 的程序中包含 OUT S41 的指令。此外，初始状态 S4 的程序中包含 LD S39 的指令，关键是不要混杂 STL 指令。

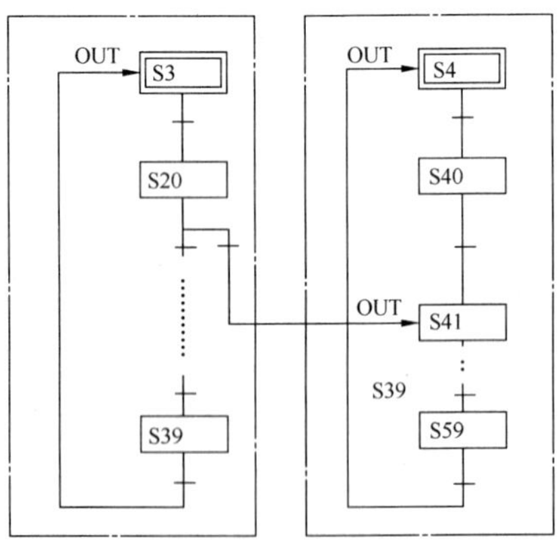

图 5.26 多个初始状态的 SFC 的编程

2. 回路总数

一条并行分支或选择性分支的回路数有如下限定：

对所有的初始状态(S1～S9)，每个初始状态的回路总数不超过 16，并且在每一分支点，分支数不能大于 8，如图 5.27 所示。

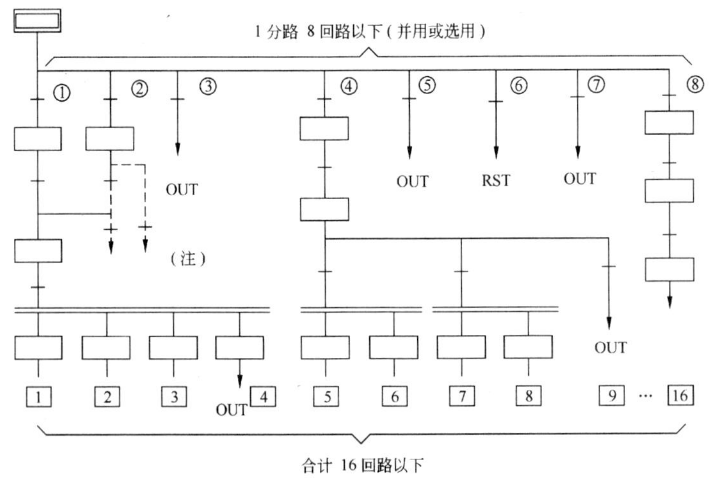

注：不能进行从汇合线或汇合前的状态开始向分离状态的转移处理或复位处理，一定要设置虚拟状态，从分支线上向分离状态进行转移与复位处理。

图 5.27 回路总数

3. 分支与汇合的组合常见形态

第 5.4.3 与 5.4.4 节中所述的选择性分支和并行性分支，其分支与汇合的组合形态可以是多种多样的，如果程序连续直接从汇合点转移到下一次分支而它们之间没有中间状态，则应加入一个虚拟的中间状态，以方便编程，图 5.28 所示是几种常见的分支与汇合的组合。

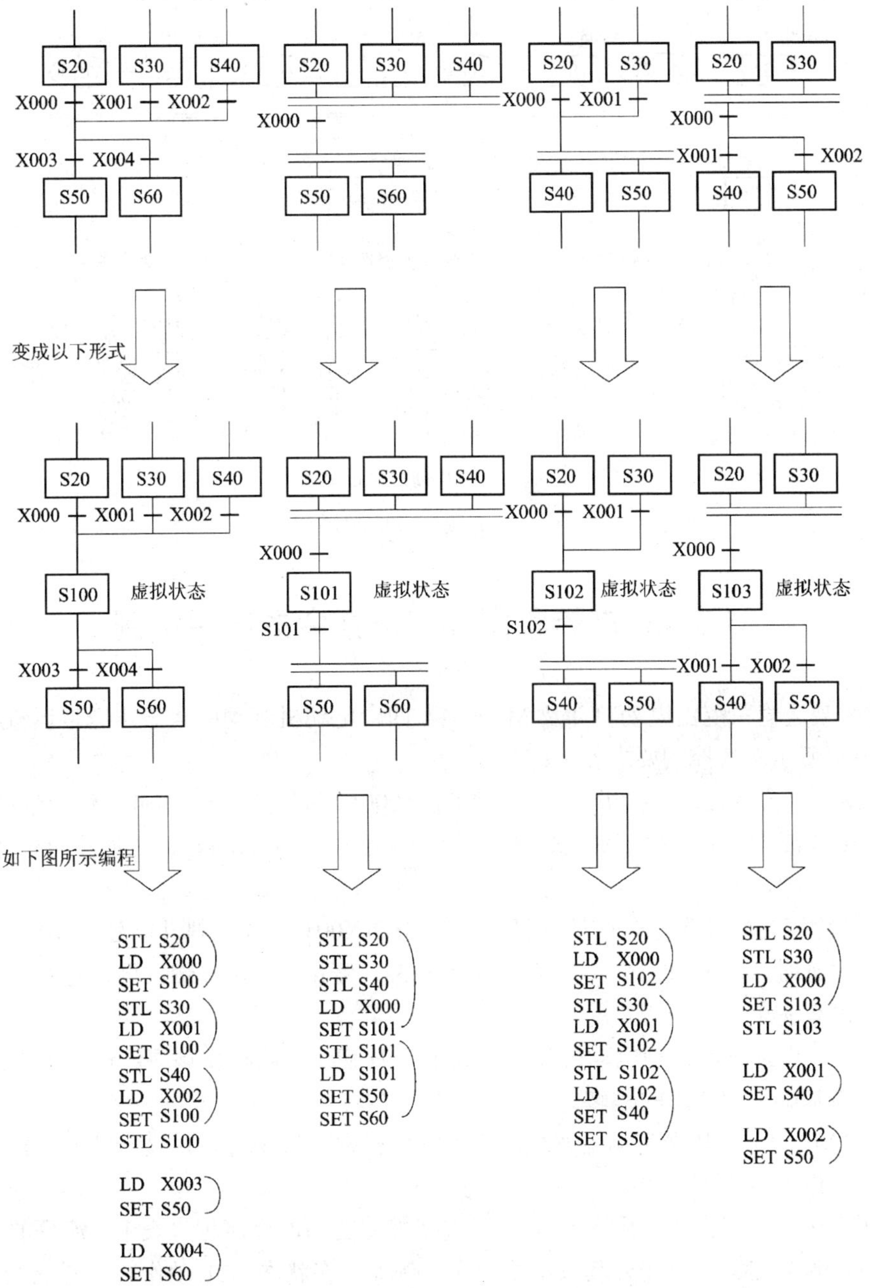

变成以下形式

虚拟状态

如下图所示编程

(a) 选择汇合选择

```
STL S20
LD  X000
SET S100
STL S30
LD  X001
SET S100
STL S40
LD  X002
SET S100
STL S100

LD  X003
SET S50

LD  X004
SET S60
```

(b) 并行汇合并行

```
STL S20
STL S30
STL S40
LD  X000
SET S101
STL S101
LD  S101
SET S50
SET S60
```

(c) 选择汇合并行

```
STL S20
LD  X000
SET S102
STL S30
LD  X001
SET S102
STL S102
LD  S102
SET S40
SET S50
```

(d) 并行汇合选择

```
STL S20
STL S30
LD  X000
SET S103
STL S103

LD  X001
SET S40

LD  X002
SET S50
```

图 5.28　分支与汇合的组合形态

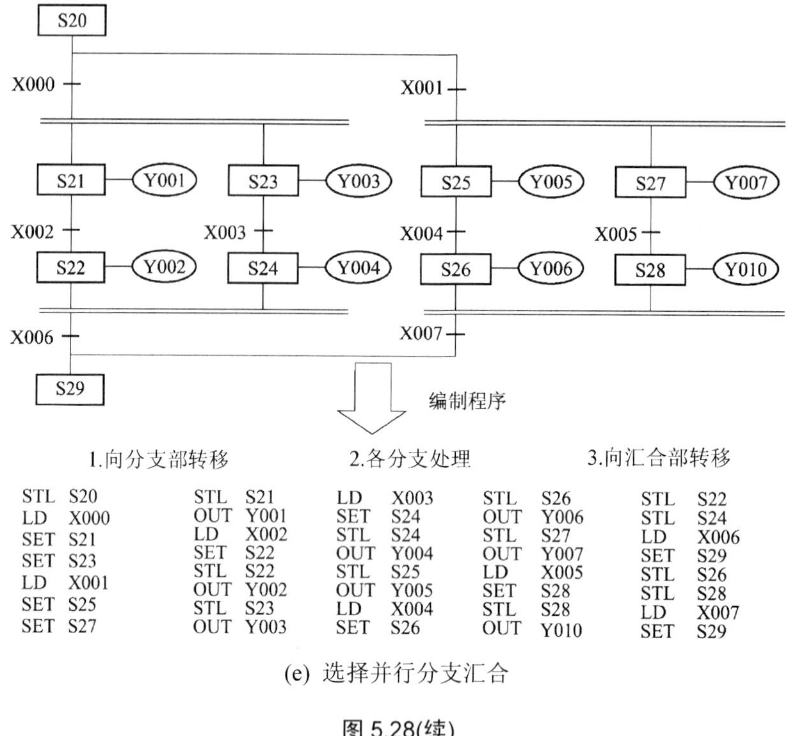

(e) 选择并行分支汇合

图 5.28(续)

5.5 状态转移图及步进指令的应用举例

【例 5.2】 某运输系统由电动料斗及 M1～M4 四台电动机驱动的 4 条传送带运输机组成，如图 5.29(a)所示。其控制要求如下：

(1) 逆物流方向启动：按下启动按钮 SB1(X000)，振铃 30s，启动 1＃传送带；延时 2s，启动 2＃传送带；再延时 3s，启动 3＃传送带；再延时 4s，启动 4＃传送带并同时开启料斗，启动完毕。

(2) 顺物流方向顺序停车：按下停止按钮 SB2(X001)，关闭料斗，延时 10s，停止 4＃传送带；再延时 4s，停止 3＃传送带；再延时 3s，停止 2＃传送带；再延时 2s，停止 1＃传送带，停车完毕。

本例中，由定时器控制电动机 M1～M4 按顺序启动，以相反顺序停止。这种 SFC 流程以单流程为基础进行状态的跳转。

图 5.29(b)所示是传送带运输系统的 SFC。可根据转移条件，跳过一部分流程向后面的状态转移，也可向前面的状态转移。

上面的跳转流程也可以用图 5.30 所示选择性分支与汇合流程来表示。流程的流向必须从上到下，除分支、汇合线外其余不能交叉。例如，在状态 S21 动作时，若 X001 接通，则状态 S32 动作，然后其触点动作，从而直接跳转到状态 S29，由于在分支线上一定要有一个以上的状态，所以需设置虚拟状态。

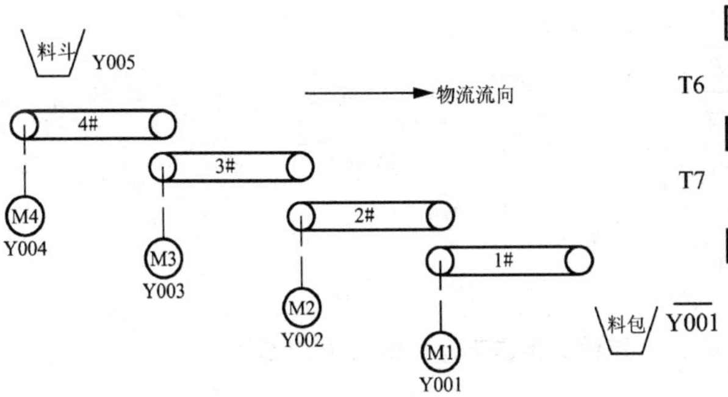

(a) 四台电动机驱动传送带运输机 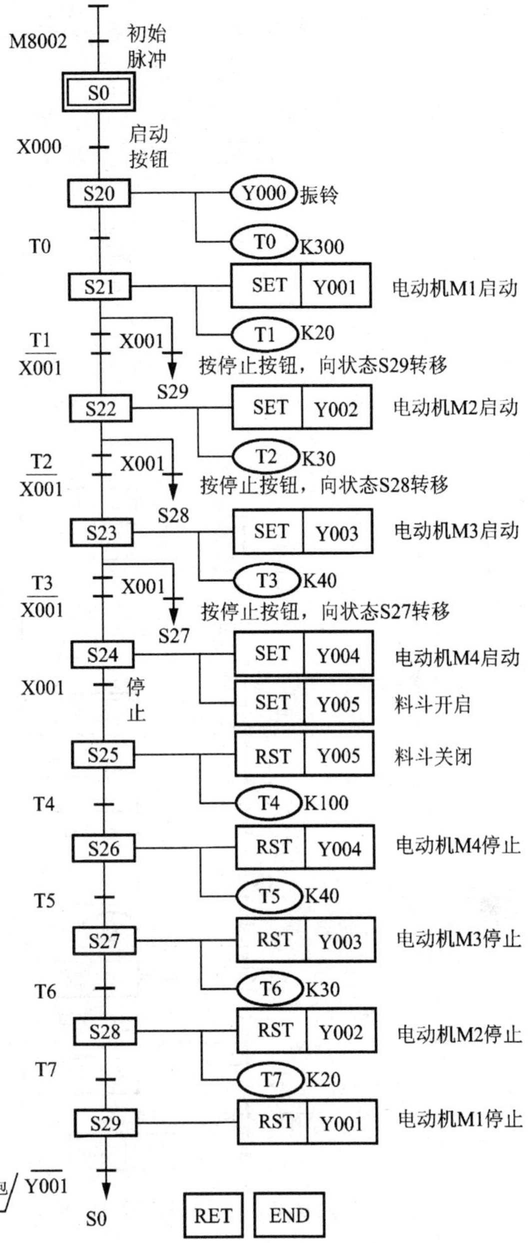　　(b) 传送带运输机系统的单流程 SFC

图 5.29　四传送带运输机系统

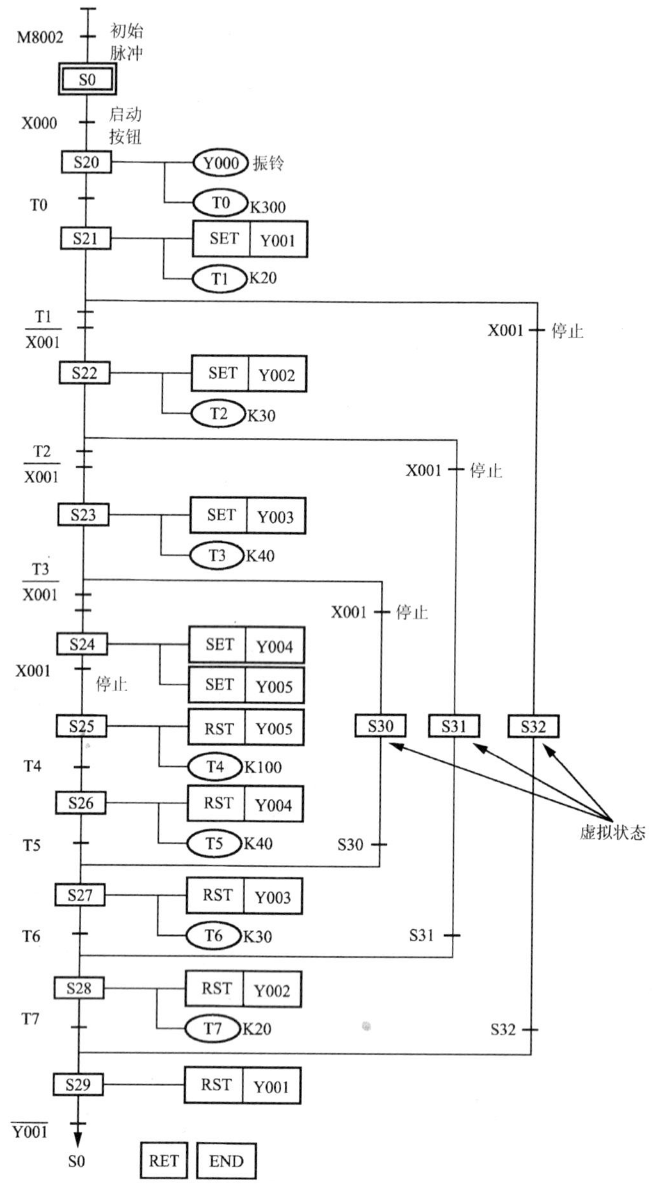

图 5.30　采用选择性分支/汇合流程的传送带运输机系统 SFC

【例 5.3】 图 5.31 是将大、小球分类选择传送的机械。左上方为原点指示，其动作顺序为下降、吸住、上升、右行、下降、释放、上升、左行，当电磁铁通电或断电延时 1s 再转于下一工序。此外，机械臂下降，当电磁铁接近球时，接近开关 PS0 接通，此时，下限位开关 LS2 断开，则为大球；LS2 导通，则为小球。设计其状态转移图。

解：这种大小分类选择或判别合格与否的 SFC，可设计为图 5.32 所示的选择性分支与汇合的 SFC。

若为小球(X002＝ON)，左侧流程有效；若为大球(X002=OFF)，则右侧流程有效。

若为小球时，吸球机械臂右行至压住 LS4，X004 动作；若为大球时，则右行至压住 LS5，X005 动作。然后向汇合状态 S30 转移。

若驱动特殊辅助继电器 M8040，则禁止所有的状态转移。右移输出 Y003，左移输出

Y004 以及上升输出 Y002，下降输出 Y000 中各自串联有相关的互锁触点。

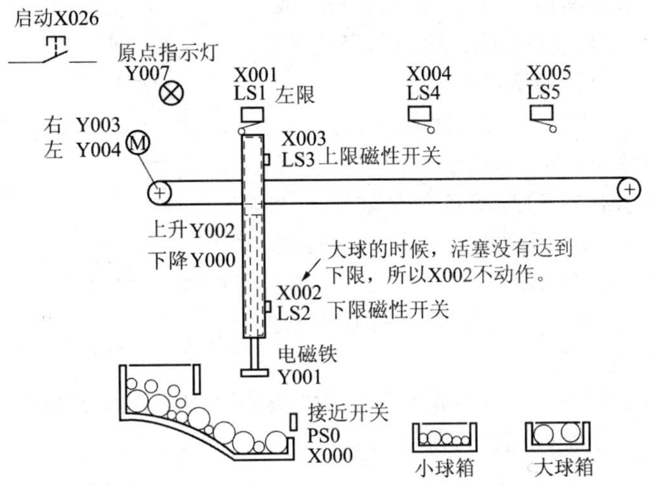

图 5.31 大、小球分类选择传送机械

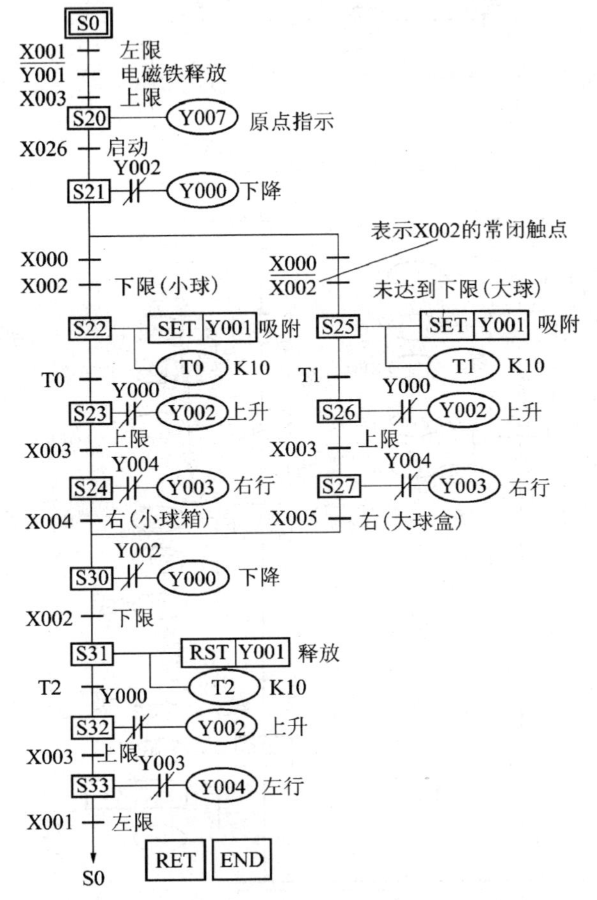

图 5.32 大、小球分类选择传送控制机械的 SFC

【例 5.4】 设计图 5.33 表示的人行横道交通灯的控制程序。交通灯的控制要求为：

(1) 可编程控制器从 STOP→RUN 变换时，设置初始状态 S0，通常车道信号灯为绿，而人行道信号灯为红。

(2) 按下人行横道两侧的任一按钮 X000 或 X001，此时信号灯的状态无变化；30s 后，车道信号变黄；再过 10s 车道信号变红。

(3) 此后延时变化为：5s 后人行道变为绿灯；15s 后人行道绿灯开始闪烁，亮 0.5s，灭 0.5s，共 5 次。闪烁由控制状态器如 S32，S33 反复动作，计数器 C0 计数(设定值为 5)来实现。其后，人行道变为红灯，5s 后返回初始状态。

(4) 在动作过程中，即使按动人行道按钮 X000 或 X001 也无效。

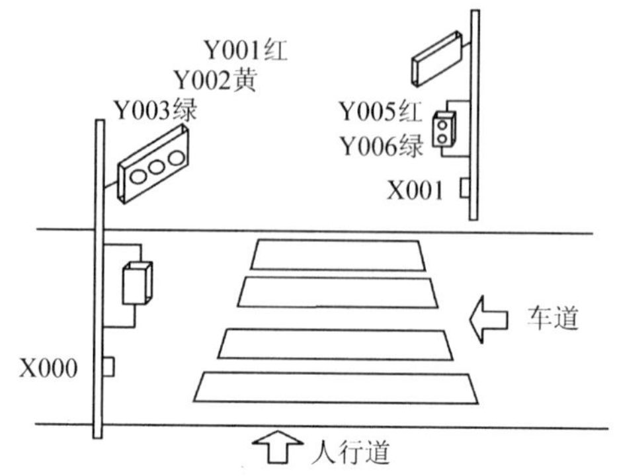

图 5.33　按钮式人行横道交通灯的控制

解：图 5.34 为应用并行分支与汇合的流程与编程方法，在图 5.34 中表示了在人行道的绿灯闪烁时，采用部分流程重复与跳转的编程。

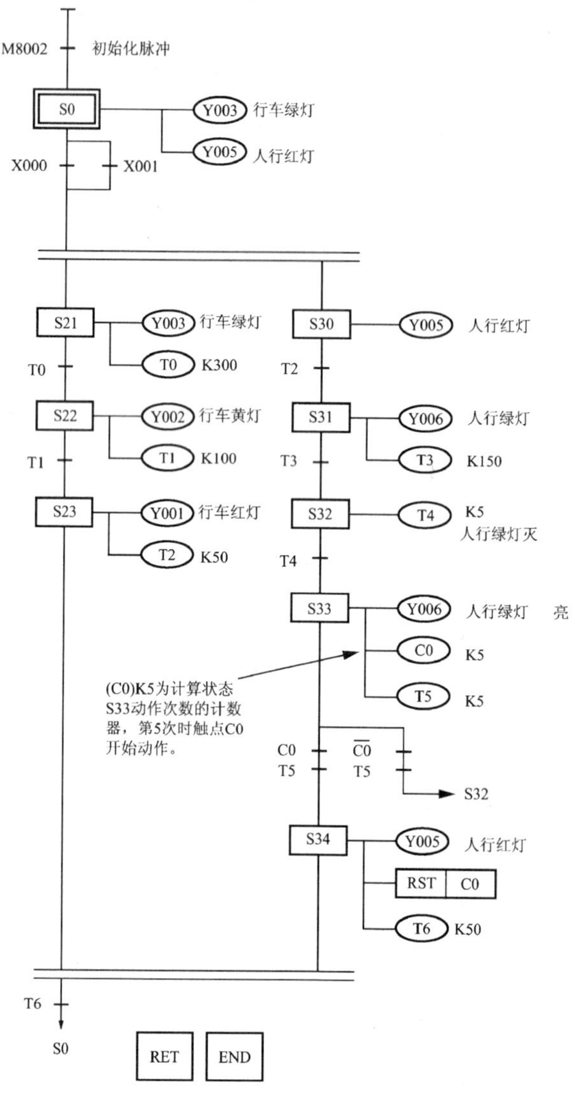

图 5.34　按钮式人行横道交通灯控制 SFC

小　　结

设计状态转移图时，首先要将系统的工作过程分解成若干个连续的阶段，这些阶段称为步或状态，用“状态器 S”来代表。每一状态完成一定的操作或驱动一定的负载。一个步可以是动作的开始、持续或结束。一个过程循环分的步越多，描述时就越精确。状态与状态之间或步与步之间由转换条件来分隔。转换条件得到满足时，转换得以实现，即上一步的活动结束而下一步的活动开始。

步进指令编程有单流程、选择性分支/汇合、并行分支/汇合及跳转循环等常见流程状态，还有多种编程技巧和方法，熟练掌握这些编程方法并加以灵活运用，是有效解决工程中的实际控制问题的基础。

习　　题

1．状态器的作用是什么？

2．在顺序控制中，系统的一般步(除初始步之外)被触发的条件是什么？

3．顺序控制的状态转移图有哪几种类型?各有什么特点？

4．写出图 5.35 的指令程序。

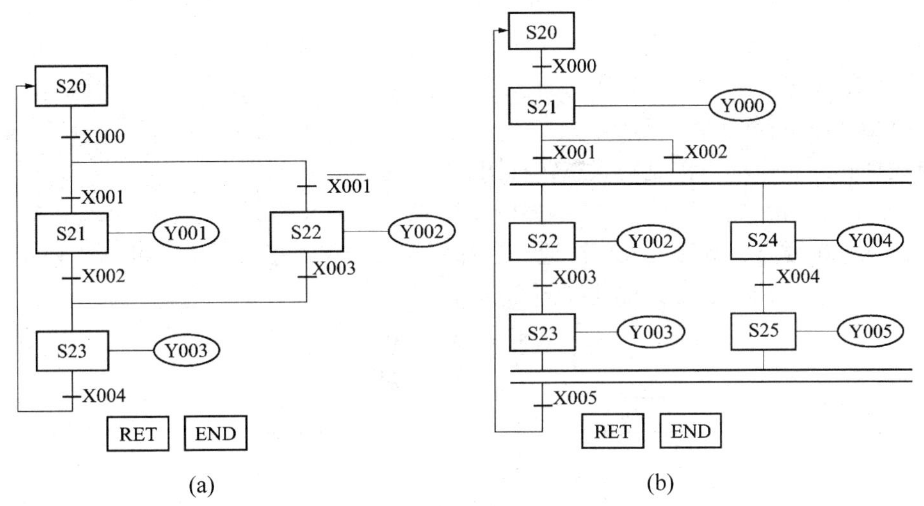

图 5.35　习题 4

5．图 5.36 所示为一冲压成形机的控制示意图。其控制要求如下：

(1) 按动启动按钮 SB，电磁阀 1DT 通电，活塞杆带动模具向下冲去，在此过程中释放上限位行程开关 LS1；

(2) 下冲过程中触动行程开关 LS2 后，1DT 失电，同时启动定时器 T，定时 5s；

(3) 5s 后，定时器 T 有输出信号，使 2DT 得电，活塞杆带动模具向上运动，同时释放 LS2；

(4) 模具运动到顶时，触动 LS1，使 2DT 失电，整个过程停止。

设计冲压成形机控制过程的状态转移图及梯形图。

6．图 5.37 所示为一传送带电动机控制示意图，控制要求如下：

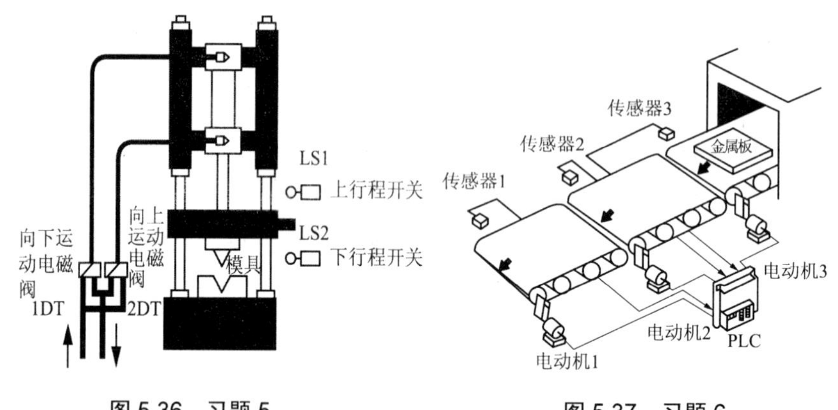

图 5.36　习题 5　　　图 5.37　习题 6

(1) 按动启动按钮后，电动机 3 启动，金属板在传送带上向图中所示方向输送，其位置信息分别由传感器 1～3 来由检测。传感器选用接近开关，其输出为集电极开路 OC 门输出。

(2) 当金属板到达两传送带邻接处时传感器 3 接受到信号，启动电动机 2。

(3) 当传感器 2 接受到信号时，启动电动机 1。

(4) 当金属板离开电动机 2 拖动的传送带进入电动机 1 拖动的传送带时，传感器 2 的信号消失，此时启动定时器 T_1，定时 2s 后控制电动机 2 停止。

(5) 传感器 1 接受到信号，指挥下一级的机构动作(可不考虑)。

(6) 当金属板离开电动机 1 拖动的传送带后，传感器 1 的信号消失，此时启动定时器 T_2，定时 2s 后控制电动机 1 停止。

试设计传送带电动机控制的状态转移图和梯形图。

7．多个传送带的启动和停止控制如图 5.38 所示。启动按钮按下后，电动机 M1 接通。行程开关 X000 接通后电动机 M2 接通，当行程开关 X001 接通后电动机 M1 停止。以后几个传送带动作类推。试设计出其控制梯形图。

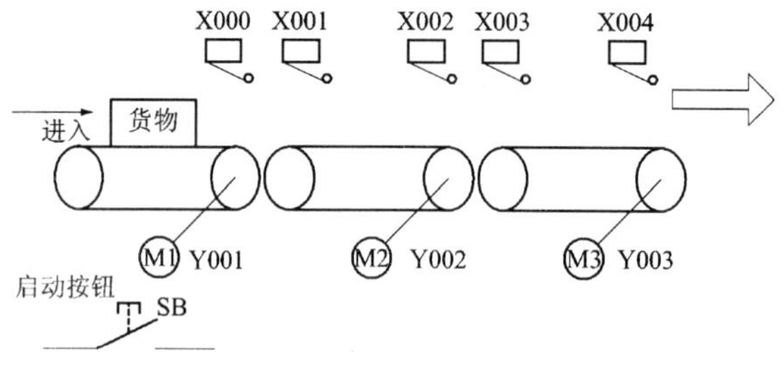

图 5.38　习题 7

8．传送线上传送大或小两种工件。当大工件经过检测器时，检测器 1 发出信号，与此同时挡板逆时针偏转。使大工件传至 1 号传送带。当小工件经过检测器时，检测器 2 发出信号。则此时挡板顺时针偏转，使小工件传至 2 号传送带，如图 5.39 所示。试设计控制大、小工件传送的状态转移图及指令程序。

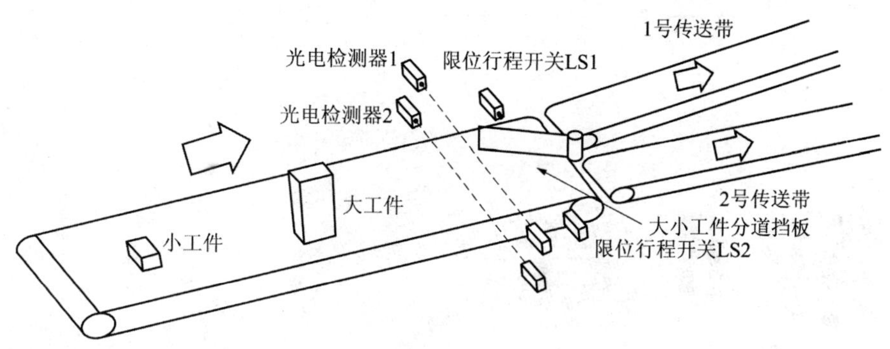

图 5.39　习题 8

9．有一台加工机床，如图 5.40 所示，当工件送到工作台上，夹紧工作头 1、2 将工件夹紧。然后钻孔工作头和铣削工作头同时下降对工件进行加工，加工完毕则退回原位，夹紧工作头 1、2 松开。试设计控制夹紧工作头 1、2 和钻孔工作头、铣削工作头、自动进退工作的状态转移图及指令程序。

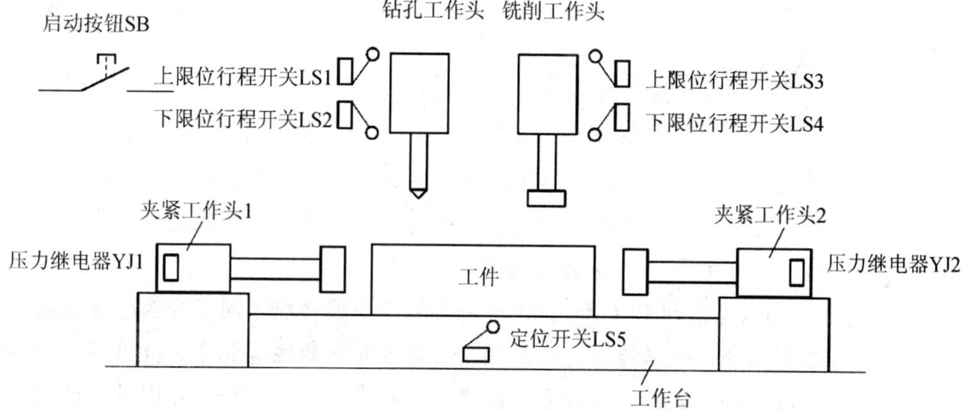

图 5.40　习题 9

第 6 章

FX$_{2N}$ 功能指令

除了基本逻辑指令、步进指令外，FX$_{2N}$系列 PLC 还有 200 多条功能指令(也称为应用指令)。功能指令实际上是许多功能不同的子程序。与基本逻辑指令只能完成一个特定动作不同，功能指令能完成实际控制中的许多不同类型的操作。

FX$_{2N}$系列 PLC 的 200 多条功能指令按功能不同可分为程序流向控制指令、数据传递与比较指令、算术与逻辑运算指令、数据移位与循环指令、数据处理指令、高速处理指令、方便指令、外围设备通信(I/O 模块、功能模块等)指令、浮点运算指令、定位运算指令、时钟运算指令、触点比较指令等十几大类。对实际控制中的具体控制对象，选择合适的功能指令可以使编程较之基本逻辑指令快捷、方便。

教学要求

本章要求学生了解 FX$_{2N}$ 功能指令的类别、功能定义和书写方式；掌握应用功能指令的使用条件、表示方法与步骤及编程的规则；能针对一般的工程控制要求应用功能指令编写工程控制程序。

6.1 功能指令的表示与执行方式

FX_{2N}系列 PLC 功能指令有十几大类共计 200 多条。与基本逻辑指令执行一次只能完成一个特定动作不同，执行一条功能指令相当于执行了一个子程序，可以完成一系列的操作。FX_{2N}系列 PLC 的功能指令由编号 FNC00～FNC□□□指定，其表达形式与基本逻辑指令不同。功能指令采用梯形图和指令助记符相结合的功能框形式，用于表达该指令要做什么。

6.1.1 指令与操作数

图 6.1 为FX_{2N}系列 PLC 功能指令的功能框表达形式。X000 是功能指令的执行条件，其后的功能框中的内容就是功能指令。功能指令由指令和操作数两部分组成：FNC45 是指令，表示该指令做什么；D0 是源操作数，D10 是目标操作数。该指令的功能是：当 X000 满足条件(即接通)时，执行 FNC45 指令。

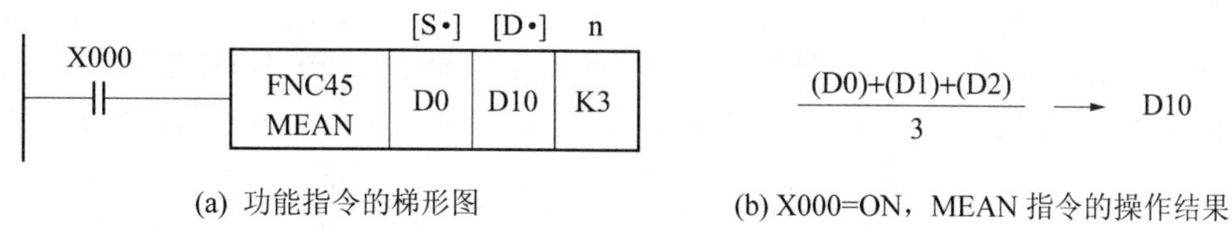

(a) 功能指令的梯形图　　(b) X000=ON，MEAN 指令的操作结果

图 6.1　功能指令格式

1. 指令

功能框的第一部分是指令。为便于理解和记忆指令的含义，各指令中有表示其内容的符号(即助记符)。例如，编号为 FNC45 的指令的助记符为 MEAN，表示该指令的功能是求平均。

2. 操作数

功能框的第一段之后都为操作数部分。操作数部分依次由“源操作数”(源)、“目标操作数”(目)和“数据个数”3 部分组成，表示参加指令操作的操作数在哪里。图 6.1(a)中的源操作数应是 D0、D1 和 D2，因为根据数据个数指示源 K3 的“3”知道数据为 3 个；而目标操作数只有一个 D10。由此可知，当 X000 接通时，MEAN 指令的含义如 6.1(b)所示，即要取出 D0～D2 连续 3 个数据寄存器中的数据做算术平均后送入 D10 寄存器中。当 X000 断开时，此指令不执行。

有些功能指令需要操作数，也有的功能指令不需要操作数。有些功能指令还要求多个操作数。但是，无论操作数有多少，其排列次序总是：源在前，目在后，数据个数在最后。

有些功能指令仅使用指令段(FNC 编号)，但多数情况下是将其与操作数结合在一起使用，其中：

(1) [S・]：源操作数，指令执行后其内容不改变。源的数量多时，以[S1・]、[S2・]等表示。加上“・”符号表示使用变址方式；默认方式为无“・”，表示不能使用变址方式。

(2) [D・]：目标操作数，指令执行后将改变其内容。在目标操作数较多时，以[D1・]、[D2・]等表示。默认为无“・”，表示不能使用变址方式。

(3) M、n：其他操作数，用来表示阐述或对源和目标操作数作出补充说明。表示常数时，K 后跟的为十进制数，H 后跟的为十六进制数。

(4) 程序步：指令执行所需的步数。功能指令的指令段的程序步数通常为 1 步，但是根据各操作数是 16 位指令还是 32 位指令，会变为 2 步或 4 步。当功能指令处理 32 位操作数时，则在指令助记符号前加[D]表示，指令前无此符号时，表示处理 16 位数据。

6.1.2 指令的数据长度与执行形式

根据数据处理值的大小，功能指令可以分为“16 位指令”和“32 位指令”。此外，根据指令各自的执行形式，有“连续执行型”与“脉冲执行型”等特点。功能指令可将这些形式组合使用或单独使用。

1. 字元件/双字元件

1) 字元件

字元件是 FX_{2N} 系列 PLC 数据类元件的基本结构。一个字元件由 16 位的存储单元构成，其最高位(第 15 位)为符号位，第 0～14 位为数值位。图 6.2 所示为 16 位数据寄存器 D0。

MSB
D0
LSB
15
14
1
0

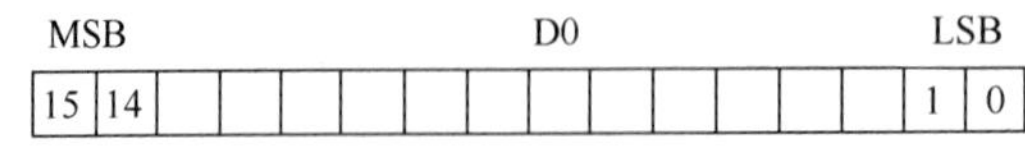

图 6.2 字元件

2) 双字元件

可以使用两个字元件组成双字元件，组成 32 位数据操作数。双字元件是由相邻的两个寄存器组成，如图 6.3 中由 D11 和 D10 组成。

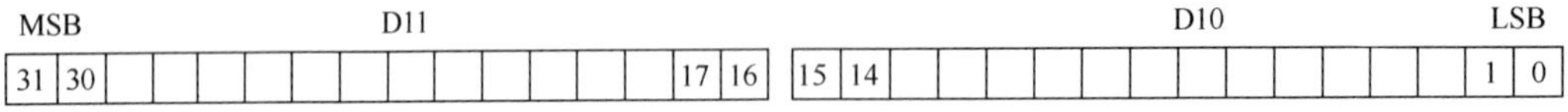

MSB
D11
31
30
17
16
D10
LSB
15
14
1
0

图 6.3 双字元件

低位元件 D10 存储 32 位数据的低 16 位，高位元件 D11 存储 32 位数据的高 16 位。32 位元件对数据的存放原则是“低对低，高对高”。双字节元件中第 31 位为符号位，第 0～30 位为数值位。

2. 16 位/32 位指令

功能指令中的操作数是指操作数本身或操作数的地址。功能指令能够处理 16 位或 32 位的数据。因为几乎所有寄存器的二进制位数都是 16 位，所以功能指令中 16 位的数据都是以默认形式给出的。如图 6.4 所示即为一条 16 位 MOV 指令。

X001
FNC12
MOV
K10
D10
X 001 ON,10 → D10

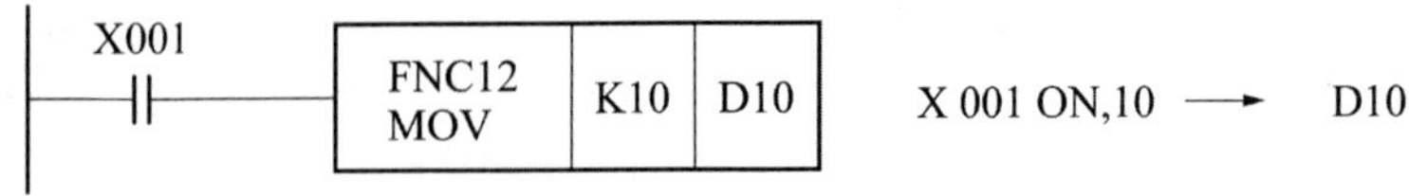

图 6.4 16 位 MOV 指令

上述MOV指令的含义是，当X001接通时，将十进制数10传送到16位的数据寄存器D10中去。当X001断开时，该指令被跳过不执行，源和目的内容都不变。

功能指令处理32位数据时需要在指令前面加上前缀符号(D)，如图6.5所示。

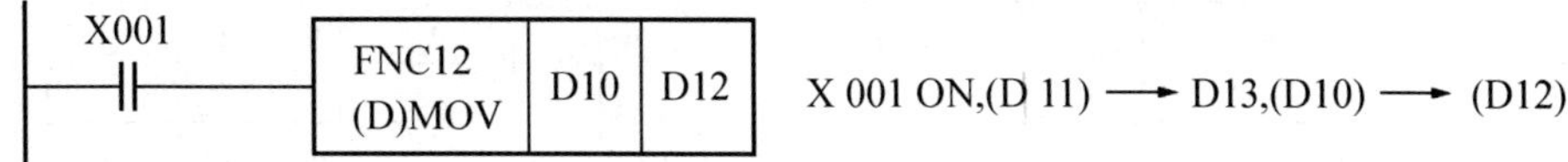

图6.5　32位MOV指令

32位数据是由两个相邻寄存器构成的，但在指令中写出的是低位地址，源和目都是这样表达的。所以对图6.5所示32位MOV指令含义应该这样来理解：当X001接通时，将由D11和D10组成的32位源数据传送到由D13和D12组成的目标地址中去。当X001断开时，该指令被跳过不执行，源和目的内容都不变。

3. 位元件/位元件组件

只处理ON/OFF信息的软元件称为位元件，如X，Y，M，S等均为位元件。而处理数值的软元件称为字元件，如T，C，D等。位元件通过组合使用也可以处理数值，PLC中专门设置了将位元件组合成“位元件组件”的方法，将多个位元件按4位一组的原则来组合，即用4位BCD码来表示1位十进制数，这样就能在程序中使用十进制数据了。组合方法的助记符如下：

Kn＋最低位的位元件号

如KnX、KnY、KnM即是位元件组合，其中“K”表示后面跟的是十进制数，“n”表示4位一组的组数，16位数据用K1～K4，32位数据用K1～K8。

【例6.1】 说明K2M0表示的位元件组件的含义。

解：K2M0中的“2”表示2组4位的位元件组成组件，最低位的位元件号分别是M0和M4。所以K2M0表示由M0～M3和M4～M7两组位元件组成一个8位数据，其中M7是最高位，M0是最低位。

使用位元件组件时应注意以下几点。

(1) 若向K1M0～K3M0传递16位数据，则数据长度不足的高位部分不被传递，32位数据也同样。

(2) 在16位(或32位)运算中，对应元件的位指定是K1～K3(或K1～K7)，长度不足的高位通常被视为0，因此，通常将其作为正数处理。

(3) 被指定的位元件的编号没有特别的限制，一般可自由指定，但是建议在X，Y的场合最低位的编号尽可能地设定为0(X000，X010，X020，…，Y000，Y010，Y020，…，)，在M，S场合理想的设定数为8的倍数，为了避免混乱，建议设定为M0，M10，M20，…，。

4. 连续执行型/脉冲执行型指令

1) 连续执行型指令

X000=ON时，指令在各扫描周期都执行(见图6.6)。

2) 脉冲执行型指令

指令总是只在X000由OFF→ON变化一次时执行一次，其他时候不执行。

对于某些功能指令，用连续执行方式时会在实际应用中带来问题。如图6.7所示是一条INC指令，是对目标组件(D10、D11)进行加1操作的。假设该指令以连续方式工作，那么只要 X000=ON，则 PLC 在程序执行时的每个扫描周期都会对目标组件加 1，而这种情况在许多实际的控制中是不允许的。为了解决这类问题，设置了脉冲执行方式，并在这类助记符的后面加后缀符号“P”来表示此方式。

图 6.6 连续执行指令举例　　　图 6.7 脉冲执行方式举例

6.1.3 变址操作

1. 寄存器变址操作的一般规则

在传送、比较等指令中用来改变操作对象的组件地址是常用的操作。变址的方法是将变址寄存器 V 和 Z 这两个 16 位的寄存器放在各种寄存器的后面，充当操作数地址的偏移量。操作数的实际地址就是寄存器的当前值以及 V 和 Z 内容相加后的和。

当源或目标寄存器用[S·]或[D·]表示时，就能进行变址操作。对 32 位数据进行操作时，要将 V、Z 组合成 32 位(V，Z)来使用，这时 Z 为低 16 位，V 为高 16 位。

可以用变址寄存器进行变址的软元件有 X，Y，M，S，P，T，C，D，K，H，KnX，KnY，KnM，KnS。

【例 6.2】 如图 6.8 所示的例子，求执行加法操作后源和目操作数的实际地址。

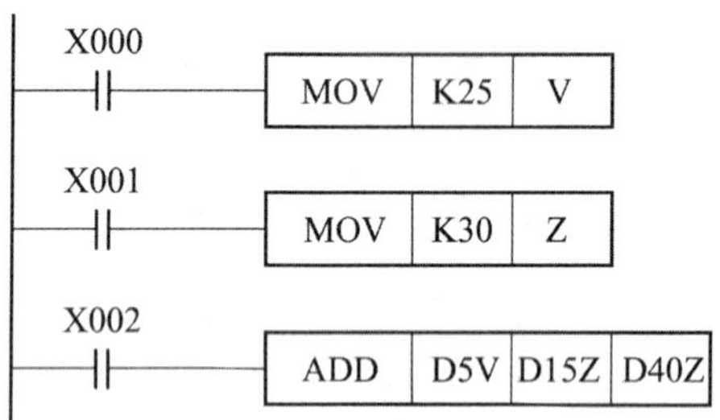

图 6.8 变址操作举例

解：第一行指令执行 25→V，第二行指令执行 30→Z，所以变址寄存器的值为：V=25，Z=30，第三行指令执行(D5V)+(D15Z)→(D40Z)，因此有

[S1·]为 D5V：D(5+25)=D30　　源操作数 1 的实际地址

[S2·]为 D15Z：D(15+30)=D45　　源操作数 2 的实际地址

[D·]为 D40Z：D(40+30)=D70　　目标操作数的实际地址

所以，第三行指令实际执行(D30)+(D40)→(D70)，即 D30 的内容和 D45 的内容相加，结果送入 D70 中去。

2. 16 位指令操作数的变址

【例 6.3】 图 6.9 是 16 位指令操作数修改的例子。将 K0 或 K1 的内容向变址寄存器 V0 传送，当 X001=ON，V0=0 时，D(0+0)=D0，则 K500 的内容向 D0 传送；若 V0=10 时，D(0+10)=D10，则 K500 的内容向 D10 传送。

解：图 6.9 是例 6.3 的梯形图。

3. 32 位指令操作数的变址

【例 6.4】 图 6.10 是 32 位指令操作数修改的例子。DMOV 是 32 位的指令，因此在该指令中使用的变址寄存器也必须指定 32 位。在 32 位指令中指定了变址寄存器的 Z 寄存器(Z0～Z7)及与之组合的 V 寄存器(V0～V7)。

解：图 6.10 是例 6.4 的梯形图。

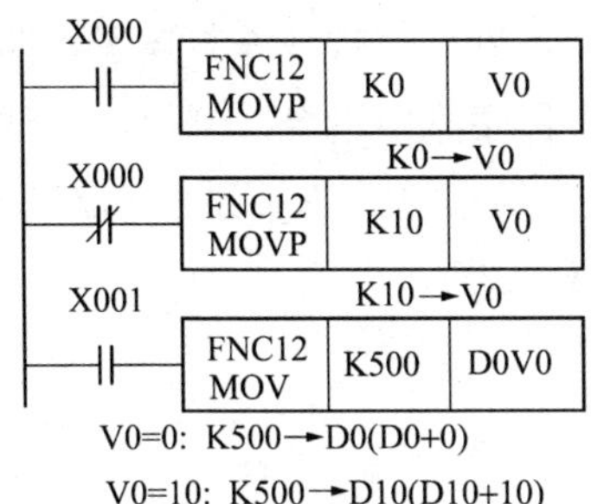

图 6.9 16 位指令操作数的变址举例

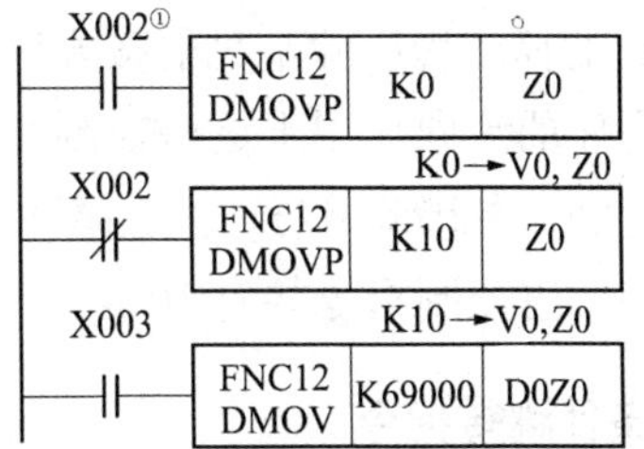

图 6.10 32 位指令操作数的变址举例

注：① 即使 Z0 中写入的数值不超过 16 位数值范围(0～32767)，也必须用 32 位的指令将 V、Z 两方向改写，如果只写入 Z 侧，则在 V 侧留有其他数值，会使数值产生很多的运算错误。

4. 常数 K 的修改

【例 6.5】 图 6.11 是常数的修改例子。常数的修改与软元件的变址类似。当 X005=ON，若 V5=0，K(6+0)=K6，将 K6 的内容向 D10 传送；若 V5=20，K(6+20)=K26，则将 K26 的内容向 D10 传送。

解：图 6.11 是例 6.5 的梯形图。

5. I/O 继电器八进制软元件的变址

【例 6.6】 图 6.12 是 I/O 继电器八进制软元件的变址例子。用 MOV 指令输出 Y7～Y0，通过变址修改输入，使其变换成 X7～X0，X17～X10，X27～X20。这种变换是将变址值 0，8，16 通过(X0+0=X0)，(X0+8=X10)，X0+16=X20)的八进制的换算，然后相加软元件的编号，使输入端子发生变化。

解：图 6.12 是例 6.6 的梯形图。

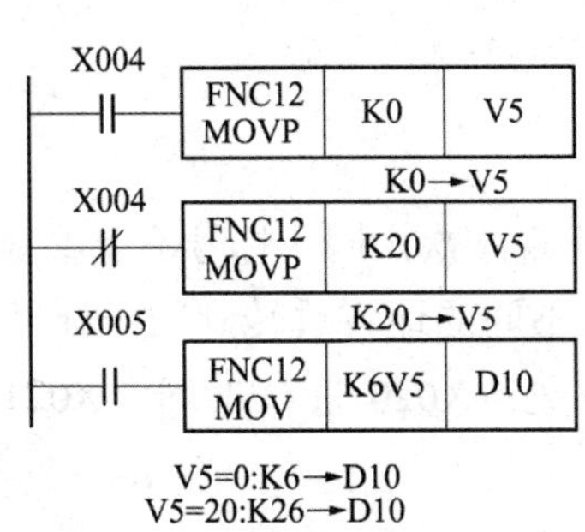

图 6.11 常数 K 的修改举例

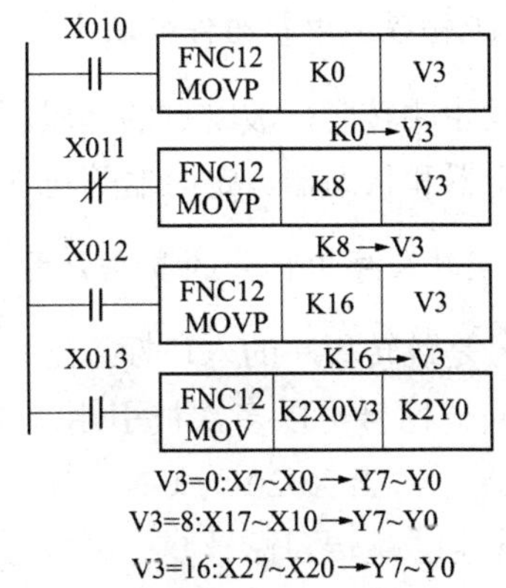

图 6.12 八进制软元件(编号)的变址举例

利用变址修改 X，Y，KnX，KnY 的八进制软件编号时，对应软元件编号的变化寄存器的内容经八进制换算后相加。

6.2 程序流向控制指令

PLC 的控制程序除常见的按顺序逐条执行情况外，在许多工程场合下还需按照控制要求改变程序的流向。用于这些控制要求的功能指令称为程序流向指令，例如，条件跳转、转子与返回、中断调用与返回、循环、警戒时钟与主程序结束等。FX_{2N} 系列 PLC 的功能指令中程序流向控制指令共有 10 条，功能号是 FNC00～FNC09。

6.2.1 条件跳转指令

1. 指令格式

指令编号及助记符：FNC00 CJ 或 CJ(P)

CJ 指令的目标元件是指针标号，其范围是 P0～P63(允许变址修改)。CJ 指令用于跳过顺序程序某一部分的场合，以减少扫描时间，可以缩短运算周期及使用双线圈。CJ 或 CJ(P)占 3 个程序步，跳转指针 P1 占一个程序步。

2. 指令用法

条件跳转指令用于当跳转条件成立时跳过 CJ 或 CJ(P)指令和指针标号之间的程序，从指针标号处连续执行，若条件不成立则继续顺序执行。

【例 6.7】 说明图 6.13 中条件跳转指令 CJ 的用法。

解：如果 X000“ON”，则从 1 步跳转到 36 步(标号 P8 的后一步)。X000“OFF”时，不进行跳转，从 1 步向 4 步移动，不执行跳转指令。程序定时器 T192～T199 及高速计数器 C235～C255 如果在驱动后跳转则继续工作，输出接点也动作。

Y001 为双线圈，X000=OFF 时，不跳转，采样 X001；X000=ON 时跳转至 P8，P8 处不跳转，采样 X012。

3. 跳转程序中软组件的状态

在发生跳转时，被跳过的那段程序中的驱动条件已经没有意义了，所以该程序段中的各种继电器和状态器、定时器等将保持跳转发生前的状态不变。

4. 跳转程序中标号的多次引用

标号是跳转程序的入口标志地址，在程序中只能出现一次，同一标号不能重复使用。但是，同一标号可以多次被引用，也就是说，可以从不同的地方跳转到同一标号处。如图 6.14 所示，当 X020 为 ON 时程序将跳转到标号 P9 处；X020 为 OFF 时，X021 为 ON 时，程序也会跳转到标号 P9 处。

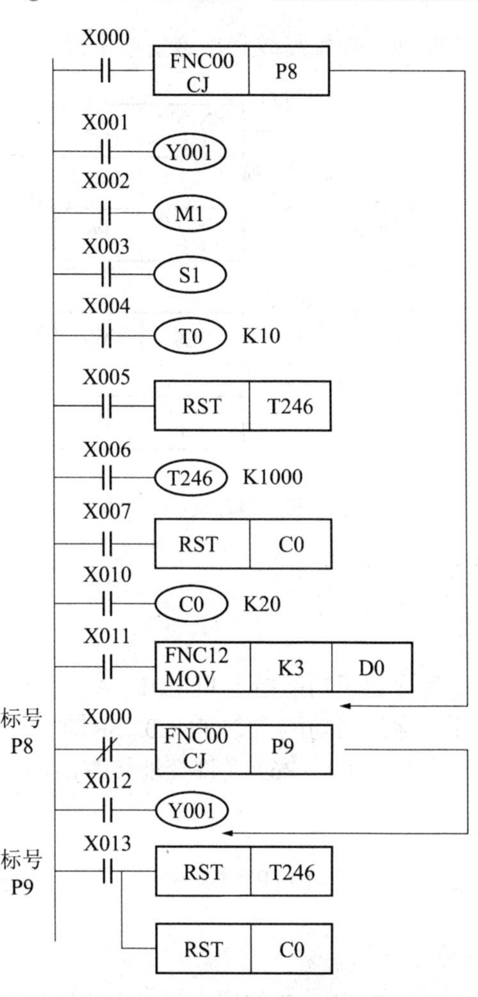

图 6.13　CJ 跳转指令修改举例

但当标号重复使用了，程序就会出错。

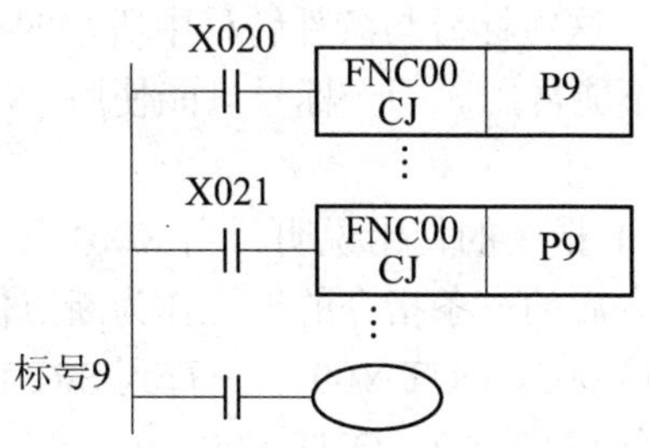

图 6.14　同一标号可以多次引用

5. 无条件跳转指令的构造

PLC 只有条件跳转指令，没有无条件跳转指令。在实际应用中遇到需要无条件跳转的情况，可以用跳转条件来构造无条件跳转指令，最常使用的是 M8000。因为只要 PLC 处于 RUN 状态，则 M8000 总是接通的，这个条件可使条件跳转变成无条件跳转。如图 6.15 所示，条件跳转指令 CJ P5 的驱动条件始终成立，这条指令就构成了无条件跳转指令。

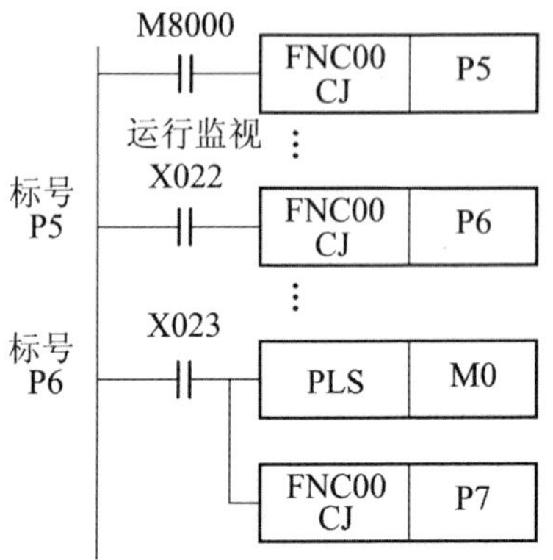

图 6.15　无条件跳转指令的构造

6.2.2　子程序调用和返回指令

1. 指令格式

指令编号及助记符：子程序调用功能指令 FNC01 CALL，CALL(P)
　　　　　　　　　子程序返回功能指令 FNC02 SRET

该指令的目标操作元件是指针 P0～P62(允许变址修改)。

2. 指令用法

子程序调用功能指令 CALL 和 CALL(P)用于在一定条件下调用并执行子程序，子程序返回用 SRET 指令。

1) 子程序与标号的位置

CALL 指令必须和 FEND、SRET 一起使用。子程序标号要写在主程序结束指令 FEND 之后。标号 P0 和子程序返回指令 SRET 间的程序构成了 P0 子程序的内容。当主程序带有多个子程序时，子程序要依次放在主程序结束指令 FEND 之后，并用不同的标号相区别。子程序标号范围为 P0～P62，这些标号与条件转移中所用的标号相同，而且在条件转移中已经使用了标号，子程序也不能再用。同一标号只能使用一次，而不同的 CALL 指令可以多次调用同一标号的子程序。

图 6.16 是 CALL 和 SRET 指令的使用说明。当 X001 接通时，CALL 指令使程序调至标号 P10 处，同时将调用指令后的一条指令的地址作为断点保存，并从 P10 开始逐条顺序执行子程序，即执行指令 LD X003，OUT Y001，…直到 SRET 时，程序返回主程序断点处，继续执行主程序，即执行指令 LD X002，OUT Y000…

2) 子程序嵌套

图 6.17 是 CALL(P)和 SRET 指令的使用说明。CALL(P)与 CALL 的区别在于子程序，P11 仅在 X001 由 OFF→ON 变化时执行一次。在执行 P11 子程序时，若 X003 接通，CAALLPP12 指令被执行，则程序又调用子程序 P12，在 SRET(2)指令执行后程序返回到 P12 中的 CAALLPP12 指令的下一步，在 SRET(1)指令执行后再返回主程序。因此在子程序中，可以形成子程序嵌套。

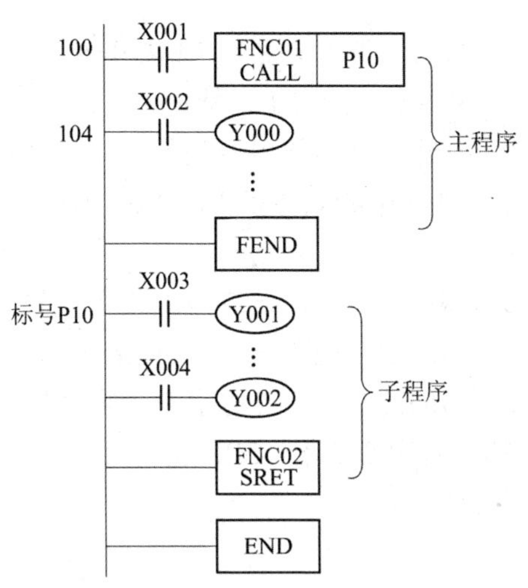

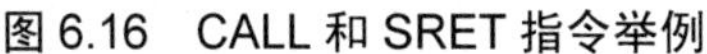
图 6.16 CALL 和 SRET 指令举例

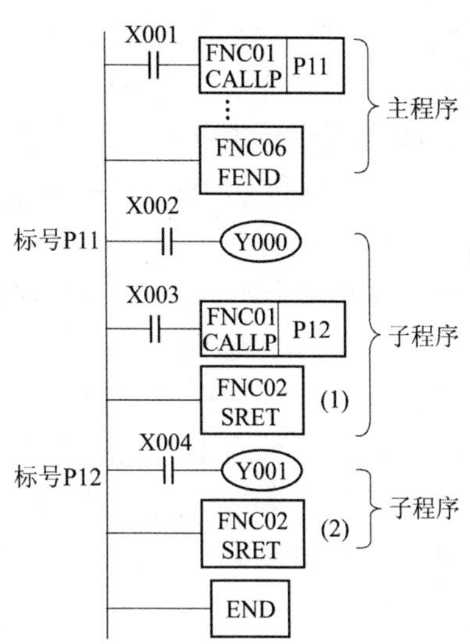

图 6.17 子程序嵌套举例

6.2.3 中断指令

中断是 CPU 与外围设备之间的数据传送的一种方式。数据传送时，外围设备的速度远远跟不上 CPU 的高速节拍，使 CPU 处理数据的工作效率大大降低。为此可以采用数据传送的中断方式来匹配两者之间的传送速度，以提高 CPU 的工作效率。采用中断方式后，CPU 与外围设备是并行工作的，平时 CPU 执行主程序，当外围设备需要数据传送服务时，就向 CPU 发出中断请求。在允许中断的情况下，CPU 可以响应外围设备的中断请求，从主程序中脱离出来，去执行一段中断服务子程序，该子程序执行完后，CPU 就不再管外围设备，而是返回主程序。每当外围设备需要数据传送服务时，就向 CPU 发出中断请求。因此 CPU 只有在执行中断服务子程序短暂的时间里才同外围设备打交道，使 CPU 的工作效率大大提高。

1. 指令格式

指令编号及助记符：中断返回指令 FNC03 IRET
　　　　　　　　　中断允许指令 FNC04 EI
　　　　　　　　　中断禁止指令 FNC05 DI

2. 指令用法

FX_{2N}系列 PLC 有两类中断，即外部中断和内部定时器中断。外部中断信号从输入端子送入，可用于机外突发随机事件引起的中断。定时中断是内部中断，是定时器定时时间到达引起的中断。

FX_{2N}系列 PLC 设置有 9 个中断源，9 个中断源可以同时向 CPU 发出中断请求信号，多个中断依次发生时，以先发生为优先；完全同时发生时，中断指针号较低的有优先权。另外，外中断的优先级整体上高于内中断的优先级。

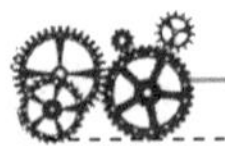

FX_{2N} 系列 PLC 有 3 条中断指令：

(1) EI 中断允许指令——对可以响应中断的程序段用中断允许指令 EI 来开始。

(2) DI 中断禁止指令——对不允许中断的程序段用中断指令 DI 来禁止。

(3) 中断返回指令 IRET——从中断服务子程序中返回时必须用专门的中断返回指令 IRET，不能用子程序返回指令 SRET。IRET 指令除了能从中断服务子程序返回以外，还要通知 CPU 本次中断已经结束，可以响应其他中断请求了。

在主程序的执行过程中，可根据不同中断服务子程序中 PLC 要完成工作的优先级高低决定能否响应中断。程序中允许中断响应的区间应该由 EI 指令开始，DI 指令结束，如图 6.18 所示。当中断子程序的处理遇到中断返回指令 IRET 时，中断子程序返回原断点，继续执行主程序。在中断子程序执行区间之外时，即使有中断请求，CPU 也不会立即响应。通常情况下，在执行某个中断服务程序时，应禁止其他中断。

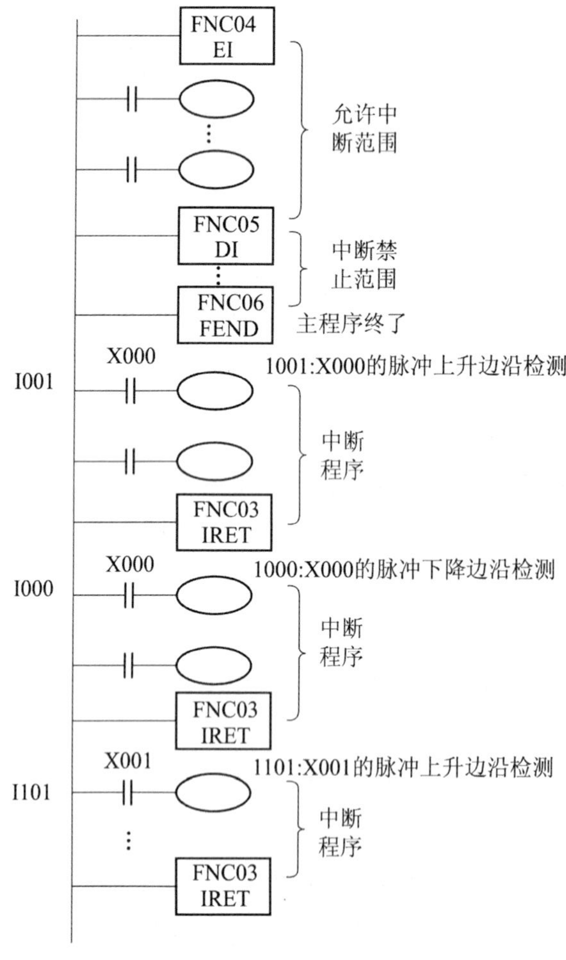

图 6.18　中断指令举例

3. 中断指针

FX_{2N} 系列 PLC 有内、外两类中断，共 9 个中断点。为了区别内、外中断及在程序中标

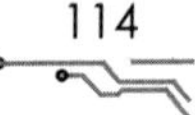

明中断子程序的入口，规定了中断标号，如图 6.19 所示。中断标号以 I 开头的，称为 I 指针。I 指针根据用途又分为两种类型。

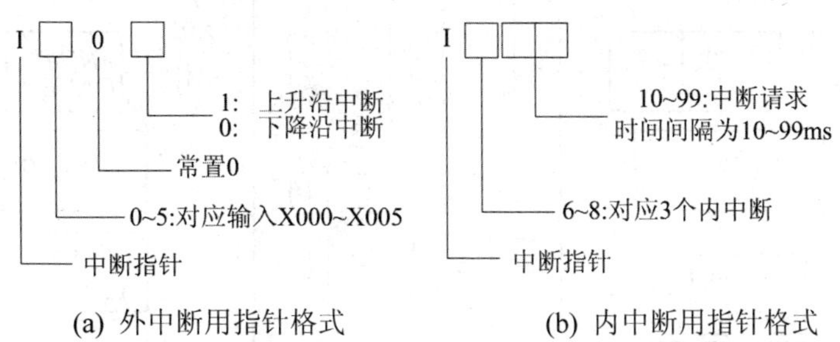

(a) 外中断用指针格式　　(b) 内中断用指针格式

图 6.19　中断指针格式

1) 外中断用 I 指针

外中断用 I 指针的格式如图 6.19(a)所示，有 I0～I5 共 6 点。外中断是外部信号引起的中断，对应的外部信号的输入口为 X000～X005。例如，I001 的含义是：当输入 X000 从 OFF→ON 变化时(上升沿)，执行由该指针作为标号后面的中断服务程序，并在执行 IRET 指令后返回。

2) 内中断用 I 指针

内中断用 I 指针格式如图 6.19(b)所示，有 I6～I8 共 3 点。内中断是指定时间到时，中断主程序去执行中断子程序。定时时间由指定编号为 6～8 的专用定时器控制。设定时间值在 10～99ms 间选取，每隔设定时间就会中断一次。例如，I630 的含义是：每隔 30ms 就执行标号为 I6 后面的中断服务程序一次，在 IRET 指令执行后返回。

6.2.4　主程序结束指令

1. *指令格式*

指令编号及助记符：FNC06　FEND

2. *指令用法*

FEND 指令表示主程序结束。FEND 指令是一步指令，无操作目标元件，当程序执行完 FEND 后，就进行输入处理、输出处理、监视定时器刷新等，完成以后返回到 0 步。子程序应写在 FEND 指令和 END 指令之间，包括 CALL、CALL(P)指令对应的标号、子程序和中断子程序。FEND 指令的用法(见图 6.20)应注意以下几点。

(1) CALL、CALL(P)指令的标号 P 用于在 FEND 指令后编程，必须要有 IRET 指令。中断指针 I 也在 FEND 指令后编程，必须要有 SRET 指令。

(2) 使用多个 FEND 指令的情况下，应在最后的 FEND 指令与 END 指令之间编写子程序或中断子程序。

(3) 当程序中没有子程序或中断服务程序时，也可以没有 FEND 指令。但是程序的最后必须用 END 指令结尾。所以，子程序及中断服务程序必须写在 FEND 指令与 END 指令之间。

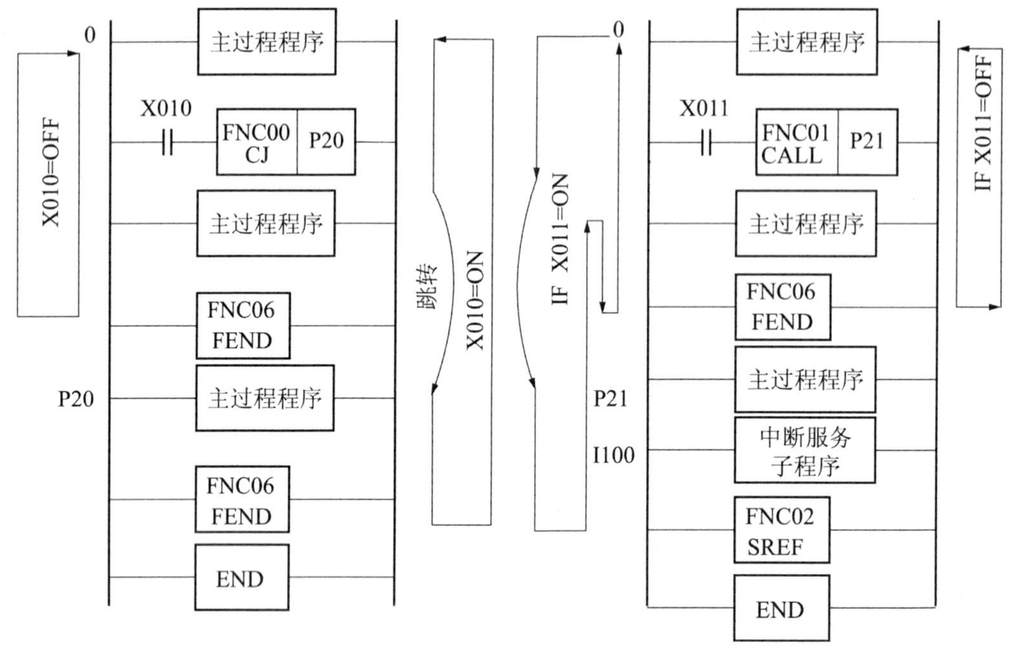

图 6.20 FEND 指令的用法

6.2.5 监视定时器指令

1. 指令格式

指令编号及助记符：FNC07 WDT

2. 指令用法

1) WDT 用来在程序中刷新监视定时器(D8000)

通过改写存于特殊数据寄存器 D8000 中的内容，可改变监视定时器的检出时间。程序如图 6.21 所示。

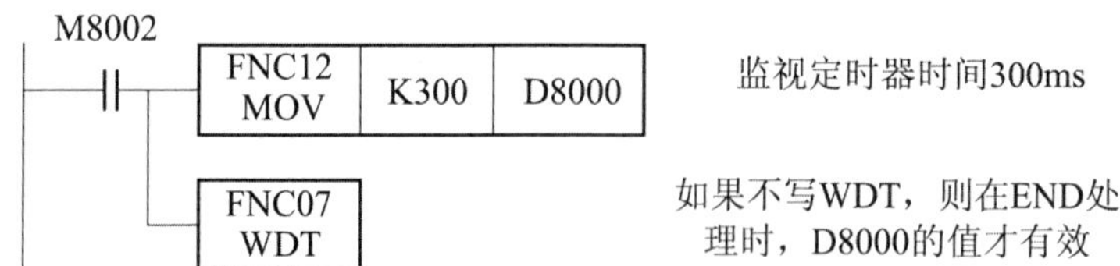

图 6.21 WDT 指令举例

2) WDT 指令还可以用于将长扫描时间的程序分割

当 PLC 的运行扫描周期指令执行时间超过 200ms 时，CPU 的出错指示灯亮，同时停止工作。因此在合适的程序步中插入 WDT 指令，用以刷新监视定时器，以使顺序程序得以继续执行到 END。这样处理后，就可以将一个运行时间大于 200ms 的程序用 WDT 指令分成几部分，使每部分的执行时间都小于 200ms。例如，若要执行一个扫描时间为 240ms 的程序，可以将其分为两个 120ms 的程序，为此只要在这两个程序之间插入 WDT 指令就行了，如图 6.22 所示。

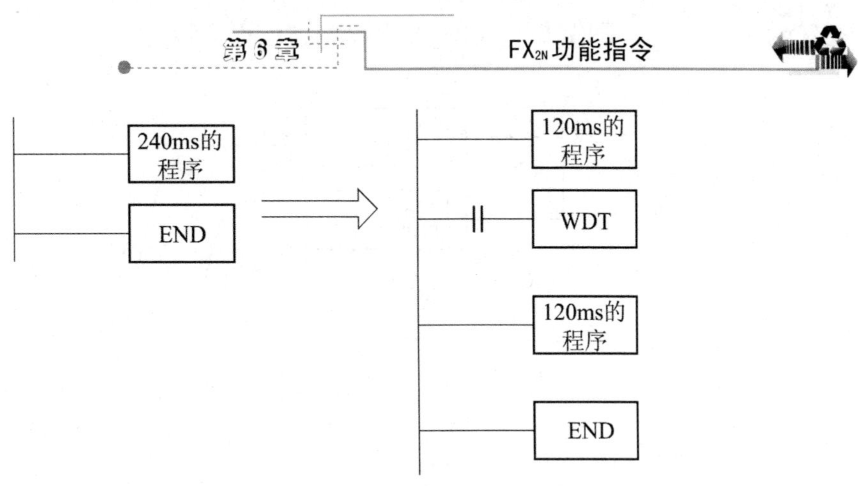

图 6.22　WDT 用于分割程序

6.2.6　循环开始指令和循环结束指令

1．指令格式

指令编号及助记符：循环开始 FNC08　FOR

循环结束 FNC09　NEXT

操作数的软组件：无

2．指令用法

循环指令可以反复执行某一段程序，使程序变得简练。FOR 和 NEXT 指令必须成对使用，只有在 FOR～NEXT 指令之间的程序执行几次(利用源数据指定的次数)后，才处理 NEXT 指令后面的一步。

循环次数由 FOR 后的数值指定。循环次数范围为 n=1～32767 时有效，如循环次数小于 1 时，被当作 1 处理，FOR～NEXT 循环一次。若不想执行 FOR～NEXT 间的程序，可利用 CJ 指令，使之跳转。循环次数多时扫描周期会延长，可能出现监视定时器错误。

以下几种情况会使循环出错：NEXT 指令在 FOR 指令之前，无 NEXT 指令；在 FEND、END 指令之后有 NEXT 指令，FOR 与 NEXT 的个数不一致时。

【例 6.8】分析图 6.23 所示程序的循环工作过程和次数。已知 K1X000 的内容为 7，数据寄存器 D0Z 的内容为 6。

解：图 6.23 所示程序是三重循环的嵌套，按照循环程序的执行次序由内向外计算各循环次数。

(1) 单独一个循环[A]执行的次数：当 X010 为 OFF 时，已知 K1X000 的内容为 7，所以[A]循环执行了 7 次。

(2) 循环[B]执行次数(不考虑[C]循环)：[B]循环次数由 D0Z 指定，已知 D0Z 为 6 次。[B]循环包含了整个[A]循环，所以整个[A]循环都要被启动 6 次。

(3) [C]的程序循环次数由 K4 指定为 4 次：在[C]的程序执行 1 次的过程中，则[B]的程序执行 6 次，所以[A]循环总计被执行了 4×6×7=168 次。然后向 NEXT 指令(3)以后的程序转移。

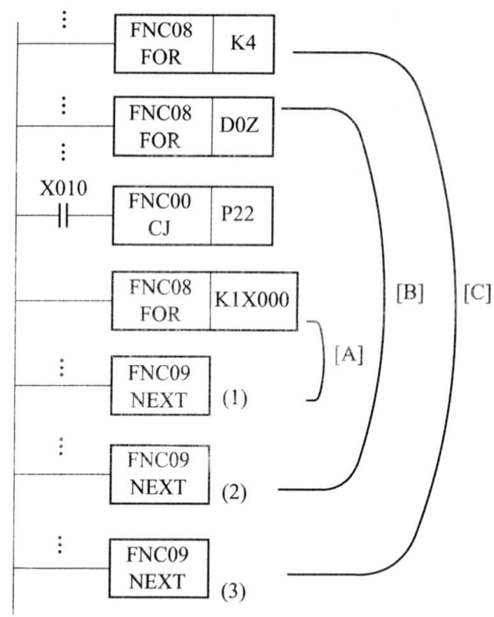

图 6.23 FOR、NEXT 循环指令举例

6.3 数据传送和比较指令

数据传送和比较是程序中常见的操作，FX_{2N} 中设置了 2 条数据比较指令、8 条数据传送指令。其功能号是 FNC10～FNC19。比较指令包括 CMP(比较)和 ZCP(区间比较)两条指令。传送指令包括 MOV(传送)、SMOV(BCD 码移位传送)、CML(取反传送)、BMOV(数据块传送)、FMOV(多点传送)、XCH(数据交换)、BCD(二进制数转换成 BCD 码并传送)和 BIN(BCD 码转换为二进制并传送)8 条指令。

6.3.1 比较指令

1. 指令格式

指令编号及助记符：FNC10 CMP[S1・][S2・][D・]

其中[S1・][S2・]为两个比较的源操作数，[D・]为比较结果的标志组件，指令中给出的是标志软组件的首地址(标号最小的那个)。

标志位的软组件有 Y，M，S，源操作数的软组件有 T，C，V，Z，D，K，H，KnX，KnY，KnM，KnS。

2. 指令用法

比较指令 CMP 是将源操作数[S1・]和源操作数[S2・]进行比较，结果送到目标操作数[D・]中，比较结果有 3 种情况：大于、等于和小于。

在图 6.24 中，如果 X000 为 ON 时，则执行比较指令，即将 100 与 C20 中的内容比较，再将比较结果写入相邻 3 个标志软组件 M0～M2 中。指令中，目标操作数[D・]由 3 个软

元件 M0，M1，M2 组成，梯形图中软元件标出的是首地址 M0，另外两个软元件 M1、M2 自动占用。

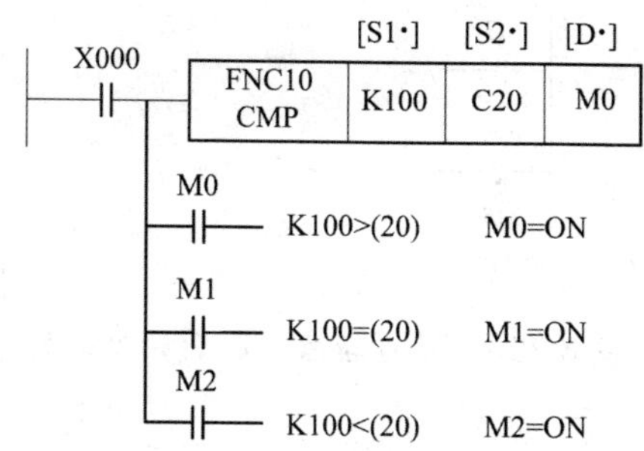

图 6.24 比较指令 CMP 举例

标志位操作规则：若 K100＞(C20)，则 M0 被置 1；
若 K100＝(C20)，则 M1 被置 1；
若 K100＜(C20)，则 M2 被置 1。

可见 CMP 指令执行后，标志位中必须有一个被置 1，而其余两个均为 0。如果 X010 断开，则不执行这条 CMP 指令，3 个标志位的状态也将保持原状态不变。

CMP 指令可以比较两个 16 位二进制数，也可以比较两个 32 位二进制数，在作 32 位操作时，使用前缀(D)：(D)CMP[S1 •][S2 •][D •]。

CMP 指令也可以有脉冲操作方式，使用后缀(P)：(D)CMP(P) [S1 •][S2 •][D •]，只有在驱动条件由 OFF→ON 时进行一次比较。

6.3.2 区间比较指令

1. 指令格式

指令编号及助记符：FNC11 ZCP[S1 •][S2 •] [S3 •] [D •]

其中，[S1 •]和[S2 •]为区间起点和终点，[S3 •]为另一比较软组件，[D •]为标志软组件，指令中给出的是标志软组件的首地址。

标志位的软组件有 Y，M，S；

源操作数的软组件有 T，C，V，Z，D，K，H，KnX，KnY，KnM，KnS。

2. 指令用法

ZCP 指令是将源操作数[S3 •]与[S1 •]和[S2 •]的内容进行比较，并比较结果送到目标操作数[D •]中。指令的使用说明见图 6.25。

当[S1 •]＞[S3 •]，即 K100＞C30 的当前值时，M3 接通；[S1 •]≤[S3 •]≤[S2 •]，即 K100≤C30 的当前值≤K120 时，M4 接通；[S3 •]＞[S2 •]，即 C30 当前值＞K120 时，M5 接通。当 X000 为 OFF 时，不执行 ZCP 指令，M3～M5 仍保持 X000=OFF 之前的状态。

使用比较指令 CMP/ZCP 时应注意：

(1) 使用 ZCP 时，[S2 •]的数值不能小于[S1 •] ；

(2) 所有的源数据都被看成二进制值处理。

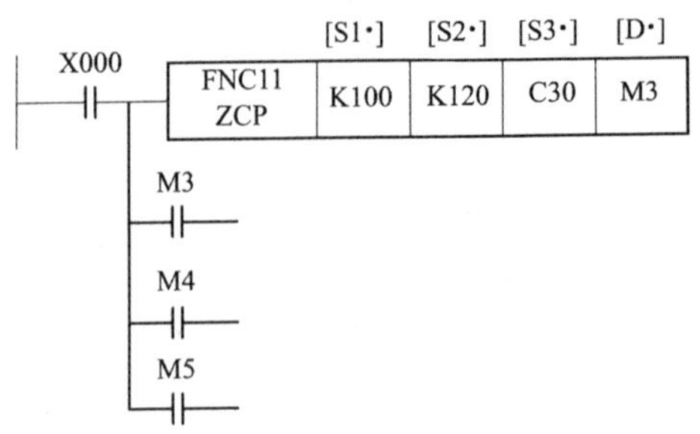

图 6.25　区间比较指令 ZCP 指令举例

6.3.3　传送指令

1. 指令格式

指令编号及助记符：FNC12 MOV [S・] [D・]

其中，[S・]为源数据，[D・]为目标软组件。

目标操作数为 T，C，V，Z，D，KnY，KnM，KnS；

源操作数的软组件有 T，C，V，Z，D，K，H，KnX，KnY，KnM，KnS。

2. 指令用法

传送指令是将源操作数传送到指定的目标操作数，即[S・] → [D・]。

图 6.26 中，当常开触点 X000 为 ON 时，每扫描到 MOV 指令时，就把存入[S・]源数据中的操作数 100(K100)转换成二进制数，再传送到目标操作数 D10 中去。当 X000 为 OFF 时，则指令不执行，数据保持不变。

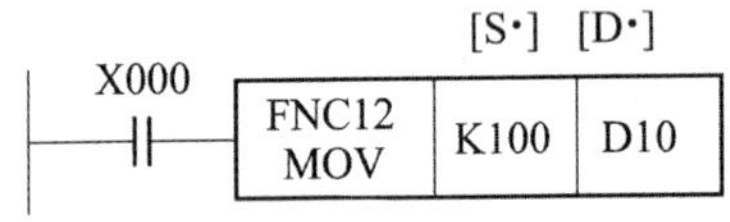

图 6.26　传送指令 MOV 举例

6.3.4　移位传送指令

1. 指令格式

指令编号及助记符：FNC13 SMOV [S・] m1 m2[D・]n

其中，[S・]为源数据，m1 为被传送的起始位，m2 为传送位数，[D・]为目标软组件，n 为传送的目标起始位。

目标操作数可为 T，C，V，Z，D，KnY，KnM，KnS；

源操作数的软组件有 T，C，V，Z，D，K，H，KnX，KnY，KnM，KnS。

n、m1、m2 的软组件有 K，H。

2. 指令用法

移位传送指令的功能是将[S・]第 m1 位开始的 m2 个数移位到[D・]的第 n 位开始的 m2 个位置去，m1，m2 和 n 取值均为 1～4。分开的 BCD 码重新分配组合，一般用于多位

BCD 拨盘开关的数据输入。

SMOV 指令使用说明如图 6.27 和图 6.28 所示。X000 满足条件，执行 SMOV 指令。源操作数[S •]内的 16 位二进制数自动转换成 4 位 BCD 码，然后将源操作数(4 位 BCD 码)的右起第 m1 位开始，向右数共 m2 位的数，传送到目标操作数(4 位 BCD 码)的右起第 n 位开始，向右数共 m2 位上去，最后自动将目的操作数[D]中的 4 位 BCD 码转换成 16 位二进制数。图中，m1 为 4，m2 为 2，n 为 3。当 X000 闭合时，每扫描一次该梯形图，就执行 SMOV 移位传送操作，先将 D1 中的 16 位二进制数自动转换成 4 位 BCD 码，并从 4 位 BCD 码右起第 4 位开始(m1 为 4)，向右数共 2 位(m2 为 2)(即 103，102)上的数传送到 D2 内 4 位 BCD 码的右起第 3 位(n=3)开始，向右数共 2 位(即 102，101)的位置上去，最后自动将 D2 中的 BCD 码转换成二进制数。上述传送过程中，D2 中的另 2 位(即 103，100)上的数保持不变。

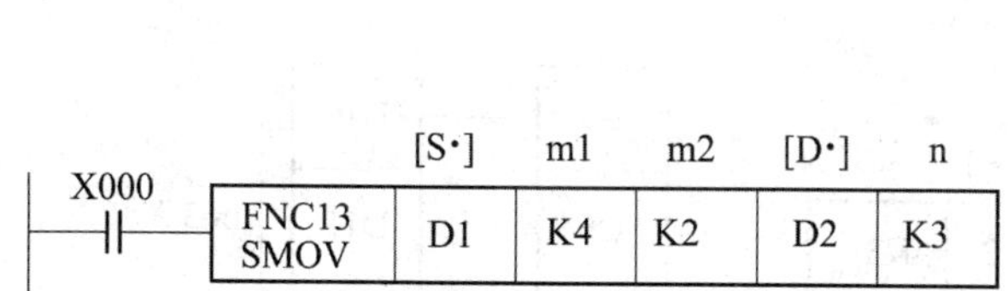

图 6.27 移位传送指令 SMOV 举例

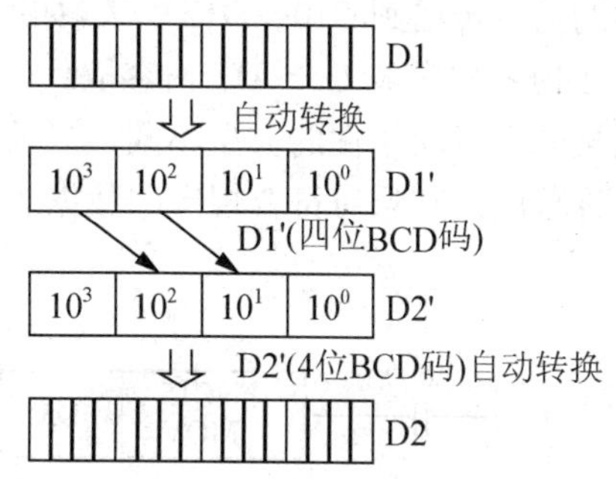

图 6.28 移位说明

6.3.5 取反传送指令

1. 指令格式

指令编号及助记符：FNC14 CML[S •][D •]

其中，[S •]为源数据，[D •]为目标软组件。

目标操作数的软组件为 T，C，V，Z，D，KnY，KnM，KnS；

源操作数的软组件有 T，C，V，Z，D，K，H，KnX，KnY，KnM，KnS。

2. 指令用法

CML 指令的功能是将[S •]源操作数按二进制的位逐位取反并传递到指定目标软组件中，指令说明如图 6.29 所示。

图 6.29 取反传送指令 CML 举例

6.3.6 块传递指令

1. 指令格式

指令编号及助记符：FNC15 BMOV [S •][D •]n

其中，[S·]为源软组件，[D·]为目标软组件，n为数据块个数。

源操作数可取KnX，KnY，KnM，KnS，T，C，D，K，H；

目标操作数可取KnY，KnM，KnS，T，C和D；

数据块个数常数K，H。

2. 指令用法

块传送指令的功能是将源操作数组件中n个数据组成的数据块传送到指定的目标软组件中去。如果组件号超出允许组件号的范围，数据仅传送到允许范围内。

块传送指令说明如图6.30所示。如果X000断开，则不执行块传送指令，源、目数据均不变。如果X000接通，则将执行块传送指令。根据K3指定数据块个数为3，则将D5～D7中的内容传送到D10～D12中去，如图6.30(b)所示。传送后D5～D7中的内容不变，而D10～D12内容相应被D5～D7内容取代。当源、目软组件的类型相同时，传送顺序自动决定。如果源、目软组件的类型不同，只要位数相同就可以正确传送。如果源、目软组件号超出允许范围，则只对符合规定的数据进行传送。

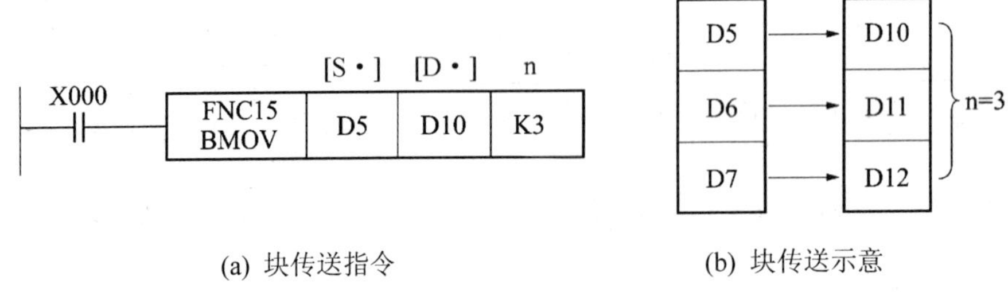

(a) 块传送指令　　(b) 块传送示意

图6.30　块传送指令BMOV举例

6.3.7 多点传送指令

1. 指令格式

指令编号及助记符：FNC16 FMOV [S·][D·]n

其中，[S·]为源软组件，[D·]为目软组件，n为目软组件个数。指令中给出的是目软组件的首地址。常用于对某一段数据寄存器清零或置相同的初始值。

源操作数可取除V，Z以外的所有的数据类型；

目标操作数可取KnY，KnM，KnS，T，C，和D；

n≤512。

2. 指令用法

FMOV指令是将源操作数中的数据传送到指定目标开始的n个元件中去，这n个元件中的数据完全相同。指令说明如图6.31所示。

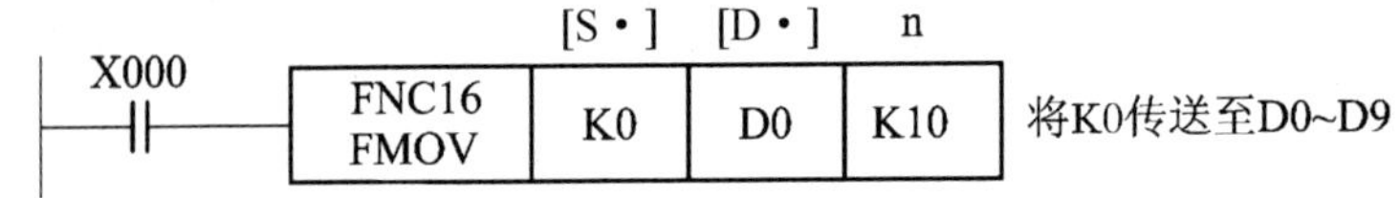

图6.31　多点传送指令FMOV指令举例

6.3.8 数据交换指令

1. 指令格式

指令编号及助记符：FNC17 XCH [D1・][D2・]
其中，[D1・]、[D2・]为两个目标软组件。
目标软组件操作数的元件可取 KnY，KnM，KnS，T，C，D，V 和 Z。

2. 指令用法

数据交换指令 XCH 是将数据在两个指定的目标软组件之间进行交换，指令说明如图 6.32 所示，当 X000 为 ON 时，将 D1 和 D17 中的数据相互交换。

图 6.32 数据交换指令 XCH 举例

6.3.9 BCD 变换指令

1. 指令格式

指令编号及助记符：FNC18 BCD[S・][D・]
其中，[S・]为被转换的软组件，[D・]为目标软组件。
源操作数可取 KnX，KnY，KnM，KnS，T，C，D，V 和 Z;
目标操作数可取 KnY，KnM，KnS，T，C，D，V 和 Z。

2. 指令用法

BCD 交换指令是将源操作数中的二进制数转换成 BCD 码并传送到目标操作数中去。指令说明如图 6.33 所示。BCD 码变换指令将 PLC 内的二进制数变换成 BCD 码后，再译成 7 段码，就能输出驱动 LED 显示器。

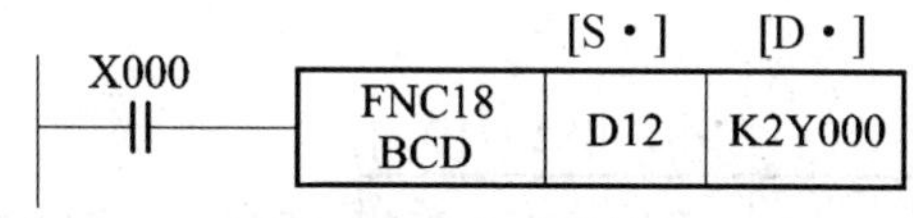

图 6.33 BCD 指令举例

6.3.10 BIN 变换指令

1. 指令格式

指令编号及助记符：FNC19 BIN[S・][D・]
其中，[S・]为被转换的软组件，[D・]为目标软组件。
源操作数可取 KnX，KnY，KnM，KnS，T，C，D，V 和 Z;
目标操作数可取 KnY，KnM，KnS，T，C，D，V 和 Z。

2. 指令用法

BIN 指令将源元件中的 BCD 码转换成二进制数送到指定的目标元件中去。指令使用说明如图 6.34 所示。此指令作用正好与 BCD 变换指令相反，用于将软组件中的 BCD 码转换成二进制数。

图 6.34 BIN 指令举例

四则运算(＋、－、×、÷)与增量指令、减量指令等可编程控制器内的运算都用 BIN 码进行。因此，可编程控制器在用数字开关获取 BCD 码的信息时要用 FNC19(BIN→BCD)转换指令。

6.4 算术运算和逻辑运算指令

算术运算和逻辑运算功能指令有 FNC20～FNC29 共 10 条。算术和逻辑运算指令是基本运算指令，通过算术和逻辑运算可以实现数据的传送、变换及其他控制功能。FX_{2N} 系列 PLC 具有实数运算指令。

6.4.1 加法指令

1. 指令格式

指令编号及助记符：FNC20 ADD[S1·][S2·][D·]

其中，[S1·]、[S2·]为两个作为加数的源操作数，[D·]为存放相加结果的目标组件。

源操作数可取所有数据类型；

目标操作数可取 KnY，KnM，KnS，T，C，D，V 和 Z。

2. 指令用法

ADD 指令将两个源操作数[S1·]、[S2·]相加，结果放到目标元件 [D]中。指令说明如图 6.35 所示。

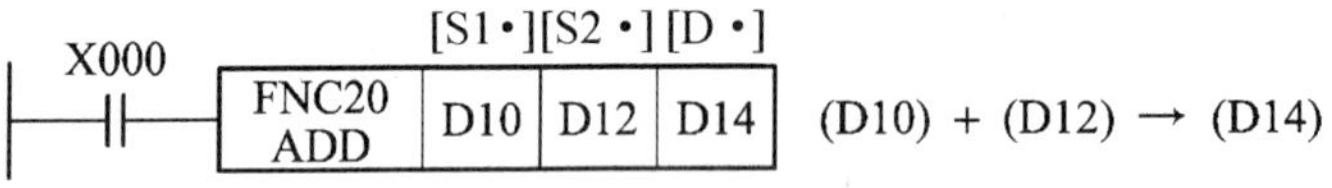

X000 —| |— [FNC20 ADD | D10 | D12 | D14] ([S1·][S2·][D·])　(D10) + (D12) → (D14)

图 6.35 ADD 指令举例之一

两个源数据进行二进制加法后传递到目标处，各数据的最高位是正(0)、负(1)的符号位，这些数据以代数形式进行加法运算，如 5＋(−8)＝−3。

ADD 指令有 4 个标志位，M8020 为 0 标志，M8021 为借位标志位。M8022 为进位标志位，M8023 为浮点标志位。如果运算结果为 0，则 0 标志位 M8020 置 1，运算结果超过 32767(16 位运算)或 2147483647(32 位运算)，则进位标志位 M8022 位置 1。如果运算结果小于−32767(16 位运算)或−2147483467(32 位运算)，则借位标志位 M8021 置 1。

在 32 位运算中，若已指定字软元件低 16 位侧的元件的编号，并将这些软元件编号后的软元件作为高位，为了防止编号重复，建议将软元件指定为偶数编号。

注意：若源和目标为相同的软元件编号，而且采用连续执行型指令 ADD、(D)ADD 时，加法的结果在每个扫描周期都会改变，如图 6.36 所示。

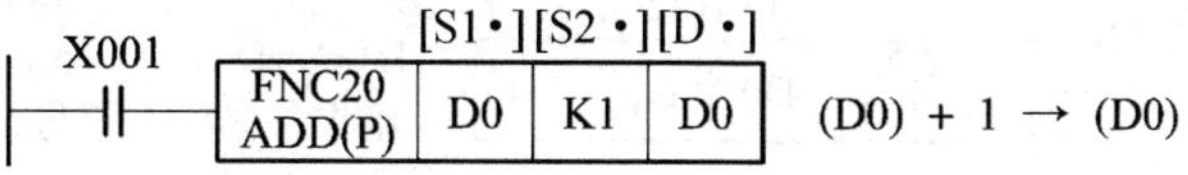

X001 —| |— [FNC20 ADD(P) | D0 | K1 | D0]　[S1•] [S2•] [D•]　(D0) + 1 → (D0)

图 6.36　ADD 指令举例之二

6.4.2　减法指令 SUB

1．指令格式

指令编号及助记符：FNC21 SUB　[S1•] [S2•] [D•]

其中，[S1•]、[S2•]分别为被减数和减数的源软件组件，[D•]为存放差的目标组件。

源操作数可取所有数据类型；

目标操作数可取 KnY，KnM，KnS，T，C，D，V 和 Z。

2．指令用法

SUB 指令的功能是将指定的两个源软组件中的有符号数，进行二进制代数减法运算，然后将相减的结果差送入指定的目标软组件中。

减法指令的梯形图格式如图 6.37 所示。

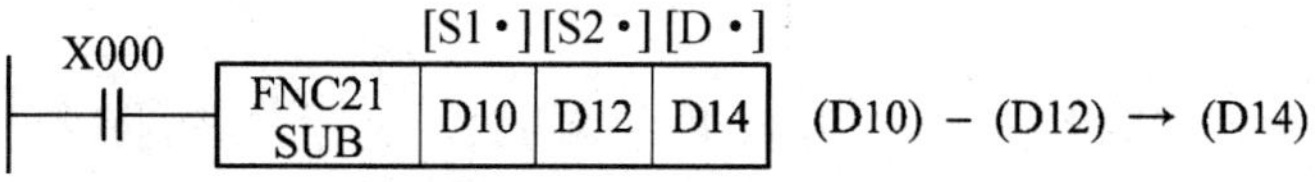

X000 —| |— [FNC21 SUB | D10 | D12 | D14]　[S1•] [S2•] [D•]　(D10) − (D12) → (D14)

图 6.37　SUB 指令举例

减法指令标志区功能，32 位运算元中指定方法与加法指令相同。

6.4.3　乘法指令 MUL

1．指令格式

指令编号及助记符：FNC22 MUL　[S1•] [S2•] [D•]

其中，[S1•]、[S2•]分别为被乘数和乘数的源软件组件，[D•]为存放相乘积的目标组件的首地址。

源操作数可取所有数据类型；

目标操作数可取 KnY，KnM，KnS，T，C，D，V 和 Z。

2．指令用法

MUL 指令的功能是将指定的[S1•]、[S2•]两个源软组件中的数进行二进制代数乘法运算，然后将相乘结果积送入指定的目标软组件中。16 位运算如图 6.38 所示，32 位运算如图 6.39 所示。

在 32 位运算中，若目标元件使用位软元件，只能得到低 32 位的结果，不能得到高 32 位的结果。这时应先向字元件传送一次后再进行计算，利用字元件作目标时，不可能同时监视 64 位数据内容，只能通过监控运算结果的高 32 位和低 32 位并利用下式计算 4 位数据内容。这种情况下，建议最好采用浮点运算。

64 位结果=(高 32 位数据)×232+低 32 位数据

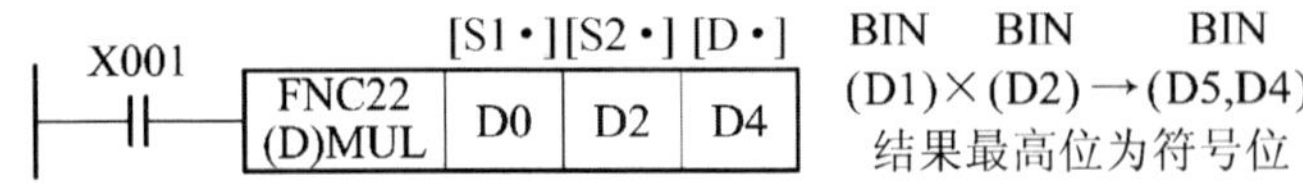

图 6.38 MUL 指令举例之一

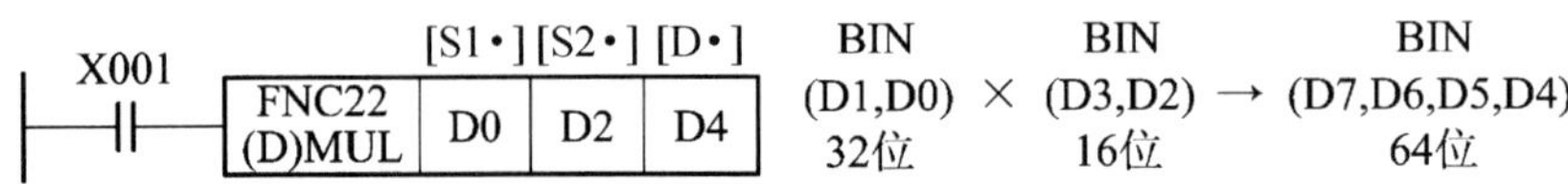

图 6.39 MUL 指令举例之二

6.4.4 除法指令

1. 指令格式

指令编号及助记符：FNC23 DIV [S1·] [S2·] [D·]

其中，[S1·]、[S2·]分别为被除数和除数的源软组件，[D·]为商和余数的目标组件的首地址。

源操作数可取所有数据类型；

目标操作数可取 KnY、KnM、KnS、T、C、D、V 和 Z。

2. 指令用法

DIV 指令的功能是将指定的两个源软组件中的数，进行二进制有符号数除法运算，然后将相除的商和余数送入指定的目标软组件中。除法指令 16 位运算如图 6.40 所示，32 位运算如图 6.41 所示。

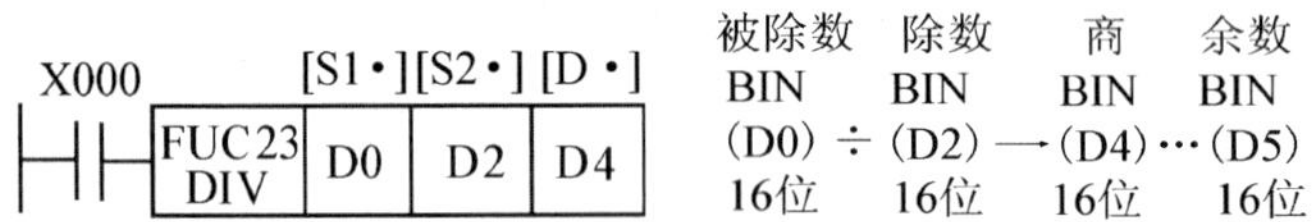

图 6.40 DIV 指令举例之一

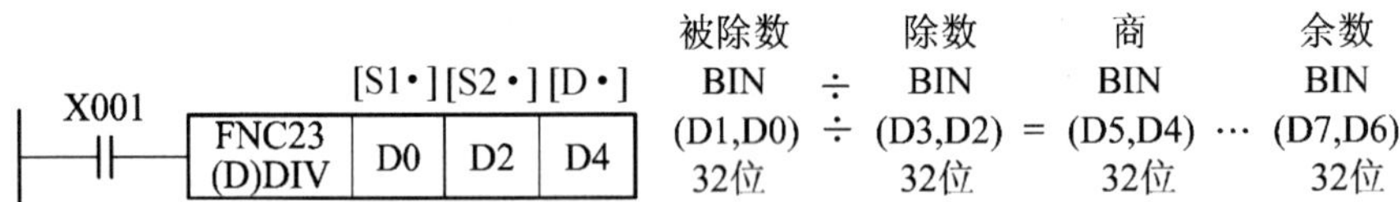

图 6.41 DIV 指令举例之二

6.4.5 加 1 指令、减 1 指令

1. 指令格式

指令编号及助记符：加 1 指令 FNC24 INC [D·]

减 1 指令 FNC25 DEC [D·]

其中，[D·]是要加 1(或要减 1)的目标软组件。

目操作数的软组件为 KnY，KnM，KnS，T，C，D，V 和 Z。

2. 指令用法

INC 指令的功能是将指定的目软组件的内容增加 1，DEC 指令的功能是将指定的目软组件的内容减 1。指令说明如图 6.42 所示。

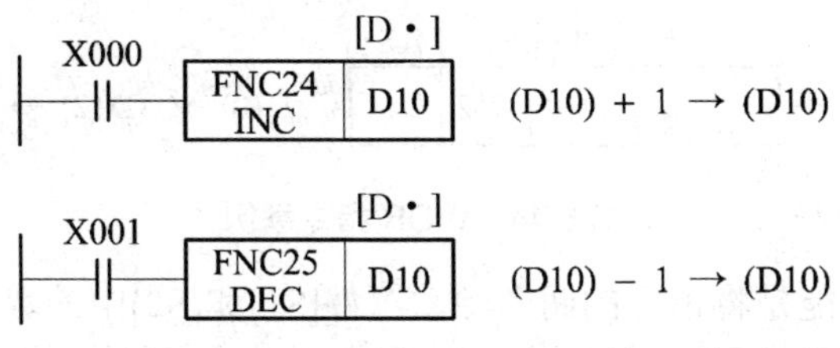

图 6.42 INC 和 DEC 指令举例

(1) 16 位运算时，如果+32767 加 1 变成−32768，标志位不置位；32 位运算时，如果+2147483647 加 1 变成−2147483648，标志位不置位。

(2) 在连续执行指令中，每个扫描周期都将执行运算，必须注意加 1。所以一般采用输入信号的上升沿触发运算一次。

(3) 16 位运算时，如果−32768 再减 1，值变为+32767，标志位不置位；32 位运算时，如果−2147483648 再减 1，值变为+2147483647，标志位不置位。

6.4.6 逻辑与、或和异或指令

1. 指令格式

指令编号及助记符：

(1) 逻辑“与”指令 FNC26 WAND [S1・] [S2・] [D・]

其中，[S1・]、[S2・]为两个相“与”的源软组件，[D・]为放相“与”结果的目标组件。

(2) 逻辑“或”指令 FNC27 WOR [S1・] [S2・] [D・]

其中，[S1・]、[S2・]为两个相“或”的源软组件，[D・]为放相“或”结果的目标组件。

(3) 逻辑“异或”指令 FNC28 WXOR [S1・] [S2・] [D・]

其中，[S1・]、[S2・]为两个相“异或”的源软组件，[D・]为放相“异或”结果的目标组件。

源操作数可取 KnX，KnY，KnM，KnS，T，C，D，K，H，V 和 Z；

目标操作数可取 KnY，KnM，KnS，T，C，D，V 和 Z。

2. 指令用法

(1) 指令功能是将指定的两个源软组件[S1・]和[S2・]中的数，进行二进制按位“与”运算，然后将相“与”结果送入指定的目标软组件中。WAND 指令格式如图 6.43 所示，存放在源元件即(D10)和(D12)中的两个二进制数据，以位为单位作逻辑“与”运算，结果存放到目标元件[D]，即(D14)中。

(2) WOR 指令功能是将指定的两个源软组件[S1]和[S2]中的数，进行二进制按位“或”，然后将相“或”结果送入指定的目标软组件中。指令格式如图 6.44 所示。

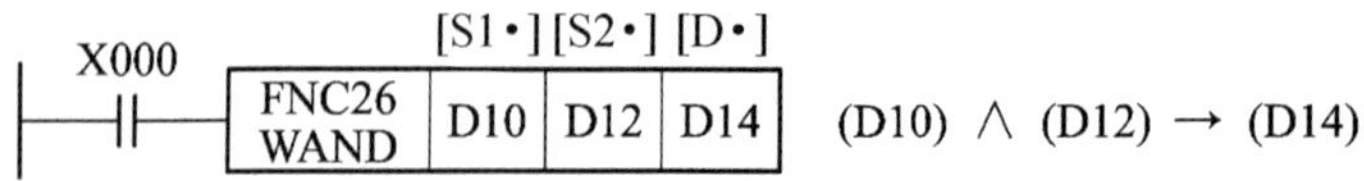

图 6.43　WAND 指令举例

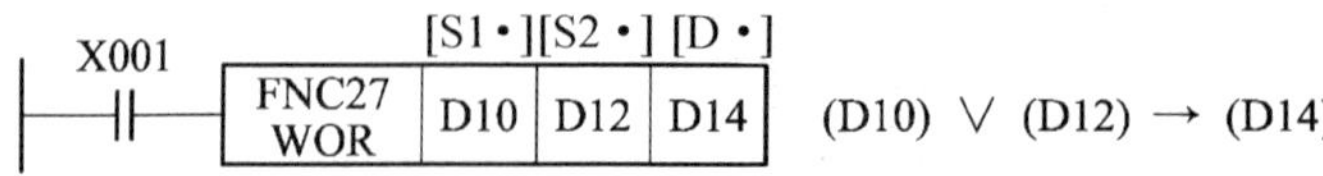

图 6.44　WOR 指令举例

(3) WXOR 指令功能是将指定的两个源软组件[S1]和[S2]中的数，进行二进制按位“异或”，然后将相“异或”结果送入指定的目标软组件中。指令格式如图 6.45 所示。

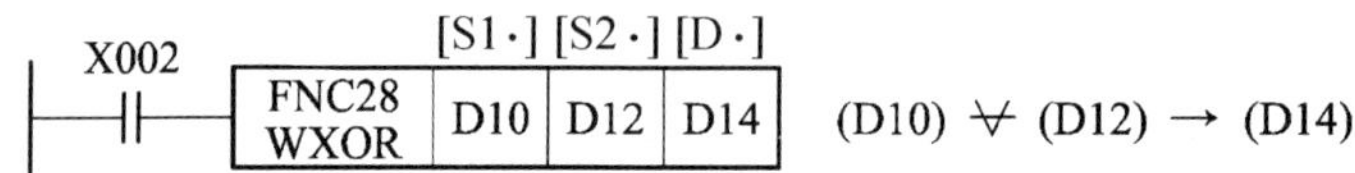

图 6.45　WXOR 指令举例

6.4.7　求补指令

1. 指令格式

指令编号及助记符：FNC29 NEG [D・]

其中，[D・]为存放求补结果的目标组件。

目标操作数可取 KnY，KnM，KnS，T，C，D，V 和 Z。

2. 指令用法

NEG 指令功能是将指定的目标软组件[D・]的内容中的各位先取反(0→1，1→0)，然后再加 1，将其结果送入原先的目标软组件中。

指令格式如图 6.46 所示。如果 X000 断开，则不执行这条 NEG 指令，源、目中的数据均保持不变。如果 X000 接通，则执行求补运算，即将 D10 中的二进制数，进行“连同符号位求反加 1”，再将求补的结果送入 D10 中。

X000　FNC29 NEG　D10　$\overline{(D10)} + 1 \rightarrow (D10)$

图 6.46　求补指令 NEG 举例

求补指令的示意如图 6.47 所示。假设 D10 中的数为十六进制 H000C，执行这条求补指令时，指令对它进行“连同符号位求反加 1”，求补结果为 HFFF4，再将其存入 D10 中。求补同求补码是不同的，求补码的规则是：“符号位不变，数值位求反加 1”，对 H000C 求补码结果将是 H7FF4，两者的结果不一样。求补指令是绝对值不变的变号运算，求补前的 H000C 的真值是十进制+12，而求补后 HFFF4 的真值是十进制-12。

求补指令可以有 32 位操作方式，使用前缀(D)。求补指令也可以有脉冲操作方式。使用后缀(P)，只有在驱动条件由 OFF→ON 时进行一次求补运算。求补指令的 32 位脉冲操作格式为(D)OR(P) [D・]。同样，[D・]为目软组件的首地址。求补指令一般使用其脉冲执行方式，否则每个扫描周期都将执行一次求补操作。

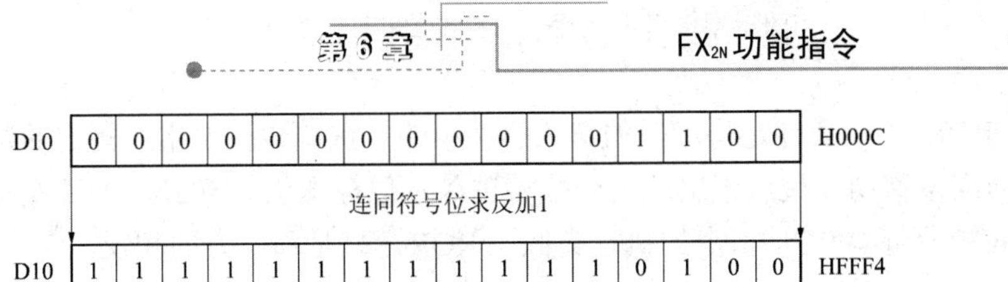

图 6.47　求补指令示意

6.5　循环与移位指令

循环移位与移位是控制程序中常见的操作。FX_{2N} 系列 PLC 中设置了 10 条循环移位与移位指令，可以实现数据的循环移位、移位及先进先出等功能，其功能号是 FNC30～FNC39。其中，循环移位指令分右移 ROR 和左移 ROL，循环移位是一种闭环移动。移位分为带进位移位 RCR 和 RCL，以及不带进位移位 SFTR，SFTL，WSFR 和 WSFL。先进先出分为写入 SFWR 和读出 SFRD。

6.5.1　左、右循环指令

1. 指令格式

指令编号及助记符：

(1) 循环右移指令 FNC30 ROR [D・]n

其中，[D・]为要移位目软组件，n 为每次移动的位数。

(2) 循环左移指令 FNC31　ROL [D・]n

其中，[D・]为要移位目软组件，n 为每次移动的位数。

目标操作数可取 KnY，KnM，KnS，T，C，D，V 和 Z。移动位数 n 为 K 和 H 指定的常数。

2. 指令用法

(1) 循环右移指令 ROR 的功能是将指定的目软组件中的二进制数按照指令中 n 规定的移动的位数由高位向低位移动，最后移出的那一位将进入进位标志位 M8022。循环右移指令梯形图格式如图 6.48 所示。每执行一次 ROR 指令，“n”位的状态向量向右移一次，最右端的“n”位状态循环移位到最左端“n”处，特殊辅助继电器 M8022 表示最右端的“n”位中向右移出的最后一位的状态。

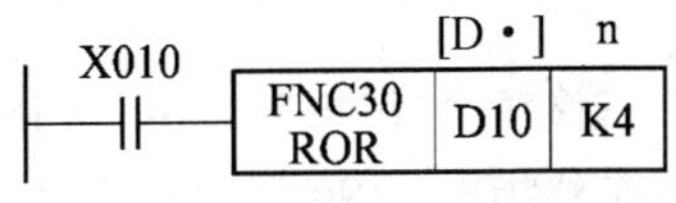

图 6.48　ROR 指令举例

假设 D10 中的数据为 HFF00，执行这条循环右移指令的示意图如图 6.49 所示。由于指令中 K4 指示每次循环右移 4 位，所以最低 4 位被移出，并循环回补进入高 4 位中，循环右移 4 位，D10 中的内容将变为 H0FF0。最后移出的是第 3 位的“0”，它除了回补进入最高位外，同时进入进位标志 M8022 中。

(2) ROL 指令功能是将指定的目软组件中的二进制数按照指令规定的每次移动的位数由低位向高位移动，最后移出的那一位将进入进位标志位 M8022。循环左移指令梯形图格式如图 6.50 所示。ROL 指令的执行类似于 ROR，只是移位方向相反。

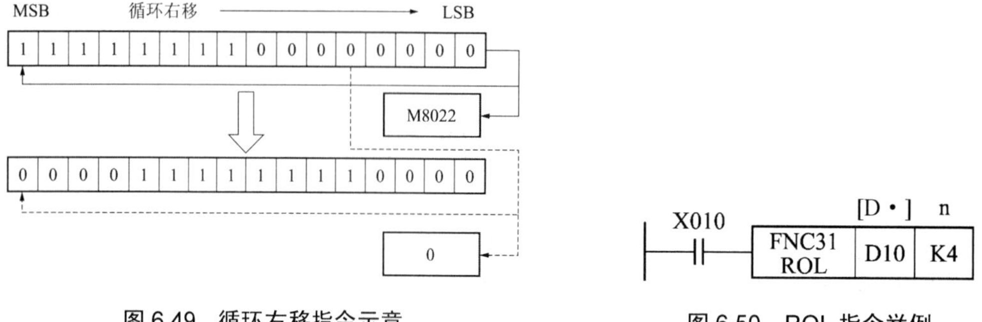

图 6.49　循环右移指令示意

图 6.50　ROL 指令举例

6.5.2　带进位的左、右循环指令

1. 指令格式

指令编号及助记符：带进位的循环右移指令 FNC32 RCR [D·]n

带进位的循环左移指令 FNC33 RCL [D·]n

其中，[D·]为要移位目软组件，n 为每次移动的位数。

目标操作数可取 KnY，KnM，KnS，T，C，D，V 和 Z。

移动位数 n 为 K 和 H 指定的常数。

2. 指令用法

RCR 指令功能是将指定的目软组件中的二进制数按照指令规定的每次移动的位数由高位向低位移动，最低位移动到进位标志位 M8022。M8022 中的内容则移动到最高位。

RCL 指令功能是将指定的目软组件中的二进制数按照指令规定的每次移动的位数由低位向高位移动，最高位移动到进位标志位 M8022。M8022 中的内容则移动到最低位。

这两条指令的执行基本上与 ROL 和 ROR 相同，只是在执行 RCL、RCR 时，标志位 M8022 不再表示向左或向右移出的最后一位的状态，而是作为循环移位单元中的一位处理。

6.5.3　位组件左移、位组件右移指令

1. 指令格式

指令编号及助记符：位组件右移指令　FNC34　SFTR [S·][D·] n1 n2

位组件左移指令　FNC35　SFTL [S·][D·] n1 n2

其中，[S·]为移位的源位组件首地址，[D·]为移位的目位组件首地址，n1 为目位组件个数，n2 为源位组件移位个数。

源操作数是 Y，X，M，S；

目标操作数为 Y，M，S；

n1 和 n2 为常数 K 和 H。

2. 指令用法

位右移是指源位组件的低位从目的高位移入，目位组件向右移 n2 位，源位组件中的数据保持不变。位右移指令执行后，n2 个源位组件中的数被传送到了目的高 n2 位中，目位组件中的低 n2 位数从其低端溢出。

位左移是指源位组件的高位从目的低位移入，目位组件向左移 n2 位，源位组件中的数据保持不变。位左移指令执行后，n2 个源位组件中的数被传送到了目的低 n2 位中，目位组件中的高 n2 位数从其高端溢出。两条指令的示意图如图 6.51 和图 6.52 所示。

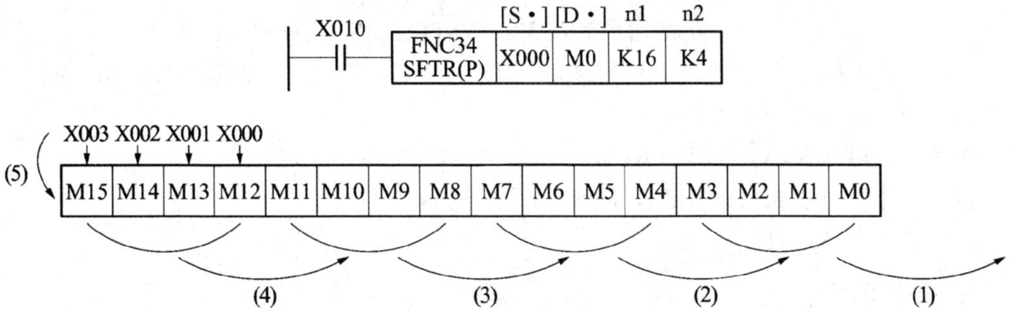

图 6.51　SFTR 指令举例

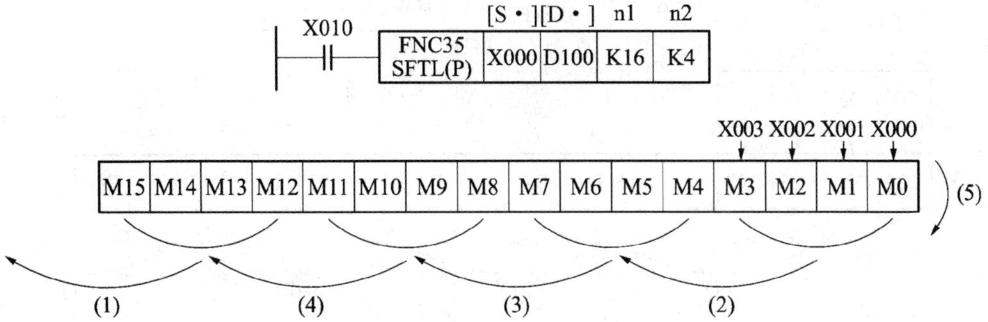

图 6.52　SFTL 指令举例

对图 6.51，如果 X010 断开，则不执行这条 SFTR 指令，源、目中的数据均保持不变。如果 X010 接通，则将执行位组件的右移操作，即源中的 4 位数据 X003～X000 将被传送到目位组件中的 M15～M12。目位组件中的 16 位数据 M15～M0 将右移 4 位，M3～M0 等

4 位数据从目的低位端移出，所以 M3～M0 中原来的数据将丢失，但源中 X003～X000 的数据保持不变。

对图 6.52，SFTL 可有同 SFTR 指令类似进行数据处理过程的分析。

6.5.4　字元件右移、字元件左移指令

1. 指令格式

指令编号及助记符：字右移指令 FNC36　WSFR(P) [S·][D·] n1 n2

字左移指令 FNC37　WSFL(P) [S·][D·] n1 n2

其中，[S·]为移位的源字元件首地址，[D·]为移位的目字元件首地址，n1 为目字元件个数，n2 为源字元件移位个数。

源操作数可取 KnX，KnY，KnM，KnS，T，C 和 D；

目标操作数可取 KnY，KnM，KnS，T，C 和 D；

n1、n2 可取 K、H。

2. 指令用法

字元件右移和字元件左移指令以字为单位，其工作的过程与位移位相似，是将 n1 个字右移或左移 n2 个字。字元件右移和字元件左移指令的操作过程示意图见图 6.53 和图 6.54。

使用字右移和字左移指令时应注意：

(1) 字移位指令只有 16 位操作，占用 9 个程序步。

(2) n1 和 n2 的关系为 n2≤n1≤512。

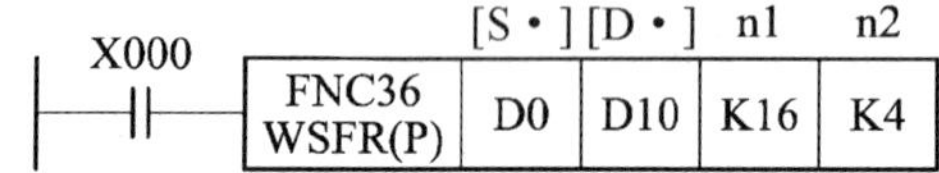

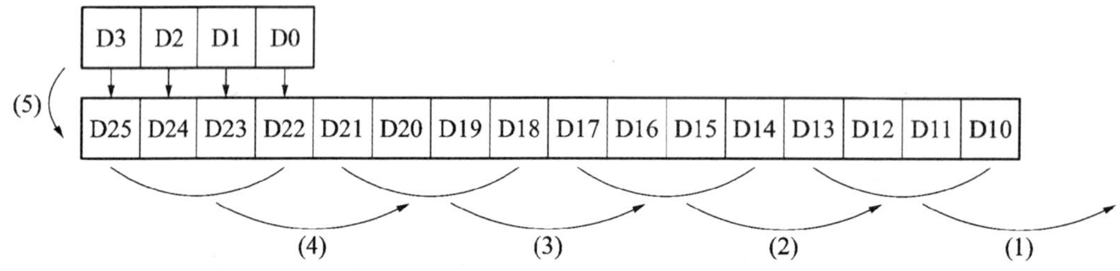

字右移,移位过程:

(1) D13~D10→溢出

(2) D17~D14→D13~D10

(3) D21~D18→D17~D14

(4) D25~D22→D21~D18

(5) D3~D0→D25~D22

图 6.53　WSFR 指令举例

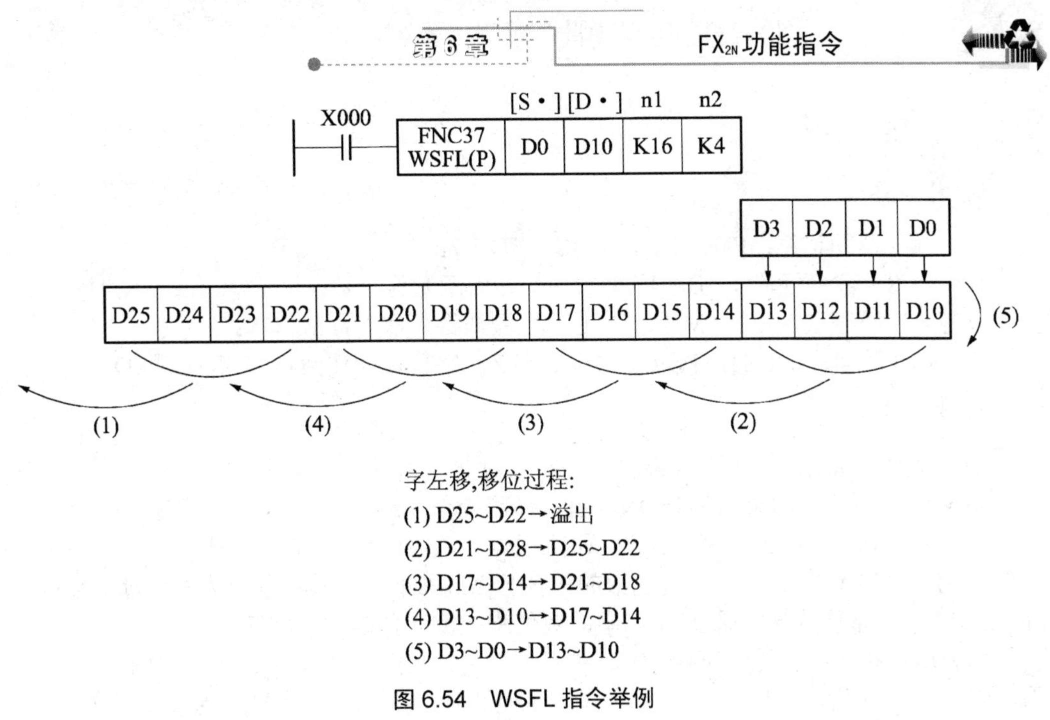

图 6.54 WSFL 指令举例

6.6 数据处理指令

数据处理指令有 10 条，编号为 FNC40～FNC49。

6.6.1 区间复位指令

1. 指令格式

指令编号及助记符：FNC40 ZRST[D1・][D2・]

其中，[D1・]是复位的目元件的首地址，[D2・]是复位的目元件的末元件，[D1・]与[D2・]必须是同类元件，且[D1・]的元件号应小于[D2・]的元件号。

[D1・]和[D2・]可取 Y，M，S，T，C，D。

2. 指令用法

区间复位指令是将指定范围内的同类元件成批复位，复位的含义一般是将目元件清零。如图 6.55 所示，当 M8002 由 OFF→ON 时，位元件 M500～M599 成批复位，字元件 C235～C255 和状态器 S0～S12 也成批复位。

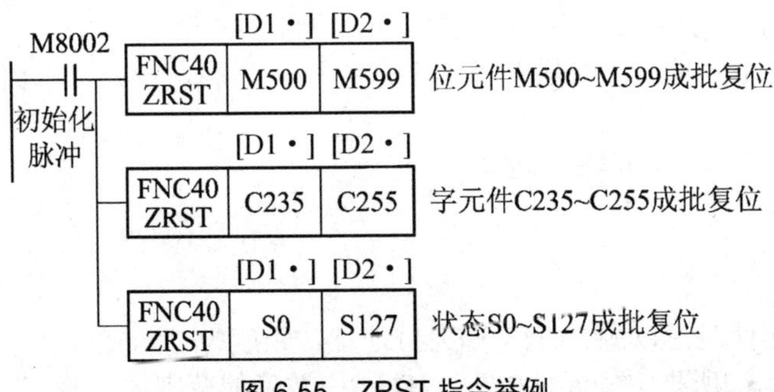

图 6.55 ZRST 指令举例

6.6.2 译码指令

1. 指令格式

指令编号及助记符：FNC41 DECO [S・][D・] n
其中，[S・]为源元件，[D・]为目元件，n 为源元件个数。
位源操作数可取 X，T，M 和 S，位目标操作数可取 Y，M 和 S；
字源操作数可取 K，H，T，C，D，V 和 Z，字目标操作数可取 T，C 和 D。

2. 指令用法

DECO 指令的功能是根据 n 位输入的状态对 2^n 个输出进行译码。

如图 6.56 所示，如果 X004=ON，执行译码操作。n=3 则表示[S・]源操作数为 3 位，即为 X000、X001、X002，其状态为二进制数。当值为 011 时相当于十进制数 3。由目标操作数 M7～M0 组成的 8 位二进制数的第 3 位 M3 被置 1，其余各位为 0。如果为 000 则 M0 被置 1。用译码指令可通过[D・]中的数值来控制元件的 ON/OFF。

n 表明参加该指令操作的源操作数共 n 个位，目标操作数共有 2^n 个位。图 6.56 中的译码说明如图 6.57 所示。图 6.57 所示中源地址是 1＋2＝3，因此以 M10 起第 3 位的 M13 变为 1，源全部为 0 时，M10＝1。

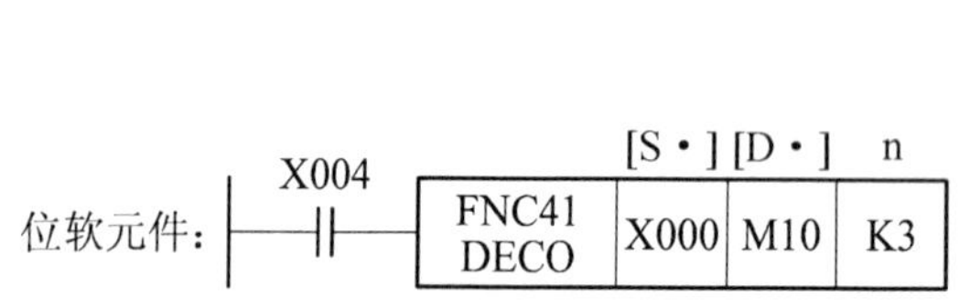

图 6.56 DECO 指令举例

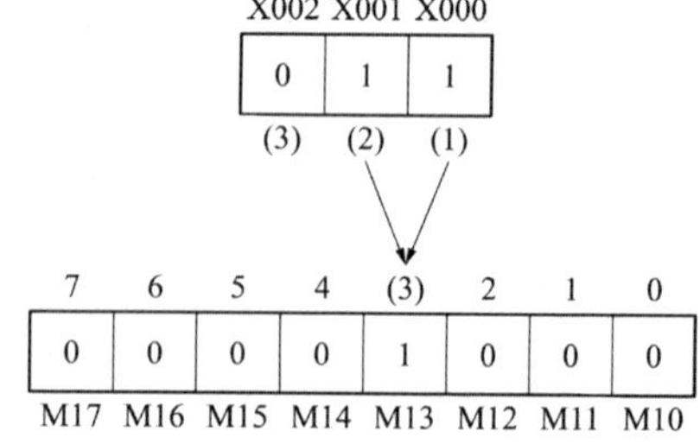

图 6.57 位元件译码说明

使用译码指令时应注意：
(1) 若[D・]指定的目标元件是字元件 T，C，D，则 n≤4；
(2) 若是位元件 Y，M，S，则 n=1～8。译码指令为 16 位指令，占 7 个程序步。

6.6.3 编码指令

1. 指令格式

指令编号及助记符：编码指令 FNC42 ENCO [S・][D・] n
其中，[S・]为源元件，[D・]为目元件，n 为源元件个数。
源操作数是字元件时，可以是 T，C，D，V 和 Z；源操作数是位元件，可以是 X，Y，M 和 S。
目标元件可取 T，C，D，V 和 Z。

2. 指令用法

1) 位元件

当[S・]为位元件时，以源元件[S・]为首地址，长度为 2^n 的位元件中，最高置 1 的位置被存放到目标[D・]所指定的元件中去，[D・]中数值的范围由 n 确定，在图 6.58 中源元

件的长度为 $2^n=2^3=8$ 位，即 M10～M17，最高置 1 位是 M13，即第 3 位，将“3”位置反(二进制)存放到 D10 的低 3 位中。当源操作数的第 1 个位元件为 1 时，则[D・]中存放 0，当源操作数全为 0 时，出现运算错误。

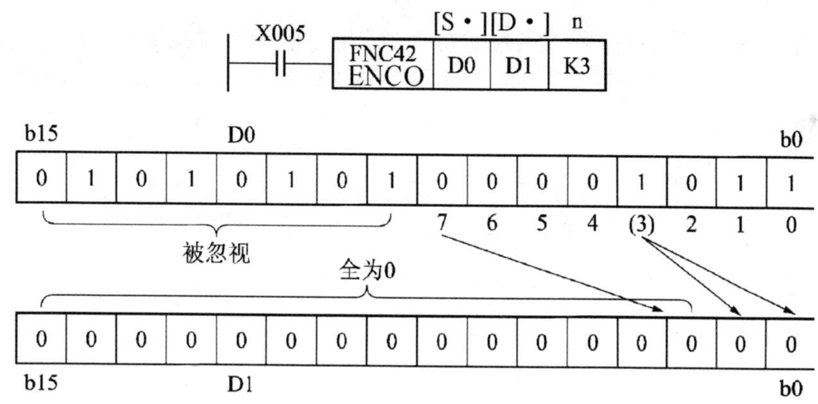

图 6.58　编码指令 ENCO 举例

2) 字元件

当[S・]是字元件时，在其可读长度 2^n 位中，将最高置 1 的位数存放在目标[D・]所指定的元件中去，[D・]中数值的范围由 n 确定。在图 6.59 中当源操作数的第 1 个(即第 0 位)位元件为 1 时，则[D・]中存放 0。当源操作数中无 1 时，出现运算错误，当 n=0 时，程序不执行，当 n=1～4 以外时，出现运算错误，若 n=4，[S・]位数为 $2^4=16$。

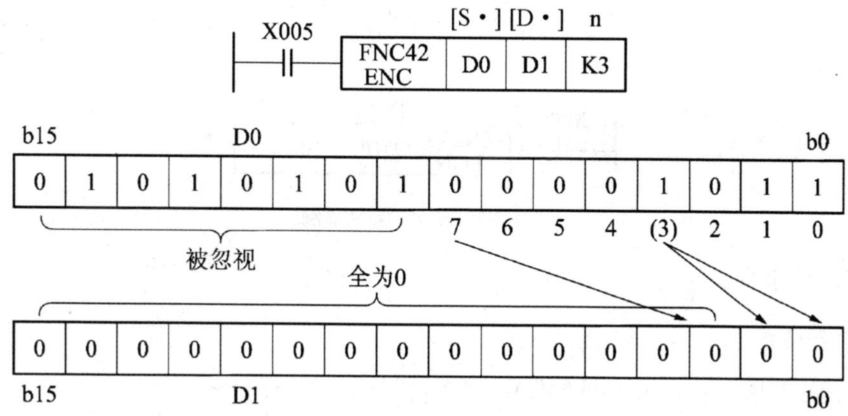

图 6.59　编码指令 ENCO 举例

使用编码指令时应注意：

(1) 操作数为字元件时应使用 n≤4，为位元件时则 n=1～8，n=0 时不作处理。

(2) 若指定源操作数中有多个 1，则只有最高位的 1 有效。

6.6.4　置 1 位数总和指令

1. 指令格式

指令编号及助记符：FNC43 SUM [S・][D・]

其中，[S・]为源软组件，[D・]为目软组件。

源操作数可取所有数据类型；
目标操作数可取 KnY，KnM，KnS，T，C，D，V 和 Z。

2．指令用法

该指令用于统计源元件中置“1”位的总和。该指令的使用说明如图 6.60 所示。当 X000 有效时执行 SUM 指令，将源操作数 D0 中 1 的个数送入目标操作数 D2 中，若 D0 中没有 1，则 0 标志 M8020 将置 1。

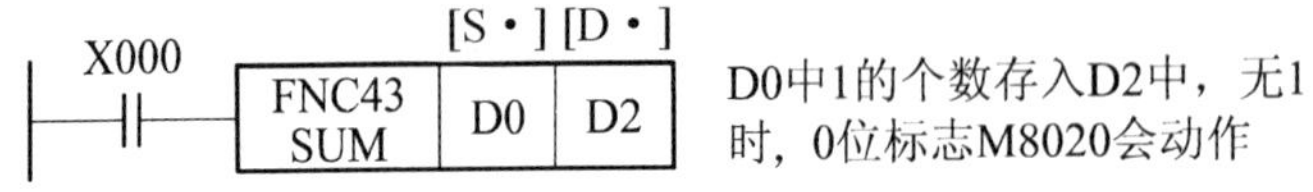

图 6.60　SUM 指令举例

6.6.5　置 1 位判别指令

1．指令格式

指令编号及助记符：FNC44 BON [S •][D •] n
其中，[S •]为源软组件，[D •]为目软组件，n 为源元件个数。
源操作数可取所有数据类型；
目标操作数可取 Y、M 和 S。

2．指令用法

如图 6.61 所示，当 X000 接通时，执行 BON 指令，指令对由 K4 指定的源操作数 D10 的第 4 位进行判断，并将结果存入 M10 中，即当判断结果为 1 时，则目标操作数 M10=1，否则 M0=0。

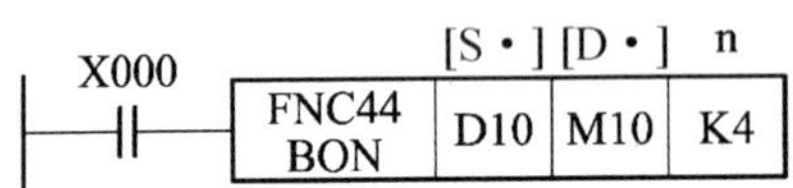

图 6.61　BON 指令举例

6.6.6　平均值指令

1．指令格式

指令编号及助记符：FNC45 MEAN [S •] [D •] n
其中，源操作数可取 KnX，KnY，KnM，KnS，T，C，D，V 和 Z；
目标操作数可取 KnY，KnM，KnS，T，C，D，V 和 Z。

2．指令用法

平均值指令的功能是将 n 个源数据的平均值送到指定目标(余数省略)，若程序中指定的 n 值超出 1～64 的范围将会出错。

MEAN 指令举例如图 6.62 所示。

[S •] [D •] n
X000
FNC45 MEAN | D0 | D10 | K3

$$\frac{(D0)+(D1)+(D3)}{3} \rightarrow D10$$

图 6.62　MEAN 指令举例

6.6.7 报警器置位指令

1. 指令格式

指令编号及助记符：FNC46 ANS[S・] n [D・]
其中，[S・]的操作数是 T0～T99，[D・] 的操作数是 S900～S999，n 的取值为 K=1～32767。

2. 指令用法

报警器置位指令 ANS 用来驱动报警器，其使用说明如图 6.63 所示。

图 6.63 ANS 指令举例

如果 X000 和 X001 同时接通 1s 以上，S900 被置位，以后即使 X000 或 X001 OFF 时，S900 仍保持动作状态。根据报警器的工作原理，S900～S999 中的任意一个为 ON，则 M8040 就动作，可以用 M8048 驱动相应的报警输出。

6.6.8 报警器复位指令

1. 指令格式

指令编号及助记符：FNC47 ANR

2. 指令用法

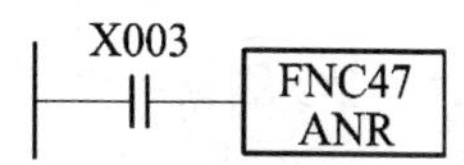

图 6.64 ANR 指令举例

ANR 指令使被驱动的报警器复位，其梯形图格式如图 6.64 所示。

当 X003 接通时，S900～S999 之间被置“1”的报警器复位。如果置“1”的 S900～S999 之间的组件超过一个，则元件号中最低的报警器复位。

6.6.9 平方根指令

1. 指令格式

指令编号及助记符：FNC48 SQR[S・] [D・]
其中，源操作数可取 K，H，D，数据需大于 0；
目标操作数为 D。

2. 指令用法

如图 6.65 所示，当 X000 有效时，则将存放在 D10 中的正数进行平方根运算，结果存放入 D12 中(结果只取整数)。若[S・]中为负数，则出错标志 M8067 工作，指令不能执行。

X000 [S・] [D・] FNC48 SQR D10 D12

图 6.65 SQR 指令举例

运算结果舍去小数为整数。舍去小数时，借位标志位 M8021 会动作。

运算结果为 0，则 0 位标志位 M8020 会动作。

6.6.10 浮点操作指令

1. 指令格式

指令编号及助记符：FNC49 FLT [S・] [D・]

其中，源和目标操作数均为 D。

2. 指令用法

浮点操作指令将[S・]中的数值转换成浮点值。该指令的梯形图格式如图 6.66 所示。当 X000 有效时，将存入 D10 中的数据转换成浮点数并存入 D12 中。

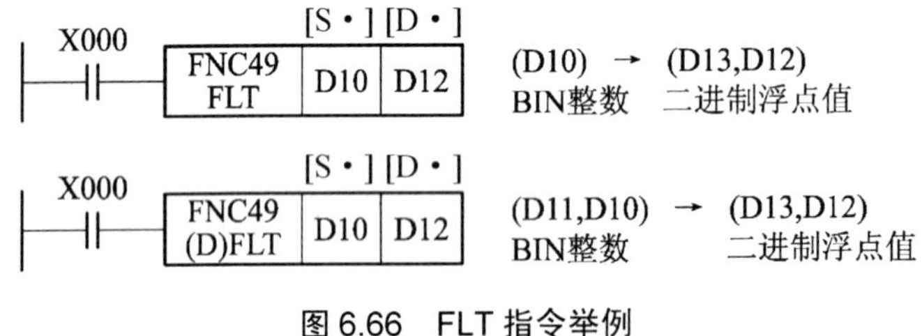

图 6.66　FLT 指令举例

6.7　高速处理指令

6.7.1　I/O 刷新指令

1. 指令格式

指令编号及助记符：FNC50 REF [D・] n

其中，目标操作数为元件编号个位为 0 的 X 和 Y；

n 应为 8 的整倍数。

2. 指令用法

FX 系列 PLC 采用集中 I/O 的方式。如果需要最新的输入信息以及希望立即输出结果则必须使用该指令。如图 6.67 所示，当 X000 接通时，X010～X017 共 8 点将被刷新；当 X000 接通时，则 Y000～Y007、Y010～Y017、Y020～Y027 共 24 个输出点将被刷新。

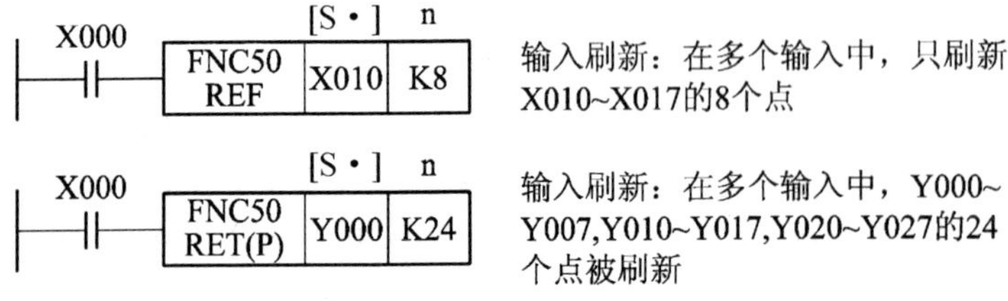

图 6.67　REF 指令举例

6.7.2 刷新和调整滤波时间指令

1. 指令格式

指令编号及助记符：FNC51 REFF [D・] n

其中，目标操作数为 X，n 为滤波时间常数，取值为 0～60ms。

2. 指令用法

在 PLC 的开关量输入电路 X000～X017 中都有 RC 滤波电路，尽管使用 REF 指令能提高 PLC 的输入响应速度，但它们要受到 RC 滤波时间常数的影响。为此，在 FX_{2N} 系列 PLC 中，X000～X017 使用了数字滤波，其滤波时间常数可以用 REFF 指令修改，当数字滤波器时间常数设定值 n(单位为 ms，取值范围为 0～60)时，理论上滤波时间常数为 0，但实际上为 50μs，对 X000 和 X001，为 20μs。该指令的梯形图格式如图 6.68 所示。

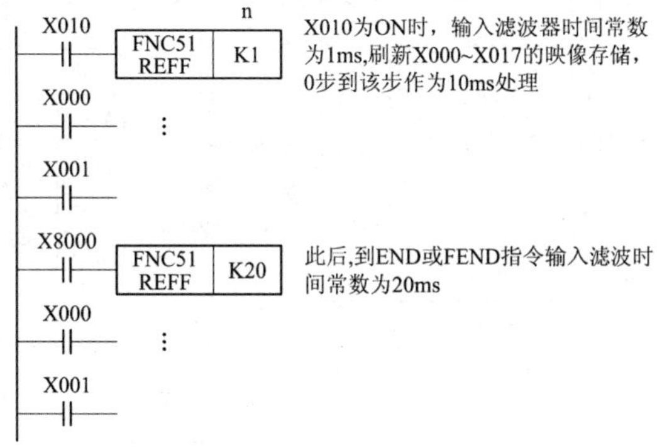

图 6.68 REFF 指令举例

6.7.3 矩阵输入指令

1. 指令格式

指令编号及助记符：FNC52 MTR[S・] [D1・] [D2・]n

其中，源操作数[S・]只能用开关量输入继电器 X，[S・]是首地址；

目标操作数[D1・]只能选 Y，而且必须选 Y0、Y10、Y20…为首地址，目标操作数[D2・]可选 Y、M、S。

2. 指令用法

利用 MTR 可以构成连续排列的 8 点输入与 n 点输出组成的 8 列 n 行的输入矩阵。如图 6.69 所示，M30 是首地址，n 的取值为 2～8，说明有 n 行。MTR 只能用于晶体管输出方式的 PLC，而且只能使用一次。

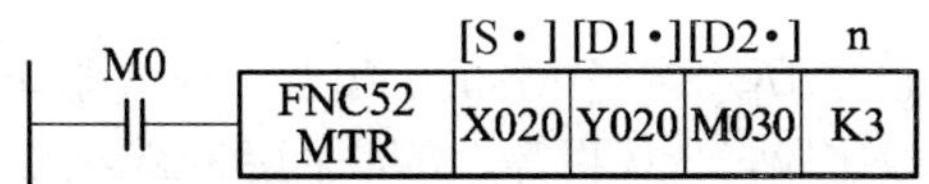

图 6.69 矩阵输入指令 MTR 指令举例

图 6.69 中，[S]为 X20，表示该输入矩阵 X20～X27，n 为 3，表示矩阵为 3 行，而[D1]为 Y20，即 Y20、Y21、Y22 分别 3 行的选通输出端，[D2]为 M30，表示该矩阵中 8×3 个

状态分别存放在 M30～M37、M40～M47、M50～M57 中。

当 Y20 为 1 的最后一段时间(即 20ms 中最后几个 ms 中)，CPU 采用中断方式，将矩阵中第 1 行中 8 个开关量读入到 M30～M37 中，如图 6.70 所示。同样，当 Y21 为“1”的最后一段时间，CPU 采用中断方式将第 2 行的 8 个开关量状态读入到 M40～M47 中。如此反复进行，直到 X20 断开。在第 1 个读入周期结束之后，CPU 将指令结束标志位 M8029 置“1”。采用该指令，用 8 个开关量输入和 8 个开关量输出可以实现多达 64 点的开关量输入，仅点开 8 个输入端。当 M0 闭合时，Y20、Y21 和 Y22 轮流接通 20ms，其波形如图 6.71 所示。

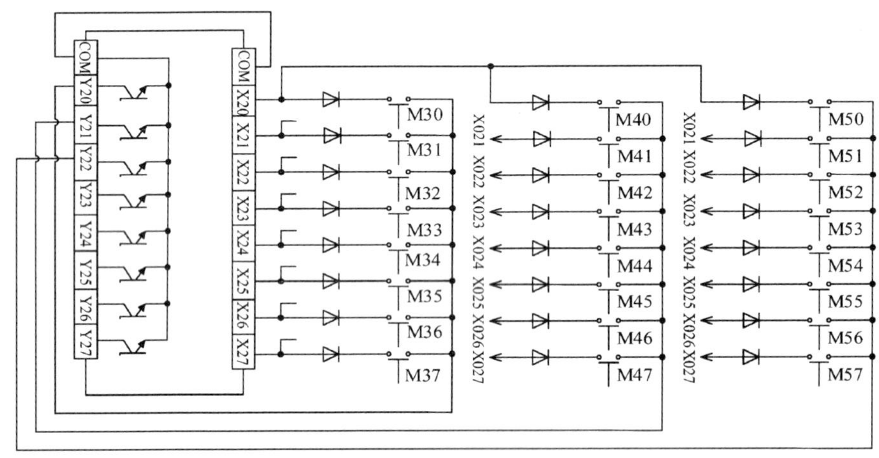

图 6.70　矩阵输入硬件接线

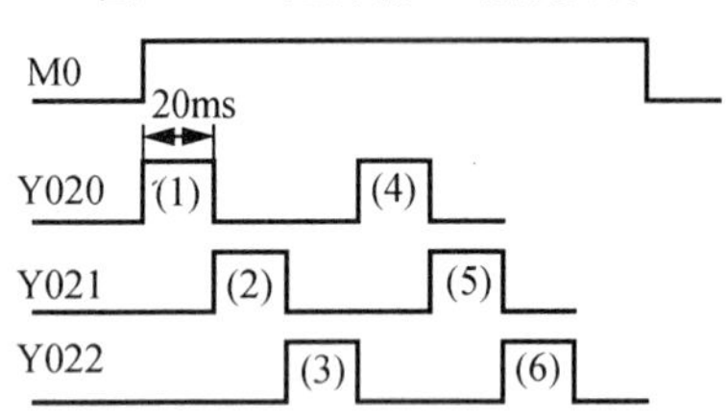

图 6.71　矩阵输出选通脉冲

6.7.4　高速计数器置位指令

1. 指令格式

指令编号及助记符：FNC53 HSCS [S1・] [S2・] [D・]
其中，源操作数[S1・]可取所有数据类型，[S2・]为 C235～C255；
目标操作数可取 Y、M 和 S。

2. 指令用法

指令梯形图格式如图 6.72 所示。当 M8000 闭合，计数器计数条件满足，开始计数，C255 的当前值与 K100 常数比较，一旦相等，立即采用中断方式将 Y010 置“1”，采用 I/O 立即刷新的方式将 Y010 的输出端接通。以后无论 C255 的当前值如何变化，甚至将 C255 复位或将其控制电路断开，Y010 始终为“1”，除非对 Y010 复位或使用高速计数器复位指令(HSCR)，才能将 Y010 复位置“0”。

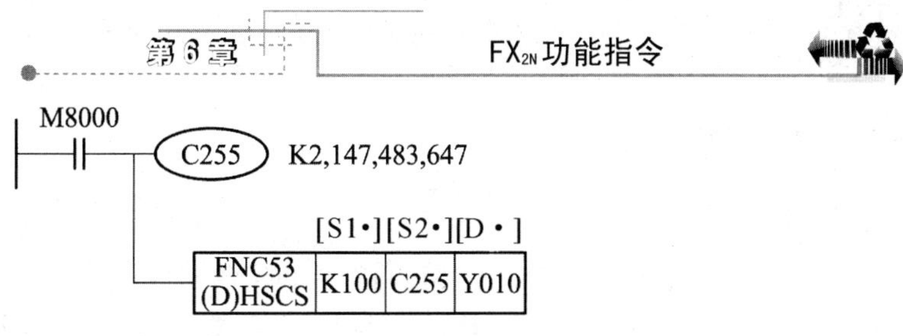

图 6.72 HSCS 指令举例

在 FX_{2N} 系列 PLC 中，C235～C255 高速计数器的设定值和当前值都是 32 位二进制数，所以 HSCS 之前要加“D”。

6.7.5 高速计数器复位指令

1. 指令格式

指令编号及助记符：FNC54 HSCR [S1 •] [S2 •] [D •]
其中，源操作数[S1 •]可取所有数据类型，[S2 •]为 C235～C255；
目标操作数可取 Y，M 和 S。

2. 指令用法

指令的梯形图格式如图 6.73 所示。图 6.73 中，只要 C255 开始计数，就将 C255 的当前计数值与常数 K200 比较，当前计数值等于 200 时，立即采用中断方式将 Y010 置“0”，并且采用 I/O 立即刷新的方式将 Y010 输出切断。

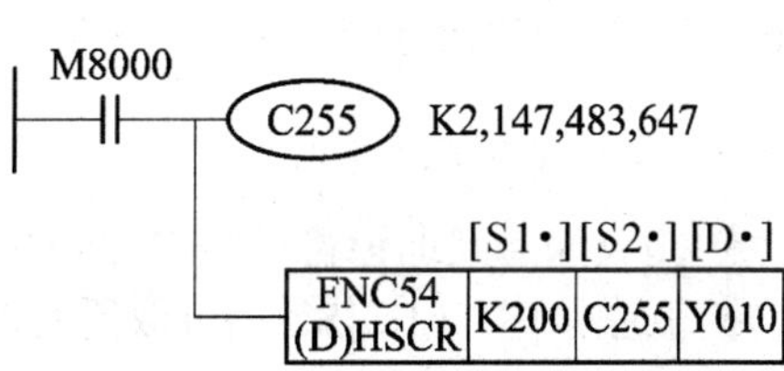

图 6.73 HSCR 指令举例

6.7.6 高速计数器区别比较指令

1. 指令格式

指令编号及助记符：FNC55 HSZ [S1 •] [S2 •] [S •] [D •]
其中，源操作数[S1 •]、[S2 •]可取所有数据类型，[S •]为 C235～C255；
目标操作数[D •]可取 Y，M，S。

2. 指令用法

如图 6.74 所示，当 M8000 接通时，执行高速计数器区间比较指令：
(1) 当高速计数器 C251 的当前值<K100 时，Y000 变为 ON，Y001 和 Y002 均为 OFF；
(2) 当 C251 的当前值≥K100 且≤K200 时，Y001 变为 ON，Y000 和 Y002 均为 OFF；
(3) 当 C251 的当前值>K200 时，Y002 变为 ON，Y000 和 Y001 均为 OFF。

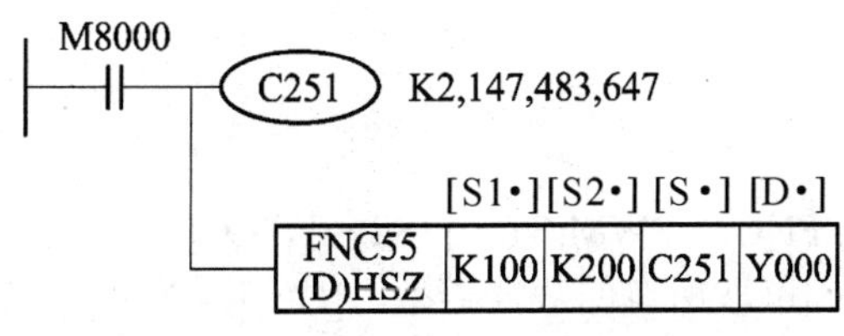

图 6.74 HSZ 指令举例

6.7.7 转速测量指令

1. 指令格式

指令编号及助记符：FNC56 SPD [S1・] [S2・] [D・]
其中，[S1・]为 X0～X5，[S2・]可取所有的数据类型，[D・]可以是 T，C，D，V 和 Z。

2. 指令用法

速度检测指令是测量转速的指令，其梯形图格式如图 6.75 所示。

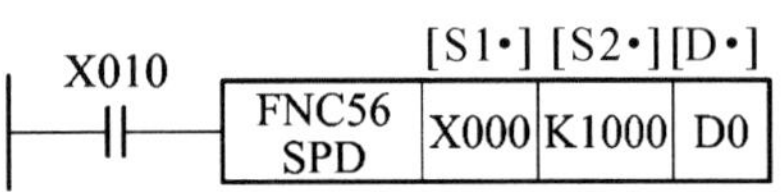

图 6.75 SPD 指令举例

图中，[S1]是高速输入端 X000，[S2]是常数 K1000，表示的是测量周期 T，单位为 ms，[D]由数据寄存器 D0、D1、D2 组成，脉冲发生器每一个 T 产生 n 个脉冲。X010 闭合时，执行速度检测指令。D1 对 X000 脉冲的上升沿计数，每 100ms 时间到，就将 D1 中的计数值传送到 D0 中，然后 D1 回 0 并重新开始计数。D2 用来存放剩余时间值。SPD 指令用于速度的测量，D0 的值正比于脉冲输入速度，如果从 X000 输入的脉冲是均匀的，则 D0 中的值基本不变，D1 中的当前值在每个 100ms 内是递增的，D2 中的当前值随时间是递减的。然后 D1 清 0，并且重新开始存放下一个测量周期内输入的脉冲数，D0 存放的数正比于转速 N，即

$$N = \frac{60 \times \mathrm{D0}}{nT} \times 10^3$$

6.7.8 脉冲输出指令

1. 指令格式

指令编号及助记符：FNC57 PLSY [S1・] [S2・] [D・]
其中，[S1・]、[S2・]可取所有的数据类型，[D・]为 Y1 和 Y2。

2. 指令用法

指令的梯形图格式如图 6.76 所示。[S1]表示输出脉冲的频率，其范围为 2～2000Hz，[S2]表示输出脉冲个数，在执行本指令期间，可以通过改变[S1]内的数来改变输出脉冲的频率。PLSY 采用中断方式输出脉冲，与扫描无关。

图 6.76 PLSY 指令举例

当 X000 闭合，CPU 扫描到该梯形图程序时，立即采用中断方式，通过 Y000 输出频率为 100Hz，占空比为 50%的脉冲，当输出脉冲达到[S2]所规定的数值时，停止脉冲输出。

6.7.9 脉宽调制指令

1. 指令格式

指令编号及助记符：FNC58 PWM[S1・] [S2・] [D・]
其中，[S1・]、[S2・]可取所有的数据类型，[D・]为 Y1 和 Y2。

2. 指令用法

PWM 产生的脉冲宽度和周期是可以控制的，指令的说明如图 6.77 所示。

[S1]表示输出脉冲宽度 *t*，取值范围 0～32767ms；

[S2]表示输出脉冲的周期 *T*，取值范围 0～32767ms；

[D]规定输出脉冲从哪个输出端输出，输出脉冲的频率 $f=(1/T)\times10^3$。改变 *t*，及其在 0～*T* 的范围内变化，就能使输出脉冲的占空比在 0%～100%范围内变化，PWM 指令采用中断方式输出脉冲，与扫描周期无关。该指令在程序中只能使用一次。

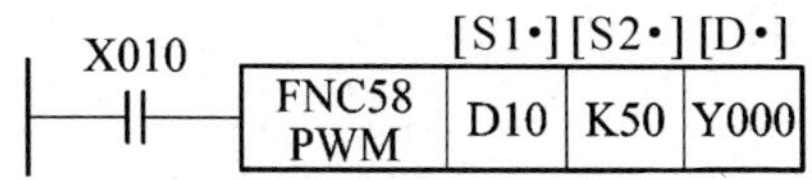

图 6.77　PWM 指令举例

如果 X010 接通，执行脉宽调制输出指令。若 D10 中的脉宽数为 10，K50 指定脉冲周期为 50ms，则输出继电器 Y000 将输出频率为 50Hz 的占空比为 1∶1 的脉宽调制输出脉冲，而且 Y000 的输出是以中断的方式进行的。如果指令执行途中 X010 变为 OFF，Y000 也立即变为 OFF，脉宽调制输出立即停止。

6.8　方 便 指 令

FX_{2N} 系列共有 10 条方便指令：初始状态指令、数据搜索指令、绝对值式凸轮顺控指令、增量式凸轮顺控指令、示教定时器指令、特殊定时器指令、交替输出指令、斜坡信号指令、旋转工作台控制指令和数据排序指令。以下对其中部分指令加以介绍。

6.8.1　初始状态指令

1. 指令格式

指令编号及助记符：FNC60 IST[S・] [D 1・] [D 2・]

其中[S・]可取的数据类型为 X、Y、M，[D1・]和 [D 2・] 可取的数据类型为 S20～S899。

2. 指令用法

初始状态指令的梯形图格式如图 6.78 所示，PLC 通电后，M8000 接通，即执行置初始状态指令。

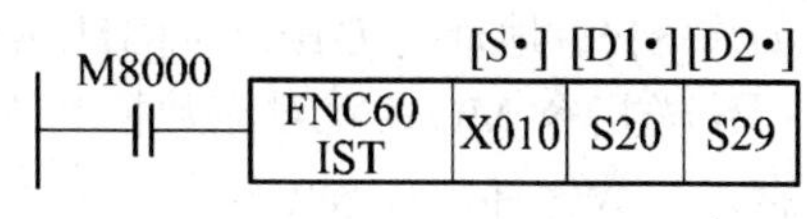

图 6.78　IST 指令过程示意

[S]表明的是首地址，由 8 个位连号的软元件组成。从 X010 开始的连续 8 个输入点的功能是固定的，其功能分别如下：

X010　手动工作方式的输入控制信号
X011　返回原点工作方式的输入控制
X012　单步工作方式的输入控制信号
X013　单(一个)周期工作方式的输入控制信号
X014　全自动工作方式的输入控制信号
X015　返回原点的启动信号
X016　进入自动工作方式的启动信号
X017　停止信号

在 X010～X014 中，不允许有两个以上的输入端同时闭合。因此，必须选用满足该要求的转换开关。图中[D1]和[D2]只能选用状态器 S，其范围为 S20～S899，其中，[D1]表示在自动工作方式时所使用的最低位状态器，[D2]表示在自动工作时所使用的最高位状态器，即后者的地址号必须大于前者的地址号。

S0～S9 是初始状态器地址编号。S0 是各操作的初始状态，S2 是原点回归的初始状态，S2 是自动运行的初始状态。

图 6.78 中，若 X010 为 ON 时，S0 为“1”，表示处于手动工作方式；若 X011 为 ON，S1 为“1”，表示处在返回原点工作方式；在转入其他工作方式之前，先要返回原点。当到达原点后，即输入端 X010 为“1”时，将 M8043 置“1”，此时，如果 X012 为 ON，则处于单步工作方式，每按一次启动按钮，就进行一次状态转移；若 X013 为 ON，则处在单周期工作方式，每按一次启动按钮，执行完一个周期的运行后，停止在起始状态 S2；如果 X014 为 ON，则处于自动工作方式，按下启动按钮后，循环执行用户程序。

6.8.2 绝对值式凸轮顺控指令

1. 指令格式

指令编号及助记符：FNC62 ABSD [S1・] [S2・][D・]n

[S1]和[D]为源、目的首地址。

其中，源操作数[S1・]可取 KnX、KnY、KnM、KnS、T、C 和 D，[S2・]为 C；目标操作数取 Y、M 和 S。

2. 指令用法

绝对值式凸轮顺控指令 ABSD 是用来产生一组对应于计数值在 360° 范围内变化的输出波形，输出点的个数由 n 决定。ABSD 指令的示例梯形图如图 6.79 所示。

如果[S1]由字元件 T、C、D 组成，则其首地址是偶数；如果[S1]由位软元件 X、Y、M、S 等组成，则其首地址应是 8 的倍数；[S2]只能选用计数器 C；n 的取值范围≤64，表示[S1]共由 2×n 个字软元件，而[D]共由 n 个位软元件组成。

图 6.79 中，K4 表明目标操作数[D]的个数 n＝4，如果[D]首地址为 M10，则[D]由 M10～M13 共 4 点输出。按每个输出点占用 2 个软组件计数，存储脉冲个数的软组件[S1]为 8 个，如果[S1]首地址为 D10，则[S1]由 D10～D17 共 8 个数据寄存器组成；源操作数[S2]为 C0，用传送指令 MOV 将对应数据写入 D10～D17 中，开通点数据存入偶数元件，关断点数据存入奇数元件，如表 6-1 所示。

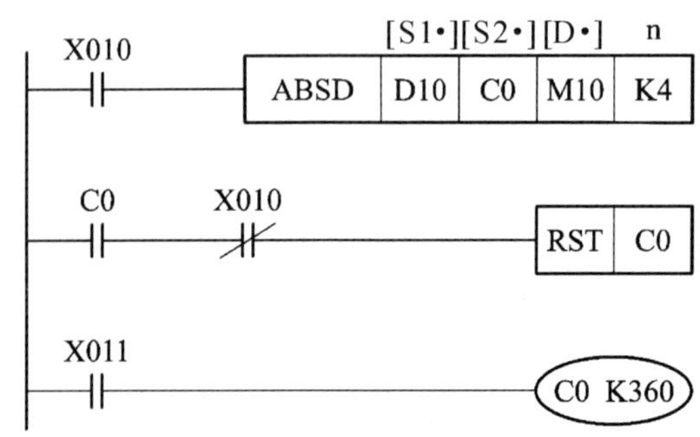

图 6.79 ABSD 指令举例

当 X010＝ON 时，[S1]的 2×n 个字软元件内数据分别与[S2]所选用的计数器的当前计数值比较，从而确定[D]的 n 个位元件哪些需要复 0 或置 1。M10～M13 将得到如图 6.80 所示的波形，通过改变 D10～D17 的数据可改变波形。若 X010 为 OFF，则各输出点状态不变。ABSD 指令在一个程序中只能使用一次。

表 6-1　开通、关断表

开通脉冲数	关断脉冲数	输出软组件
(D10)=40	(D11)=140	M10
(D12)=160	(D13)=200	M11
(D14)=60	(D15)=160	M12
(D16)=240	(D17)=280	M13

图 6.79 中的 C0 被接成一个自复位的计数器，当输入脉冲个数达到设定值 360 时，常开 C0 动作，将计数器 C0 复位，准备下一个周期的开始。

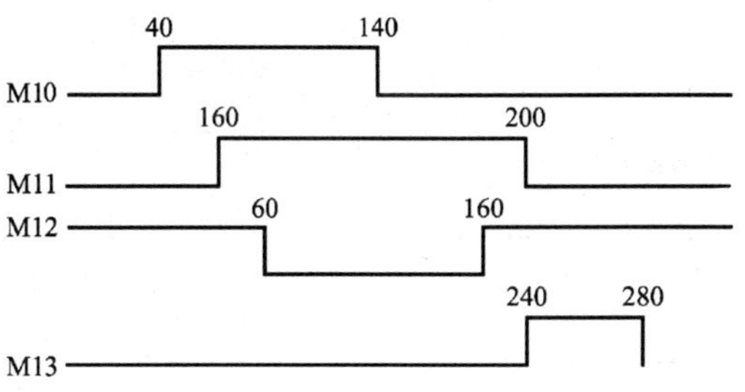

图 6.80　M10～M13 的波形

6.8.3　增量式凸轮顺控指令

1. 指令格式

指令编号及助记符：FNC63 INCD[S1 •] [S2 •][D •]n

其中，[S1 •]和[D •]为源、目的首地址。

源操作数[S1 •]可取 KnX，KnY，KnM，KnS，T，C 和 D，[S2 •]为 C；

目标操作数取 Y，M 和 S。

2. 指令用法

INCD 指令是用来产生一组对应于计数器计数值变化的输出波形。INCD 指令的梯形图如图 6.81 所示。

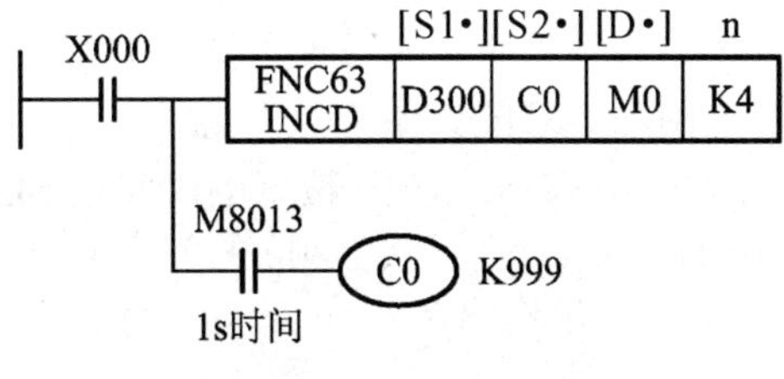

图 6.81　INCD 指令举例

n=4，说明有4个输出点，为M0～M3，它们的ON/OFF状态受凸轮提供的脉冲个数控制。M0～M3为ON状态的脉冲个数分别存放在D300～D303中。预先用MOV指令将设定值写入[S1]，如[D300]＝20，[D301]＝30，[D302]＝10，[D303]＝40。图6.82中波形是D300～D303，分别为20、30、10和40时的输出。

当X000接通时，第一个输出点M10立即变为ON。随着C0对M8013发出的秒脉冲计数，当秒脉冲个数与D10中存储的脉冲个数20相同时，M10才变为OFF，而第二个输出点M11变为ON，这时计数器C0回0，记录复位次数的C1由0变为1。接着，当秒脉冲个数与D11中存储的脉冲个数30相同时，M11才变为OFF，而第三个输出点M12变为ON，这时计数器C0又回0，记录复位次数的C1由1变为2。此后的动作可依此类推。当一个周期结束后，完成标志M8029置1。下一个循环开始后，完成标志M8029复位。如果X010中途断开，则C10和C11以及各输出继电器全部复位，直至其再次接通时，才重新开始。INCD指令在一个程序中只能使用一次。

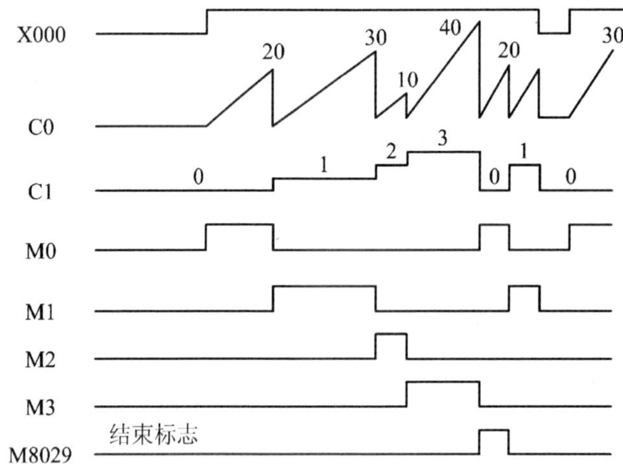

图6.82 INCD指令执行过程

6.8.4 示教定时器指令

1. 指令格式

指令编号及助记符：FNC64 TTMR [D·] n

其中，[D·]为目元件的首地址。

目操作数[D·]可取D(双字元件)，n=0～2。

2. 指令用法

示教定时器指令用于将一个按钮按下的持续时间乘以系数后作为定时器的预置值，监控信号的持续性。指令的梯形图和波形图如图6.83所示。

当X010为ON时，执行TTMR指令。X010按下的时间由M301记录，该时间乘以10n后存入D300。如果按钮按下时间为t_0，则存入D300的值为10nt_0。X010为OFF时，D301复位，D300保持不变。

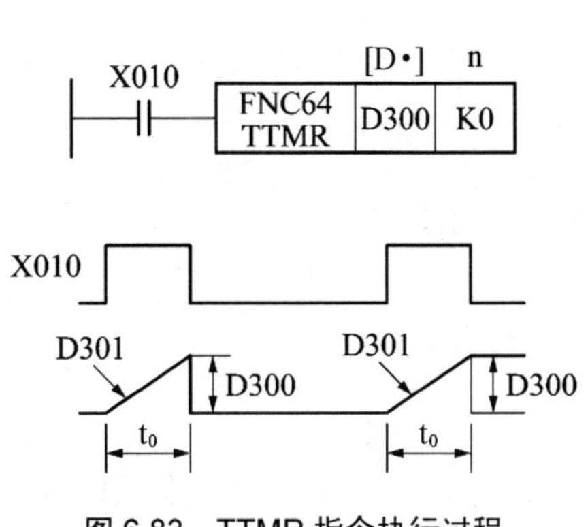

图 6.83 TTMR 指令执行过程

6.8.5 特殊定时器指令

1. 指令格式

指令编号及助记符：FNC65 STMR[S·]m [D·]

其中，[S·]为源组件的首地址，[D·]为目元件首地址，m 是[S·]指定定时器的设定值。

[S·]只能选用 T0～T199，[D·]可以是 4 个连号的 Y、M、S 软元件，m=1～32767。

2. 指令用法

该指令用于产生延迟关断、单脉冲、延迟接通/延迟关断等 3 类控制信号。STMR 指令的使用说明如图 6.84 所示。

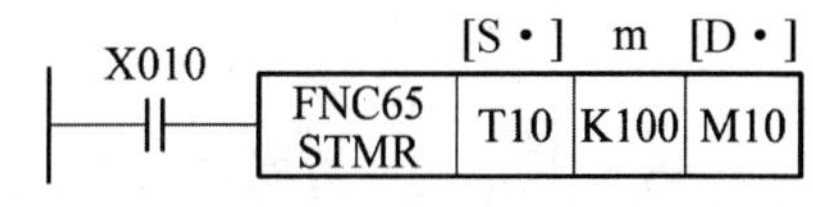

图 6.84 STMR 指令举例

在 X010 控制下，M0～M3 的波形如图 6.85 所示。

当 X010 为 ON 时，M10 为延时关断，M11、M12 为单脉冲；

当 X010 由闭合到断开时，M11 产生一个由定时器设定的脉冲；

当 X010 由断开到闭合时，M12 产生一个脉宽定时器设定的脉冲。M13 为延时接通和延时关断元件。

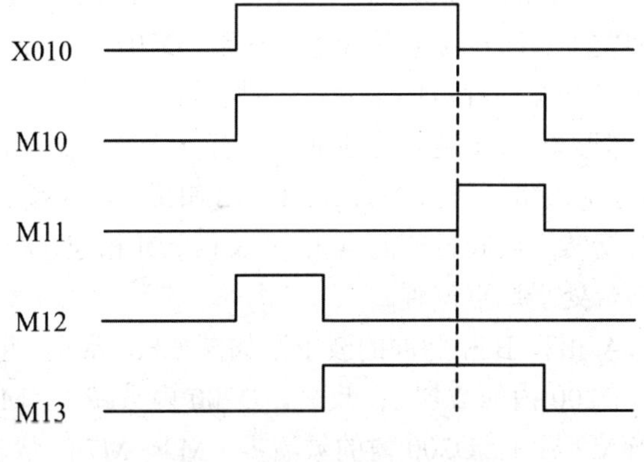

图 6.85 STMR 指令执行过程

6.8.6 交替输出指令

1. 指令格式

指令编号及助记符：FNC66 ALT [D·]
其中，[D·]为目元件首地址。
[D·]目操作数可以取软元件 Y、M、S。

2. 指令用法

交替输出指令用于实现由一个按钮控制目元件(负载)的通(启动)和断(停止)。如图 6.86 所示，当 X000 由 OFF 到 ON 时，M0 的状态将改变一次。若用连续的 ALT 指令，则每个扫描周期 M0 均改变一次状态。

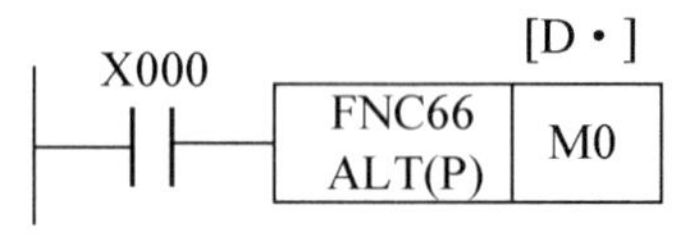

图 6.86 ALT 指令举例

6.8.7 旋转台控制指令

1. 指令格式

指令编号及助记符：FNC68 ROTC [S·]m1 m2 [D·]
其中，[S·]为源组件的首地址，[D·]为目元件首地址。
[S·]只能选用数据寄存器 D，[D·]只能选用 M，m1=2～32767，m2=0～32767。

2. 指令用法

旋转台控制指令能对旋转台的方向和位置进行控制，可使旋转工作台上被指定的工件以最短的路径转到出口位置。指令的梯形图格式如图 6.87 所示。

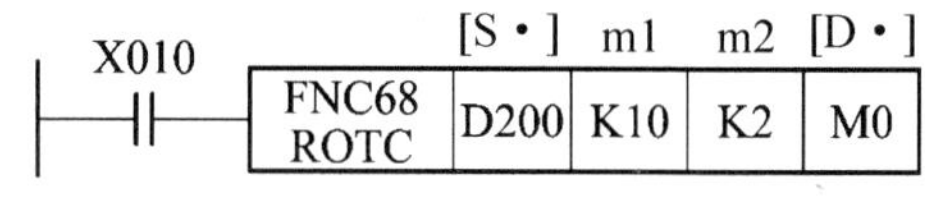

图 6.87 ROTC 指令举例

图 6.87 中，[S]由 D200、D201 和 D202 组成。其中 D200 作为旋转台位置检测计数器，对与旋转台相连的脉冲发生器所产生的脉冲进行计数；D201 内存放的数表示机械手在底面的哪个位置(或角度上)；D202 内存放的数表示工件在旋转台的哪个位置(或角度上)。

[D]只能选用 M，梯形图中[D]是其首地址，共有 8 个 M，即由 M0～M7 组成。M0、M1 和 M2 的控制线路分别由常开触点 X0、X1 和 X2 组成，输入端 X0 和 X1 分别与脉冲发生器产生的反映旋转台旋转方向和转速的 A 相和 B 相脉冲相连，X2 与原点接近开关相连，该开关闭合，表示旋转台处于原点位置。

当旋转台正转时，A 相和 B 相脉冲的波形图如图 6.88 所示，每当 A 相脉冲为 1 而 B 相脉冲由 0 变为 1 时，D200 内的数加 1；反之，D200 内数减 1。M2 的状态表示原点接近开关的通、断情况。当 M2 置 1，D200 内的数清零。M3～M7 的状态在执行 ROTC 指令时自动生成，根据 D201 和 D202 内两数比较的结果确定旋转台的旋转方向和转速。

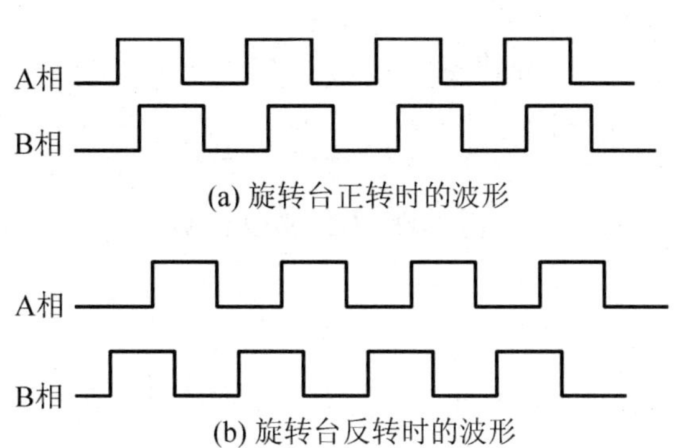

图 6.88　脉冲发生器产生 A 相和 B 相脉冲波形

M3 置 1，表示旋转台高速正转；

M4 置 1，表示旋转台低速正转；

M5 置 1，表示旋转台的那个位置已经与机械手所在的位置对齐，旋转台停止旋转；

M6 置 1，表示旋转台低速反转；

M7 置 1，表示旋转台高速反转。

m1 的取值范围为 2～32767，其数值与脉冲发生器每转产生的脉冲数相同，梯形图中 m1＝10，表示脉冲发生器每转产生 10 个脉冲。

m2 的取值范围是 0～32767，表示旋转台进入低速旋转的提前量，m1 必须大于 m2。

6.9　外围设备 I/O 功能指令

外围 I/O 设备指令是 FX 系列 PLC 与外设传递信息的指令，共有 10 条，编号为 FNC70～FNC79。分别是十键输入指令、十六键输入指令、数字开关输入指令、七段译码指令、带锁存的七段显示指令、方向开关指令、ASCII 码转换指令打印输出指令、特殊功能模块读指令和特殊功能模块写指令。本节将介绍其中的部分指令。

6.9.1　数据输入指令

数据输入指令有十键输入指令 TKY(FNC70)、十六键输入指令 HKY(FNC71)和数字开关输入指令 DSW(FNC72)。

1. 十键输入指令

十键输入指令(D)TKY 的使用如图 6.89 所示。源操作数[S・]用 X000 为首元件，十个键 X000～X011 分别对应数字 0～9。X030 接通时执行 TKY 指令，如果以 X001(2)、X007(8)、X003(4)、X000(0)的顺序按键，则[D1・]中存入数据为 2840，实现了将按键变成十进制的数字量。当送入的数大于 9999，则高位溢出并丢失。使用 32 位指令 DTKY 时，D1 和 D2 组合使用，高位大于 99999999，则高位溢出。

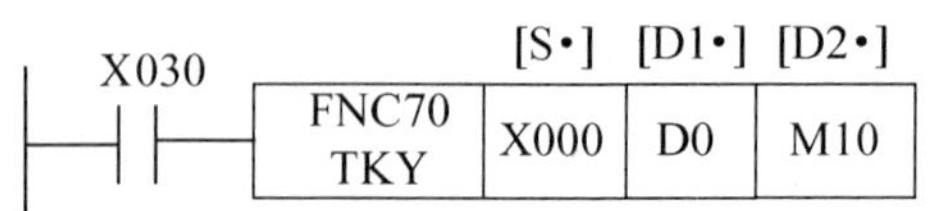

图 6.89 TKY 指令举例

该指令是用 10 个键输入十进制数，指令的时序图如图 6.91 所示。[S]指定输入元件，[D1]指定存储元件。

输入键与 PLC 的连接如图 6.90 所示。图 6.91 是[D1]中 X0～X3 动作输入时，存入[D2]中 M10～M13 的数据时序图。

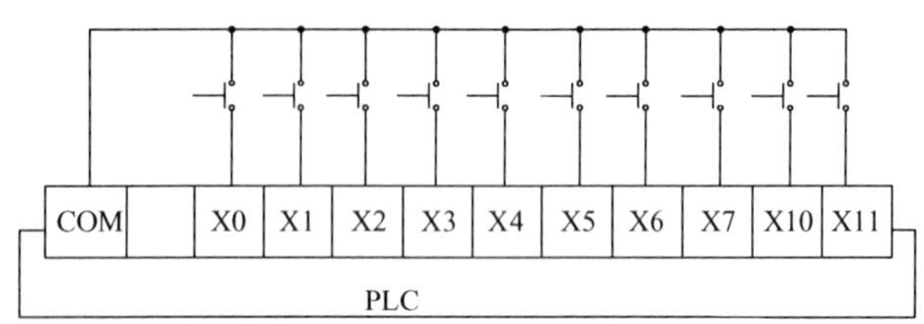

图 6.90 输入键与 PLC 的连接示意

2. 十六键输入指令

十六键输入指令 HKY 能通过键盘上的数字键和功能键输入的内容来完成输入的复合运算过程。指令的梯形图格式如图 6.92 所示。

[S •]指定 4 个输入元件，[D1 •]指定 4 个扫描输出点元件，[D2 •]指定键输入的存储元件，[D3 •]指定读出元件。

键盘与 PLC 连接如图 6.93 所示。

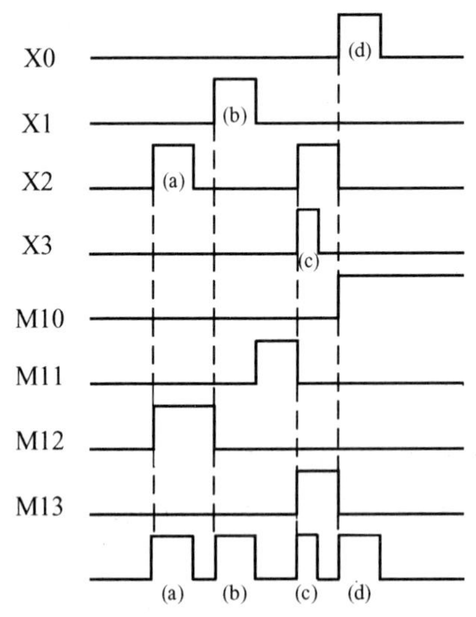

图 6.91 数据时序

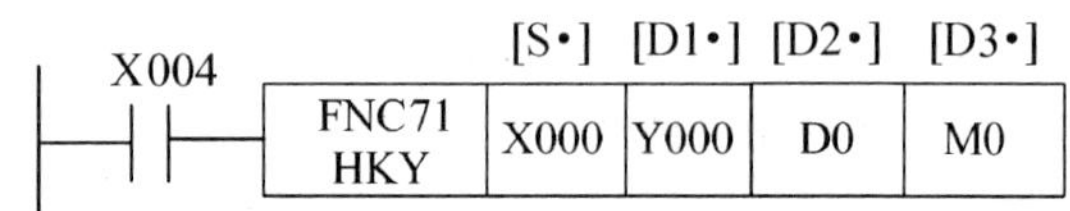

图 6.92 HKY 指令举例

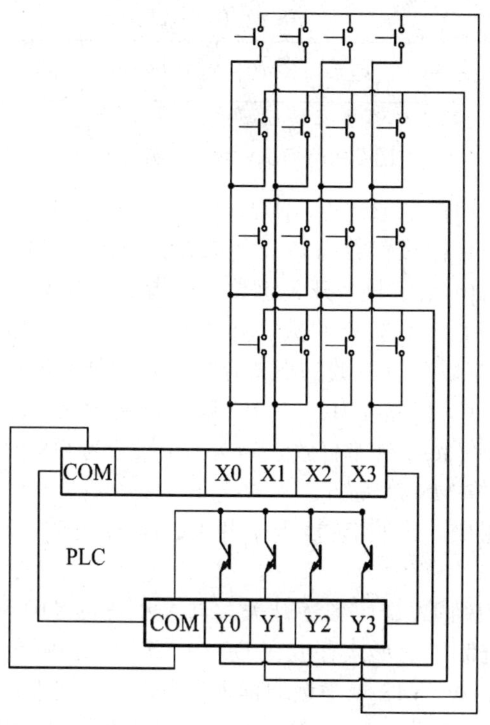

图 6.93 十六进制键与 PLC 连接

十六键输入键分为数字键和功能键，对它们的介绍如下。

(1) 数字键。输入的 0～9999 数字以 BIN 码存于[D2]中，即 D0 中，大于 9999 溢出。用[D]HKY 指令时，0～99999999 的数存入 D1 和 D0 中，各个键同时按下时，最先按下的有效。

(2) 功能键。A～F 与 M0～M5 的关系如图 6.94 所示。

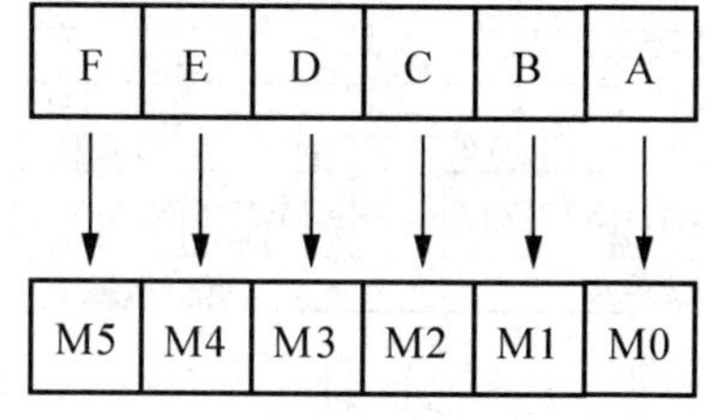

图 6.94 关系示意

按下 A 键，M0 置 1 并保持，按下 D 键，M0 置 0，M3 置 1 并保持，以此类推。

(3) 键扫描输出。按下键(数字或功能)后标志 M8029 置 1，按下 A→F 的任何一键时，M6 置 1(不保持)；按下 0～9 任何一键时，M7 置 1(不保持)。

当 X004 变为 OFF 时，D0 保持不变，M0～M7 全部为 OFF。

3. 数字开关指令

数字开关输入指令 DSW(FNC72)用来读入 1 组或 2 组 4 位数字开关的设置值。指令的梯形图如图 6.95 所示。

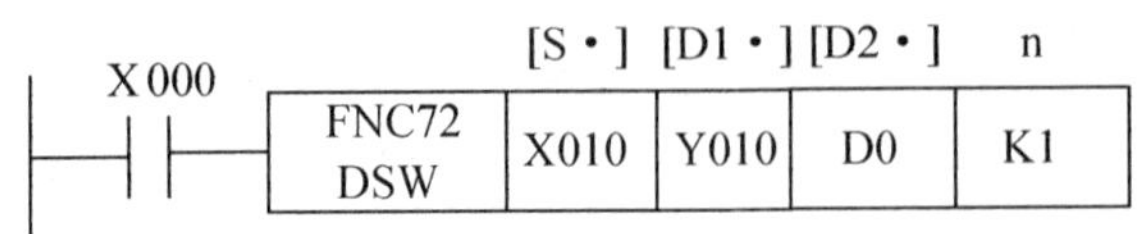

图 6.95　DSW 指令举例

[S・]指定输入点，[D1・]指定选通点，[D2・]指定数据存储元件，源操作数[S・]为 X，用来指定输入点。[D1・]为目标操作数为 Y，用来指定选通点。[D2]指定数据存储单元，它可取 T、C、D、V 和 Z。[n]指定数字开关组数。该指令只有 16 位运算，占 9 个程序步，可使用两次。图中，n=1 指有 1 组 BCD 码数字开关。输入开关为 X010～X013，按 Y010～Y013 的顺序选通读入。数据以二进制数的形式存放在 D0 中。若 n=2，则有 2 组开关，第 2 组开关接到 X014～X017 上，仍由 Y010～Y013 顺序选通读入，数据以二进制的形式存放在 D1 中，第 2 组数据只有在 n=2 时才有效。当 X010 保持为 ON 时，Y010～Y013 依次为 ON。一个周期完成后标志位 M8029 置 1。

每组开关由 4 个拨盘组成，也叫 BCD 数字开关。BCD 码数字开关与 PLC 的接线图如图 6.96 所示。

图 6.95 中，n=1 指有 1 组 BCD 码数字开关。输入开关为 X10～X13，按 Y10～Y13 的顺序选通读入。数据以二进制数的形式存放在 D0 中。若 n=2，则有 2 组开关，第 2 组开关接到 X14～X17 上，仍由 Y10～Y13 顺序选通读入，数据以二进制的形式存放在 D1 中，第 2 组数据只有在 n=2 时才有效。当 X10 保持为 ON 时，Y10～Y13 依次为 ON。一个周期完成后标志位 M8029 置 1。

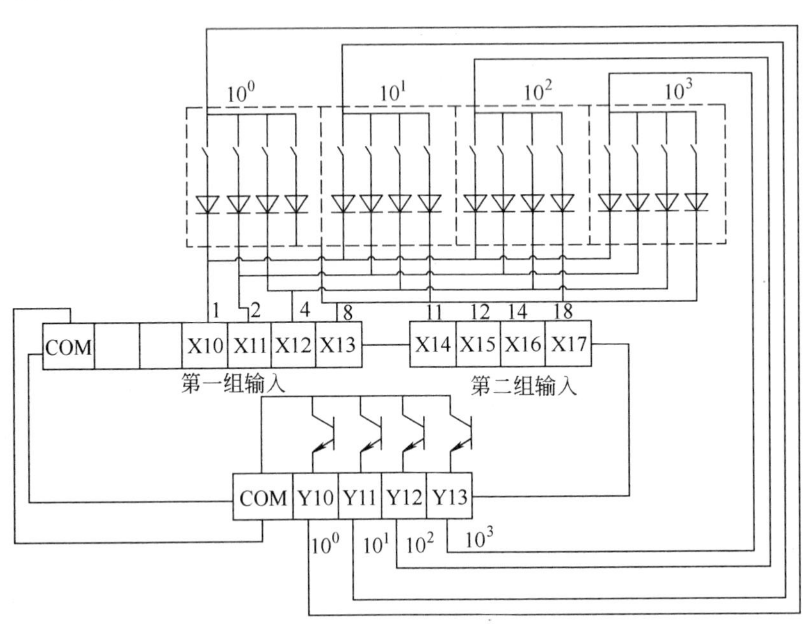

图 6.96　BCD 码数字开关与 PLC 的接线

6.9.2　数字译码指令

数字译码输出指令有七段译码指令 SEGD(FNC73)和带锁存的七段显示指令 SEGL (FNC74)两条。

1. 七段译码指令

七段译码指令 SEGD(FNC73)如图 6.97 所示，将[S·]指定元件的低 4 位所确定的十六进制数(0～F)经译码后存于[D·]指定的元件中，以驱动七段显示器，[D·]的高 8 位保持不变。如果要显示 0，则应在 D0 中放入数据 3FH。

图 6.97 SEGD 指令举例

当 X000 断开时，不执行 SEGD 指令的操作；当 X000 闭合时，每扫描一次就将 D0 中 16 位二进制数的低四位所表示的十六进制数译码成可以驱动与输出端 Y0～Y7 相连的七段数码管控制信号，其中 Y7 始终为 0。

2. 带锁存的七段显示指令

带锁存的七段显示指令 SEGL(FNC74)是用于控制一组或两组带锁存的七段码译码显示的指令，其梯形图格式如图 6.98 所示。

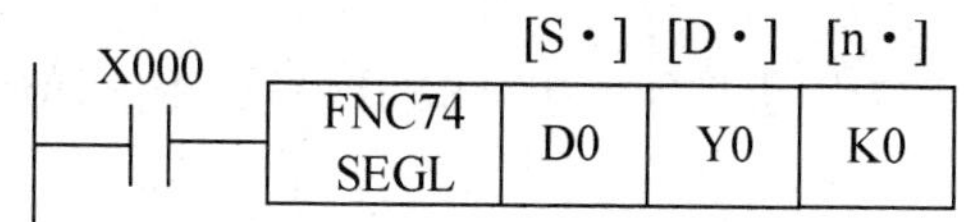

图 6.98 SEGL 指令举例

带锁存的七段显示器与 PLC 的连线如图 6.99 所示。

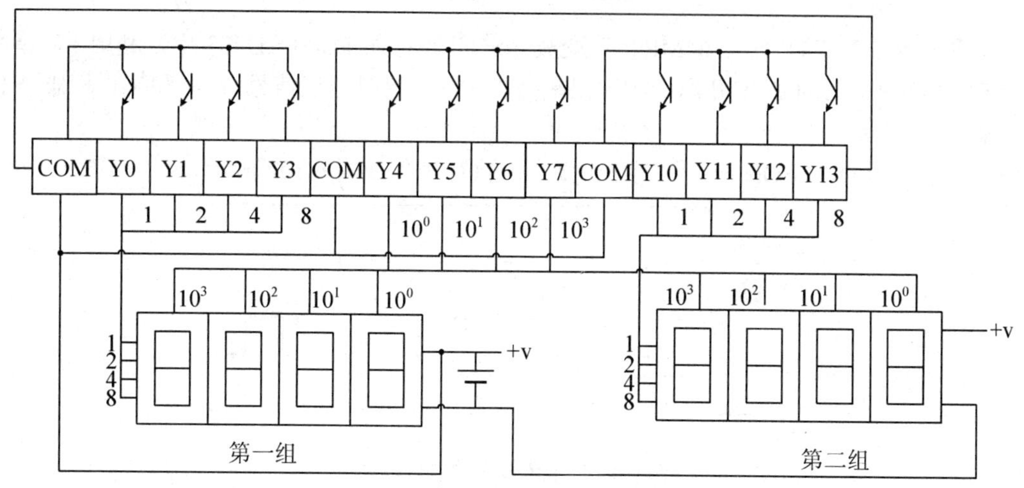

图 6.99 带锁存的七段显示器与 PLC 的连线

当 X000=ON 时，SEGL 反复执行，若 X000 由 ON 变为 OFF，则指令停止执行，当执行条件 X000 再为 ON 时，程序从头开始反复执行。

[D0]放置要显示的数据(1 组)或[D0，D1](2 组)。数据的传送和选通在 1 组和 2 组的情况不同：

当数据的传送和选通为 1 组(即 n=0～3)时，D0 中的数据(BIN 码)转换成 BCD 码(0～9999)顺次送到 Y0～Y3，Y4～Y7 为选通信号。

当数据的传送和选通为 2 组(即 n=4～7)时，与 1 组情况类似。D0 的数据送到 Y0～Y3，D1 的数据送到 Y10～Y13，D0、D1 中的数据范围为 0～9999，选通信号也用 Y4～Y7。

6.9.3 ASCⅡ码转换指令

ASCⅡ码转换指令 ASC(FNC76)的功能是将字符变换成 ASCII 码，并存放在指定的元件中，占 11 个程序步，该指令的梯形图格式如图 6.100 所示。当 X000 有效时，则 ASCⅡ码指令将 FX-64MR！转变成 ASCII 码并送入 D300～D303 中。

源操作数是 8 个字节以下的字母或数字，目标操作数为 T、C、D，它只有 16 位运算。

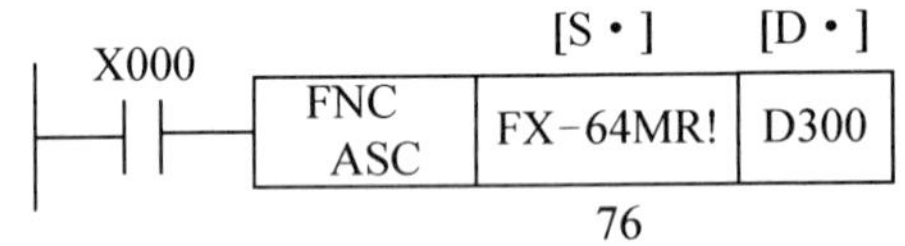

图 6.100 ASC 指令举例

6.9.4 打印输出指令

打印输出指令 PR(FNC77)用于打印输出 ASCⅡ码，指令的梯形图格式如图 6.101 所示。

图 6.101 PR 指令举例

如果将 6.9.3 节的“FX-64MR！”变成 ASCⅡ码存入 D300～D303 中，利用 PR 指令将“FX-64MR！”的 ASCⅡ码送到输出端 Y0～Y7，这时选通信号 Y10 和执行标志 Y11 也动作。

当 X000 由 OFF→ON 时，执行 PR 指令，执行过程如图 6.102 所示。

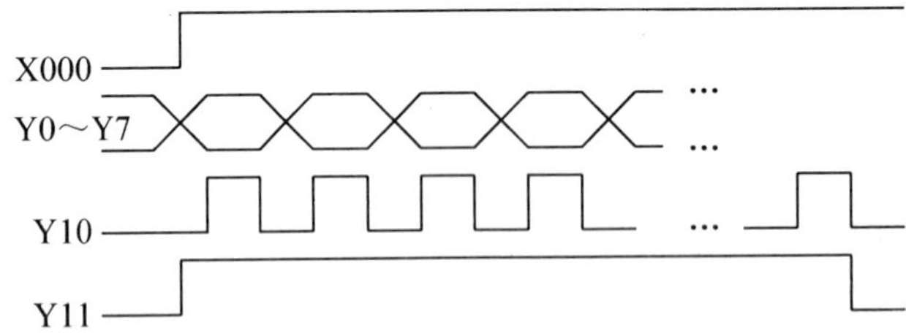

图 6.102 PR 指令的执行过程

在指令执行过程中，X000 由 ON→OFF 时，送数操作停止，当 X000 再次变为 ON 时，要从头开始送数。

6.9.5 特殊功能模块读指令

特殊功能模块读指令 FROM(FNC78)的梯形图格式如图 6.103 所示。

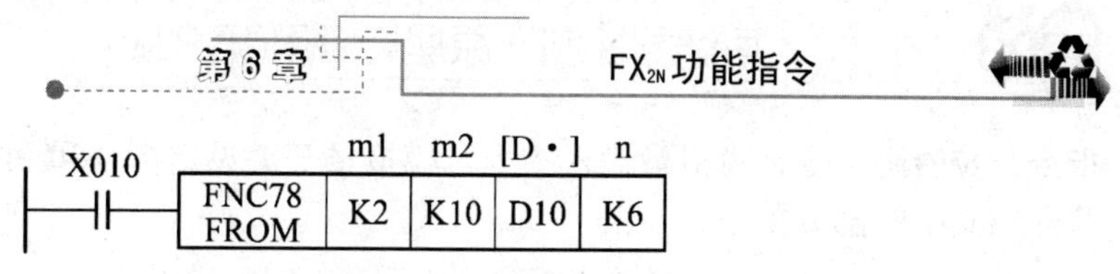

图 6.103　FROM 指令举例

当 X010 由 OFF→ON，开始执行 FROM 指令，将编号为 m1 的特殊功能模块内缓冲寄存器(BFM)编号为 m2 开始的 n 个数据读入基本单元，并存入[D]指定的元件中的 n 个数据寄存器中。

m1 是特殊功能模块号，m1=1～7，它接在 FX_{2N} 基本单元右边扩展总线上，从最靠近基本单元的开始顺次编为 0～7 号。

m2 是缓冲寄存器首元件号，m2=0～31。

n 是待传送数据的字数，n=1～32。

特殊功能模块的缓冲寄存器 BFM 和 FX 基本单元 CPU 字元件的传送示意图如图 6.104 所示。

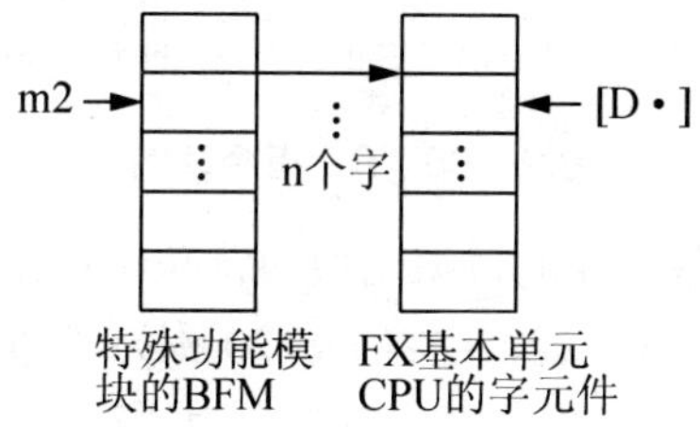

图 6.104　BFM 和 CPU 字元件的传送示意

读特殊功能模块指令和写特殊功能模块指令时 FX 用户可立即中断(在操作中)，也可以等到现时 I/O 指令完成后才中断，这是通过控制 M8028 来完成的，M8028＝OFF，禁止中断；M8028＝ON，允许中断。

6.9.6　特殊功能模块写指令

特殊功能模块写指令 TO(FNC79)指令是向特殊功能模块写入数据，其梯形图格式如图 6.105 所示。

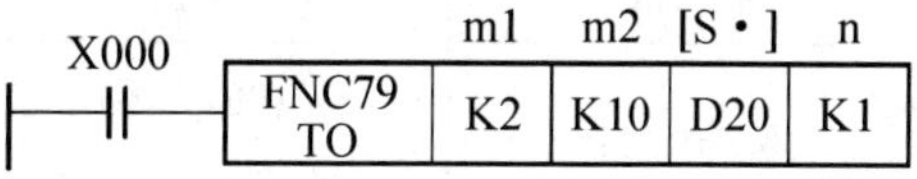

X000　m1　m2　[S·]　n
FNC79 TO　K2　K10　D20　K1

图 6.105　TO 指令举例

TO 指令用于将基本单元中从源元件[S·]开始的 n 个数据写到编号为 m1 的特殊功能寄存器中的编号为 m2 开始的缓冲寄存器中，其中 m1，m2，n 的数值范围与 FROM 相同。

6.10　外围设备指令

外围设备(SER)指令 FNC80～FNC89 用于 FX_{2N} 系列 PLC 与外围设备进行数据交换，也称 FX_{2N} 的服务界面指令，对连接于串行接口的特殊适配器进行控制。外围设备(SER)指令包括串行通信指令、八进制数据传送指令、HEX→ASCII 转换指令、ASCII→HEX 转换指令、校验码指令、模拟量输入指令、模拟量开关设定指令和PID运算指令8条指令。本节介绍其中的部分指令。

6.10.1 串行通信指令RS(FNC80)

串行通信指令RS(FNC80)为使用RS-232及RS-485功能扩展板及特殊适配器FX-232ADP进行串行数据的发送/接收指令，指令的梯形图格式如图6.106所示。

[S・]指定传送缓冲区的首地址。

m指定传送信息的长度。

[D・]指定接收缓冲区的首地址。

n指定接收数据的长度，即接收信息的最大长度。

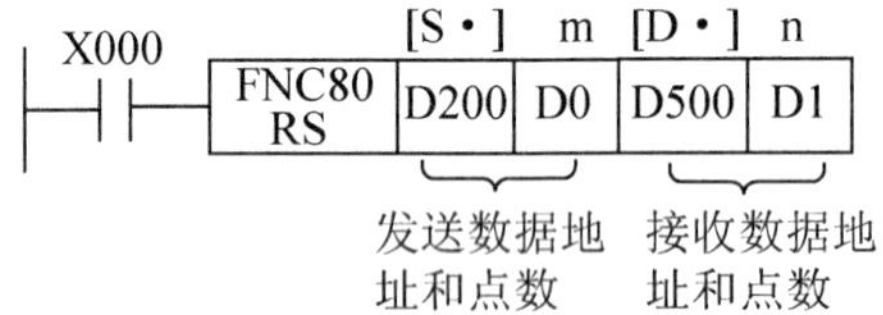

图6.106 RS指令举例

FX_{2N}系列PLC与通信设备之间的数据交换由特殊寄存器D8120内容设定。RS指令驱动时即改变D8120的设定，所以，这时也将D8120称为“通信格式”。

在不进行发送的系统中，应将数据发送点设定为“KO”。或在不进行接收的系统中，接收点设定为“KO”。

通信格式“D8120”除了用于采用FNC80(RS)指令的无顺序通信外，还能用于计算机链接通信时的特殊数据寄存器。所以，在使用FNC80(RS)指令时，关于计算机通信的设定无效。应根据表6-2的要求设定格式。

表6-2 通信参数的设置

D8120的位	说　明	位状态	
		0(OFF)	1(ON)
b0	数据长度	7位	8位
b1 b2	检验(b1 b2)	(00)：无校验 (01)：奇校验	(11)：偶校验
b3	停止位	1位	2位
b4 b5 b6 b7	波特率 b7b6b5b4	(0011)：300bit/s (0100)：600bit/s (0101)：1200bit/s (0110)：2400bit/s	(0111)：4800bit/s (1000)：9600bit/s (1001)：19200bit/s
b8	起始字符	无	D8124初始值：STX(02H)
b9	终止字符	无	D8125初始值：ETX(03H)

续表

D8120 的位	说　明	位状态	
		0(OFF)	1(ON)
b10 b11	控制线 b11 b10	(00)：无 RS-232 接口 (01)：普通模式 RS-232 接口 (10)：互锁模式 RS-232 接口 (11)：调制解调器模式 RS-232C，RS-485 接口 (00)：RS-485 接口 (10)：RS-232 接口	
b12	不可使用		
b13～b15	计算机链接通信连接时的设定项目		

通信格式设定如图 6.107 所示。

图 6.107　通信格式示例

RS 指令的使用说明如下。

(1) 发送和接收缓冲区的大小决定了每传送一次信息所允许的最大数据量，缓冲区的大小在下列情况下可加以修改。

发送缓冲区——在发送之前，即 M8122 置 ON 之前。

接收缓冲区——信息接收完后，且 M8123 复位前。

(2) 在信息接收过程中不能发送数据，发送将被延迟(M121 为 ON)。

(3) 在程序中可以有多条 RS 指令，但在任意时刻只能有一条被执行。

RS 指令自动定义的软元件见表 6-3。

表 6-3　RS 指令自动定义的软元件

数据元件	说　明	操作状态	说　明
D8120	存放通信参数	M8121	为 ON 表示传送被延时，直到目前的接收操作完成
D8122	存放当前发送的信息中尚未发出的字节	M8122	该标志为 ON 时，用来触发数据的传送
D8123	存放接收信息中已收到的字节数	M8123	该标志为 ON 时，标示一条信息已被完整接收
D8124	存放表示一条信息起始字符串的 ASCⅡ码，缺省值为“STX”是(02H)	M8124	载波检测标志，主要用在采用调制解调器的通信中
D8125	存放表示一条信息结束字符串的 ASCⅡ码，缺省值为“ETX”是(03H)	M8161	8 位或 16 位操作模式，ON=8 位操作模式，在各个源或目标元件中只有低 8 位有效，OFF=16 位操作模式，在各个源或目标元件中全部 16 位有效

6.10.2 八进制位传送指令

PRUN(FNC81)指令用于两台 FX_{2N} 系列 PLC 并行运行时，位指定的信号源与目的元件号以八进制数处理、传送数据。其梯形图格式如图 6.108 所示。

图 6.108 PRUN 指令举例

[S·]指定主站、从站的输入元件号。

[D·]指定主站、从站接收数据的辅助继电器。

数据传送示意图如图 6.109 所示。

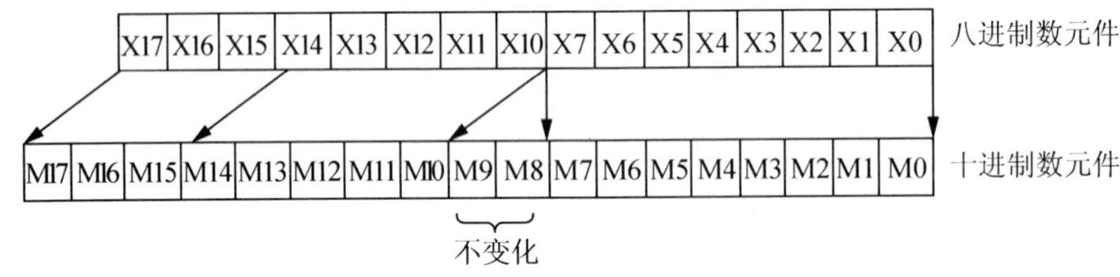

图 6.109 数据传送示意

6.10.3 ASCI 变换指令

ASCI 变换指令(FNC82)的功能是将十六进制数值 HEX 转换成 ASCⅡ码，指令的梯形图格式如图 6.110 所示。

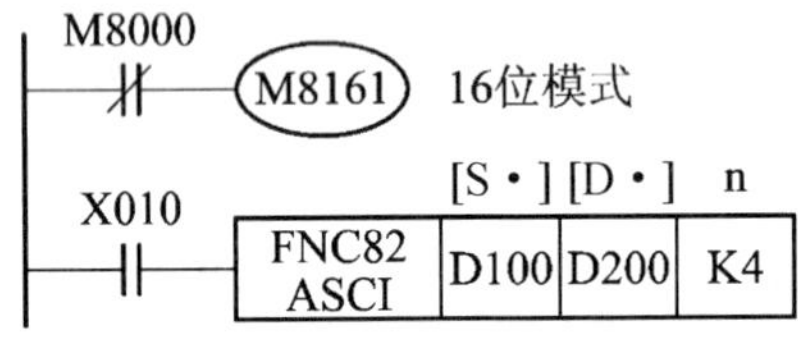

图 6.110 ASCI 指令举例

[S·]为源操作数首元件地址，[D·]为目标操作数首元件地址，n 为转换的字符数。

当 X010 闭合时，执行 ASCI 变换指令，在 D100 中的 4 位十六进制数被转换成 ASCII 码字符，并储存在 D200，D201 中。

数据存储形式可以是 16 位，也可以是 8 位。16 位数据用到[D]指定元件的高位数和低位数，8 位数只用低 8 位，由 M8161 控制，M8161=ON 时为 8 位，M8161=OFF 时为 16 位。

6.10.4 十六进制转换指令

ASCⅡ码到十六进制的转换指令 HEX(FNC83)是串行通信指令 RS 的补充，通过和串行通信模块 FX-232ADP 相结合，可以把数据送到更多外围设备中去，为主机和外围设备间的通信提供更多变例。指令的梯形图格式如图 6.111 所示。

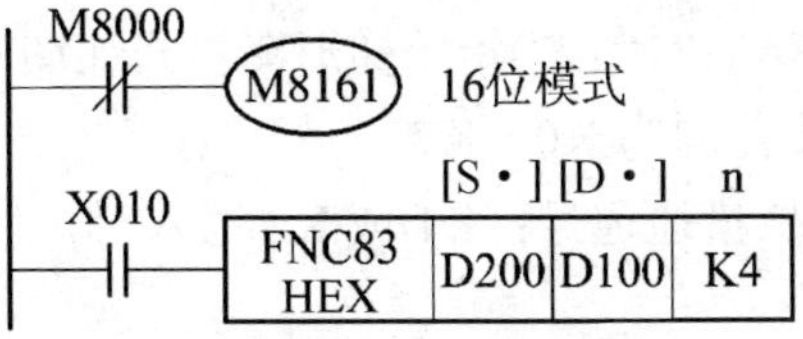

M8000　(M8161)　16位模式
X010　FNC83 HEX　[S·] D200　[D·] D100　n K4

图 6.111　HEX 指令举例

[S·]为源元件首地址，[D·]为目标元件首地址，n 为转换的字符数。

M8161 为 OFF 时为 16 位模式，X010 为 ON 后，[S]即 D200 中的高低各 8 位的 ASCII 字符转换成 HEX 数据，每 4 位向[D]即 D100 传送，转换的字符数由 n 指定。

在 HEX 指令中，存入[S]的数据不是 ASCII 码时，运算要出错，不能进行 HEX 转换。

M8161 为 ON 时为 8 位模式，即[S]的低 8 位中存储的 ASCII 字符转换成 HEX 数据，每 4 位向[D]传送。

6.11　外围设备指令

外围设备指令包括绝对型旋转编码器对应的格雷码转换指令及模拟量模块用专用指令。

6.11.1　格雷码转换、逆转换指令

格雷码转换指令用于处理光电编码器的数据，如绝对形旋转编码器进行二进制数与格雷码的转换。GRY(FNC170)指令的功能是将二进制数转换为格雷码，GBIN(FNC171)指令则是 GRY 的逆变换。

格雷码转换指令与逆转换指令的梯形图格式如图 6.112 和图 6.113 所示。

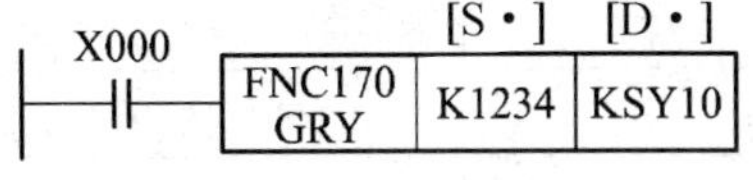

图 6.112　GRY 指令举例

如图 6.112 所示，当 X000 为 ON 时，将源元件[S·]中的二进制数转换为格雷码并传送到目标元件[D·]中。若用(D)GRY 时，进行 32 位的格雷码转换，[S]的取值范围在 16 位运算时为 0～32767；在 32 位运算时为 0～2147483647。

图 6.113　GBIN 指令举例

如图 6.113 所示，当 X001 为 ON 时，将[S]中的格雷码转换为 BIN 数据并传送到[D]中。

6.11.2　模拟量模块读、写指令

这类指令有两条：模拟量模块输入值读取 RD3A(FNC176)和模拟量模块写入指令 WR3A (FNC177)，其功能是对 FX_{ON}-3A 型模拟量模块输入值进行读取和对其写入数字值。

RD3A (FNC176)和 WR3A (FNC177)指令梯形图格式如图 6.114 所示。

m1 指特殊模块号，取值范围为 K0～K7。

m2 是 FX_{ON}-3A 模块模拟量通道号：K1 或 K2 写入时，仅 K1 有效。

[S・]存放读取的数据。

[D・]指定写入 FX_{ON}-3A 模拟量模块的数据。

图 6.114 第一行梯形图中，因为 m1＝K0，故 FX_{ON}-3A 是 0 号位置。所以当 X000 为 ON 时，PLC 从 FX_{ON}-3A 的 1 号模拟量输入通道(K1)读取数据，并保存在 D0 中。

图 6.114 第二行梯形图中，因为 m1＝K0，故 FX_{ON}-3A 是 0 号位置。当 X001 为 ON 时，PLC 向 FX_{ON}-3A 的 1 号模拟量输出通道(K1)写入数据，并保存在 D2 中。

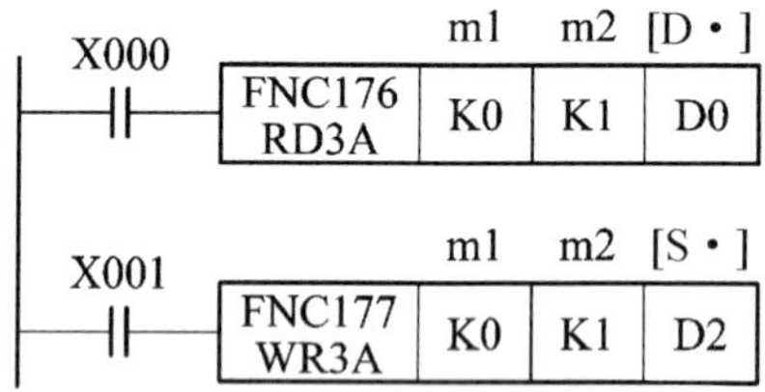

图 6.114　RDSA、WRSA 指令举例

6.12　触点比较指令

触点比较指令共 18 条，是使用 LD、AND、OR 触点符号进行触点比较的指令。指令功能编号、指令助记符和指令功能见表 6-4。

表 6-4　触点比较指令表

FNC NO	指令助记符	指令名称及功能
224	LD=	触点比较指令运算开始，[S1]＝[S2]时导通
225	LD>	触点比较指令运算开始，[S1]＞[S2]时导通
226	LD<	触点比较指令运算开始，[S1]＜[S2]时导通
228	LD<>	触点比较指令运算开始，[S1]≠[S2]时导通
229	LD≤	触点比较指令运算开始，[S1]≤[S2]时导通
230	LD≥	触点比较指令运算开始，[S1]≥[S2]时导通
232	AND=	触点比较指令串联连接，[S1]＝[S2]时导通
233	AND>	触点比较指令串联连接，[S1]＞[S2]时导通
234	AND<	触点比较指令串联连接，[S1]＜[S2]时导通
236	AND<>	触点比较指令串联连接，[S1]≠[S2]时导通
237	AND≤	触点比较指令串联连接，[S1]≤[S2]时导通
238	AND≥	触点比较指令串联连接，[S1]≥[S2]时导通
240	OR=	触点比较指令并联连接，[S1]=[S2]时导通
241	OR>	触点比较指令串联连接，[S1]＜[S2]时导通

续表

FNC NO	指令助记符	指令名称及功能
242	OR<	触点比较指令串联连接，[S1]>[S2]时导通
244	OR<>	触点比较指令串联连接，[S1]≠[S2]时导通
245	OR≤	触点比较指令串联连接，[S1]≤[S2]时导通
246	OR≥	触点比较指令串联连接，[S1]≥[S2]时导通

6.12.1 触点比较指令

LD=，LD>，LD<，LD<>，LD≤，LD≥等 6 条触点比较指令都是连续执行型，既可进行 16 位二进制数运算(5 号)，又可进行 32 位运算(9 号)。每条指令有两个源操作数[S1 •]、[S2 •]，取值范围如图 6.115 所示。

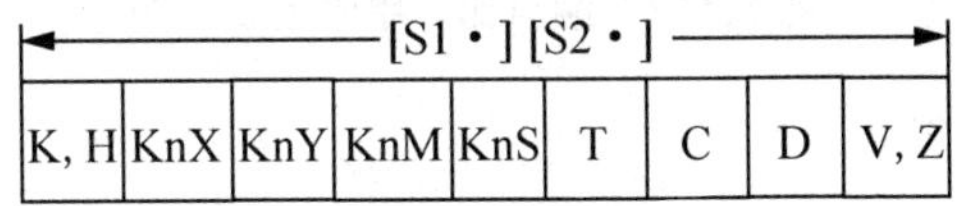

图 6.115 触点比较指令的取值范围

指令的格式与功能如图 6.116 所示，程序的内容如下。

当 C10 的当前值为 200 时，驱动 Y10。

当 D200 的内容为-29 且 X1 处于 ON 时，Y11 置位。

当 D20 的内容小于 678 或 M0 处于 ON 时，驱动 M5 置“1”。

每一条触点比较指令都是通过对两个源数据内容[S1 •][S2 •]进行比较，对应其结果执行后段的运算。

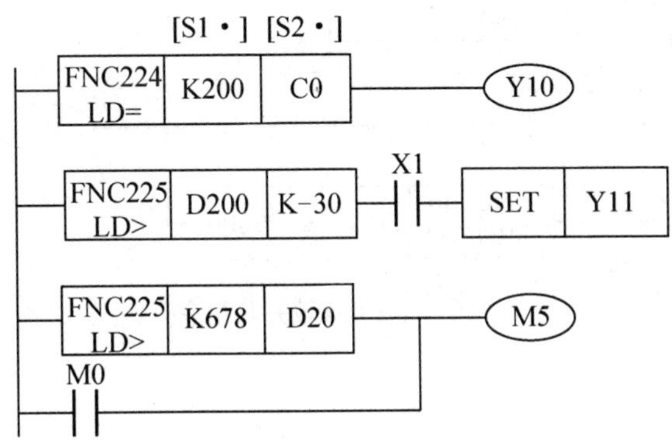

图 6.116 触点比较指令举例

6.12.2 触点比较串联指令

AND=，AND>，AND<，AND<>，AND≤，AND≥这 6 条触点比较串联指令都是连续型的指令，指令的形式与导通条件与触点比较指令类似。指令的梯形图格式如图 6.117 所示。

图 6.117 中：

当 X000 处于 ON，且计数器 C20 当前值为 100 时，驱动 Y10。

当 X001 为 OFF，且 D0 的内容大于-10 时，Y0 置位。

当 X002 为 ON，且 D10 的内容小于 461 时，或 M3 为 ON 时，驱动 M5。

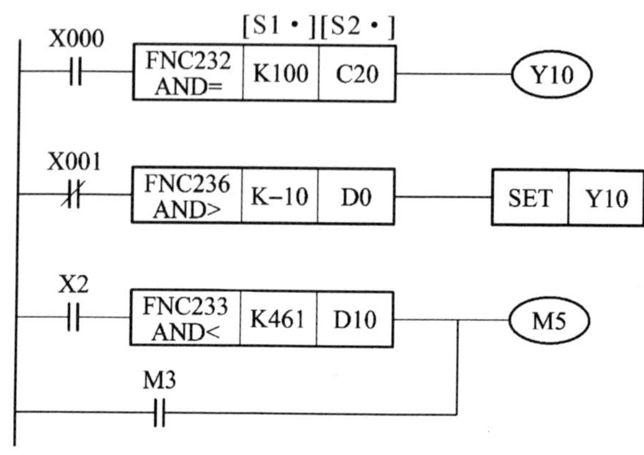

图 6.117　触点比较串联指令举例

6.12.3　触点比较并联指令

OR=，OR>，OR<，OR<>，OR≤，OR≥这 6 条触点比较指令的形式与导通条件与触点比较指令类似。

指令的梯形图格式如图 6.118 所示。当 X001 处于 ON，或 C10 的当前值为 200 时，驱动 Y0；当 X002 和 M30 处于 ON 时，或 D100 的内容为不小于 100000 时，驱动 M6。

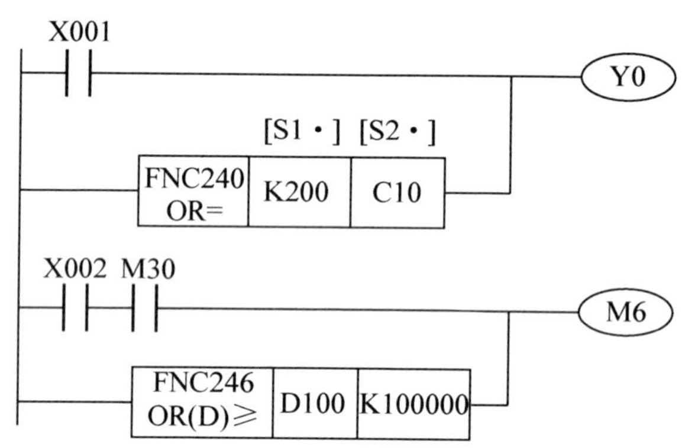

图 6.118　触点比较并联指令举例

小　　结

本章介绍了 FX_{2N} 系列 PLC 的功能指令。与基本逻辑指令只能完成一个特定的操作内容不同，功能指令实际上是一个个功能不同的子程序，能完成一系列的操作，使可编程控制器的功能变得更强大。

FX_{2N} 系列 PLC 功能指令可以归纳为程序流向控制、数据传送、算术和逻辑运算、循环移位与移位、数据处理、高速处理、方便类、外部 I/O、FX 系列外围设备、外围设备指令、触电比较等共 11 大类。引用功能指令编程时要注意功能指令的使用条件和源、目操作数的选用范围和选用方法，并注意有些功能指令在整个程序中只能使用一次。

习 题

1．FX_{2N}系列 PLC 的功能指令共有哪几种类型？其表达形式应包含哪些内容？

2．功能指令中何为连续执行？何为脉冲执行？

3．计算 D5、D7、D9 之和并放入 D20 中，求以上 3 个数的平均值，并将其放入 D30。

4．当输入条件 X0 满足时，将 C8 的当前值转换成 BCD 码送到输出元件 K4Y0 中，画出梯形图。

5．当 X1 为 ON 时，用定时器中断，每 99ms 将 Y10～Y13 组成的位元件组 K1Y10 加 1，设计主程序和中断子程序。

6．路灯定时接通、断开控制要求是 19：00 开灯，6：00 关灯，用时钟运算指令控制，设计出梯形图。

第 7 章

PLC 控制系统的设计

教学提示

PLC 控制系统是以 PLC 作为控制器构成的电气控制系统。PLC 控制系统的设计就是根据控制对象的控制要求制定电气控制方案，选择 PLC 机型，进行 PLC 的外围电气电路设计以及 PLC 程序的设计、调试。要完成好 PLC 控制系统的设计任务，除掌握必要的电气设计基础知识外，还必须经过反复实践，深入生产现场，将积累的经验应用到设计中。

教学要求

通过本章学习使学生初步掌握PLC控制系统设计的几种常用方法和步骤，能够根据控制对象的控制要求制定合理的控制方案，确定经济合理的 PLC 机型，进行 PLC 的外围电路和程序的设计。

以 PLC 为控制器的电气控制系统也称为可编程控制器控制系统。可编程控制器控制系统开发，建立在一定的专业基础知识之上，需要设计者了解被控制设备的工作原理、设备组成；了解被控制设备的主要执行元件或部件的物理性质，即执行元件是机械的、电气的、液压的还是气动的等；设计者还需要了解这些元件是通过哪些输出设备进行控制的，是如何控制的；相关电气线路是如何连接的；现场的控制信号是如何检测的，如何连接到 PLC 的输入部分。设计者最终要将对设备的控制功能要求转化为对 PLC 的控制要求。

7.1 PLC控制系统设计原则和步骤

在掌握了PLC的基本工作原理、编程语言、硬件配置、内部元器件及编程方法后，具有一定系统控制设计基础知识的工程技术人员就可以进行PLC控制系统的设计了。PLC控制系统指的是以PLC作为控制器所构成的电气控制系统。

7.1.1 PLC控制系统设计的一般原则

PLC控制系统首先要满足生产设备、生产过程和生产工艺对控制系统的要求。构成PLC控制系统时应遵循以下一般原则：

(1) 满足被控设备的全部控制要求，包括功能要求、性能要求。

(2) 在满足控制系统要求的基础上，应考虑实用性、经济性、可维护性。

(3) 控制系统应确保控制设备性能的稳定性及工作的安全性、可靠性。

(4) 控制系统应具有可扩展性，能满足生产设备的改良和系统的升级。

(5) 要注意控制系统输入/输出设备的标准化原则和多供应商原则，以易于采购和替换。

(6) 易于操作，符合人机工程学的要求和用户的操作习惯。

7.1.2 PLC控制系统设计步骤

1. 根据控制要求确定软硬件分工

设计PLC控制系统前首先应分析生产工艺流程，确定被控制对象。被控制对象包括机械传动系统、电气传动系统、液压传动系统、气动传动系统等。

根据被控制对象的工作特性，传动方案的技术指标，确定对PLC控制系统的控制要求，具体要求如下。

(1) 控制的基本方式。控制的基本方式包括行程控制、时间控制、速度控制、电流/电压控制(信号来自各种传感器)等。

(2) 需要完成的动作。需要完成的动作包括动作及其顺序、动作条件。

(3) 操作方式。包括手动(手动点动，回原点)，自动(单步运行、单周期运行、自动运行)以及必要的保护与报警、联锁与互锁、现场显示、故障诊断等。

(4) 确定软件与硬件分工。控制系统的某些功能可以用硬件实现，也可以用软件实现，可以按照技术方案、经济性、可靠性等指标，选用硬件实现，或者选用软件实现，或者同时选用。

2. 确定用户的I/O设备

(1) 根据控制要求，确定输入设备。输入设备包括拨码开关、编码器、传感器和主令开关(含按钮、转换开关、行程开关、限位开关等)。

(2) 根据控制要求，确定输出设备。输出设备包括接触器、继电器、电磁阀、信号灯、LED等，以及步进电动机、伺服电动机、变频电动机控制器等，并了解与输出设备相连的电动机的控制要求。

(3) 根据用户的I/O的设备数量，确定PLC的I/O点数。

3. 硬件设计

1) 选择PLC的型号

正确选择PLC的型号对于保证控制系统的技术性、经济性、可靠性、可扩展性至关重要。据此，可以选择合适的PLC系列，并在该系列中选择合适的型号。

选择并确定PLC的容量，开关量输入的点数，开关量输出的点数、输出方式及其输出功率；模拟量输入的点数，模拟量输出的点数；选择并确定电源模块，特殊功能模块的种类及数量。

2) 建立PLC的I/O地址分配表

分配PLC的I/O点，建立I/O地址分配表。

3) 绘制I/O设备与PLC的连线图

绘制出PLC的I/O端子与I/O设备的连线图。考虑必要的安全保护措施，如互锁和联锁保护、过电压保护、过电流保护、短路保护等。

4) 电气系统的设计

电气系统的设计主要是指电气控制柜的电气布置图、电气安装图、操作面板布置图、接线端子图等的设计，有时还需要设计控制台。

此外，还要进行配线设计，要求标注对应的PLC模块编号、模块端子编号、PLC输入/输出点的地址、输入/输出设备的接线表，接线板的接线表，穿管电线表。线号排列要清楚，便于查找及现场配线施工。

4. 软件设计

根据生产工艺流程和控制要求，画出PLC控制系统流程图或者类似于SFC语言的状态转移图。表明被控制对象的动作顺序、状态转移条件。

根据PLC的输入/输出点的地址分配表，将流程图或者状态转移图转化成梯形图。

选择合适的编程工具将PLC程序送入PLC的程序存储器里。

一般是选择Windows环境下的PLC编程软件，输入、编辑梯形图，将其转化为PLC内部指令并下载到PLC的程序存储器，进行监控、调试和修改。

5. 调试

1) 离线模拟调试

在编程软件的编程环境下可以对程序的运行进行监控、调试。可以用按钮或开关的输入模拟开关量的输入进行反复调试，直到满足控制要求。

有条件的情况下，可以使用离线模拟软件(如三菱公司的LLT)进行离线调试。

2) 现场联机调试

在配线施工完成以后，就可以结合现场设备进行现场联机调试。可以运用单步、监控、跟踪等方式调试。有些与时序相关的问题只能在现场联机调试中发现，现场联机调试还可以发现配线错误。反复调试，排除所发现的问题，直到满足控制要求。

6. 编制控制系统技术文件

控制系统技术文件主要是指技术说明书、使用说明书(含操作规程和安全规程)、维护

说明书、控制系统的电气原理图、电气元件明细表、PLC 梯形图或者 PLC 指令清单、电气控制柜的电气布置图、电气安装图、操作面板布置图、接线端子图以及穿管电线表等。

7. 控制系统交付使用及用户技术培训

经过调试合格的 PLC 控制系统就可以交付用户使用了。在交付过程中，对用户进行技术培训，简单的系统可不安排技术培训。

其中，步骤 1～2 是 PLC 控制系统设计的前期阶段。在前期阶段完成后，就进入 PLC 控制系统的实质性设计环节。

7.2 PLC 控制系统的硬件设计

工程应用系统的设计中，控制系统的硬件电路的设计具有极大的伸缩空间，可以在满足控制功能要求的前提下从以下几方面着手，得到经济可行的硬件电路。

7.2.1 I/O 点数的简化与扩展

在构成控制系统的工作中，I/O 点数的估计是控制系统设计的重要一环，一般都考虑留有适当的备用容量。但在整个系统的具体设计结束之前应准确计算点数，这对规模较大的控制系统来说会比较困难。因此，当设计或使用时发现 PLC 的输入点或输出点不够，且增加扩展模块或改换 PLC 有困难或不合理时，通常采取一些简化 I/O 点数的方法来解决。另外，控制 I/O 点数也可以降低控制系统的硬件电路成本。由于控制系统价格的约 50%～60%都是 I/O 模块及辅助设备(如通道电源、连接电缆和安装机架等)的价格，所以减少 I/O 点数是控制成本价格的有效手段。下面就介绍几种简化 I/O 点数的方法。

(1) 具有机上控制功能的操作开关在 PLC 处并联后再输入到 PLC：如图 7.1 中的 PB1 和 PB2 分别是控制同一电动机启动的控制柜上的操作开关和远程的操作开关，按图(a)的接法需两点输入，如果两个操作开关并联后[图(b)]再输给 PLC，则只要一点输入即可。

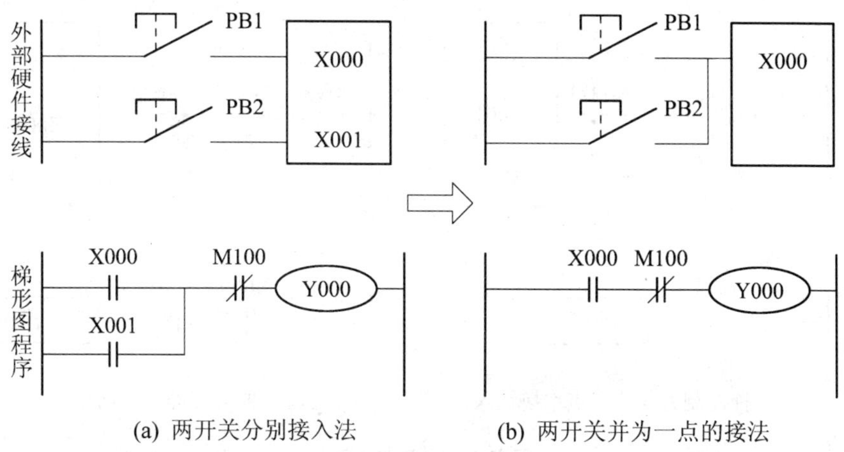

图 7.1 并联连接输入

(2) 同一输入点分时使用：如某系统有自动/手动两种工作方式，相应就有自动程序和手动程序，但两种工作方式不会同时进行，程序上也保证了两种程序不会同时执行。这时可在同一 PLC 输入点上接入外部的自动/手动切换开关，从而减少输入点，也能保证控制功能的实现(见图 7.2)。

(3) 利用 PLC 的程序减少输入点：如图 7.3(a)中表示有自动、半自动和手动 3 种控制方式的切换输入，在程序上用自动和半自动的非表示手动，则可节省一点输入[见图 7.3(b)]。

(4) 利用 PLC 内部元件的功能减少输入点：利用 PLC 内部的计数器、停电保持继电器等元件，可减少输入点数并达到相同的控制要求。

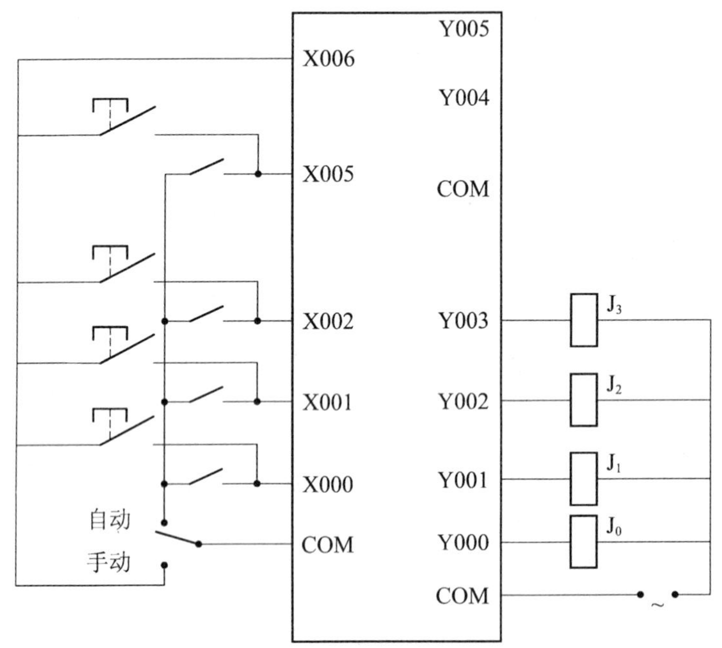

图 7.2　自动/手动输入切换与输出扩展

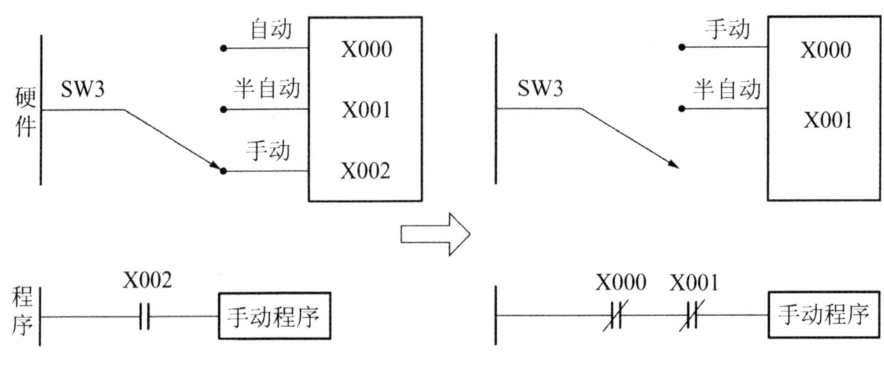

(a) 三种控制方式的三点切换输入　　(b) 三种控制方式的两点切换输入

图 7.3　输入点的简化

图 7.4 采用的计数器方式可实现只用一个按钮就可以进行启、保、停控制。PLC 通电时，M8002 将 C0 复位。按下与 X000 相连的按钮，M100 的微分脉冲使 Y030 接通并自保，

同时C0的值减1。再按一下X000，M100的微分脉冲使C0的计数值减至0而动作，其常闭触点断开，使Y030失电；其常开触点使C0复位，计数器现行值恢复为2，常闭触点恢复接通。如再按一下X000，Y030又再次接通，实现用一个按钮按一下就能启动、保持，再按一下就能停止的功能。

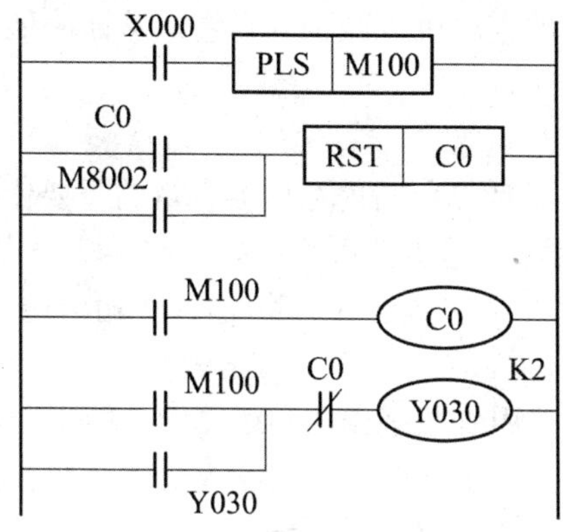

图7.4 只用一个输入按钮的启、保、停控制电路

7.2.2 PLC的选型及模块选型

1. PLC类型的选择

根据控制系统的功能、性能、性价比等技术性、经济性指标要求，根据可靠性、可扩展性等指标要求，选择最合适的机型。

正确选择PLC的型号，适当留有余量。简单的控制系统选用普通的PLC，或者同一系列中的低档型。控制系统要求高的，或者可靠性要求高的控制系统选用中档或者高档系列。对于以模拟量控制为主的控制系统，要考虑I/O响应时间。根据控制对象的实时性要求，确定I/O响应时间或PLC扫描时间。

2. 安装形式的选择

常用的PLC的结构分为整体式(或称单元式)和模块式两种，还有此两种的结合型。小型控制系统可以选择单元式的。其结构紧凑，可以直接安装在控制柜内。大型控制系统一般选择模块式的，可以组成积木式的大规模控制系统，并根据需要选择不同档次的CPU独立模块及各种I/O模块、功能模块，使调试、扩展、维修均十分方便。

3. I/O点数的确定

根据I/O设备的类型和数量，确定PLC的开关量输入的点数，开关量输出的点数。再保留15%左右的备用I/O点数。

4. PLC存储容量的确定

一般小型机种4KB到8KB，中型机种64KB，大型机种可达数兆字节。容量还可以使用附加存储器扩展。一般使用估算的方法确定PLC的存储容量。

用户程序所需内存与下列因素有关：

1) 内存利用率

用户编的程序通过编程器键入主机内，最后是以机器语言的形式存放在内存中。同样的程序，不同厂家的产品，在把程序变成机器语言存放时所需要的内存数不同。我们把一个程序段中的接点数与存放该程序段所代表的机器语言所需的内存字数的比值称为内存利用率。高的利用率表明同样的程序可以减少内存量，从而降低内存投资，还可缩短扫描时间，从而提高系统的响应时间。

2) 开关量 I/O 点数

PLC 开关量 I/O 总点数是计算所需内存储器容量的重要依据。一般系统中，开关量输入和输出的比例为 6:4。根据 I/O 总点数可给出如下的经验公式：

$$\text{所需内存字数}=\text{开关量(输入}+\text{输出)总点数}\times 10 \tag{7-1}$$

3) 模拟量 I/O 总点数

具有模拟量控制的系统要用到数字传送和运算的功能指令，这些指令内存利用率较低，因此所占内存数要增加。下面给出一般情况的经验公式，只有模拟量输入时：

$$\text{内存字数}=\text{模拟量点数}\times 100 \tag{7-2}$$

模拟量 I/O 同时存在时：

$$\text{内存字数}=\text{模拟量点数}\times 200 \tag{7-3}$$

4) 程序编写水平

用户编写程序的质量对程序长短和运行时间都有较大影响。因此初学者在编程时应为内存多留一些余量，一般按计算存储器字数的 25%考虑余量。

5) 实时响应性

实时响应性方面的要求主要涉及 PLC 的扫描速度，要求实时处理现场信号的场合，扫描速度成为选择的重要指标。

由于 PLC 的工作方式是顺序扫描方式，这使它不能可靠地接收持续时间小于扫描周期的输入信号。系统响应时间是指输入信号产生时刻与由此而使输出信号状态发生变化时刻的时间间隔。这里的“系统”是指 PLC 本身，而不包括执行机构。系统响应时间与扫描周期有关：

$$\text{系统响应时间}=\text{输入滤波时间}+\text{输出滤波时间}+\text{扫描周期}\times 2 \tag{7-4}$$

系统响应时间影响到 PLC 对现场的响应速度，最终影响控制系统的运行速度。因此我们可用系统响应时间来衡量响应速度。对大多数被控对象来说，PLC 的响应时间都能满足要求，但对某些要求快速响应的控制系统，则必须考虑缩短系统响应时间的问题。

【例 7.1】 有一 PLC 控制系统，使用 220V 交流 I/O 模板，输入模板滤波时间为 15ms，输出模板的滤波时间为 10ms，与编程器不进行数据交换，无数字处理器，通信所需时间为 12ms，8KB 的用户逻辑运算程序，运行时间为 8ms，读写 I/O 时间为 5.8ms，求系统的响应时间 T。

解：根据系统响应时间的计算方法式(7-4)，可估算系统的响应时间 T 为

$$T=[15+10+2\times(12+8+5.8)]\text{ms}=76.6\text{ms}$$

5. 输入接口电路形式的选择

输入接口电路形式的选择取决于输入设备的输入信号的种类，直流输入的电压等级一

般为 24V，交流输入的电压等级一般为 220V，信号的种类可以分为直流、交流和交流/直流通用 3 种。

输入设备包括拨码开关、编码器、传感器和主令开关(含按钮、转换开关、行程开关、限位开关等)。

对于开关类输入，可以选择共点式输入，可以共电源正极或者负极。也可以选择分组输入。

对于传感器，如编码器可能是 4 线制的，有 A、B、Z 三相输出；接近开关、光电开关、霍尔开关、磁性开关有 2 线或 3 线，应按照产品说明书推荐的电源种类和电压等级、接线方法进行接线。

6. 输出接口电路形式的选择

PLC 的输出方式有继电器输出、晶体管输出和双向晶闸管输出 3 种。选择 PLC 的输出方式应与输出设备电气特性相一致，包括接触器、继电器、电磁阀、信号灯、LED 以及步进电动机、伺服电动机、变频电动机控制器等，并了解其与 PLC 输出端口相连时的电气特性。

PLC 的 3 种输出方式对外接的负载类型要求不同。继电器输出型可以接交流/直流负载，晶体管输出型可以接直流负载，双向晶闸管输出可以接交流负载。

继电器输出型适合于通断频率较低的负载，晶体管输出和双向晶闸管输出适合于通断频率较高的负载。

PLC 所接负载的功率应当小于 PLC 的 I/O 点的输出功率。为了提高可靠性，应当适当降额使用。

7. PLC 供电方式的选择

PLC 供电方式有直流和交流两种。交流供电的 PLC 可以为用户的输入设备提供容量较小的直流供电。I/O 设备的直流供电应当分别采用独立的直流电源供电，以减少输出设备，主要是感性负载对输入的干扰。

8. PLC 扩展模块的选择

模拟量输入模块主要用于连接传感器或者变送器并接受其电压信号或者电流信号。在控制系统中，传感器和变送器用于测量位移、角位移、力、压力、应变、速度、加速度、温度、湿度、流量等物理量。

模拟量输出模块，用于控制被控设备，例如，电动调节阀、比例电磁铁、比例压力阀、比例流量阀、液压伺服马达、伺服电动机等，这些设备的输出与模拟量输出模块给定的电压或电流成比例，以实现模拟量控制。

模拟量信号的标准范围为电流是 4～20mA，0～20mA，电压是 0～5V，0～10V，-5～5V，-10～10V 等。

选择模拟量输入、模拟量输出模块的主要指标为模拟量的范围、分辨率、转换精度、转换速度、数字位数及数字量存储格式。

其他特殊功能模块还有高速计数模块、PID 过程控制模块、运动控制模块、可编程凸轮开关模块、通信模块和网络通信模块等，用于实现特殊的控制功能。

I/O 模块是 PLC 与被控对象之间的接口，模块选择是否合适直接影响控制系统的可靠性。对于超小型及小型 PLC，I/O 模块与主机单元连在一起，选用时同样要考虑上述几个方面。

7.2.3 PLC 的外围电路设计

在控制对象的控制任务和要求及 PLC 的机型选好后，接下来的工作就是根据控制系统的具体工艺流程作出流程图，具体安排输入、输出的配置并对 I/O 地址进行编号。分配 I/O 点时应注意以下几点。

(1) 强、弱电信号设备分别配置，不可混在一个回路中。

(2) 将 I/O 设备中的开关、按钮、电磁阀等，分别集中配置，同类型的输入点可分在一个组内，并尽量分在同一回路中。

(3) 按 PLC 上的配置顺序来给 I/O 地址编号，这样会给编程及硬件设计带来方便。

完成输入和输出的配置和编号后，还应设计出 PLC 端子和现场信号之间的连接电路图以及端子号与现场信号及编号之间的对照表。

做完上述工作后，就可以按照 I/O 设备和分配好的对应的 PLC 上的 I/O 端子绘制 PLC 的外围电路接线图。

7.3 PLC 控制系统的软件设计

编程的过程就是软件设计的过程。PLC 控制系统设计的特点是硬件和软件设计可同时平行进行。在进行硬件设计制作如控制柜的制作、强电设备的安装、PLC 及 I/O 线的连接等的同时，可进行软件设计与调试。PLC 程序设计的方法主要分为经验设计法、继电器接触器控制线路转换设计法、功能图设计法、逻辑流程图法、计算机逻辑综合法。

7.3.1 经验设计法

在满足生产设备、生产过程和生产工艺对控制系统要求的基础上，应用前面介绍过的各种典型控制环节和基本单元控制电路设计经验直接用 PLC 设计控制系统，来满足生产机械和工艺过程的控制要求。

经验设计法类似于通常设计继电器电路图的方法，即在一些典型电路的基础上，根据被控对象对控制系统的具体要求，不断地修改和完善梯形图。有时需要多次反复地调试和修改，增加一些触点或中间编程元件，最后才能得到一个较为满意的结果。

由于设计者掌握经验和资料的多样性、局限性和设计方法的不确定性，设计的控制方案不是唯一的。

应用经验设计法时首先应注意收集相同或类似设备的控制方案和软件实现方法，并了解该方案是如何满足生产工艺和性能要求的。一些电工手册中给出了大量的常用的继电器控制电路，在用经验设计法设计梯形图时，可以参考这些电路。经验设计法不能一次获得最佳控制方案，需要反复修改、逐步完善，设计者的经验会影响设计方案的质量、性能甚至设计进度，其可靠性一般不易控制。

经验设计法仅适用于控制方案简单、I/O 点数规模不大的系统。

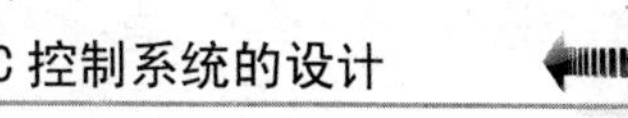

【例7.2】 如图7.5所示，小车开始时停在左限位开关LS1处。按下右行启动按钮SB1，小车右行，到限位开关LS2处时停止运动，10s后定时器T0的定时到，小车自动返回起始位置。设计小车左行和右行控制的梯形图。

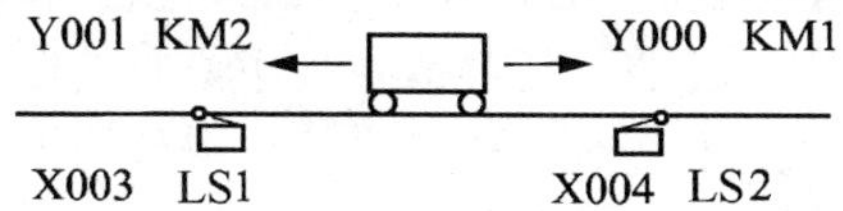

图7.5 小车的左右行控制系统示意

解：小车的左行和右行控制的实质是电动机的正反转控制。因此可以在电动机正反转电气控制设计的基础上，设计出满足要求的PLC的外部接线图和梯形图，如图7.6和图7.7所示。

为了使小车向右的运动自动停止，将右限位开关对应的X004的常闭触点与控制右行的Y000的线圈串联。为了在右端使小车暂停10s，用X004的常开触点来控制定时器T0的线圈。T0的定时时间到，则其常开触点闭合，给控制Y001的电路提供启动信号，使Y001的线圈通电，小车自动返回。小车离开LS2所在的位置后，X004的常开触点断开，T0被复位。回到LS1所在位置时，X003的常闭触点断开，使Y001的线圈断电，小车停在起始位置。

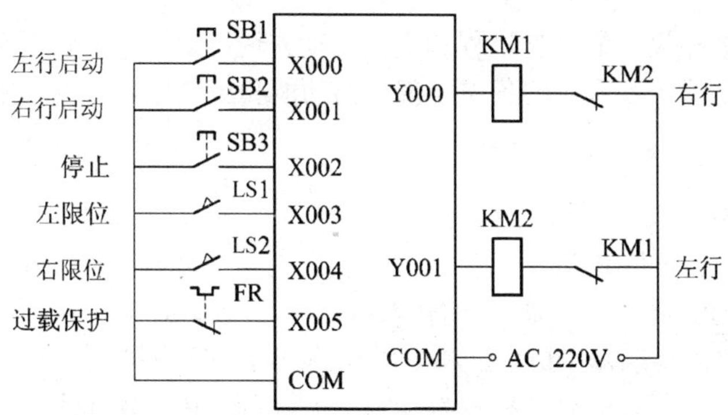

图7.6 小车的左行和右行控制的PLC的外部接线

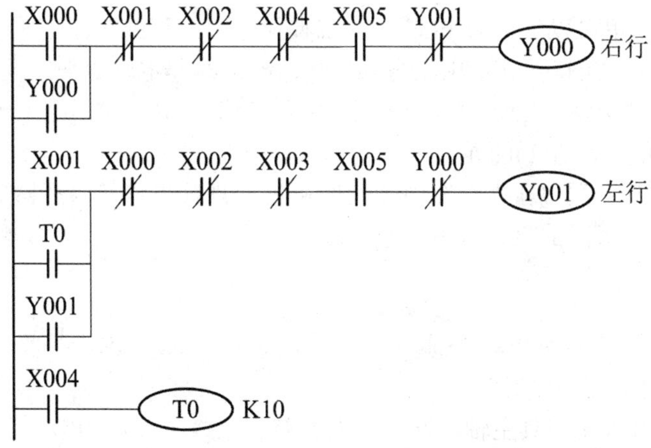

图7.7 小车的左行和右行控制的PLC梯形图

7.3.2 继电器-接触器控制线路转换设计法

由于继电器电路图与梯形图在表示方法和分析方法上有很多相似之处，因此根据继电器电路图来设计梯形图是一条捷径。对于一些成熟的继电器-接触器控制线路，可以按照一定的规则转换成为PLC控制的梯形图。这样既保证了原有的控制功能的实现，又能方便地得到PLC梯形图，程序设计也十分方便。转换设计法得到的控制方案虽然不是最优的，但对于老设备改造是一种十分有效和快速的方法。同时由于这种设计方法一般不需要改动控制面板，因而保持了系统原有的外部特性，操作人员不需要改变长期形成的操作习惯。

在分析PLC控制系统的功能时，可以将它想象成一个继电器控制系统中的控制箱，其外部接线图描述了这个控制箱的外部接线，梯形图是这个控制箱的内部“线路图”。梯形图中的输入继电器和输出继电器是控制箱与外部世界联系的“接口继电器”，这样就可以用分析继电器电路图的方法来分析PLC控制系统。在分析和设计梯形图时可以将输入继电器的触点想象成对应的外部输入器件的触点或电路，将输出继电器的线圈想象成对应的外部负载的线圈。外部负载的线圈除了受梯形图的控制外，还可能受外部触点的控制。

将继电器电路图转换为功能相同的PLC的外部接线图和梯形图的步骤如下。

1. 了解被控设备

首先对原有的被控设备的工艺过程和机械的动作情况进行了解，并对其继电器电路图进行分析，掌握继电器控制系统的各组成部分的功能和工作原理。

2. 两种电路的元件和电路的对应转换

(1) 继电器电路中可以转换为PLC的外部接线图中的I/O设备的元件：继电器电路图中的按钮、控制开关、限位开关、接近开关等是用来给PLC提供控制命令和机械位置状态检测信号的，它们的触点应接在PLC的输入端，即可转换成为PLC外接线图中的输入设备。继电器电路图中的接触器、指示灯和电磁阀等执行机构应接入PLC的输出端，由PLC的输出继电器来控制，即它们可转换成为PLC外接线图中的输出设备。据此可画出PLC的外部接线图，同时也就确定了PLC的各输入信号和输出负载对应的输入继电器和输出继电器的元件号。

(2) 继电器电路中可以转换为PLC的内部梯形图中的部分元件：继电器电路图中的中间继电器和时间继电器的功能用PLC内部的辅助继电器和定时器来完成，与PLC的输入继电器和输出继电器无关。确定继电器电路图的中间继电器、时间继电器对应的梯形图中的辅助继电器(M)和定时器(T)的元件号。

以上两步骤建立了继电器电路图中的元件和PLC外接电路及内部梯形图中的元件号之间的对应关系，为梯形图的设计打下了基础。

3. 画梯形图

根据两种电路转换得到PLC外部电路和梯形图元件及其元件号，将原继电器电路的控制逻辑转换成对应的PLC梯形图。

图7.8是某型号机床刀具主轴运动的继电器控制电路图。主轴电动机用接触器KM1控制，KM2用于控制主轴电动机的反接制动控制，进给电动机用KM3和KM4控制，KS是速度继电器，LS是行程开关，FR是过载保护继电器，SB是操作按钮。只有当主轴电机运

转时才能操作进给电机进退。当运转到极限位置，则 LS 动作，切断其运行。图 7.9 和图 7.10 是具有相同功能的 PLC 控制系统的外部接线图和梯形图。

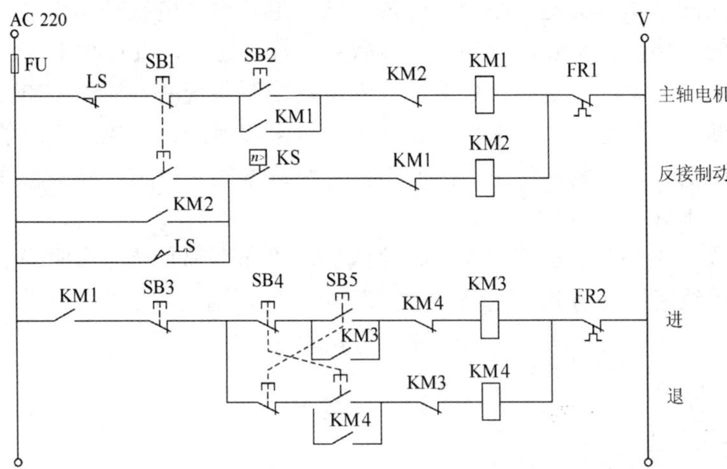

图 7.8 继电器控制电路

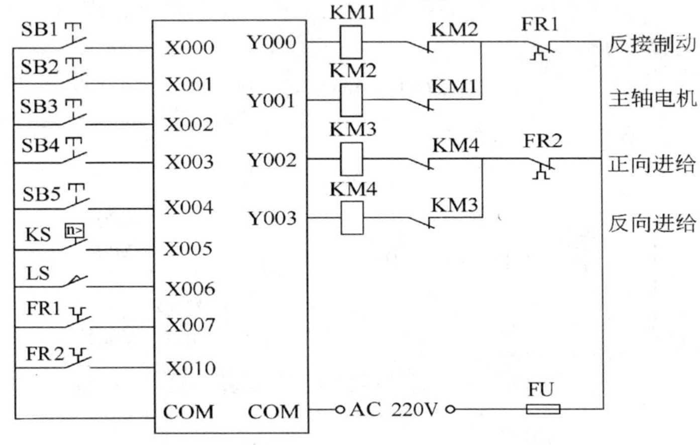

图 7.9 机床 PLC 控制系统的外部接线

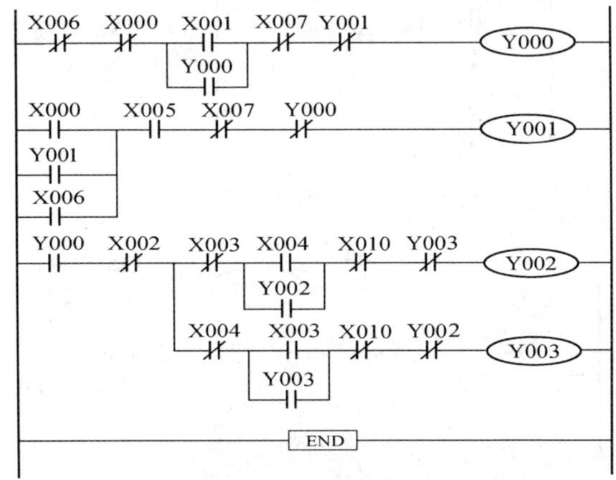

图 7.10 机床 PLC 控制系统的梯形图

7.3.3　逻辑设计方法

逻辑设计方法的基本含义是以组合逻辑的方法和形式设计电气控制系统。这种设计方法既有严密可循的规律性、明确可行的设计步骤，又具有简便、直观和十分规范的特点。

逻辑设计方法的理论基础是逻辑代数。而继电器控制系统的本质是逻辑线路。电器控制线路的接通和断开，都是通过继电器等元件的触点来实现的，故控制线路的各种功能必定取决于这些触点的开、合两种状态。因此电控线路从本质上说是一种逻辑线路，它符合逻辑运算的各种基本规律。

由于逻辑代数的 3 种基本运算“与”、“或”、“非”都有着非常明确的物理意义，逻辑函数表达式的线路结构与 PLC 指令表程序完全一样，因此可以直接转化。

多变量的逻辑函数“与”运算和梯形图表达式如图 7.11 所示。

$$f_{Y1}=\prod_{i=1}^{n}X_i=X_1\cdot X_2\cdots X_n \tag{7-5}$$

多变量“或”运算如图 7.12 所示。

$$f_{M1}=\sum_{i=1}^{n}X_i=X_1+X_2+\cdots+X_n \tag{7-6}$$

“或”/“与”运算如图 7.13 所示。

$$f_{Y1}=(M_1+M_2)\cdot M_3\cdot\overline{M_4} \tag{7-7}$$

“与”/“或”运算如图 7.14 所示。

$$f_{M2}=X_1\cdot M_0+X_2\cdot M_1 \tag{7-8}$$

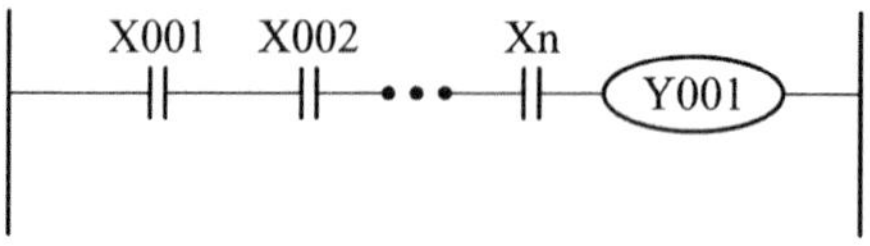

```
X001  X002  ···  Xn   (Y001)

LD    X001
AND   X002
  ⋮
AND   Xn
OUT   Y001
```

图 7.11　逻辑函数“与”运算

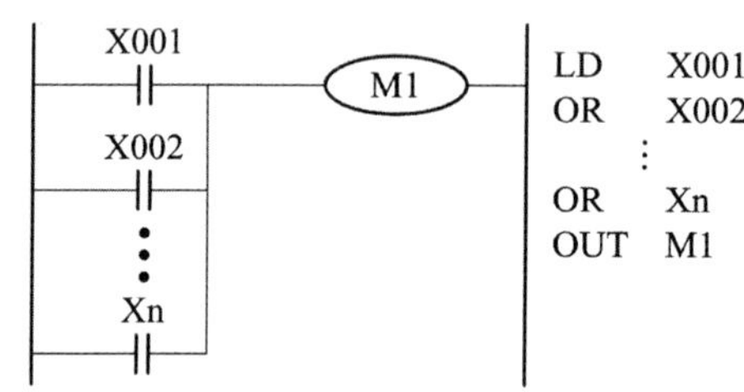

图 7.12　逻辑函数“或”运算

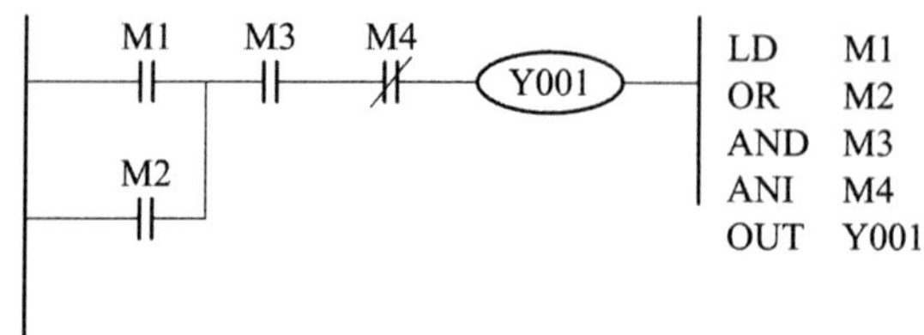

图 7.13　逻辑函数“或”/“与”运算

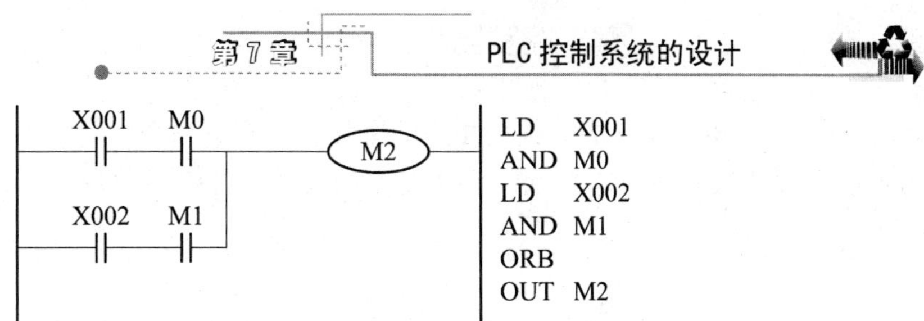

图 7.14 逻辑函数“与”/“或”运算

用逻辑设计法对 PLC 组成的控制系统进行设计一般可以分为下面几步。

1) 明确控制任务和控制要求

通过分析工艺过程，明确控制任务和控制要求，绘制工作循环和检测元件分布图，得到电气执行元件功能表。

2) 绘制电气控制系统状态转换表

通常电气控制系统状态转换表由输出信号状态表、输入信号状态表、状态转换主令表和中间记忆装置状态表四个部分组成。状态转换表全面、完整地展示了电气控制系统各部分、各时刻的状态和状态之间的联系及转换，非常直观，对建立电气控制系统的整体联系、动态变化的概念有很大帮助，是进行电气控制系统分析和设计的有效工具。

3) 电气控制系统的逻辑设计

有了状态转换表，便可进行电气控制系统的逻辑设计。设计内容包括列写中间记忆元件的逻辑函数式和列出执行元件(输出端点)的逻辑函数式两个内容。这两个函数式组，既是生产机械或生产过程内部逻辑关系和变化规律的表达形式，又是构成电气控制系统实现控制目标的具体程序。

4) 编制 PLC 程序

编制 PLC 程序就是将逻辑设计的结果转化为 PLC 的程序。PLC 作为工业控制计算机，逻辑设计的结果(逻辑函数式)能够很方便地过渡到 PLC 程序，特别是语句表形式，其结构和形式都与逻辑函数非常相似，很容易直接由逻辑函数式转化。当然，如果设计者需要由梯形图程序作为一种过渡，或者选用的 PLC 的编程器具有图形输入功能，则也可以首先由逻辑函数式转化为梯形图程序。

5) 程序的完善和补充

程序的完善和补充是逻辑设计法的最后一步。包括手动调整工作方式的设计、手动与自动工作方式的选择、自动工作循环、保护措施等。

7.3.4 状态转移图设计法

状态转移图设计法属于顺序控制设计法。三菱公司的 FX 系列 PLC 设置了专门用于顺序控制的指令如步进指令(STL)与步进复位指令(RET)，利用步进指令并根据状态转移图很容易设计出相应的梯形图。对于没有顺序控制专用指令的 PLC，可用一般逻辑指令和移位寄存器来编顺序控制程序。

状态转移图设计法就是根据生产工艺和工序所对应的顺序和时序将控制输出划分为若干个时段，一个段又称为一步。每一个时段对应设备运作的一组动作(动作顺序、动作条件和转移条件)，该动作完成后根据相应的条件转换到下一个时段完成后续动作，并按系统的功能流程依次完成状态转换。状态转移图设计法能清晰地反映系统的控制时序和逻辑关系。

7.4　PLC 的控制系统设计实例

本节通过机械手的 PLC 控制系统设计实例详细地说明 PLC 控制系统设计的主要内容和步骤，从而反映 PLC 控制系统设计的全貌，以利于读者较全面地了解 PLC 控制系统设计的全过程。

1. 分析工艺过程，明确控制要求

如图 7.15 所示，搬运机械手的工作是将工件从左工作台搬往右工作台。

1) 了解设备概况

机械手的结构和各部分动作的示意如图 7.15 所示。机械手所有的动作均由液压驱动，它的上升与下降、左移与右移等动作均由双线圈双位电磁阀控制，即当下降电磁阀通电时，机械手下降；下降电磁阀断电时，机械手停止下降；只有当上升电磁阀通电时，机械手才上升。机械手的夹紧和放松用一个单线圈双位电磁阀来控制，线圈通电时夹紧，线圈断电时放松。

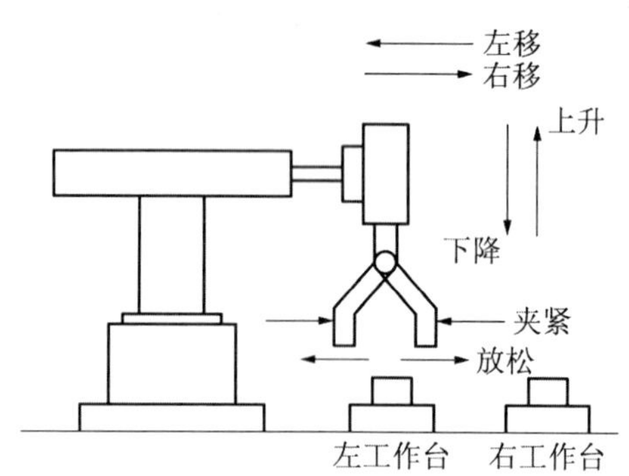

图 7.15　搬运机械手工作时的动作

2) 分析机械手工作的工艺过程

机械手的动作顺序和检测元件、执行元件的布置示意如图 7.16 所示。机械手的初始位置停在原点，按下起动按钮后，机械手将依次完成下降→夹紧→上升→右移→再下降→放松→再上升→左移 8 个动作，机械手的下降、上升、右移、左移等动作的转换条件，是由相应的限位开关来实现的，而夹紧、放松动作的转换是由时间来控制的。

为保证安全，机械手右移到位后，必须在右工作台上无工件时才能下降，若上一次搬到右工作台上工件尚未移走，机械手应自动暂时等待。为此设置了一个光电开关，以检测“无工件”信号。

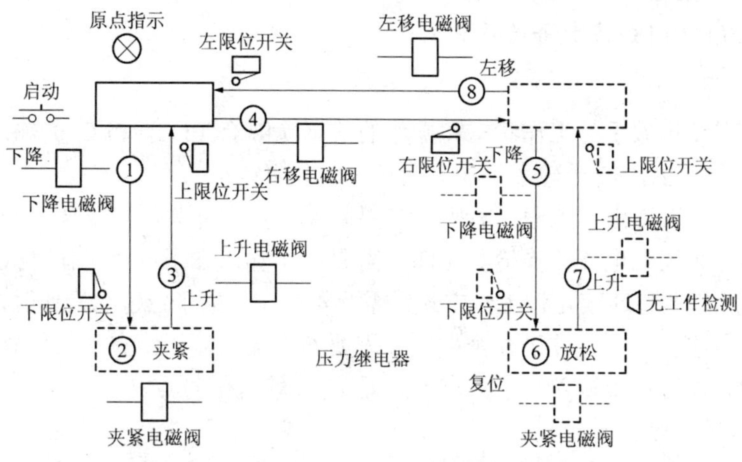

图 7.16 搬运机械手的动作顺序和检测元件、执行元件的布置示意

3) 控制要求

按不同的工作方式，搬运机械手的控制要求分为如下几个方面。

(1) 手动工作方式：利用按钮对机械手每一动作单独进行控制。例如，按“下降”按钮，机械手下降，按“上升”按钮，机械手上升。用手动操作可以使机械手置于原位，还便于维修时对机械手的调整。

(2) 单步工作方式：从原点开始，按照自动工作循环的步序，每按一下起动按钮，机械手完成一步的动作后自动停止。

(3) 单周期工作方式：按下启动按钮，从原点开始，机械手按工序自动完成一个周期的动作，返回原点后停止。

(4) 连续工作方式：按下启动按钮，机械手从原点开始按工序自动反复连续循环工作，直到按下停止按钮，机械手自动停机。或者将工作方式选择开关转换到“单周期”工作方式，此时机械手在完成最后一个周期的工作后，返回原点自动停机。

根据以上控制要求，操作台面板布置示意如图 7.17 所示。

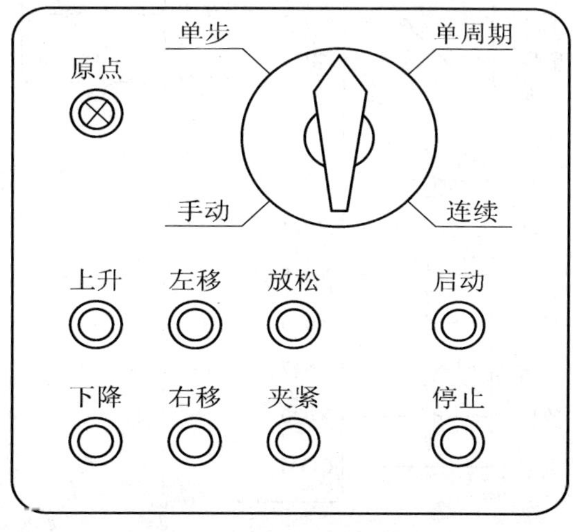

图 7.17 操作台面板布置示意

2. 确定 PLC 的 I/O 点数并选择 PLC

1) 输入信号

输入信号是将机械手的工作状态和操作的信息提供给 PLC。PLC 的输入信号共有 17 个输入信号点，需占用 17 个输入端子。具体分配如下：

位置检测信号有下限、上限、右限、左限共 4 个行程开关，需要 4 个输入端子；“无工件”检测信号采用光电开关作检测元件，需要 1 个输入端子；“工作方式”选择开关有手动、单步、单周期和连续 4 种工作方式，需要 4 个输入端子；手动操作时，需要有下降、上升、右移、左移、夹紧、放松 6 个按钮，需要 6 个输入端子；自动工作时，尚需启动按钮、停止按钮，需占 2 个输入端子。以上共需 17 个输入信号点。

2) 输出信号

PLC 的输出信号用来控制机械手的下降、上升、右移、左移和夹紧 5 个电磁阀线圈，需要 5 个输出点；机械手从原点开始工作，需要有 1 个原点指示灯，要占用 1 个输出点。所以，至少需要 6 个输出信号点。如果功能上再无其他特殊要求，则有多种型号的 PLC 可选用，此处选用 FX_{2N}-48MR。FX_{2N}-48MR 共有输入 24 点，输出 24 点，继电器输出。

3) 分配 PLC 的 I/O 端子

根据对机械手的 I/O 信号的分析以及所选的外部输入设备的类型及 PLC 的机型，分配 PLC 的 I/O 端子如图 7.18 所示。

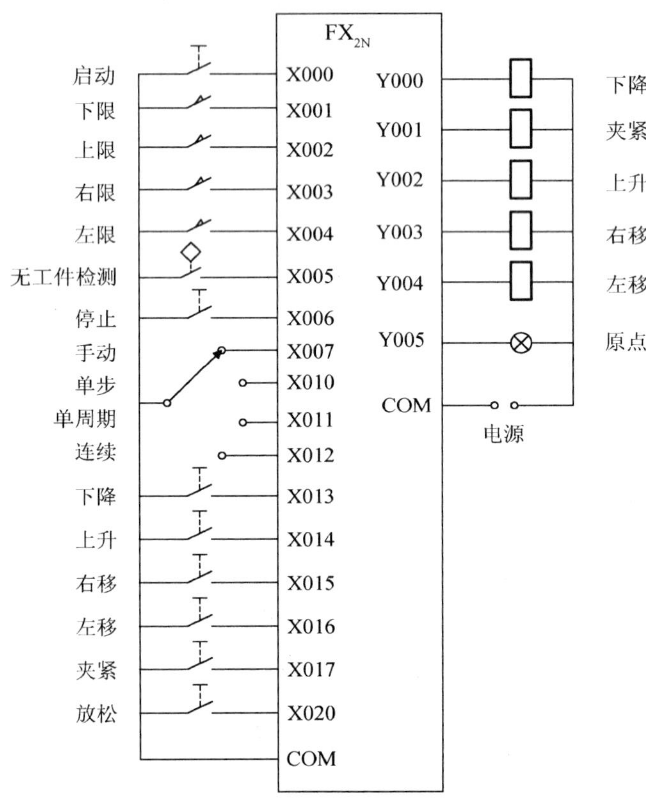

图 7.18 I/O 端子的分配

3. PLC控制系统程序设计

为了便于编程，在设计软件时常将手动程序和自动程序分别编出相对独立的程序段，再用条件跳转指令进行选择。搬运机械手的控制系统程序结构框图如图7.19所示。

当选择手动工作方式(手动，单步)时，X007或者X010接通并跳过自动程序而执行手动程序；当选择自动工作方式(单周期、连续)时，X007、X010断开，而X011或X012接通则跳过手动程序而执行自动程序。

如果在上述工作方式中有相同的工作要求，可以设置一段公用程序。

由于工作方式选择转换开关采取了机械互锁，因而此程序中手动程序和自动程序可采用互锁，也可以不互锁。

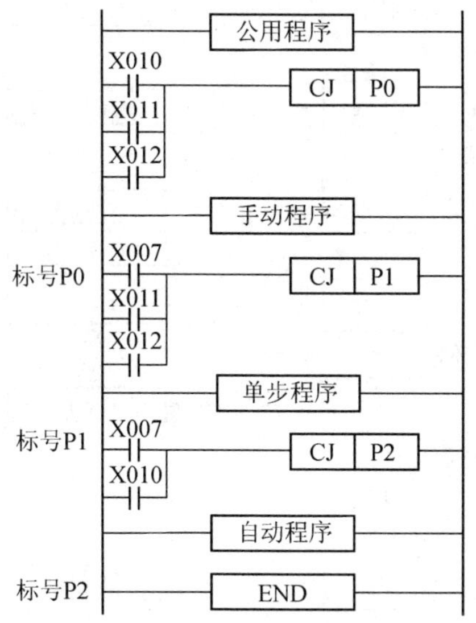

图7.19 搬运机械手的控制系统程序结构框图

1) 手动程序

手动操作不需要按工序顺序动作，所以可按普通继电器程序来设计。手动操作的梯形图如图7.20所示。手动按钮X013～X020分别控制下降、上升、右移、左移、夹紧、放松各个动作。为了保证系统的安全运行设置了一些必要的联锁。其中在左、右移动的梯形图中加入了X002作为上限联锁，因为机械手只有处于上限位置时，才允许左右移动。

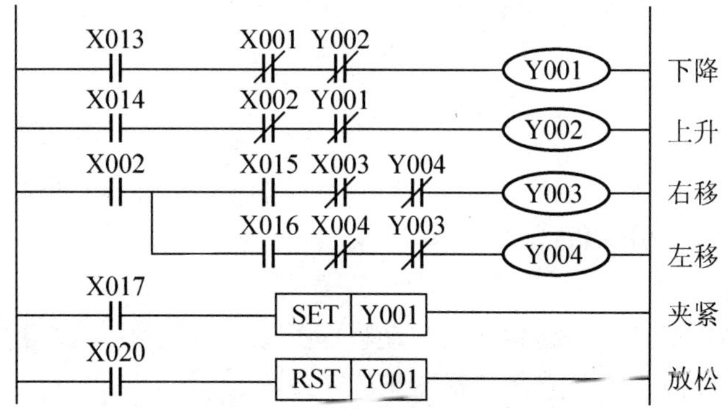

图7.20 手动操作的梯形图

由于夹紧、放松、动作是用单线圈双位电磁阀控制，故在梯形图中用“置位”、“复位”指令，使之有保持功能。

2) 自动操作流程图

由于自动操作的动作较复杂，可先画自动操作流程图(见图 7.21)，用以表明动作的顺序和转换条件，然后再根据所采用的控制方法设计程序。矩形框表示“工步”，相邻两工步用有向线段连接，表明转换的方向。小横线表示转换的条件。若转换条件得到满足则程序从上一工步转到下一工步。

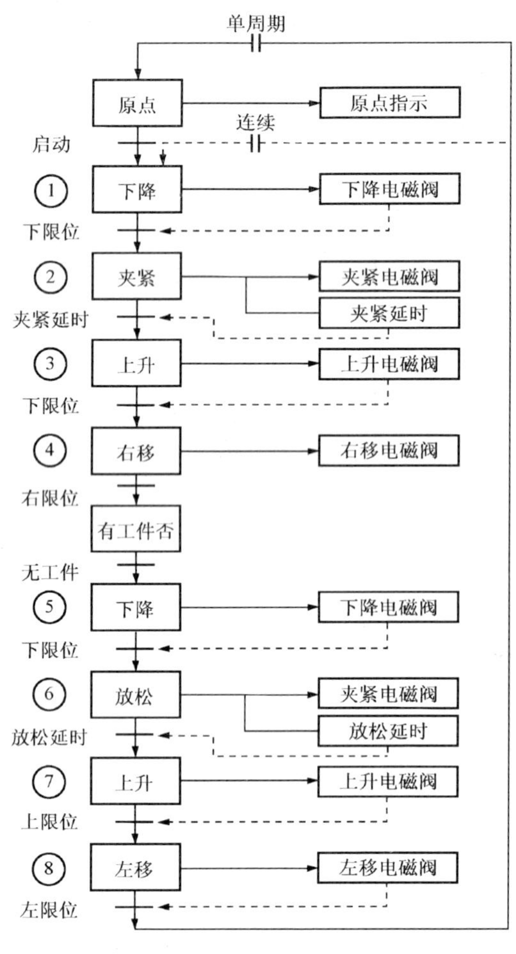

图 7.21 自动操作流程

3) 自动程序设计

根据自动操作流程图就可以画出自动控制程序的状态转移图(见图 7.22)。图中左上角的部分是初始化程序，用于将程序中使用的状态器进行置位和复位。

4）单步程序设计

单步程序设计方法及状态转移图与自动程序类似，只是每操作一次启动按钮，机械手完成一步动作后自动停止，其状态转移图见图 7.23。

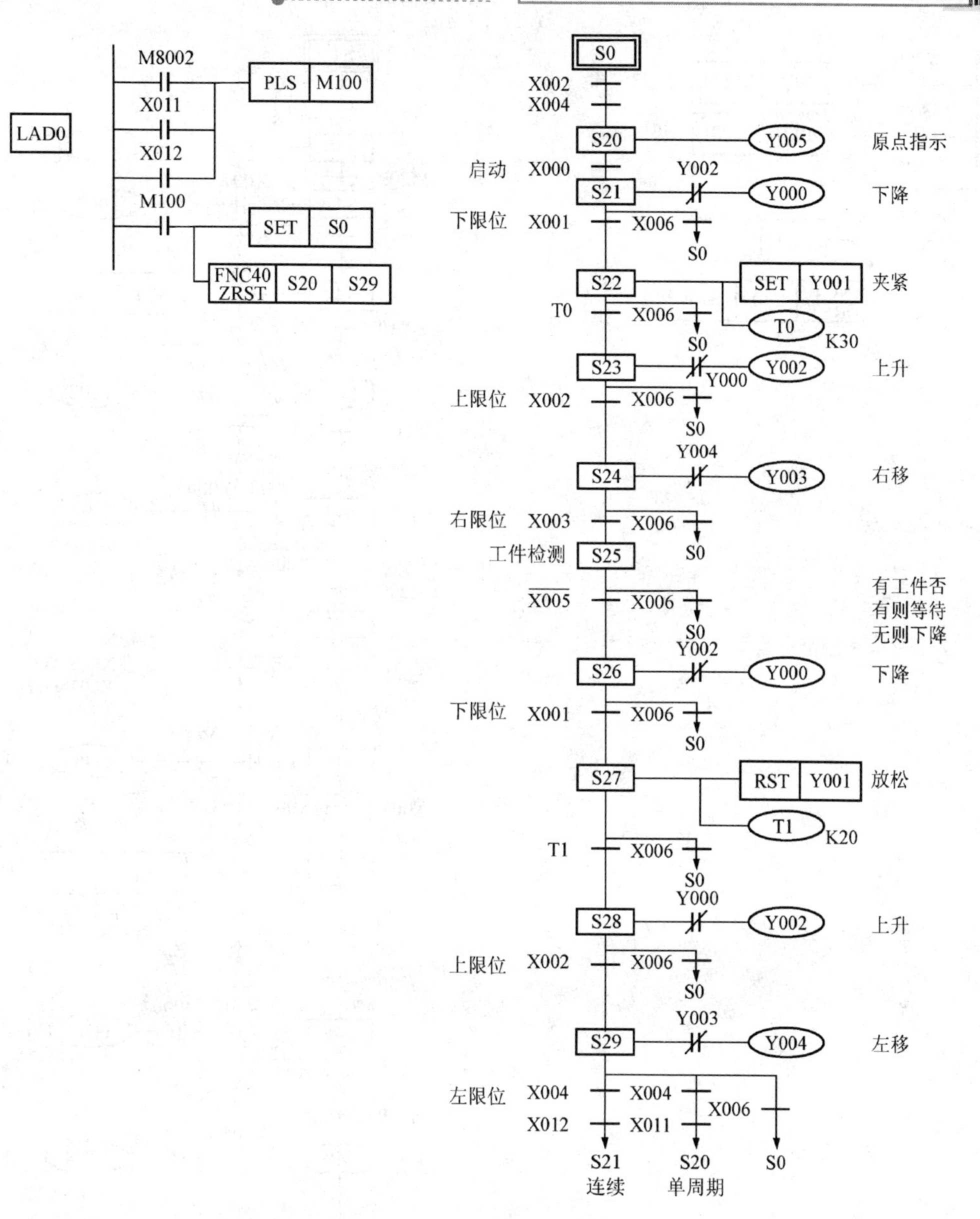

图7.22　自动控制程序的状态转移

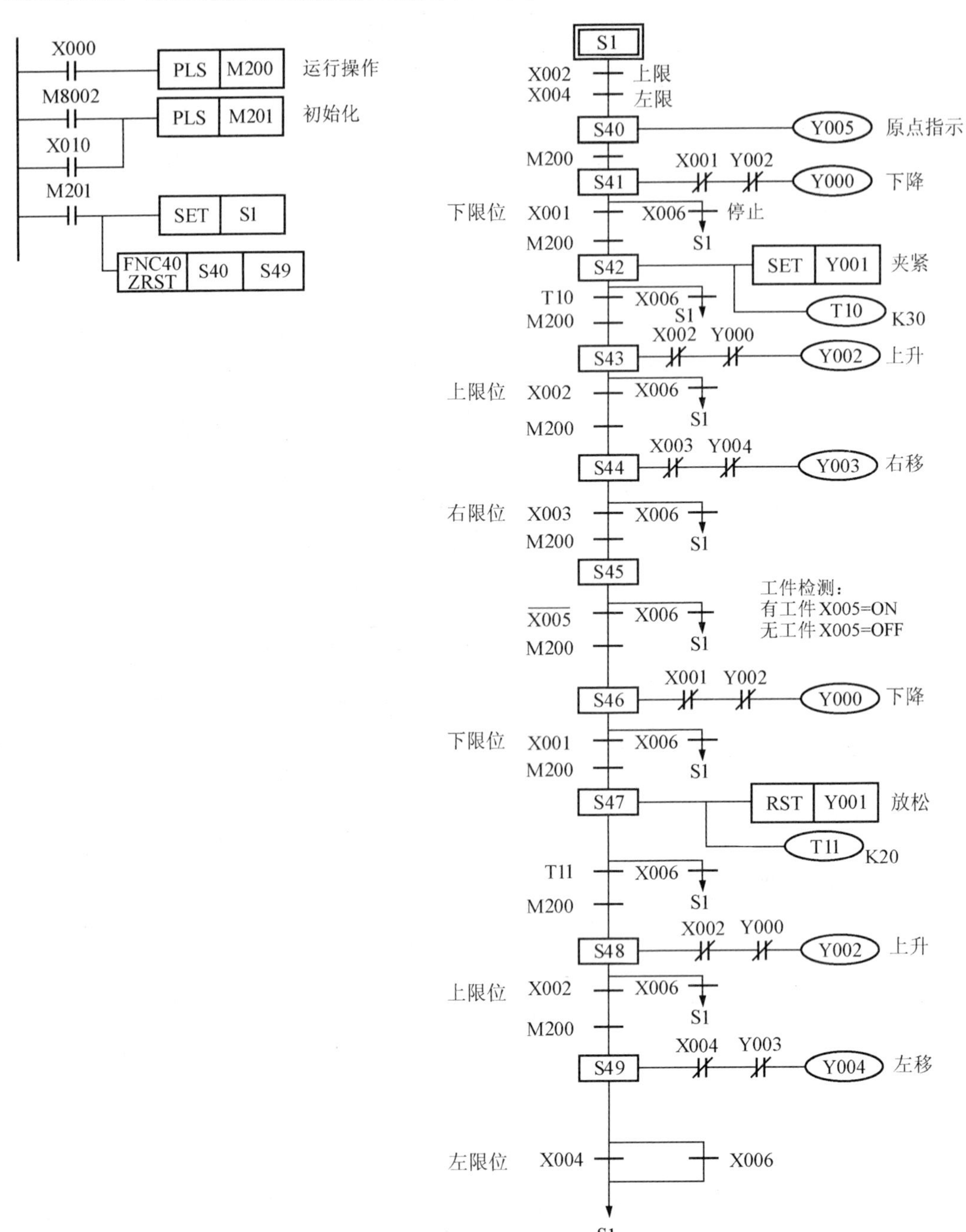

图 7.23　单步控制程序的状态转移

小　　结

PLC 的控制系统设计就是根据控制对象的控制要求制定电控方案，选择 PLC 机型，进行 PLC 的外围电气电路设计以及 PLC 程序的设计、调试。PLC 控制系统的软件设计方法有经验法、继电器电路转换法、逻辑转换法、状态转移图设计法等。通过本章的学习应掌握 PLC 控制系统设计的几种常用方法和步骤，能够根据控制对象的控制要求制定合理的控制方案，确定经济合理的 PLC 机型，进行 PLC 的外围电路和程序的设计。

习　　题

1．PLC 控制系统设计的内容及步骤有哪些？

2．PLC 控制系统设计的一般原则是什么？

3．PLC 控制系统设计的基本方法有哪些？

4．PLC 控制系统设计的一般步骤是什么？

5．PLC 控制系统的硬件设计包括哪些内容？

6．如何进行 PLC 模块的选型？

7．配线设计包括哪些内容？

8．PLC 软件设计有哪几种方法？

9．软件设计的步骤是什么？

10．图 7.24 所示为某一组合机床液压系统示意。根据机床液压系统回路和电磁铁、液压阀动作顺序表中的动作要求，电磁铁得电填“+”，电磁铁失电则保留空格，如表 7-1 所示。参考工作循环图，自行添加各工序之间所需的行程开关，设计 PLC 控制系统。

表 7-1　电磁铁、液压阀动作顺序表

<table>
<tr><th>动　作</th><th>1YA</th><th>2YA</th><th>3YA</th><th>顺序阀 4</th><th>行程阀 11</th></tr>
<tr><td>快进</td><td>+</td><td></td><td></td><td>关闭</td><td>上位</td></tr>
<tr><td>一工进</td><td>+</td><td></td><td></td><td rowspan="3">打开</td><td rowspan="3">下位</td></tr>
<tr><td>二工进</td><td>+</td><td></td><td>+</td></tr>
<tr><td>停留</td><td>+</td><td></td><td>+</td></tr>
<tr><td>快退</td><td></td><td>+</td><td></td><td rowspan="2">关闭</td><td rowspan="2">上位</td></tr>
<tr><td>停止</td><td></td><td></td><td></td></tr>
</table>

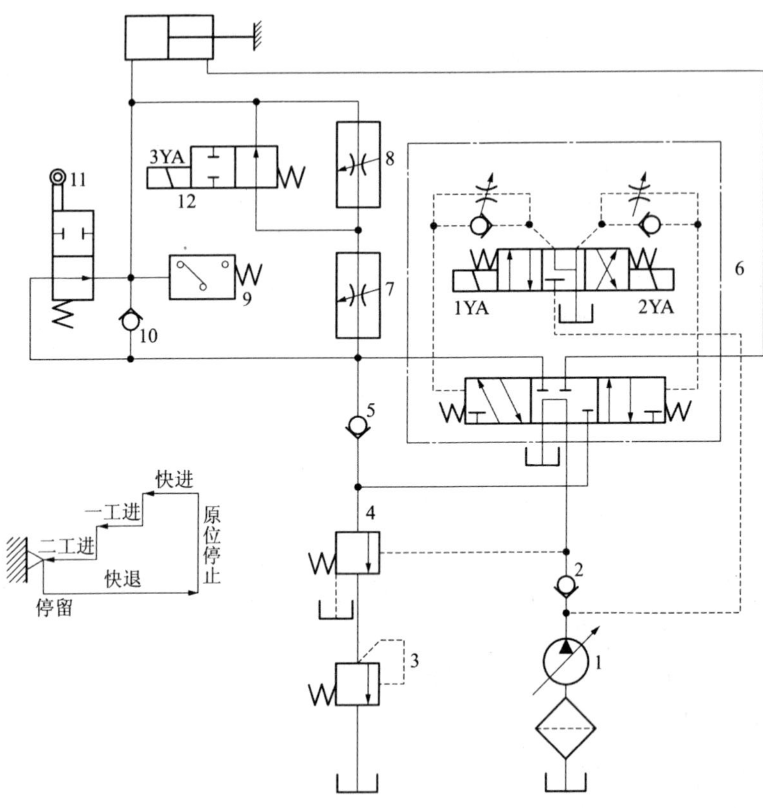

图 7.24 组合机床液压系统示意

第 8 章 PLC 的功能模块

教学提示

FX_{2N}系列 PLC 除了常用机型和扩展单元外，还有大量种类多、功能全的特殊功能模块，配合主机构成各类控制系统，满足各种工业对象控制的需要。FX_{2N} 系列可编程控制器的特殊功能模块主要有模拟量输入模块、模拟量输出模块、温度输入/控制模块、高速计数模块、可编程凸轮控制器模块等。

教学要求

在自动控制系统设计使用特殊功能模块时，首先应熟悉各功能模块的功能及型号，以便在不同的应用场合正确选用不同的模块。使用特殊功能模块应重点掌握特殊功能模块与 PLC 的连接要求和 PLC 与特殊功能模块之间的读/写操作方式，以及特殊功能模块的编程使用方法。

8.1 功能模块概述

随着 PLC 应用范围的扩大，各 PLC 制造厂家在提高 PLC 主机性能的同时，还开发了专门用途的功能模块，以满足各种工业控制的特定需要。这些模块包括：高速计数器模块、定位控制模块、A/D 和 D/A 模块、PID 模块、PLC 网络模块、PLC 与计算机通信模块、中断控制模块、温度传感器输入模块、BASIC 模块、语音输出模块等。本章着重介绍几种 FX_{2N} 系列 PLC 常用的特殊功能模块。

8.1.1 特殊功能模块的类型及用途

FX_{2N} 系列 PLC 有多种专用功能模块，使 FX_{2N} 系列 PLC 的应用更加方便和有效。常用的特殊功能模块如表 8-1 所示。

表 8-1 FX_{2N} 特殊功能模块表

名　称	型　号	名　称	型　号
模拟量输入模块	FX_{2N}-2AD	高速计数模块	FX_{2N}-1HC
	FX_{2N}-4AD	脉冲发生器模块	FX_{2N}-1PG
	FX_{2N}-8AD	定位控制单元	FX_{2N}-10GM
温度输入模块	FX_{2N}-4AD-PT		FX_{2N}-20GM
	FX_{2N}-4AD-TC	通信接口	FX_{2N}-232-BD
模拟量输出模块	FX_{2N}-2DA		FX_{2N}-485-BD
	FX_{2N}-4DA		FX_{2N}-422-BD
温度控制模块	FX_{2N}-2LC	接口模块	FX_{2N}-2321F

1．模拟量输入模块

模拟量输入模块用于接受流量、温度和压力等传感设备送来的标准模拟量电压、电流信号，并将其转换为数字信号供 PLC 处理。FX_{2N} 系列可编程控制器的模拟量输入模块主要包括：FX_{2N}-4AD(4 通道模拟量输入模块)，FX_{2N}-2AD(2 通道模拟量输入模块)，FX_{2N}-4AD-PT(4 通道热电阻 PT-100 温度传感器用模拟量输入模块)，FX_{2N}-4AD-TC(4 通道热电偶 J 型和 V 型温度传感器用模拟量输入模块)等。

2．模拟量输出模块

模拟量输出模块用于外部输出设备需模拟量驱动的系统。经 PLC 运算输出的数字量经过模拟量输出模块转换为标准模拟量输出。FX_{2N} 系列可编程控制器的模拟量输出模块主要包括 FX_{2N}-4DA(4 通道模拟量输出模块)、FX_{2N}-2DA(2 通道模拟量输出模块)等。

3．脉冲输出模块

脉冲输出模块可输出脉冲串，主要用于对步进电机或伺服电机的驱动控制，实现一点或多点定位控制。与 FX_{2N} 系列 PLC 配套使用的脉冲输出模块有 FX_{2N}-1PG、FX-10GM、FX-20GM 等型号。

脉冲输出模块是一种采用定位专用语句(cod 命令)和序列语句的高性能定位模块，最高输出频率为 200kpps(脉冲/秒)。FX-10GM 可进行 1 轴控制，FX-20GM 可进行 2 轴控制或具有直线插补、圆弧插补的 2 轴控制。FX-10GM、FX-20GM 模块可独立使用，也可与 FX_{2N} 系列 PLC 通过 FX_{2N}-CNV-IF 型接口连接。

4. 高速计数模块

PLC 中普通计数器由于受到扫描周期的限制，其最高的工作频率一般仅有几万赫兹，而在工业应用中有时超过这个工作频率。高速计数模块则可对几万赫兹，甚至上兆赫兹的脉冲计数。因此 FX_{2N} 除内部设有高速计数器外，系统还配有 FX_{2N}-1HC 高速计数器模块，可作为 2 相 50kHz 通道的高速计数，通过 PLC 的指令或外部输入对计数器进行复位或启动。

5. 可编程凸轮开关

过去在机械传动控制中常采用机械凸轮开关对角位置检测，在不同的角度位置时发出不同的导通、关断信号。过去采用机械凸轮开关，机械式开关虽精度高但易磨损。FX_{2N}-1RM-SET 可编程凸轮开关可取代机械凸轮开关实现高精度的角度位移设定和监控，其内部有 EEPROM，无需电池，可储存 8 种不同的程序。可编程凸轮开关可接在 FX_{2N} 主机上，也可单独使用。FX_{2N} 最多可接 2 块可编程凸轮开关，其程序在 PLC 中 8 个 I/O 点。

6. PID 过程控制模块

FX_{2N}-2LC 温度控制模块应用在温度控制和调节系统中。该模块配有 2 通道的温度输入和 2 通道晶体管输出，即一块模块能组成两个温度调节系统。该模块提供了自调节的 PID 控制和 PI 控制，控制的运行周期为 500ms，占用 8 个 I/O 点数，可用于 FX_{1N}、FX_{2N}、FX_{2NC} 子系列。

8.1.2 特殊功能模块的安装及应用

1. 模块的连接与编号

当 PLC 与特殊功能模块连接时，数据通讯是通过 FROM/TO 指令实现的。为了使 PLC 能够准确地查找到指定的功能模块，每个特殊功能模块都有一个确定的地址编号，编号的方法是从最靠近 PLC 基本单元的那一个功能模块开始顺次编号，最多可连接 8 台功能模块(对应的编号为 0～7 号)，其中 PLC 的扩展单元不记录在内。

如图 8.1 所示，FX_{2N}-48MR 基本单元通过扩展总线与特殊功能模块(模拟量输入模块 FX_{2N}-4AD、模拟量输出模块 FX_{2N}-4DA、温度传感器模拟量输入模块 FX_{2N} -4AD-PT)、高速计数模块连接，当各个控制单元连接好后，各特殊功能模块的编号也就确定了。

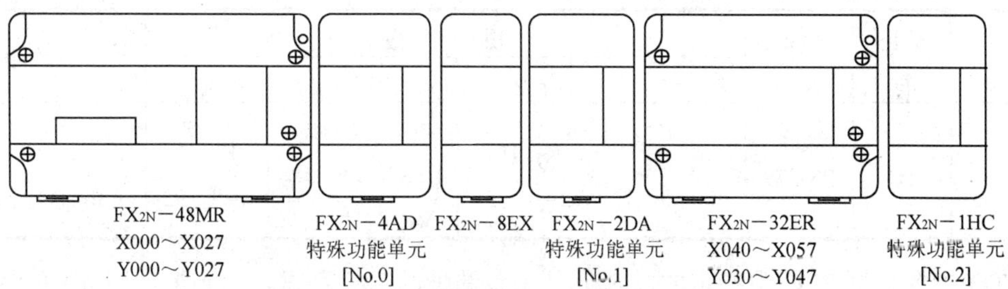

图 8.1　FX_{2N}-48MR 与功能模块连接示意

2. FX_{2N} PLC 与特殊功能模块之间的读/写操作

FX_{2N} 系列 PLC 与特殊功能模块之间的通讯通过 FROM/TO 指令执行。FROM 指令用于 PLC 基本单元读取特殊功能模块中的数据；TO 指令用于 PLC 基本单元将数据写到特殊功能模块中。读、写操作都是针对特殊功能模块的缓冲寄存器 BFM 进行的。

1) 特殊功能模块读指令

特殊功能模块读指令的助记符、指令代码、操作数、程序步如表 8-2 所示。

表 8-2 特殊功能模块读指令要素

指令名称	助记符	指令代码	操作数				程序步
			m1	m2	[D・]	n	
读指令	FROM	FNC 78	K，H m1＝0～7	K，H m2＝0～31	KnY，KnM，KnS，T，C，D，V，Z	K，H n＝1～32	FROM 9 步 (D)FROM 17 步

图 8.2 是 FROM 指令的使用说明。图中指令将编号为 m1 的特殊功能模块的缓冲寄存器(BFM)中编号从 m2 开始的 n 个数据读入到 PLC 中，并存储于 PLC 中以 D 开始的 n 个数据寄存器内。指令所涉及的存储单元说明如下：

m1 为特殊功能模块号，m1=0～7；

m2 为特殊功能模块的缓冲寄存器(BFM)首元件编号，m2=0～31；

[D・]为指定存放在 PLC 中的数据寄存器首元件号；

n 为指定特殊功能模块与 PLC 之间传送的字数：16 位操作时 n＝1～32，32 位操作时 n=1～16。

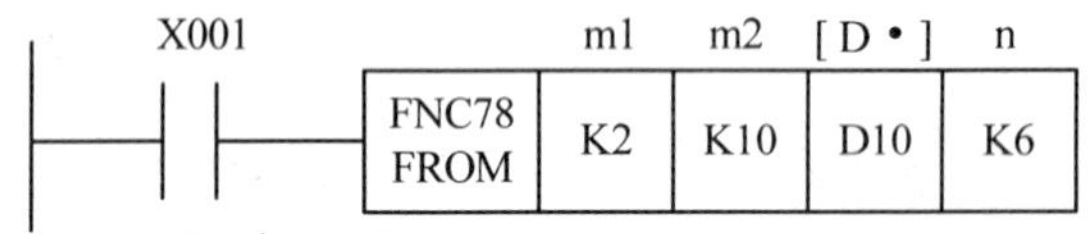

图 8.2 FROM 指令格式

2) 特殊功能模块写指令

该指令的助记符、指令代码、操作数、程序步如表 8-3 所示。

表 8-3 特殊功能模块写指令要素

指令名称	助记符	指令代码	操作数				程序步
			m1	m2	[S・]	n	
写指令	TO	FNC79	K，H m1＝0～7	K，H m2＝0～31	KnY，KnM，KnS，T，C，D，V，Z，K，H	K，H n＝1～32	TO 9 步 (D)TO 17 步

TO 指令是将 PLC 中指定的以 S 元件为首地址的 n 个数据，写到编号为 m1 的特殊功能模块，并存入该特殊功能模块中以 m2 为首地址的缓冲寄存器(BFM)内。TO 指令的梯形

图格式如图 8.3 所示。指令涉及的存储单元说明如下：

m1 为特殊功能模块号，m1=0～7；

m2 为特殊功能模块缓冲寄存器(BFM)首元件编号，m2=0～31；

[S・]为 PLC 中指定读取数据的首元件号；

n 指定特殊功能模块与 PLC 之间传送的字数：16 位操作时 n=1～32，32 位操作时 n=1～16。

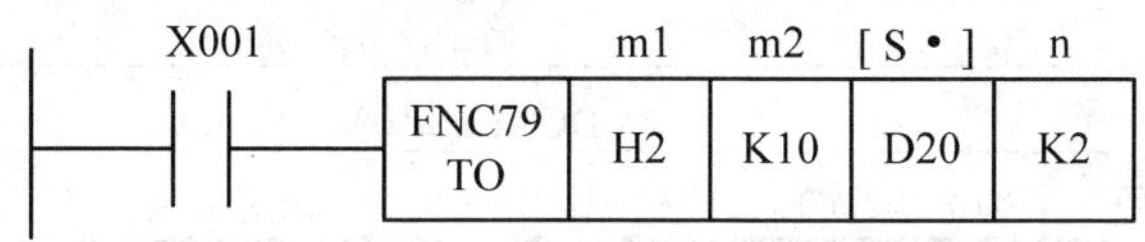

图 8.3　TO 指令格式

在执行 FROM/TO 指令时，FX_{2N}用户可以立即中断，也可以等到当前输入/输出指令完成后再中断。这一功能的实现是通过 M8082 来完成的，M8082=OFF 禁止中断，M8082=ON 允许中断。

8.2　模拟量输入模块

在自动控制中，输入信号除有通/断(开/关)信号以外，还会有连续变化的信号，例如温度、压力、流量、湿度等。通常先用各种传感器将这些连续变化的物理量变换成电压或电流信号，一般来说，PLC 模拟量输入的电压范围为 1～5V 或-10～+10V，电流范围为 4～20mA 或-20～+20mA，然后再将这些信号连接到适当的模拟量输入模块的接线端上，经过 A/D 功能模块内的模数转换器，最后将数据传入 PLC 内。本节主要以 FX_{2N}-4AD 为例介绍模拟量输入模块。

8.2.1　性能参数

1. FX_{2N}-4AD 技术指标

FX_{2N}-4AD 为 12 位高精度模拟量输入模块，具有 4 输入 A/D 转换通道，输入信号类型可以是电压(-10～+10V)、电流(-20～+20mA)和电流(+4～+20mA)，每个通道都可以独立地指定为电压输入或电流输入。FX_{2N} 系列 PLC 最多可连接 8 台 FX_{2N}-4AD。FX_{2N}-4AD 的技术指标如表 8-4 所示。

表 8-4　FX_{2N}-4AD 的技术指标

项　目	电　压　输　入	电　流　输　入
	4 通道模拟量输入。通过输入端子变换可选电压或电流输入	
模拟量输入范围	DC -10～+10V(输入电阻 200kΩ) 绝对最大输入±15V	DC -20～+20mA(输入电阻 250Ω) 绝对最大输入±32mA
数字量输出范围	带符号位的 16 位二进制(有效数值 11 位)。数值范围为-2048～+2047	
分辨率	5mV(10V×1/ 2000)	20μA (20mA×1/1000)
综合精确度	±1%(范围为-10～+10V)	±1%(范围为-20～+20mA)

续表

项　目	电 压 输 入	电 流 输 入
	4 通道模拟量输入。通过输入端子变换可选电压或电流输入	
转换速度	每通道 15ms(高速转换方式时为每通道 6ms)	
隔离方式	模拟量与数字量间用光电隔离，从基本单元来的电源经 DC/DC 转换器隔离，各输入端子间不隔离	
模拟量用电源	DC24V ±10%　55mA	
I/O 占有点数	程序上为 8 点(作输入或输出点计算)，由 PLC 供电的消耗功率为 5V，30mA	

2. 端子连接

图 8.4 是模拟量输入模块 FX_{2N}-4AD 的端子接线示意图。对于电流输入信号与电压输入信号时，端子的连接方法是不一样的。输入的信号电平范围应在 FX_{2N}-4AD 规定的范围之内。

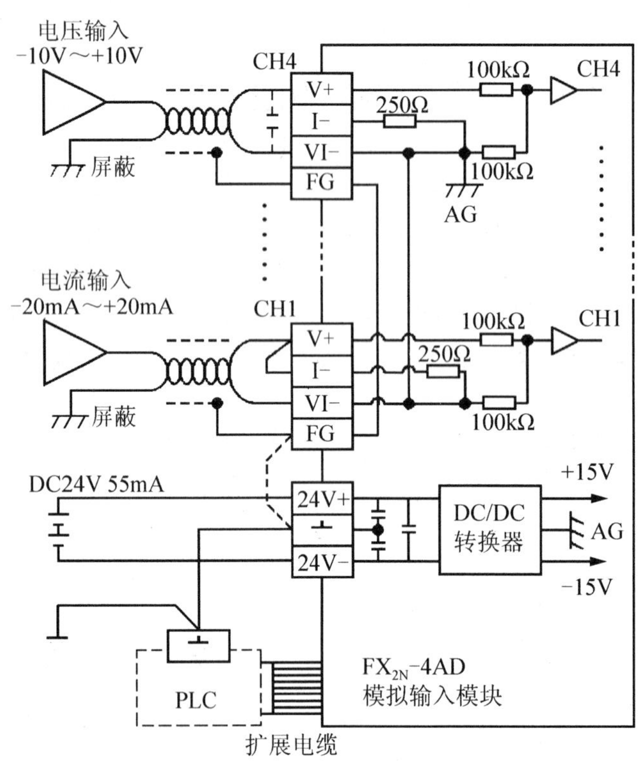

图 8.4　FX_{2N}-4AD 接线

3. 缓冲寄存器及设置

模拟量输入模块 FX_{2N}-4AD 的缓冲寄存器 BFM 是特殊功能模块工作设定及与主机通讯用的数据中介单元，是 FROM/TO 指令读和写的操作目标。FX_{2N}-4AD 的缓冲寄存器区由 32 个 16 位的寄存器组成，编号为 BFM＃0～＃31。

1) 缓冲寄存器(BFM)编号

FX_{2N}-4AD 模块 BFM 的分配表见表 8-5。

表 8-5　FX_{2N}-4AD 模块 BFM 分配表

<table>
<tr><th>BFM</th><th colspan="9">内　容</th></tr>
<tr><td>*#0</td><td colspan="9">通道初始化，默认设定值＝H0000</td></tr>
<tr><td>*#1</td><td>CH1</td><td colspan="8" rowspan="4">平均值取样次数(取值范围 1～4096) 默认值＝8</td></tr>
<tr><td>*#2</td><td>CH2</td></tr>
<tr><td>*#3</td><td>CH3</td></tr>
<tr><td>*#4</td><td>CH4</td></tr>
<tr><td>#5</td><td>CH1</td><td colspan="8" rowspan="4">分别存放 4 个通道的平均值</td></tr>
<tr><td>#6</td><td>CH2</td></tr>
<tr><td>#7</td><td>CH3</td></tr>
<tr><td>#8</td><td>CH4</td></tr>
<tr><td>#9</td><td>CH1</td><td colspan="8" rowspan="4">分别存放 4 个通道的当前值</td></tr>
<tr><td>#10</td><td>CH2</td></tr>
<tr><td>#11</td><td>CH3</td></tr>
<tr><td>#12</td><td>CH4</td></tr>
<tr><td>#13～#14
#16～#19</td><td colspan="9">保留</td></tr>
<tr><td rowspan="2">#15</td><td rowspan="2">A/D 转换速度的设置</td><td colspan="8">当设置为 0 时，A/D 转换速度为 15ms/通道，为默认值</td></tr>
<tr><td colspan="8">当设置为 1 时，A/D 转换速度为 6ms/通道，为高速值</td></tr>
<tr><td>*#20</td><td colspan="9">恢复到默认值或调整值　默认值＝0</td></tr>
<tr><td>*#21</td><td colspan="9">禁止零点和增益调整　默认设定值=0，1(允许)</td></tr>
<tr><td rowspan="2">*#22</td><td rowspan="2">零点(Offset)、增益(Gain)调整</td><td>b7</td><td>b6</td><td>b5</td><td>b4</td><td>b3</td><td>b2</td><td>b1</td><td>b0</td></tr>
<tr><td>G4</td><td>O4</td><td>G3</td><td>O3</td><td>G2</td><td>O2</td><td>G1</td><td>O1</td></tr>
<tr><td>*#23</td><td colspan="9">零点值　默认设定值＝0</td></tr>
<tr><td>*#24</td><td colspan="9">增益值　默认设定值＝5000</td></tr>
<tr><td>#25～#28</td><td colspan="9">保留</td></tr>
<tr><td>#29</td><td colspan="9">出错信息</td></tr>
<tr><td>#30</td><td colspan="9">识别码 K2010</td></tr>
<tr><td>#31</td><td colspan="9">不能使用</td></tr>
</table>

注：① 带*号的缓冲寄存器中的数据可由 PLC 通过 TO 指令改写，改写带*号的 BFM 的设定值就可以改变 FX_{2N}-4AD 模块的运行参数，调整其输入方式、输入增益和零点等。

② 从指定的模拟量输入模块读入数据前应先将设定值写入，否则按默认设定值执行。

③ PLC 用 FROM 指令可将不带*号的 BFM 内的数据读入。

2) 缓冲寄存器(BFM)的设置

(1) 在 BFM #0 中写入十六进制 4 位数字 HXXXX 使各通道初始化，最低位数字控制通道 CH1，最高位控制通道 CH4。HXXXX 中每位数值表示的含义如下：

X＝0：设定输入范围-10～+10V；

X＝1：设定输入范围+4～+20mA；

X＝2：设定输入范围-20～+20mA；

X＝3：关闭该通道。

例如，BFM#0＝H3310，则

CH1：设定输入范围-10～+10V；

CH2：设定输入范围+4～+20mA；

CH3、CH4：关闭该通道。

(2) 输入的当前值送到 BFM#9～#12，输入的平均值送到 BFM#5～#8。

(3) 各通道平均值取样次数分别由 BFM#1～#4 来指定。取样次数范围从 1～4096，若设定值超过该数值范围，按默认设定值 8 处理。

(4) 当 BFM#20 被置 1 时，整个 FX_{2N}-4AD 的设定值均恢复到默认设定值。这是快速地擦除零点和增益的非默认设定值的方法。

(5) 若 BFM#21 的 b1、b0 分别置为 1、0，则增益和零点的设定值禁止改动。要改动零点和增益的设定值时必须令 b1、b0 的值分别为 0、1。默认设定为 0、1。

零点：数字量输出为 0 时的输入值。

增益：数字输出为+1000 时的输入值。

(6) 在 BFM#23 和 BFM#24 内的增益和零点设定值会被送到指定的输入通道的增益和零点寄存器中。需要调整的输入通道由 BFM#22 的 G、O(增益—零点)位的状态来指定。例如：若 BFM#22 的 G1、O1 位置 1，则 BFM#23 和#24 的设定值即可送入通道 1 的增益和零点寄存器。各通道的增益和零点既可统一调整，也可独立调整。

(7) BFM#30 中存的是特殊功能模块的识别码，PLC 可用 FROM 指令读入。FX_{2N}-4AD 的识别码为 K2010。用户在程序中可以方便地利用这一识别码在传送数据前先确认该特殊功能模块。

(8) BFM#29 中各位的状态是 FX_{2N}-4AD 运行正常与否的信息。BFM#29 中各位表示的含义见表 8-6 所示。

表 8-6　BFM#29 中各位的状态信息

BFM#29 的位	ON	OFF
b0	当 b1～b3 任意为 ON 时	无错误
b1	表示零点和增益发生错误	零点和增益正常
b2	DC24V 电源故障	电源正常
b3	A/D 模块或其他硬件故障	硬件正常
b4～b9	未定义	
b10	数值超出范围-2048～+2047	数值在规定范围
b11	平均值采用次数超出范围 1～4096	平均值采用次数正常
b12	零点和增益调整禁止	零点和增益调整允许
b13～b15	未定义	

8.2.2　应用举例

【例 8.1】 FX_{2N}-4AD 模拟量输入模块连接在最靠近基本单元 FX_{2N}-48MR 的地方，仅开通 CH1 和 CH2 两个通道作为电压量输入通道，计算 4 次取样的平均值，结果存入 PLC 的数据寄存器 D0 和 D1 中。

解：由图 8.1 知，FX_{2N}-4AD 模拟量输入模块编号为 0 号。按照控制要求设计的梯形图及有关注释如图 8.5 所示。

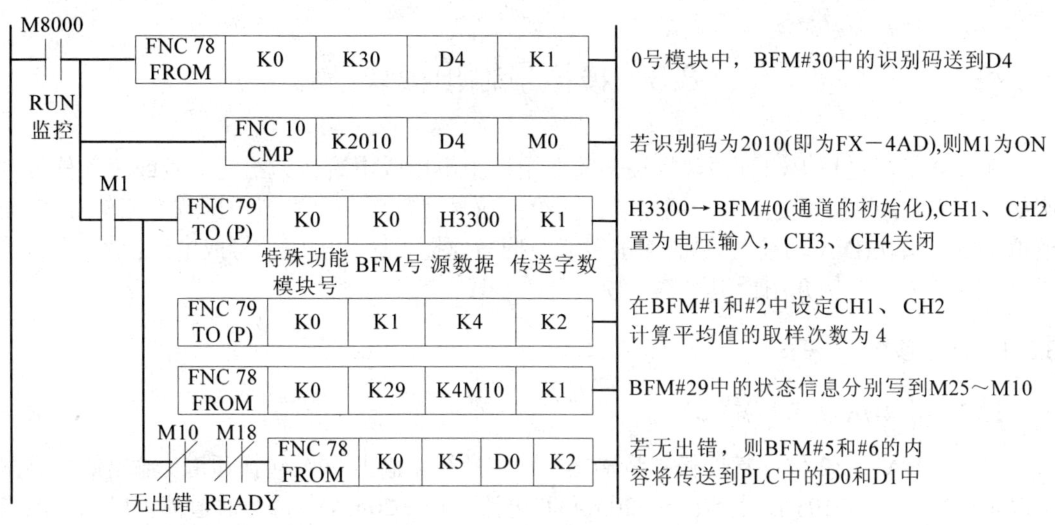

图 8.5　例 8.1 的梯形图

【例 8.2】 FX_{2N}-4AD 模拟量输入模块连接如图 8.1 所示。试通过程序对模拟量输入模块 FX_{2N}-4AD 的通道 CH1 进行零点和增益的调整，要求通道 CH1 为电压量输入通道，通道 CH1 的零点值调整为 0V，增益值调整为 2.5V。

解：模拟量模块的零点和增益的调整可以通过手动或程序进行。在工业自动控制系统的应用中，采用程序控制调整是非常有效的方法。由特殊功能模块的地址编号原则可知，FX_{2N}-4AD 模拟量输入模块编号为 0 号。相关的程序及说明见图 8.6。

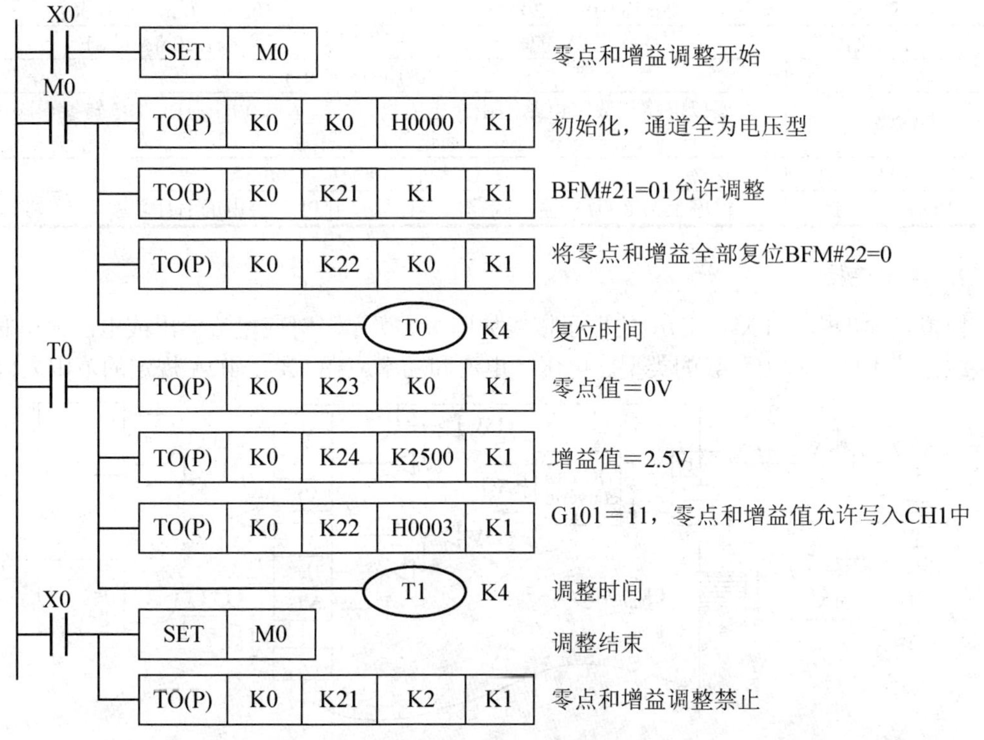

图 8.6　例 8.2 梯形图

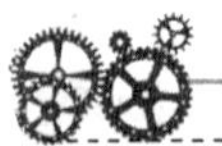

8.3 模拟量输出模块

在工业生产过程中，有些现场设备需要用模拟电压或电流作为给定信号或驱动信号。例如：直流调速装置和交流变频调速装置的给定信号就需要一个模拟电压或电流信号，PLC 模拟量输出模块(D/A 功能模块)的输出端能根据需要提供这种电压信号或电流信号。本节主要以 FX_{2N}-4DA 为例介绍模拟量输出模块。

8.3.1 性能参数

1. FX_{2N}-4DA 技术指标

FX_{2N}-4DA 为 12 位高精度模拟量输出模块，具有 4 输出 D/A 转换通道，输出信号类型可以是电压(-10～+10V)、电流(0～+20mA)和电流(+4～+20mA)，每个通道都可以独立地指定为电压输出或电流输出。FX_{2N} 系列可编程控制器最多可连接 8 台 FX_{2N}-4DA。FX_{2N}-4DA 的技术指标如表 8-7 表示。

表 8-7 FX_{2N}-4DA 技术指标

项　目	电压输出	电流输出
	4 通道模拟量输出。根据是电流输出还是电压输出，对端子进行设置	
模拟量输出范围	DC -10～+10V (外部负载电阻 1kΩ～1MΩ)	DC 0～+20mA (外部负载电阻 500 Ω)
数字输入	16 位二进制，11 位有效位	
分辨率	5mV(10V×1/2000)	20μA (20mA×1/1000)
综合精确度	满量程 10V 的±1%	满量程 20mA 的±1%
转换速度	2.1ms(4 通道)	
隔离方式	模拟电路与数字电路间由光电隔离，与基本单元间是 DC/DC 转换器隔离。通道间没有隔离	
模拟量用电源	DC(24±10%)V　200mA	
I/O 占有点数	程序上为 8 点(作输入或输出点计算)，由 PLC 供电的消耗功率为 5V，30mA	

2. 端子连接

模拟量输出模块 FX_{2N}-4DA 的端子接线如图 8.7 所示。对应电流输出或电压输出时，其接线方法不同，输出负载的类型、电压、电流和功率应在 FX_{2N}-4DA 规定的范围之内。

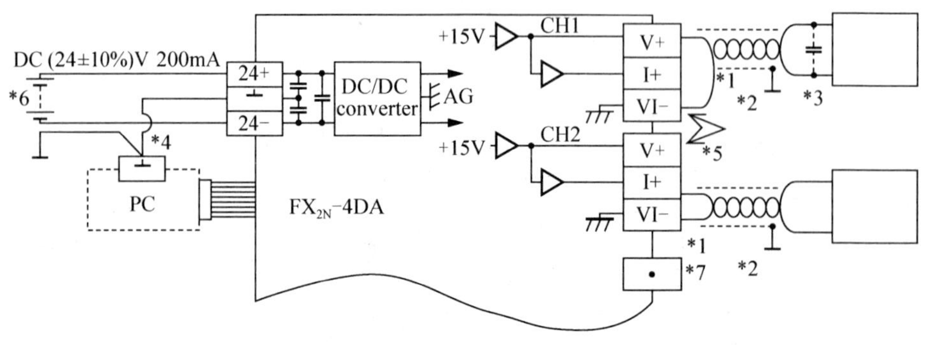

图 8.7 FX_{2N}-4DA 接线

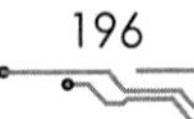

注：

*1 对于模拟输出使用双绞屏蔽电缆，电缆应远离电源线或其他可能产生电气干扰的电线。

*2 在输出电缆的负载端使用单点接地(3 级接地：不大于 100Ω)

*3 如果输出存在电气噪声或电压波动，可以连接一个平滑电容器(0.1μF 到 0.47μF ，25V)。

*4 将 FX_{2N}-4DA 的接地端和可编程控制器 MPU 的接地端连接在一起。

*5 将电压输出端子短路或者连接电流输出负载到电压输出端子可能会损坏 FX_{2N}-4DA。

*6 也可以使用可编程控制器的 24V DC 电源。

*7 不要将任何单元连接到未用端子。

3. 缓冲寄存器及设置

模拟量功能模块 FX_{2N}-4DA 的缓冲寄存器 BFM 由 32 个 16 位的寄存器组成，编号为 BFM#0～#31。

1) 缓冲寄存器(BFM)编号

FX_{2N}-4DA 模块的 BFM 分配如表 8-8 所示。

表 8-8　FX_{2N}-4DA 模块 BFM 分配

<table>
<tr><th>BFM</th><th colspan="2">内　容</th></tr>
<tr><td>* # 0(E)</td><td colspan="2">模拟量输出模式选择，默认值＝H0000</td></tr>
<tr><td>* # 1</td><td colspan="2">CH1 输出数据</td></tr>
<tr><td>* # 2</td><td colspan="2">CH2 输出数据</td></tr>
<tr><td>* # 3</td><td colspan="2">CH3 输出数据</td></tr>
<tr><td>* # 4</td><td colspan="2">CH4 输出数据</td></tr>
<tr><td>* # 5(E)</td><td colspan="2">输出保持或回零，默认值＝H0000</td></tr>
<tr><td># 6、# 7</td><td colspan="2">保留</td></tr>
<tr><td>* # 8(E)</td><td colspan="2">CH1、CH2 的零点和增益设置命令，初值为 H0000</td></tr>
<tr><td>* # 9(E)</td><td colspan="2">CH3、CH4 的零点和增益设置命令，初值为 H0000</td></tr>
<tr><td>* # 10</td><td>CH1 的零点值</td><td rowspan="8">单位：mV 或 μA
例：采用输出模式 3 时各通道的初值：零点值＝0，增益值＝5000</td></tr>
<tr><td>* # 11</td><td>CH1 的增益值</td></tr>
<tr><td>* # 12</td><td>CH2 的零点值</td></tr>
<tr><td>* # 13</td><td>CH2 的增益值</td></tr>
<tr><td>* # 14</td><td>CH3 的零点值</td></tr>
<tr><td>* # 15</td><td>CH3 的增益值</td></tr>
<tr><td>* # 16</td><td>CH4 的零点值</td></tr>
<tr><td>* # 17</td><td>CH4 的增益值</td></tr>
<tr><td># 18、# 19</td><td colspan="2">保留</td></tr>
<tr><td>* # 20(E)</td><td colspan="2">初始化，初值＝0</td></tr>
<tr><td>* # 21(E)</td><td colspan="2">I/O 特性调整禁止，初值＝1</td></tr>
<tr><td># 2～# 28</td><td colspan="2">保留</td></tr>
<tr><td># 29</td><td colspan="2">出错信息</td></tr>
<tr><td># 30</td><td colspan="2">识别码 K3020</td></tr>
<tr><td># 31</td><td colspan="2">保留</td></tr>
</table>

注：① 带*号的 BFM 缓冲寄存器可用 TO 指令将数据写入。

② 带 E 表示数据写入到 EEPROM 中，具有断电记忆。

2) 缓冲寄存器(BFM)的设置

(1) BFM#0 中的 4 位十六进制数 HXXXX 分别用来控制 4 个通道的输出模式，由低位到最高位分别控制 CH1、CH2、CH3 和 CH4。在 HXXXX 中：

X=0 时，电压输出(-10～+10V)；

X=1 时，电流输出(+4～+20mA)；

X=2 时，电流输出(0～+20mA)。

例如，H2110 表示 CH1 为电压输出(-10～+10V)，CH2 和 CH3 为电流输出(+4～+20mA)，CH4 为电流输出(0～+20mA)。

(2) 输出数据写在 BFM#1～BFM#4。其中：

BFM#1 为 CH1 输出数据(默认值=0)；

BFM#2 为 CH2 输出数据(默认值=0)；

BFM#3 为 CH3 输出数据(默认值=0)；

BFM#4 为 CH4 输出数据(默认值=0)。

(3) PLC 由 RUN 转为 STOP 状态后，FX_{2N}-4DA 的输出是保持最后的输出值还是回零点，取决于 BFM#5 中的 4 位十六进制数值，其中 0 表示保持输出值，1 表示恢复到 0。例如：

H1100——CH4=回零，CH3=回零，CH2=保持，CH1=保持；

H0101——CH4=保持，CH3=回零，CH2=保持，CH1=回零。

(4) BFM#8 和#9 为零点和增益调整的设置命令，通过#8 和#9 中的 4 位十六进制数指定是否允许改变零点和增益值。其中：

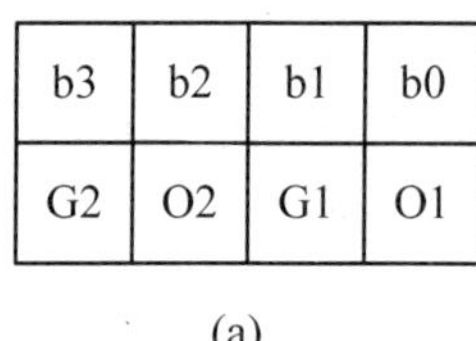

b3	b2	b1	b0
G2	O2	G1	O1

(a)

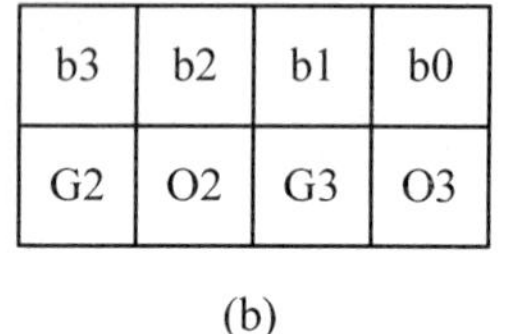

b3	b2	b1	b0
G2	O2	G3	O3

(b)

图 8.8 BFM#8 和#9 为零点和增益调整的设置对应值

BFM#8 中 4 位十六进制数(b3 b2 b1 b0)对应 CH1 和 CH2 的零点和增益调整的设置命令，见图 8.8(a)(b=0 表示不允许调整，b=1 表示允许调整)；

BFM#9 中 4 位十六进制数(b3 b2 b1 b0)对应 CH3 和 CH4 的零点和增益调整的设置命令，见图 8.8(b)(b=0 表示不允许调整，b=1 表示允许调整)。

(5) BFM#10～#17 为零点和增益数据。当 BFM 的#8 和#9 中允许零点和增益调整时，可通过写入命令 TO 将要调整的数据写在 BFM#10～#17 中(单位为 mA 或 mV)。

(6) BFM#20 为复位命令。当将数据 1 写入到 BFM#10 时，缓冲寄存器 BFM 中的所有数据恢复到出厂时的初始设置。其优先权大于 BFM#21。

(7) BFM#21 为 I/O 状态禁止调整控制。当 BFM#21 不为 1 时，BFM#21 到 BFM#1 的 I/O 状态禁止调整，以防止由于疏忽造成的 I/O 状态改变。当 BFM#21=1(初始值)时允许调整。

(8) BFM#29 中各位的状态是 FX_{2N}-4DA 运行正常与否的信息。各位表示的含义与 FX_{2N}-4AD 相近，具体内容可参见表 8-8。

(9) FX_{2N}-4DA 的识别码为 K3020，存于 BFM#30 中。PLC 可用 FROM 指令读入，用户在程序中可以方便地利用这一识别码在传送数据前先确认该特殊功能模块。

8.3.2 应用举例

【例 8.3】 在图 8.1 中，若 FX_{2N}-2DA 模拟量输出模块接在 2 号模块位置，CH1 设定为电压输出，CH2 设定为电流输出，并要求当 PLC 从 RUN 转为 STOP 状态后，最后的输出值保持不变，试编写程序。

解：梯形图如图 8.9 所示。

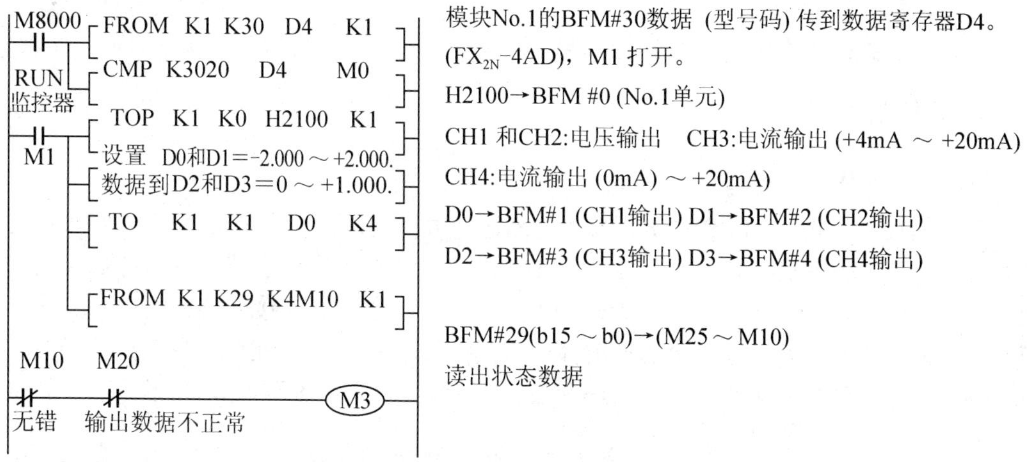

图 8.9 例 8.3 梯形图

【例 8.4】 FX_{2N}-4DA 模拟量输出模块编号为 1 号。现要将 FX_{2N}-48MR 中数据寄存器 D10、D11、D12、D13 中的数据通过 FX_{2N}-4DA 的 4 个通道输出出去，要求 CH1、CH2 设定为电压输出(-10～+10V)，CH3 、CH4 通道设定为电流输出(0～+20mA)，并且 FX_{2N}-48MR 从 RUN 转为 STOP 状态后，CH1、CH2 输出值保持不变，CH3、CH4 的输出值回零。试编写实现这一要求的 PLC 程序。

解：梯形图及有关注释如图 8.10 所示。其中，为通道 CH1、CH2 传送数据的寄存器 D10、D11 的取值范围是-2000～+2000；为通道 CH3、CH4 传送数据的寄存器 D12、D13 的取值范围是 0～+1000。

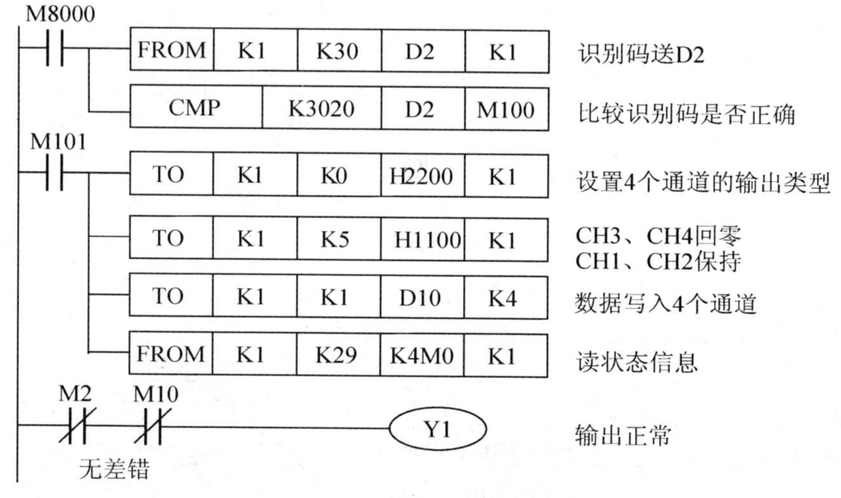

图 8.10 例 8.4 梯形图

8.4 高速计数模块

PLC 梯形图程序中的计数器是 FX_{2N} 内部的计数器(普通和高速计数器两种)，其最高工作频率一般仅有几十赫兹至几万赫兹。在自动控制中有时要求 PLC 对电子开关、旋转编码器等进行高速计数，FX_{2N} 的内部计数器无法满足这一要求，必须采用 FX_{2N} 系列 PLC 的 FX_{2N}-1HC 高速计数器模块。高速计数器模块可以对几万赫兹至几百万赫兹的脉冲计数。

8.4.1 基本性能参数

1. FX_{2N}-1HC 的技术指标

FX_{2N}-1HC 可作为双相 50kHz 一通道的高速计数模块，通过 PLC 的指令或外部输入可进行计数器的复位或启动。只要将 FX_{2N}-1HC 左侧的插头插入位于其左侧的基本单元或扩展单元的插座内，就完成了 FX_{2N}-1HC 与 PLC 的 CPU 之间的连接。该计数器的当前计数值与设定值的比较以及比较结果的输出都由该模块直接进行，与 PLC 的扫描周期无关，具有较高的计时精度和分辨率。FX_{2N}-1HC 的技术指标如表 8-9 所示。

表 8-9 FX_{2N}-1HC 高速计数器技术指标

项　目	描　述
信号等级	5V、12V 和 24V，依赖于连接端子。线驱动器输出型连接到 5V 端子上
频率	单相单输入：不超过 50kHz 单相双输入：每个不超过 50kHz 双相双输入：不超过 50kHz(1 倍数)；不超过 25kHz(2 倍数)；不超过 12.5kHz(4 倍数)
计数器范围	32 位二进制计数器：−2147483648～+2147483647 16 位二进制计数器：0～65535
计数方式	自动时向上/向下(单相双输入或双相双输入)；当工作在单相单输入方式时，向上/向下由一个 PLC 或外部输入端子确定
比较类型	YH：直接输出，通过硬件比较器处理；YS：软件比较器处理后输出，最大延迟时间为 300ms
输出类型	NPN，开路，输出 2 点，5～24V 直流，每点 0.5A
辅助功能	可以通过 PLC 的参数来设置模式和比较结果，可以监测当前值、比较结果和误差状态
占用的 I/O 点数	这个块占用 8 输入或输出点(输入或输出均可)
基本单元提供的电源	5V、90mA 直流(主单元提供的内部电源或电源扩展单元)
适用的控制器	FX_{1N}/FX_{2N}/FX_{2NC}(需要 FX_{2NC}-CNV-IF)
尺寸(宽)×(厚)×(高)	55mm×87mm×90mm(2.71in×3.43in×3.54in)
质量(重量)	0.3kg(0.66Ibs)

2. FX_{2N}-1HC 的输入/输出

高速计数器 FX_{2N}-1HC 输入的计数脉冲信号可以是单相的，也可以是双相的。单相 1 输入和单相 2 输入时小于 50kHz，双相输入时可以设置 1 倍频、2 倍频和 4 倍频模式。脉冲信号的幅值可以是 5V、12V 或 24V，分别连接到不同的输入端。

计数器的输出有两种类型 4 种方式。

(1) 由该模块内的硬件比较器输出比较的结果，一旦当前计数值等于设定值，立即将输出端置“1”，其输出方式有两种：输出端 YHP 采用 pnp 型晶体管输出方式；输出端 YHN 采用 npn 型晶体管输出方式。

(2) 通过该模块内的软件输出比较的结果，由于软件进行数据处理需要一定的时间，因此当当前计数值等于设定值时，要经过 200μs 的延迟才能将输出端置“1”，其输出方式也有两种：输出端 YSP 采用 pnp 型晶体管输出方式；输出端 YSN 采用 npn 型晶体管输出方式。

上述各输出端的电源可以是 12～24V 的直流电源，最大负载电流为 0.5A。

3. FX_{2N}-1HC 内的数据缓冲存储区

高速计数器 FX_{2N}-1HC 内的数据缓冲存储区共有 32 个数据缓冲寄存器(以下简称 BFM)，即 BFM#0～BFM#31，其功能用途见表 8-10。

表 8-10 FX_{2N}-1HC 内的数据缓冲寄存器的功能用途

BMF	功能用途	BMF	功能用途
BFM#0	存放计数器方式	BFM#16	未使用
BFM#1	存放单相单输入方式时软件控制的递加/递减命令	BFM#17	未使用
BFM#2	存放最大计数限定值的低 16 位	BFM#18	未使用
BFM#3	存放最大计数限定值的高 16 位	BFM#19	未使用
BFM#4	存放计数器控制	BFM#20	存放计数器当前计数值的低 16 位
BFM#5	未使用	BFM#21	存放计数器当前计数值的高 16 位
BFM#6	未使用	BFM#22	存放计数器最大当前计数值的低 16 位
BFM#7	未使用	BFM#23	存放计数器最大当前计数值的高 16 位
BFM#8	未使用	BFM#24	存放计数器最小当前计数值的低 16 位
BFM#9	未使用	BFM#25	存放计数器最小当前计数值的高 16 位
BFM#10	存放计数器计数起始值的低 16 位	BFM#26	存放比较结果
BFM#11	存放计数器计数起始值的高 16 位	BFM#27	存放端口状态
BFM#12	存放硬件比较时，计数器设定值的低 16 位	BFM#28	未使用
BFM#13	存放硬件比较时，计数器设定值的高 16 位	BFM#29	存放故障代码
BFM#14	存放软件比较时，计数器设定值的低 16 位	BFM#30	存放模块识别代码
BFM#15	存放软件比较时，计数器设定值的高 16 位	BFM#31	未使用

4. FX_{2N}-1HC 的计数方式

高速计数器 FX_{2N}-1HC 内计数器的计数方式由 BFM#0 内的数据决定，该数据的取值范围为 K0～K11，由 PLC 通过 TO 指令写入到 BFM#0 中去。为了避免反复将数据写入该寄存器内，TO 指令必须采用脉冲控制方式。计数器的计数方式与 BFM#0 内数据的对应关系如表 8-11 所示。

表 8-11 计数器计数方式表

计数方式 \ BFM#0 内的数据 \ 计数器类型		计数器 32 位	计数器 16 位
A-D 相输入	1 边沿计数	K0	K1
	2 边沿计数	K2	K3
	4 边沿计数	K4	K5
单相双输入	由脉冲控制递加/递减	K6	K7
单相单输入	由硬件控制递加/递减	K8	K9
	由软件控制递加/递减	K10	K11

当以 32 位计数器计数时，其最大计数限定值为+2147483647，最小计数限定值为-2147483648。在进行递加计数时，当计数值超过最大计数限定值(即溢出)时，计数值变为最小计数限定值；反之，在进行递减计数时，当计数值小于最小计数限定值时，计数值变为最大计数限定值。

当以 16 位计数器计数时，其计数范围为 0～65535。BFM#2 和 BFM#3 内存放的数作为 16 位计数器的最大计数限定值，其取值范围为 2～65536。在进行递加计数时，当计数值超过最大计数限定值(即溢出)时，计数值变为 0；反之，在进行递减计数时，当计数值小于 0 时，计数值变为最大计数限定值。

当采用单相单输入、单相双输入或 A-B 相输入中 1 边沿计数的计数方式时，允许的最高计数频率为 50kHz，当采用 A-B 相输入中 2 边沿计数的计数方式时，允许的最高计数频率为 25kHz，当采用 A-B 相输入中 4 边沿计数的计数方式时，允许的最高计数频率为 12.5kHz。

1) 由软件控制递加/递减的计数方式

当 BFM#0 内的数为 K10 或 K11 时，计数器的计数方式由 BFM#1 内的数决定，如果 BFM#1 内的数为 0，则计数器以递加方式计数；如果 BFM#1 内的数为 1，则计数器以递减方式计数。计数脉冲都经 B 相输入端输入。该计数方式的时序如图 8.11 所示。

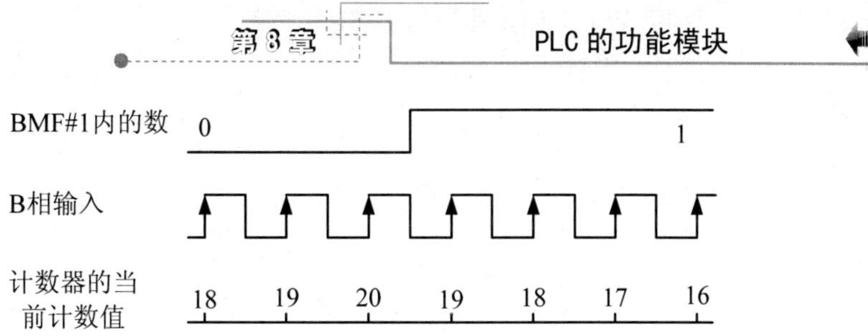

图 8.11 由软件控制递加/递减的计数方式的时序

2) 由硬件(A 相输入信号)控制递加/递减的计数方式

当 BFM#0 内的数为 K8 或 K9 时，计数器的计数方式由 A 相输入端输入的信号决定，如果 A 相输入端的输入信号为 0，则计数器以递加方式计数；如果 A 相输入端的输入信号为 1，则计数器以递减方式计数。计数脉冲经 B 相输入端输入。该计数方式的时序如图 8.12 所示。

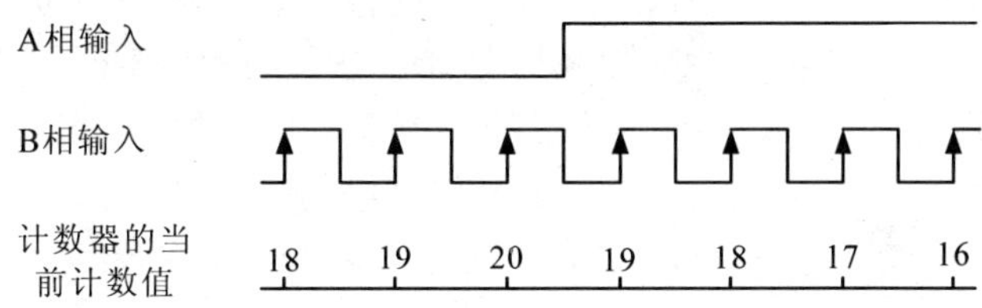

图 8.12 由 A 相输入信号控制递加/递减的计数方式的时序

3) 由 A 相和 B 相分别控制递加/递减的计数方式

当 BFM#0 内的数为 K6 或 K7 时，由 A 相输入端输入的脉冲上升沿使计数器的当前计数值加 1，由 B 相输入端输入的脉冲上升沿使计数器的当前计数值减 1，当 A 相和 B 相输入端输入的脉冲上升沿同时出现时，计数器的当前计数值保持不变。该计数方式的时序如图 8.13 所示。

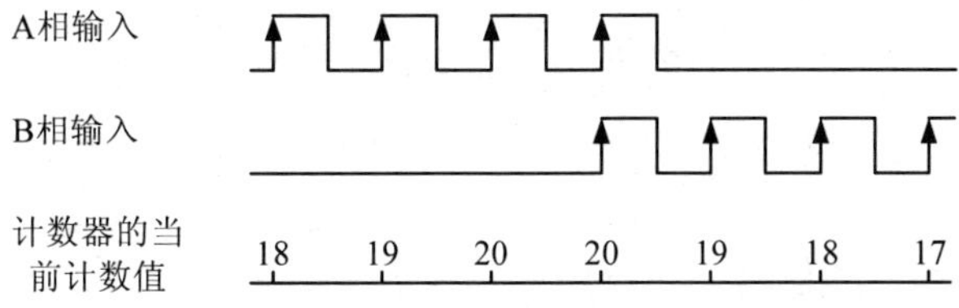

图 8.13 由 A 相和 B 相分别控制递加/递减的计数方式的时序

4) A-B 相 1 边沿的计数方式

当 BFM#0 内的数为 K0 或 K1 时，若 B 相脉冲的上升沿出现在 A 相输入端的输入信号为“1”状态时，则计数器的当前计数值加 1；若 B 相脉冲的下降沿出现在 A 相输入端的输入信号为“1”状态时，则计数器的当前计数值减 1。该计数方式的时序如图 8.14(a)所示。当采用光电编码器 A-B 相脉冲检测转速或位置时，设电动机正转时，编码器产生的 A-B 相脉冲波形如图 8.14(a)所示；则电机反转时，编码器产生的 A-B 相脉冲波形如图 8.14(b)所示。因此，当采用 A-B 相脉冲输入时，根据电机的转向，计数器可以自动进行递加或递减计数。

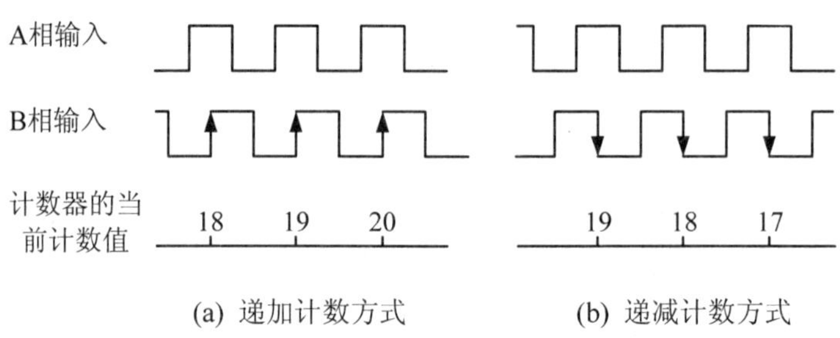

图 8.14　A-B 相 1 边沿的计数方式时的时序

5) A-B 相 2 边沿的计数方式

当 BFM#0 内的数为 K2 或 K3 时，若 B 相脉冲的上升沿出现在 A 相输入端的输入信号为“1”状态时，或者 B 相脉冲的下降沿出现在 A 相输入端的输入信号为“0”状态时，则计数器的当前计数值加 1；若 B 相脉冲的下降沿出现在 A 相输入端的输入信号为“1”状态时，或者 B 相脉冲的上升沿出现在 A 相输入端的输入信号为“0”状态时，则计数器的当前计数值减 1。该计数方式的时序如图 8.15 所示。在采用相同编码器的情况下，采用 A-B 相 2 边沿的计数方式比采用 A-B 相 1 边沿的计数方式，计数精度提高一倍。也就是说，在计数精度相同的情况下，采用 A-B 相 2 边沿的计数方式比采用 A-B 相 1 边沿的计数方式，对编码器分辨率的要求降低了 50%，而编码器的价格与其分辨率成正比，分辨率愈高，价格愈贵。

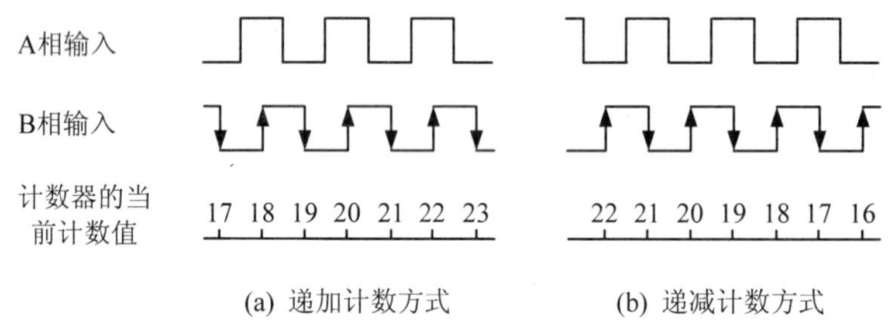

图 8.15　A-B 相 2 边沿的计数方式时的时序

6) A-B 相 4 边沿的计数方式

当 BFM#0 内的数为 K4 或 K5 时，若 A 相脉冲的上升沿出现在 B 相输入端的输入信号为“0”状态时，或者 A 相脉冲的下降沿出现在 B 相输入端的输入信号为“1”状态时，或者 B 相脉冲的上升沿出现在 A 相输入端的输入信号为“1”状态时，或者 B 相脉冲的下降沿出现在 A 相输入端的输入信号为“0”状态时，则计数器的当前计数值加 1；若 A 相脉冲的上升沿出现在 B 相输入端的输入信号为“1”状态时，或者 A 相脉冲的下降沿出现在 B 相输入端的输入信号为“0”状态时，或者 B 相脉冲的上升沿出现在 A 相输入端的输入信号为“0”状态时，或者 B 相脉冲的下降沿出现在 A 相输入端的输入信号为“1”状态时，则计数器的当前计数值减 1。该计数方式的时序如图 8.16 所示。在采用相同编码器的情况下，采用 A-B 相 4 边沿的计数方式比采用 A-B 相 2 边沿的计数方式，其分辨率提高一倍；采用 A-B 相 4 边沿的计数方式比采用 A-B 相 1 边沿的计数方式，其分辨率提高 4 倍。也就是说，在控制对象对分辨率要求相同的情况下，采用 A-B 相 4 边沿的计数方式比采用 A-B 相 1 边沿的计数方式，对编码器分辨率的要求降低为原来的四分之一。

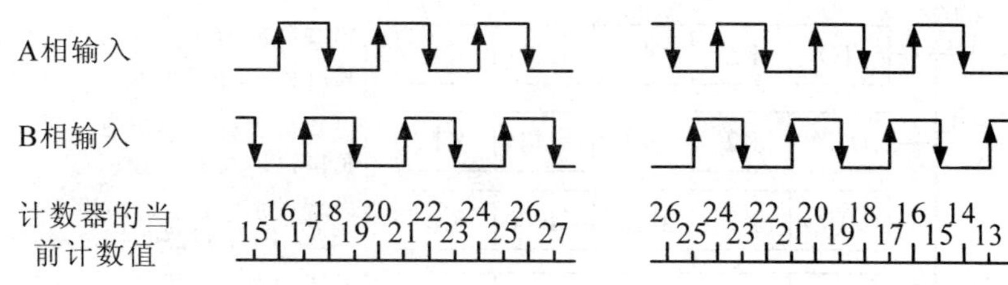

(a) 递加计数方式　　(b) 递减计数方式

图 8.16　A-B 相 4 边沿的计数方式时的时序

5. FX_{2N}-1HC 输入/输出的控制字

BFM#4 内存放控制字，各位的功能如表 8-12 所示。

表 8-12　BFM#4 各位的功能表

位　序	"0"状态	"1"状态
b0	禁止计数	允许计数
b1	禁止硬件比较	允许硬件比较
b2	禁止软件比较	允许软件比较
b3	硬件输出端和软件输出端单独工作	硬件输出端和软件输出端互为复位
b4	输入 PRESET 无效	输入 PRESET 有效
b5～b7	没有定义	
b8	不起作用	出错标志复位
b9	不起作用	硬件比较输出复位
b10	不起作用	软件比较输出复位
b11	不起作用	选用硬件比较
b12	不起作用	选用软件比较
b13～b15	没有定义	

8.4.2 应用举例

【例 8.5】 某 FX_{2N} 型 PLC 控制系统的各模块连接如图 8.17 所示。其中，高速计数器模块 FX_{2N}-1HC 的序号为 2。将该模块内的计数器设置为由软件控制递加/递减的单相单输入的 16 位计数器，并将其最大计数限定值设定为 K4444，采用硬件比较的方法，其设定值为 K4000，其用户程序编制如图 8.18 所示。

FX_{2N}-48MR X00～X27 Y00～Y27	FX_{2N}-4AD	FX-8EX X30～X37	FX_{2N}-2DA	FX_{2N}-32EX X40～X57 Y30～Y47	FX_{2N}-1HC
	No.0		No.1		No.2

图 8.17　FX_{2N} 型 PLC 控制系统的各模块的连接

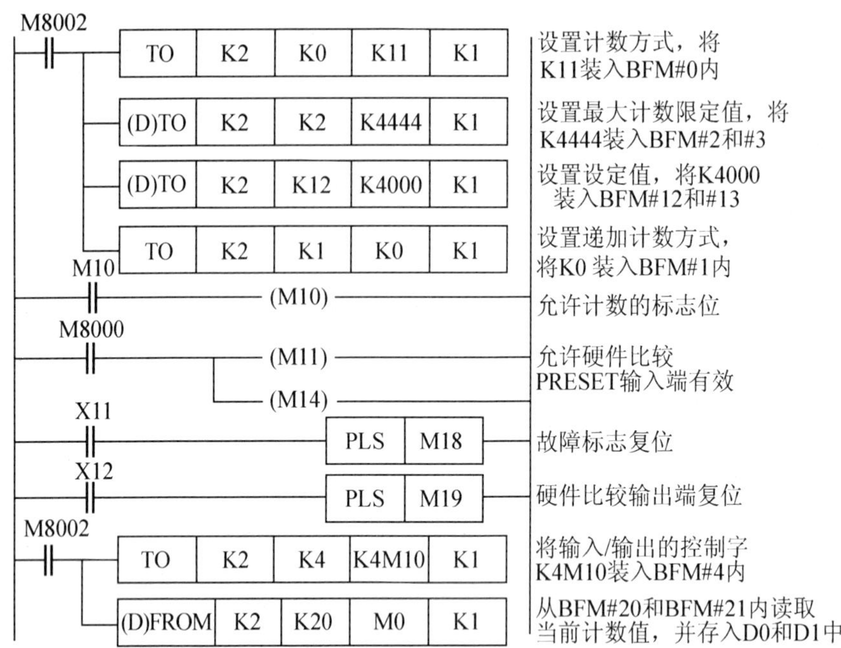

图 8.18　使用高速计数模块的梯形图程序

8.5　可编程凸轮控制器模块

可编程凸轮控制器与脉冲输出模块及高速计数模块同属于一种点位控制模块。通过安装专用旋转角传感器，可以高精度简便地实现对以往利用机械式凸轮开关所控制的旋转位置。

8.5.1　FX_{2N}-1RM-SET 的特点

可编程凸轮控制器 FX_{2N}-1RM-SET(包括操作面板)与旋转角传感器 F2-720-RSV 和专用的连接电缆连接，就构成定位控制系统，广泛应用于包装机械、食品机械、印刷机械中。其使用特点如下。

1. 在高速旋转时准确检测角度和位置信号

可编程凸轮控制器 FX_{2N}-1RM-SET 在高速旋转物的角度和位置检测中，控制分辨率为 1 度(0.5 度)，响应速度为 830rpm/度(或 415rpm/0.5 度)。

2. 与 PLC 联机使用

(1) 可编程凸轮控制器 FX_{2N}-1RM-SET 与 FX_{2N} 系列 PLC 联机时必须放置在 FX_{2N} 的最后部，一台 PLC 最多可连接 3 台 FX_{2N}-1RM-SET。

(2) PLC 通过 FROM/TO 指令对 FX_{2N}-1RM-SET 进行监视和控制，利用 PLC 的输出端实现 48 点的输出。每个控制点可以进行 8 个 ON/OFF 状态的控制(步 0～步 7)。FX_{2N}-1RM-SET 可以同时进行最多 32 点的开启。

(3) 可以使用计算机专用 PLC 编程软件或编程器对可编程凸轮控制器进行程序的安装和下载。

(4) FX_{2N}-1RM-SET 的程序存储在 EEPROM 中，当与 FX_{2N} 联机时可设 8 个程序库。

3. FX_{2N}-1RM-SET 独立使用

(1) 通过操作面板进行监视和控制，可连接 FX_{2N} 晶体管输出扩展单元，通过该扩展单元实现 48 点的输出。每个控制点可以进行 8 个 ON/OFF 状态的控制(步 0～步 7)。FX_{2N}-1RM-SET 可以同时进行最多 32 点的开启。

(2) FX_{2N}-1RM-SET 的程序存储在 EEPROM 中。当 FX_{2N}-1RM-SET 独立工作时，通过外部输入给定，可设置 4 个程序库。

4. 其他功能

FX_{2N}-1RM-SET 的位置信号具有掉电保护功能，不会因失电而丢失，它的参考角及旋转方向可自由设置。

8.5.2 缓冲寄存器及设置

1. FX_{2N}-1RM-SET 的联机运行

FX_{2N} 系列 PLC 与 FX_{2N}-1RM-SET 联机时，通过 PLC 的 FROM/TO 指令，对 FX_{2N}-1RM-SET 中的缓冲寄存器 BFM 进行读/写操作。当 PLC 同时连接两台或三台 FX_{2N}-1RM-SET 时，PLC 发出的 FROM/TO 指令只对连接距离最近的 FX_{2N}-1RM-SET 有效，另外两台 FX_{2N}-1RM-SET 与 PLC 的读/写操作，必须通过第一台 FX_{2N}-1RM-SET 进行。

2. 缓冲寄存器(BFM)编号与设置

FX_{2N}-1RM-SET 缓冲寄存器 BFM 的分配(部分)如表 8-13 所示。

表 8-13 FX_{2N}-1RM-SET 缓冲寄存器 BFM 分配(部分)

BFM 号	名　称	初始值	说明 (R：读；W：写；K：保持)		文本寄存器号
#0	初值设置	0		W、K	D7144
#1	参考角度	0	机械参考角度的设置	W、K	D7145
#2、#8002、#9002	程序库号(00～07)	0	当与 PLC 连接时有效	W	
#3、#8003、#9003	命令	0		W	
#4	输出禁止(Y000～Y017)	0	b=0 允许，b=1 禁止输出	W	
#5	输出禁止(Y020～Y037)	0	b=0 允许，b=1 禁止输出	W	
#6	输出禁止(Y040～Y057)	0	b=0 允许，b=1 禁止输出	W	
#7	执行程序库号			W	
#8、#8008、#9008	角度当前值(度)			R	
#9、#8009、#9009	旋转速度(r/min)			R	
#10、#8010、#9010	输出状态(Y000～Y017)		0 输出为 OFF，1 输出为 ON	R	

续表

BFM号	名　称	初始值	说明 (R：读；W：写；K：保持)		文本寄存器号
#11、#8011、#9011	输出状态(Y020～Y037)		0输出为OFF，1输出为ON	R	
#12、#8012、#9012	输出状态(Y040～Y057)		0输出为OFF，1输出为ON	R	
#28、#8028、#9028	状态	0	监视工作状态	R	
#29	错误代码	0		R	
#100	写入为ON的角度			W	
#101	写入为OFF的角度			W	
#102	写入BFM号			W	
#103	读为ON的角度			R	
#104	读为OFF的角度			R	
#105	读BFM号			R	
#1000	写入程序库0，步号0中Y000＝ON的角度	FFFF	写入控制角度	W、K	D1000
#1001	写入程序库0，步号0中Y000＝OFF的角度	FFFF	写入控制角度	W、K	D1001
……	……	……	……	……	……
#7142	写入程序库0，步号7中Y000＝ON的角度	FFFF	写入控制角度	W、K	D7142
#7143	写入程序库0，步号7中Y000＝OFF的角度	FFFF	写入控制角度	W、K	D7143

注：① 当PLC同时连接两个或三个FX_{2N}-1RM-SET时，PLC通过读/写最近一台FX_{2N}-1RM-SET的缓冲寄存器编号：BFM#8000～#8999(对应第二台 FX_{2N}-1RM-SET)、BFM#9000～#9999(对应第三台FX_{2N}-1RM-SET)的相关数据，实现与第二和第三台FX_{2N}-1RM-SET的通讯。

② FX_{2N}-1RM-SET缓冲寄存器内的数据均为16位二进制数。

③ 当角度采用单倍值表示时，分辨率为1度；当采用2倍值表示时，分辨率为0.5度。

FX_{2N}-1RM-SET中编号为#0、#3、#28、#29的缓冲寄存器中16位二进制数中每一位(bit)代表的具体含义如表8-14～表8-17所示。

表8-14　初始设置缓冲寄存器(BFM#0)

b15～b7	b6	b5	b4	b3	b2	b1	b0
未使用	禁止键盘RUN到PRG操作	局部自动角校正	自动角校正	程序库规格	EEPROM写保护	旋转方向	分辨率
	0：允许 1：不允许	0：不使用 1：Y000～Y003使用	0：不使用 1：Y000～Y017使用	0：外部输入 1：与PLC连接	0：允许写入 1：不允许	0：时钟方向 1：计数器方向	0：0.5度 1：1度

表 8-15 命令缓冲寄存器(BFM#3)

b15～b7	b6	b5	b4	b3	b2	b1	b0
未使用	在 BFM 的保持区域写指令	初始化 BFM 的保持区域	RUN 方式下写指令	复位	选择参考角	PRG 方式	RUN 方式
	0：允许 1：不允许	0：不使用 1：Y000～Y003 使用	上升沿有效	上升沿有效	上升沿有效	上升沿有效	上升沿有效

表 8-16 工作状态显示缓冲寄存器(BFM#28)

b15～b9	b8	b7	b6	b5	b4	b3	b2	b1	b0
未使用	通信错误	FX$_{2N}$-1RM-SET (3 台)与 PLC 连接	FX$_{2N}$-1RM-SET (两台)与 PLC 连接	初始化 BFM 的保持区域显示	RUN 方式下写显示	错误报警	旋转为计数器方向	旋转为时钟方向	运行显示
	1：出错	b7＝1 b6＝1	b7＝0 b6＝1	b5＝1	b4=1	b3＝1	b2＝1	b1＝1	b0=1

表 8-17 错误报警缓冲寄存器(BFM#29)

23	22	21	20
旋转角传感器未连接	EEPROM 不能写入	程序库号超范围	数据超范围

8.5.3 应用实例

【例 8.6】图 8.19 为可编程控制器 FX$_{2N}$-80MT 及其扩展单元 FX$_{2N}$-16EYT 与可编程凸轮控制器 FX$_{2N}$-1RM-SET 的连接图。要求由 FX$_{2N}$-80MT 读取 FX$_{2N}$-1RM-SET 的输出状态信息，并通过 FX$_{2N}$-80MT 的输出端输出控制信号的程序，同时 FX$_{2N}$-80MT 能够对 FX$_{2N}$-1RM-SE 发出运行、编程和复位的命令。试设计该程序。

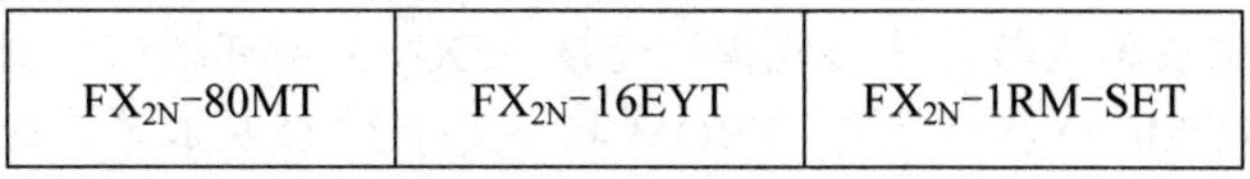

FX$_{2N}$-80MT	FX$_{2N}$-16EYT	FX$_{2N}$-1RM-SET

图 8.19 例 8.6 连接图

当可编程凸轮控制器 FX$_{2N}$-1RM-SET 与 PLC 联机工作时，可以通过 FROM/TO 指令，实现对可编程凸轮控制器的控制。PLC 的控制程序如图 8.20 所示。其中 PLC 的输入信号 X000、X001、X002 可以实现对 PLC 的运行控制。

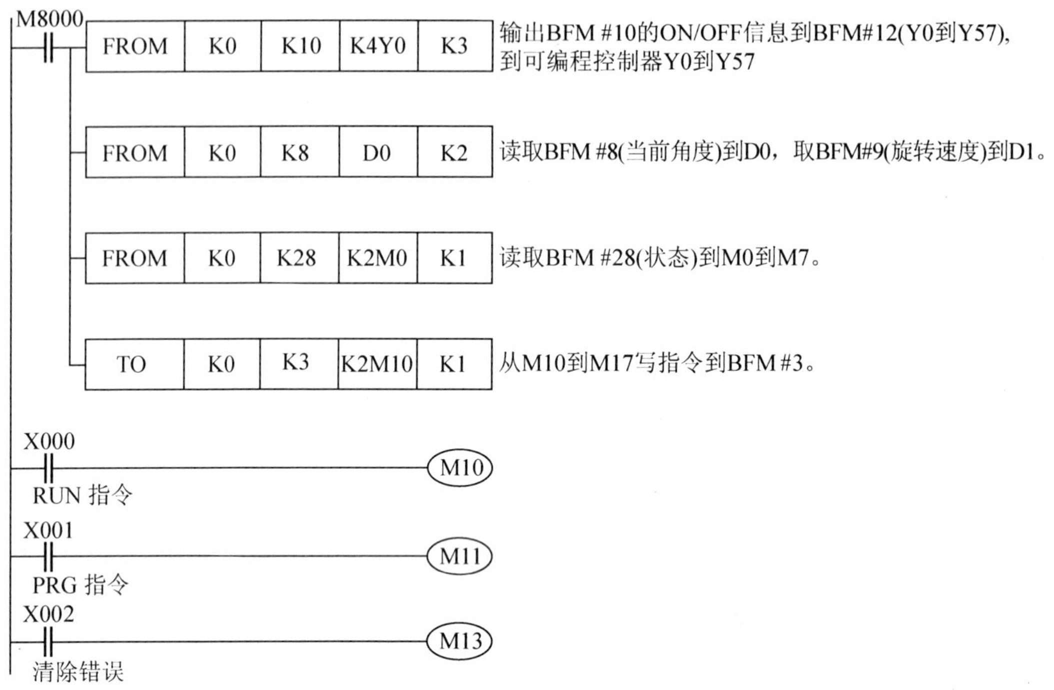

图 8.20　例 8.6 的梯形图

小　　结

FX_{2N}的功能模块主要有模拟量输入模块 FX_{2N}-2AD、FX_{2N}-4AD、FX_{2N}-8AD、模拟量输出模块 FX_{2N}-2DA、FX_{2N}-4DA，温度输入模块 FX_{2N}-4AD-FT、FX_{2N}-4AD-TC，温度控制模块 FX_{2N}-2LC，高速计数模块 FX_{2N}-1HC，定位控制单元 FX_{2N}-20GM，通信接口 FX_{2N}-232-BD、FX_{2N}-485-BD、FX_{2N}-422-BD，脉冲发生器模块 FX_{2N}-1PG，接口模块 FX_{2N}-2321F 等。

基本单元通过扩展总线与特殊功能模块连接。FX_{2N} 系列可编程控制器与特殊功能模块之间的通信通过 FROM/TO 指令执行。FROM 指令用于 PLC 基本单元读取特殊功能模块中的数据；TO 指令用于 PLC 基本单元将数据写到特殊功能模块中。读、写操作都是针对特殊功能模块的缓冲寄存器 BFM 进行的。

使用特殊功能模块时应详细了解所选用模块的功能及性能参数，尤其是模块的缓冲寄存器 BFM 的设置。

习　　题

1．FX_{2N} 系列 PLC 有哪些特殊功能单元？各有什么用途？

2．FX_{2N} 系列 PLC 的模拟量输入模块和模拟量输出模块有何异同之处？

3．现 FX_{2N}-1HC 的计数方式有哪些？应如何设定？

4．可编程凸轮控制器有哪些特点？它有哪些工作方式？

5．有 4 点电压信号，要求对其采样 100 次，然后将通道 CH1、CH2 的平均值作为信号的输出值；将通道 CH3 的输入值与平均值之差的绝对值放大 5 倍后输出；将通道 CH4 的零点调整为 0V，增益调整为 4.5V，并将其信号直接作为模拟量信号输出。试编程实现。

6．某模拟量输入信号控制系统，要求两个模拟量输入信号的类型为电流型，采样次数为 150 次，然后将两个采样品均值相加，结果存入 PLC 的数据寄存器 D30 中。试选择硬件设备，画出 PLC 与模拟量输入模块的连接示意图，并设计控制程序实现要求的功能。

第 9 章 PLC 通信与计算机网络

PLC 除了用于单机控制系统外，还能与其他 PLC、计算机或者可编程设备(如变频器、打印机、机器人)等连接，构成数据交换的通信网络，实现网络控制与管理。

教学要求

本章要求学生了解有关数字通信的基本知识和基本实现方法，重点了解 FX 系列 PLC 的 N：N 链接与并行链接通信协议、计算机链接通信协议、无协议通信方式及其应用。

工业自动化系统集成工程中越来越多地应用了计算机网络。PLC 及其网络由于有较高的性价比，易于实现分散控制，已成为工业企业中首选的工业控制装置。PLC 之间的通信、PLC 与工业控制计算机的通信、PLC 网的互联、PLC 网与其他工业局域网的互联是 PLC 应用的重要环节。

三菱公司 FX 系列 PLC 具有很强的通信功能。FX 系列 PLC 采用通信模块来完成与主计算机、其他 PLC 或其他智能控制设备之间的通信。本章着重介绍 FX 系列 PLC 的以下几种常用通信方式。

(1) N：N 链接(N：N network)：用于 PLC 与 PLC 之间构成的系统的数据传输。

(2) 并行链接(parallel link，1：1 链接)：用于两台 PLC 之间最多 100 个特殊辅助继电器和 10 个数据寄存器的数据传输。

(3) 计算机链接(computer link)：应用 RS-485(422)模块连接 1 台计算机与最多 16 台 PLC(1：N)，按照专有协议通信协议方式(dedicated protocol，无须梯形图，计算机直接读写操纵 PLC)进行数据传输。

(4) 无协议通信方式(no protocol，也称 RS 指令通信)：应用 RS 指令编写的梯形图形式完成 PLC 与带有 RS-232C 接口的设备(如个人计算机、条码阅读器和打印机等设备)的数据通信。

9.1 PLC 通信的基本知识

通信就是系统之间按一定规则进行的信息传送、交换。在自动控制系统中 PLC 与工业控制计算机、PLC 与 PLC 、PLC 与外围设备之间的通信统称为 PLC 通信。PLC 通信系统的应用目的就是要将多个远程的 PLC、计算机以及各种外围设备进行互联，通过某种共同约定的通信规则(协议)和通信方式，传输和交换信息数据，以实现由一台计算机控制和管理多台 PLC 设备，或多台 PLC 之间的监控管理，以组成不同的 PLC 网络系统。

9.1.1 数据通信系统构成

通信的目的是为了交换信息。信息的载体可以是语音、音乐、图形图像、文字和数据等多种媒体。计算机或 PLC 的终端产生的信息一般是字母、数字和符号的组合。为了传送这些信息，首先要将每一个字母、数字或符号用二进制代码表示。常用的二进制代码有国际 5 号码(IA5)，扩充的二、十进制交换码 EBCDIC 码和美国信息交换标准码(ASCII 码)等。

美国信息交换标准码(ASCII 码)目前已被 ISO 与 ITU-T 采纳，并发展为国际通用的信息交换用标准代码。ASCII 码用 7 位二进制数来表示一个字母、数字或符号。例如，字母 A 的 ASCII 码是 1000001；数字 1 的 ASCII 码是 0110001；通信控制字符(SYN)的 ASCII 码是 0010110。任何文字都可以用一串二进制 ASCII 码来表示。对于数据通信过程，只需要保证被传输的二进制码在传输过程中不出现错误，而不需要理解被传输的二进制代码所表示的信息内容。被传输的二进制代码称为数据(data)。

PLC 网络中的任何设备之间的通信，都是使数据由一台设备的端口发出(信息发送设备)，经过信息传输通道(信道)传输到另一台设备的端口进行接收(信息接收设备)。一般通信系统由信息发送设备、信息接收设备和通信信道构成，基于该通信系统硬件的信息传送、交换和处理则依靠通信协议和通信软件的指挥、协调和运作。图 9.1 表示了一个数据通信系统的基本构成框图。

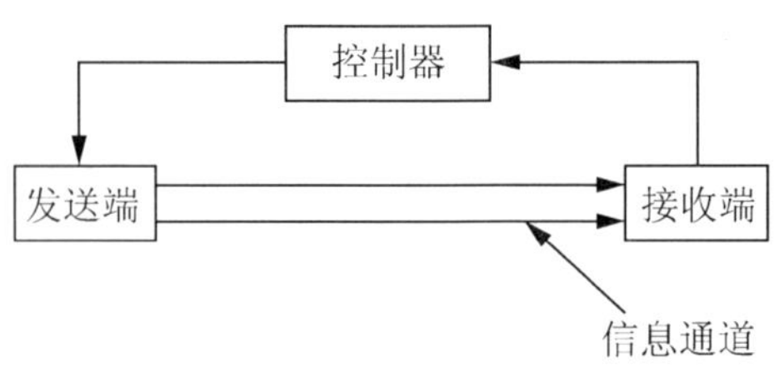

图 9.1 数据通信系统的基本构成框图

在 PLC 数据通信系统中，每台 PLC、计算机或外围设备既可以是信息发送设备，也可是信息接收设备。一个信息发送设备在发送数据的同时，也可以接收来自其他设备的信息。同样，信息接收设备在接收数据的同时，也可以发送反馈信息。

PLC 与计算机除了作为信息发送与接收设备外也是系统的控制设备。为确保信息发送和接收的正确性和一致性，控制设备必须按照通信协议和通信软件的要求对信息发送和接收过程进行协调。

通信协议的作用主要是规定各种数据传输的规则，收发双方通过遵守共同的通信协议的各项规定以协调和保持数据通信的进行和顺畅。

信息通道是数据传输的通道。选用何种信道媒介应视通信系统的设备构成不同以及在速度、安全、抗干扰性等方面的要求的不同而确定。PLC 数据通信系统一般采用有线信道。

通信软件是人与通信系统之间的一个接口，使用者可以通过通信软件了解整个通信系统的运作情况，进而对通信系统进行各种控制和管理。

9.1.2 数据通信方式及传输速率

在计算机与 PLC 组成的多处理机的自动控制系统中，设备相互之间的通信必须遵循一定的通信方式，才能达到既有效利用设备又提高通信效率的目的。通信系统的基本通信方式可分为两种类型：并行通信与串行通信。

1. 并行通信

并行通信是指以字节或字为单位，同时将多个数据在多个并行信道上同时进行传输，如图 9.2 所示。并行通信的速度较快，但随着传输位数的增多，电路的复杂程度相应增加，成本也随之上升，抗干扰能力较差。因此，并行通信较适合于短距离和高速率的数据通信，例如，计算机与打印机之间的通信，PLC 内部的基本单元、扩展单元和特殊模块之间的数据传送等。

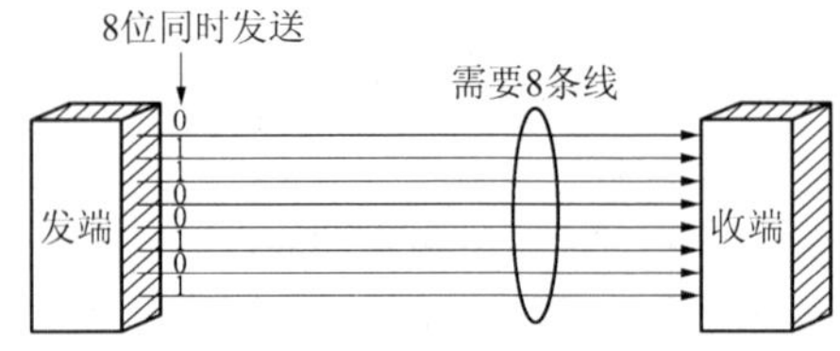

图 9.2 8 位数据并行传输的示意

2. 串行通信

串行通信是指以二进制的位(bit)为单位，将数据一位、一位顺序成串传送的通信传输方式。相对并行通信而言，由于每次只传送一位数据，串行通信的传输速度较慢。串行通信需要的信号线少，成本低，适用于远程通信的场合。PLC 网络系统广泛应用了串行通信的技术。图 9.3 是 8 位数据串行传输的示意图。

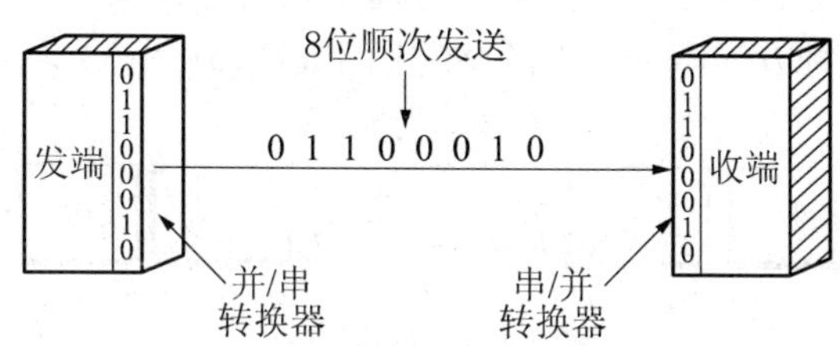

图 9.3　8 位数据串行传输示意

在串行通信中，接收方和发送方应使用相同的传输速率，即发送和接收应同步。接收方和发送方的标称传输速率虽然相同，但它们之间总是有一些微小的差别。如果不采取措施，在连续传送大量的信息时，将会因积累误差而造成发送和接收的数据错位或数据位的丢失，使接收方收到错误的信息。为了解决这一问题，需要使发送过程和接收过程同步。按同步方式的不同，串行通信分为异步通信(ASYNC)和同步通信(SYNC)，以及同步数据链路通信(SDLC)、高级数据链路通信(HDLC)等，这些都是串行通信的软件协议。它们的主要区别表现在不同的信息格式上。

1) 异步串行通信

异步通信传输的数据以字符为单位，而且字符间的发送时间是异步的。也就是说，后一个字符数据组的发送时间与前一个字符数据组无关。图 9.4 是异步串行通信的数据传送格式，在每组数据的前面和后面分别加上一位起始位和一位停止位。通常规定起始位是“0”，停止位为“1”。在数据后可以附加一位奇偶校验位，以提高数据位的抗干扰性能，但也可以不加。这样组合而成的一组数据被称为一帧(frame)。通信双方需要对采用的信息格式和数据的传输速率作相同的约定。接收方检测到停止位和起始位之间的下降沿后，将它作为接收的起始点，在每一位的中点接收信息。由于一个字符中包含的位数不多，即使发送方和接收方的收发频率略有差异，也不会因为两台设备之间的时钟周期的积累误差而导致信息的发送和接收错位。PLC 通信通常采用异步串行通信方式。

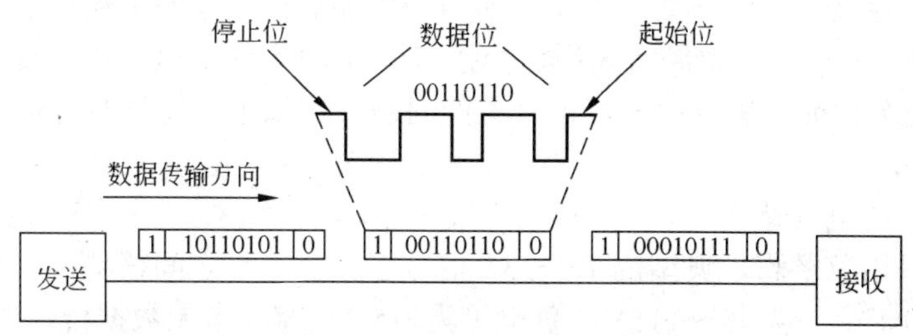

图 9.4　异步串行通信的数据传送格式

2) 同步串行通信

同步传输时，一个信息帧中包含多个字符，每个信息帧用同步字符作为开始。一个字符可以对应 5～8bit。同步字符起联络作用，用来通知接收方开始接收数据。由于同步通信方式不需要在每个数据字符中增加起始位、停止位和奇偶校验位，只需要在要发送的数据块之前加一两个同步字符，所以传输效率高，但是对硬件的要求较高。

3. 单工与双工通信

按照信息在设备间的传输方向不同，串行通信还可分为单工与双工通信，双工通信又分为半双工和全双工两种方式，分别如图 9.5 中的(a)、(b)、(c)所示。

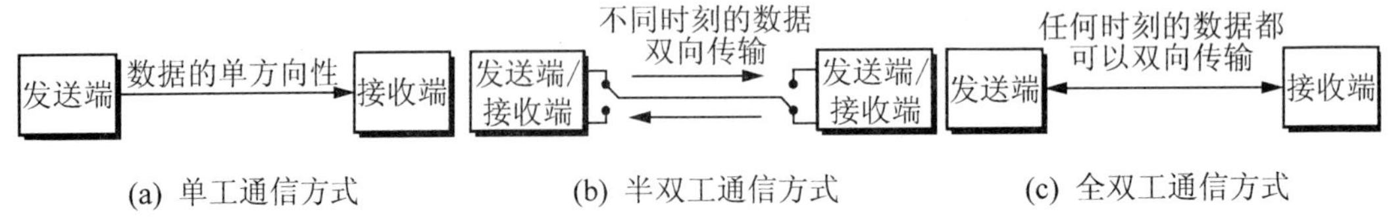

图 9.5　单工、半双工和全双工通信方式

单工通信方式只能沿单一方向传输数据。双工通信方式的信息可以沿两个方向传送，每一个站既可发送数据，也可接收数据。半双工方式用同一组线接收和发送数据，通信的双方在同一时刻只能发送数据或只能接收数据。全双工方式中数据的发送和接收分别由两根或两组不同的数据线传送，通信的双方都能在同一时刻接收和发送信息。

4. 传输速率

在串行通信中，用“波特率”来描述数据的传输速率。波特率即每秒传送的二进制位数，英文缩略语为 bps (bits per second)，单位符号为 bit/s，可简写为 b/s。常用的标准传输速率为 300～38400bit/s 等。不同的串行通信网络的传输速率差别极大，有的只有数百 bit/s，高速串行通信网络的传输速率可达 1000M(1G)bit/s。

9.1.3　串行通信接口标准

通信接口的种类非常多，RS-232C、RS-422 与 RS-485 都是串行数据接口标准，最初都是由美国电子工业协会(EIA)制订并发布的，由于 EIA 提出的建议标准都是以 RS 作为前缀，所以在通信工业领域，仍然习惯将上述标准以 RS 作前缀称谓。

1. RS-232C 接口标准

RS-232C 被定义为一种在低速率串行通信中增加通信距离的单端标准。除了 PLC 通信采用以外，其他的通信系统也经常采用这个接口标准。RS-232 采取不平衡传输方式，即所谓单端通信。这个标准对串行通信接口有关的问题，例如电气特性和各信号线的功能等都作了明确的规定。

1) RS-232C 的电气特性

RS-232C 采用负逻辑，典型的 RS-232 信号在正负电平之间摆动，在发送数据时，发送端驱动器输出正电平为+5～+15V，负电平为-15～-5V。当无数据传输时，线上为 TTL 电平，从开始传送数据到结束，线上电平从 TTL 电平到 RS-232C 电平再返回 TTL 电平。接收器典型的工作电平为+3～+12V 与-3～-12V。由于发送电平与接收电平的差仅为 2～3V，所以其共模抑制能力差，再加上双绞线上的分布电容，其传送距离最大仅 15m 左右，最高速率为 20kbit/s，只能进行一对一的通信。

2) RS-232C 的标准接口

如图 9.6 所示为 RS-232C 的标准接口，共有 25 条线，其中 4 条数据线、11 条控制线、3 条定时线、7 条备用和未定义线，其引脚定义如表 9-1 所示。其中最常用的有 9 条(表 9-1 中带括号的部分)，用它们便可以完成一个简单的数据通信。因此在大部分的通信系统中，经常采用 9 针连接器。9 针 D 型连接器的引脚定义如表 9-1 中第 1 列括号内所示。

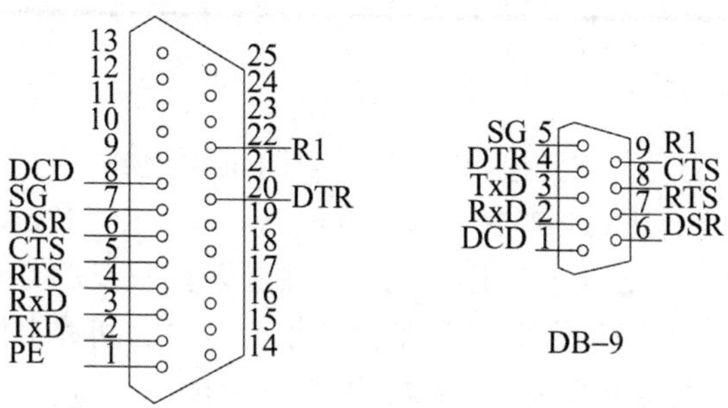

图 9.6 RS-232C 连接器外形及信号线分配

表 9-1 25 针 D 型连接器的引脚定义表

RS-232C 引脚	名 称	说 明
1	保护地	设备外壳接地
2(3)	发送数据	发送方将数据传给 Modem
3(2)	接收数据	Modem 发送数据给发送方
4(7)	请求发送	在半双工时控制发送方的开和关
5(8)	允许发送	Modem 允许发送
6(6)	数据终端准备好	Modem 已经准备好
7(5)	信号地	信号公共地
8(1)	载波信号检测	Modem 正在接收另一端送来的数据
9	未定义	
10	未定义	
11	未定义	
12	接收信号检测(2)	在第二信道检测到信号
13	允许发送(2)	第二信道允许发送
14	发送数据(2)	第二信道发送数据
15	发送方定时	为 Modem 提供发送方的定时信号
16	接收数据(2)	第二信道接收数据
17	接收方定时	为接口和终端提供定时
18	未定义	
19	请求发送(2)	连接第二信道的发送方
20(4)	数据终端准备好	数据终端已做好准备
21	未定义	
22(9)	振铃指示	表明另一端有进行传输连接的请求

续表

RS-232C 引脚	名　称	说　明
23	数据率选择	选择两个同步数据率
24	发送方定时	为接口和终端提供定时
25	未定义	

2. RS-422A 接口标准

RS-422A 采用平衡驱动、差分接收电路，取消了信号地线。它的引脚数由 RS-232C 的 25 个增加到了 37 个，因而比 RS-232C 多了 10 种新功能。RS-422A 与 RS-232C 的一个显著区别是，它仅使用+5V 作为工作电压，同时采用了差动收发的方式。差动收发需要一对平衡差分信号线，逻辑“1”和逻辑“0”是由两根信号线之间的电位差来表示的。因此，相比 RS-232C 的单端收发方式来说，RS-422A 在抗干扰性方面得到了明显的增强。

RS-422A 在最大传输速率(10Mbit/s)时，允许的最大通信距离为 12m，传输速率为 100Kbit/s 时，最大通信距离为 1200m，一台驱动器可以连接 10 台接收器。

3. RS-485 接口标准

RS-485 与 RS-422A 的区别仅在于 RS-485 的工作方式是半双工，RS-422A 为全双工，两对平衡差分信号线分别用于发送和接收。RS-485 为半双工，只有一对平衡差分信号线，不能同时发送和接收。如果一台通信设备支持全双工模式，那么它可以同时进行数据的发送和接收；如果一台通信设备仅支持半双工模式，那么在同一时刻，要么只能发送数据，要么只能接收数据，两者不能同时进行。所以，RS-422A 为了支持全双工的模式，就需要有两对平衡差分信号线，而 RS-485 只需要其中的一对即可。另外，RS-485 与 RS-422A 一样，都是采用差动收发的方式，而且输出阻抗低，无接地回路，所以抗干扰性好，传输速率可以达到 10Mbit/s。

9.1.4　开放式系统互联参考模型

在计算机网络中要实现通信就必须依靠网络通信协议。在 20 世纪 70 年代，各大计算机生产厂家(如 IBM、DEC 等)的产品都有自己的网络通信协议，这样，不同厂家生产的计算机系统就难以联网。为了实现不同厂家生产的计算机系统之间以及不同网络之间的数据通信，国际标准化组织(ISO)对当时的各类计算机网络体系结构进行了研究，并于 1981 年正式公布了一个网络体系结构模型作为国际标准，称为开放系统互联参考模型，即 OSI/RM(Reference Model of Open System Interconnection/Reference Model)，也称为 ISO/OSI。这里的“开放”表示任何两个遵守 OSI/RM 的系统都可以进行互连。当一个系统能按 OSI/RM 与另一个系统进行通信时，就称该系统为开放系统。

OSI/RM 只给出了一些原则性的说明，并不是一个具体的网络。它将整个网络的功能划分成 7 层，而且两个通信实体之间的通信必须遵循这 7 层结构，如图 9.7 所示。OSI/RM 最高层为应用层，面向用户提供应用服务；最低层为物理层，连接通信媒体实现数据传输。层与层之间的联系是通过各层之间的接口来进行的，上层通过接口向下层提出服务请求，而下层通过接口向上层提供服务。两个用户计算机通过网络进行通信时，除物理层之外，其余各对等层之间均不存在直接的通信关系，而是通过各对等层的协议来进行通信，比如，两个对等的网络层使用网络层协议通信。只有两个物理层之间才通过媒体进行真正的数据通信。

应用层(Application Layer)
表示层(Presentation Layer)
会话层(Session Layer)
传送层(Transport Layer)
网络层(Network Layer)
数据链路层(Data Link Layer)
物理层(Physical Layer)

图 9.7 开放式系统互联通信协议

1) 物理层

物理层的下面是物理媒体，例如双绞线、同轴电缆等。物理层为用户提供建立、保持和断开物理连接的功能，RS-232C、RS-422A 和 RS-485 等就是物理层标准的例子。

2) 数据链路层

数据以帧(frame)为单位传送，每一帧包含一定数量的数据和必要的控制信息，例如同步信息、地址信息、差错控制和流量控制信息。数据链路层负责在两个相邻节点间的链路上，实现差错控制、数据成帧、同步控制等。串行通信协议属于 OSI 参考模型的第二层——数据链路层。数据链路层必须使用物理层提供给它的服务。物理层所做的工作是接收原始的比特流，并准备把它交给目的地。

3) 网络层

网络层的主要功能是报文包的分段、报文包阻塞的处理和通信子网中路径的选择。传输层的信息传送单位是报文(message)，它的主要功能是流量控制、差错控制、连接支持，传输层向上一层提供一个可靠的端到端(end-to-end)的数据传送服务。

4) 传送层

传送层的主要功能是面向进程提供端到端的数据传输服务，这种数据传输服务可以采用面向连接或无连接交换方式来实现。

5) 会话层

会话层的功能是支持通信管理和实现最终用户应用进程之间的同步，按正确的顺序收发数据，进行各种对话。

6) 表示层

表示层用于应用层信息内容的形式变换，例如数据加密/解密、信息压缩/解压和数据兼容，把应用层提供的信息变成能够共同理解的形式。

7) 应用层

应用层作为 OSI 的最高层，为用户的应用服务提供信息交换，为应用接口提供操作标准。不是所有的通信协议都需要 OSI 模型中的全部 7 层，例如有的现场总线通信协议只需要 7 层协议中的第 1、第 2 和第 7 层。

9.2 PLC 与 PLC 之间的通信

PLC 与 PLC 之间的通信采用的是并行链接技术。并行链接指 PLC 之间 1∶1、1∶N 或 N∶N 的互相链接，实际上是在参与通信的各 PLC 中，各开辟出一定量的特殊继电器和数据寄存器区域作为其他 PLC 的同地址的特殊继电器或数据寄存器的“映像”，这些“映像”随着通信双方的特殊继电器和数据寄存器区域的改变自动被刷新，由于地址的分配有严格的规定，因此各 PLC 可以通过读取本身相应的“映像”内容来获取其他 PLC 的信息。

PLC 的网络通信一般通过各种专用的网络通信模块、通信卡及相应的通信软件实现。FX_{2N} 系列 PLC 并联链接通信模块 FX_{2N}-485-BD 或者 FX_{2N}-422-BD 支持 FX_{2N} 系列 PLC 双机并联通信，可以很方便地实现两台 FX_{2N} 系列 PLC 之间的数据和状态进行全双工的自动交换，亦可实现 FX_{2N} 与 FX 系列 PLC 的通信。

9.2.1 N∶N 链接通信

N∶N 链接通信协议用于最多 8 台 FX 系列 PLC 的辅助继电器和数据寄存器之间的数据自动交换，其中一台为主机，其余的为从机。

N∶N 网络中的每一台 PLC 都在其辅助继电器区和数据寄存器区分配有一块用于共享的数据区，这些辅助继电器和数据寄存器见表 9-2 及表 9-3。数据在确定的刷新范围内自动在 PLC 之间进行传送，刷新范围内的设备可由所有的站监视。但数据写入和 ON/OFF 操作只在本站内有效。因此，对于某一台 PLC 的用户程序来说，在使用其他站自动传来的数据时，就如同读写自己内部的数据区一样方便。图 9.8 为 N∶N 网络数据传输示意图。

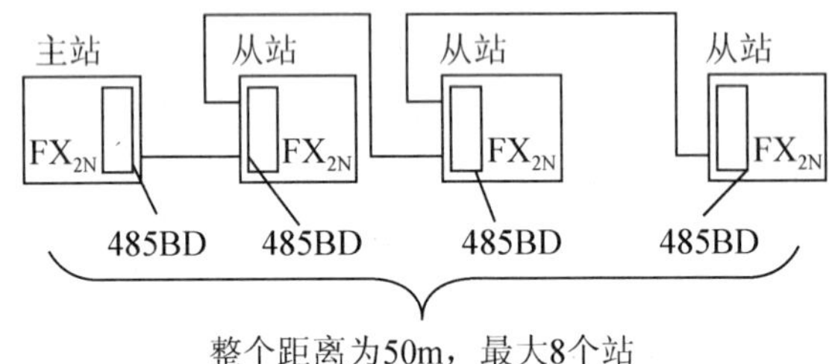

图 9.8　N∶N 网络数据传输示意

表 9-2　N∶N 网络链接时相关的辅助继电器

动作	特殊辅助继电器	名　称	说　明	响应形式
只写	M8038	N∶N 网络参数设定	用于 N∶N 网络参数设定	主站，从站
只读	M8063	网络参数错误	当主站参数错误，置 ON	主站，从站
只读	M8183	主站通信错误	主站通信错误，置 ON①	从站
只读	M8184～M8019②	从站通信错误	从站通信错误，置 ON①	主站，从站
只读	M8191	数据通信	当与其他站通信，置 ON	主站，从站

注：① 表示在本站中出现的通信错误数，不能在 CPU 出错状态、程序出错状态和停止状态下记录。

② 表示与从站号一致。例如：1 号站为 M8184、2 号站为 M8185、3 号站为 M8186。

表 9-3 N：N 网络链接时相关的数据寄存器

动作	特殊数据寄存器	名 称	说 明	响应形式
只读	D8173	站号	存储从站的站号	主站，从站
只读	D8174	从站总数	存储从站总数	主站，从站
只读	D8175	刷新范围	存储刷新范围	主站，从站
只写	D8176	设定站数	设定本站号	主站，从站
只写	D8177	设定总从站数	设定从站总数	主站
只写	D8178	设定刷新范围	设定刷新范围	主站
只写	D8179	设定重试次数	设定重试次数	主站
只写	D8180	超时设定	设定命令超时	主站
只读	D8201	当前网络扫描时间	存储当前网络扫描时间	主站，从站
只读	D8202	最大网络扫描时间	存储最大网络扫描时间	主站，从站
只读	D8203	主站通信错误数	主站中通信错误数①	从站
只读	D8204～D8210②	从站通信错误数	从站中通信错误数①	主站，从站
只读	D8211	主站通信错误码	主站中通信错误码	从站
只读	D8212～D8218②	从站通信错误码	从站中通信错误码	主站，从站

注：① 表示在本站中出现的通信错误数，不能在 CPU 出错状态、程序出错状态和停止状态下记录。

② 表示与从站号一致。例如：1 号从站为 D8204、D8212，2 号从站为 D8205、D8213，3 号从站为 D8206、D8214。

1. N：N 链接网络的通信设置

N：N 网络的设置仅当程序运行或 PLC 通电时才有效，设置内容如下。

1) 工作站号设置(D8176)

D8176 的设置范围为 0～7，主站应设置为 0，从站设置为 1～7。

2) 从站个数设置(D8177)

D8177 用于在主站中设置从站总数，从站中不须设置，设定范围为 0～7 之间的值，默认值为 7。

3) 刷新范围(模式)设置(D8178)

刷新范围是指在设定的模式下主站与从站共享的辅助继电器和数据寄存器的范围。刷新模式由主站的 D8178 来设置，可以设为 0、1 或 2 值(默认值为 0)，分别代表 3 种刷新模式，从站中不须设置此值。表 9-4 是 D8178 对应的 3 种刷新模式，表 9-5 是 3 种模式设置所对应的 PLC 中辅助继电器和数据寄存器的刷新范围，这些辅助继电器和数据寄存器供各站的 PLC 共享。

例如，当 D8178 设置为模式 2 时，如果主站的 X001 要控制 7 号从站的 Y005，可以用主站的 X001 来控制它的 M1000。

通过通信，各从站中的 M1000 的状态与主站的 M1000 相同。用 7 号从站的 M1000 来控制它的 Y005，这就相当于用主站的 X001 来控制 7 号从站的 Y005。

表 9-4　N：N 网络的刷新模式

	刷新范围		
	模式 0	模式 1	模式 2
	FX_{0N}、FX_{1S}、FX_{1N}、FX_{2N}和 FX_{2NC}	FX_{1N}、FX_{2N}和 FX_{2NC}	FX_{1N}、FX_{2N}和 FX_{2NC}
位元件(M)	0 点	32 点	64 点
字元件(D)	4 点	4 点	8 点

表 9-5　3 种刷新模式对应的辅助继电器和数据寄存器

站号	刷新范围					
	模式 0		模式 1		模式 2	
	位元件	4 点字元件	32 点位元件	4 点字元件	64 点位元件	8 点字元件
1	—	D10～D13	M1064～M1095	D10～D13	M1064～M1127	D10～D17
2	—	D20～D23	M1128～M1159	D20～D23	M1128～M1191	D20～D27
3	—	D30～D33	M1192～M1223	D30～D33	M1192～M1255	D30～D37
4	—	D40～D43	M1256～M1287	D40～D43	M1256～M1319	D40～D47
5	—	D50～D53	M1320～M1351	D50～D53	M1320～M1383	D50～D57
6	—	D60～D63	M1384～M1415	D60～D63	M1384～M1447	D60～D67
7	—	D70～D73	M1448～M1479	D70～D73	M1448～M1511	D70～D77

4) 重试次数设置(D8179)

D8179 用以设置重试次数，设定范围为 0～10(默认值为 3)，该设置仅用于主站。当通信出错时，主站就会根据设置的次数自动重试通信。

5) 通信超时时间设置(D8180)

D8180 用以设置通信超时时间，设定范围为 5～255(默认值为 5)，该值乘以 10ms 就是通信超时时间。该设置限定了主站与从站之间的通信时间。

2. N：N 网络通信举例

【例 9.1】 编制 N：N 网络参数的主站设定程序。

图 9.9 是 N：N 网络参数的主站设定程序。从站不需设定程序，数据在确定的刷新范围内自动在 PLC 之间进行传送(映像)，不需编程。

【例 9.2】 有 3 台 FX_{2N} 系列 PLC 通过 N：N 并行通信网络交换数据，设计其通信程序。该网络的系统配置如图 9.10 所示。

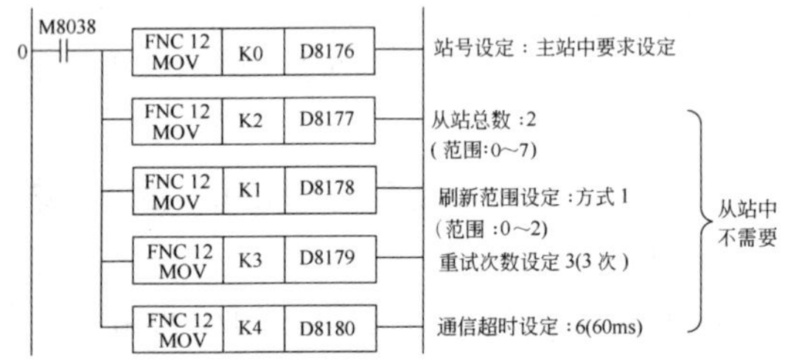

图 9.9　N：N 网络参数的主站设定程序

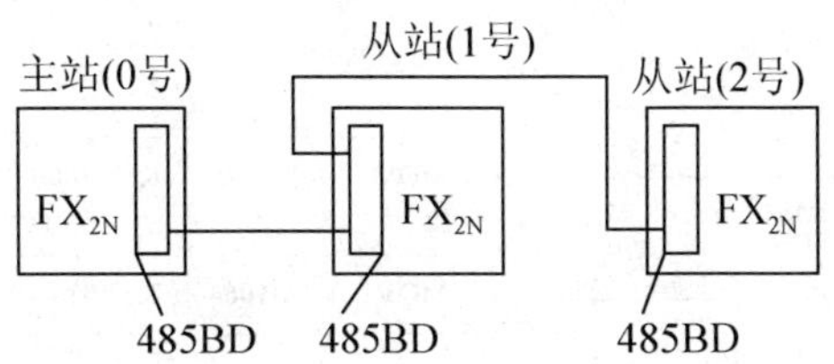

图 9.10　1：2 PLC 并行网络连接

该并行网络的初始化设定程序的要求如下。

(1) 刷新范围：32 位元件和 4 字元件(模式 1)。

(2) 重试次数：3 次。

(3) 通信超时：50ms。

该并行网络的通信操作要求如下。

(1) 通过 M1000～M1003，用主站的 X000～X003 来控制 1 号从站的 Y010～Y013。

(2) 通过 M1064～M1067，用 1 号从站的 X000～X003 来控制 2 号从站的 Y014～Y017。

(3) 通过 M1128～M1131，用 2 号从站的 X000～X003 来控制主站的 Y020～Y023。

(4) 主站的数据寄存器 Dl 为 1 号从站计数器 C1 提供设定值。C1 的触点状态由 M1070 映射到主站的输出点 Y005。

(5) 主站中的数据寄存器 D2 为 2 号从站计数器 C2 提供设定值。C2 的触点状态由 M1140 映射到主站的输出点 Y006。

(6) 1 号从站 D10 的值和 2 号从站 D20 的值在主站相加，运算结果存放到主站的 D3 中。

(7) 主站中的 D0 和 2 号从站中 D20 的值在 1 号从站中相加，运算结果存入 1 号从站的 D11。

(8) 主站中的 D0 和 1 号从站中 D10 的值在 2 号从站中相加，运算结果存入 2 号从站的 D21。

解：设计满足上述通信要求的通信程序，首先应对主站、从站 1 和从站 2 的通信参数进行设置(见表 9-6)，其主站的通信参数设定程序如图 9.9 所示。图 9.11、图 9.12 和图 9.13 分别是主站、从站 1 和从站 2 的通信程序。

表 9-6　例 9.2 中的主站、从站 1 和从站 2 的通信参数设置

通信参数	主　站	从站 1	从站 2	说　明
D8176	K0	K1	K2	站号
D8177	K2			总从站数：2 个
D8178	K1			刷新范围：模式 1
D8179	K3			重试次数：3 次(默认)
D8180	K5			通信超时：50ms(默认)

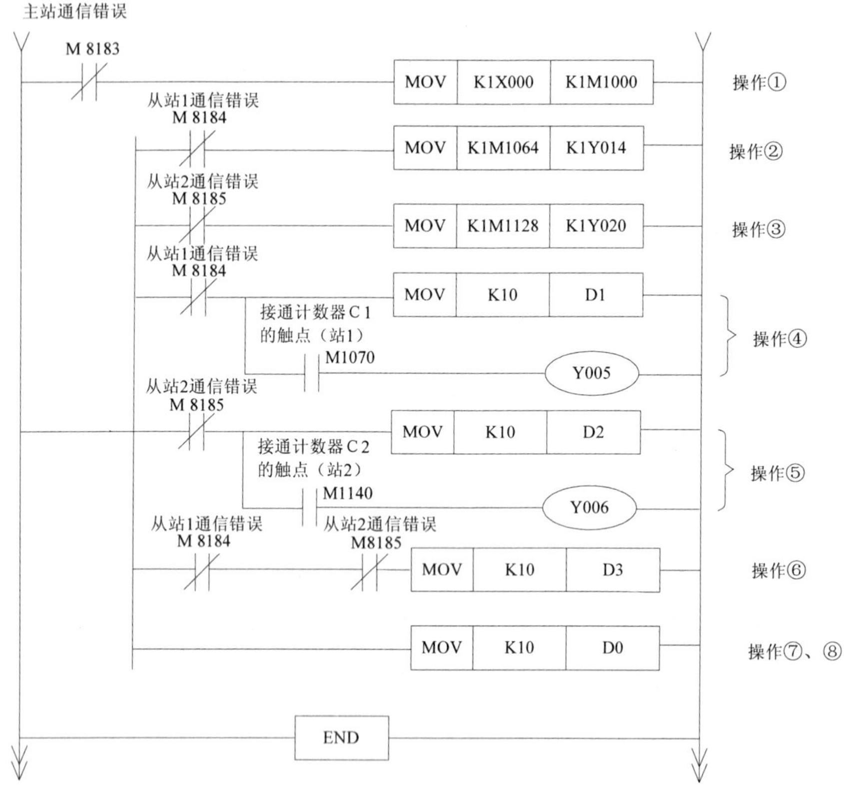

图 9.11 主站的通信程序

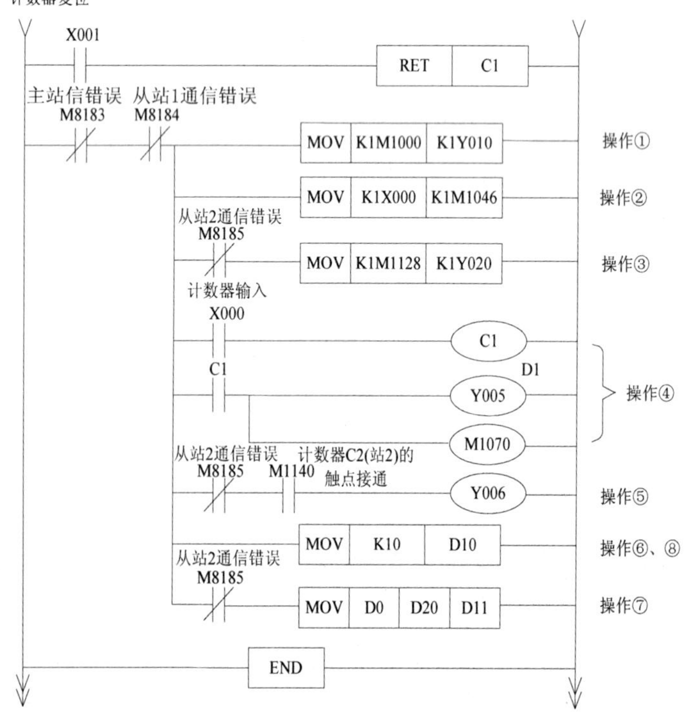

图 9.12 从站 1 的通信程序

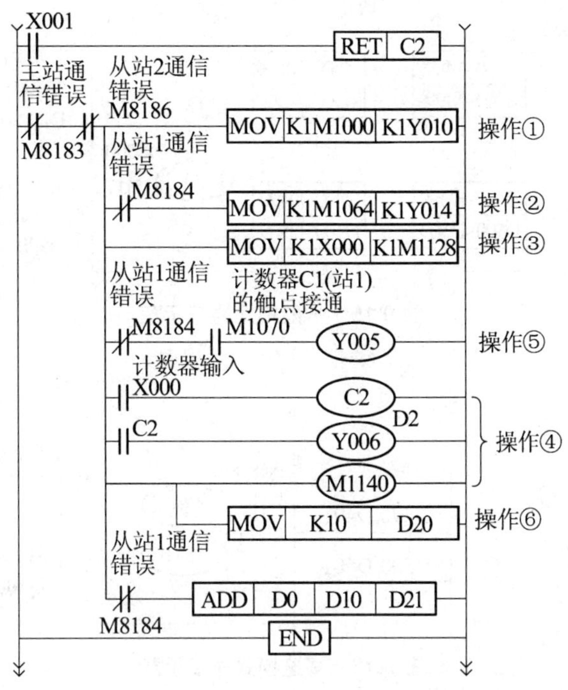

图 9.13 从站 2 的通信程序

9.2.2 双机并行链接通信

双机并行链接是指使用 RS-485 通信适配器或功能扩展板连接两台 FX 系列 PLC(即 1∶1 方式)，以实现两 PLC 之间的信息自动交换(见图 9.14)，其中一台 PLC 作为主站，另一台作为从站。双机并行链接方式下，用户不需编写通信程序，只需设置与通信有关的参数，两台计算机之间就可以自动地传送数据。最多可以链接 100 点辅助继电器和 10 点数据寄存器的数据。

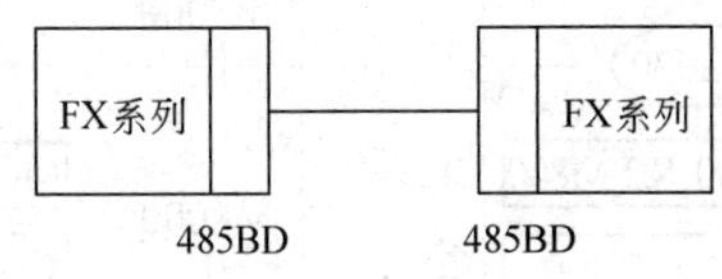

图 9.14 双机并行链接

1∶1 并行链接有一般模式和高速模式两种，由特殊辅助继电器 M8162 识别模式：

M8162=OFF 时，并行链接为一般模式

M8162=ON，并行链接为高速模式

主从站分别由 M8070 和 M8071 继电器设定：

M8070=ON 时，该 PLC 被设定为主站

M8071=ON 时，该 PLC 被设定为从站

一般模式(M8162=OFF)的通信示意图如图 9.15 所示。高速模式(M8162=ON)的通信示意图如图 9.16 所示。

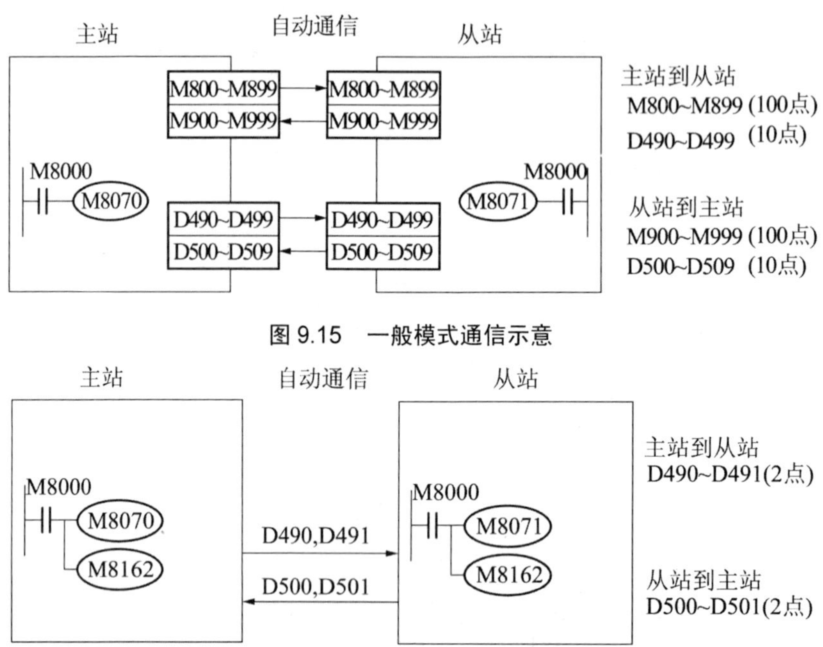

图 9.15 一般模式通信示意

图 9.16 高速模式通信示意

【例 9.3】 2 台 FX_{2N} 系列 PLC 通过 1∶1 并行链接通信网络交换数据，设计其一般模式的通信程序。通信操作要求如下：

(1) 主站 X000～X007 的 ON/OFF 状态通过 M800～M807 输出到从站的 Y000～Y007；

(2) 当主站计算结果(D0+D2)≤100 时，从站的 Y010 变为 ON；

(3) 从站中的 M0～M7 的 ON/OFF 状态通过 M000～M007 输出到主站的 Y000～Y007；

(4) 从站 D10 的值用于设定主站的计时器(T0)值。

主站与从站的程序如图 9.17 所示。

主站

```
M8000 ─┤├─┬──────────────────(M8070)
          └─[MOV K2 X00 K2 M800]      ①
M8000 ─┤├───[ADD D0 D2 D490]          ②
M8000 ─┤├───[MOV K2 M900 K2 Y000]     ③
X010  ─┤├─────────────────────(T0) D500  ④
────────────[END]
```

从站

```
M8000 ─┤├─┬──────────────────(M8071)
          └─[MOV K2 M800 K2 Y000]     ①
M8000 ─┤├─┬─[CMP D490 K100 M10]       ②
          └─┤/├ M10──────────(Y010)
M8000 ─┤├───[MOV K2 M0 K2 M900]       ③
X010  ─┤├───[MOV D100 D500]           ④
────────────[END]
```

图 9.17 1∶1 并行链接一般模式通信程序

【例 9.4】 两台 FX_{2N} 系列 PLC 通过 1∶1 并行链接通信网络交换数据，设计其高速模式的通信程序。通信操作要求为：

(1) 当主站的计算结果≤100 时，从站 Y010 变 ON；

(2) 从站的D10的值用于设定主站的计时器(T0)值。

图9.18所示为并行链接高速模式通信程序。

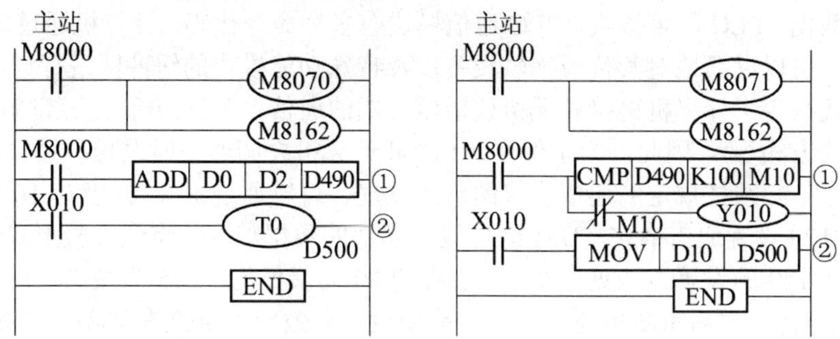

图9.18 1∶1并行链接高速模式通信程序

9.3 计算机链接与无协议数据传输

由于通用计算机软件丰富，直接面向用户，人机界面友好，编程调试方便，为了使操作者可以直观、准确、迅速地了解当前系统的运作情况和各种参数，通常采用PLC与计算机组成通信系统，由PLC将各种系统参数发送给上位机，然后上位机对这些数据经过一系列的加工、处理和分析之后，以某种方式显示给操作者，操作者再将需要PLC执行的操作输入到上位机，由上位机将操作命令回传给PLC。上位机通常都是通用计算机(如个人计算机)，或是大、中型计算机。上位机主要完成数据传输和处理，修改参数显示图像，打印报表，监视工作状态，网络通信和编制PLC程序等任务。PLC则直接面向工作现场，面向工作设备，进行实时控制。上位机与PLC可以发挥各自的优势，从而扩大PLC的应用范围。PLC与计算机组成的通信系统有以下两种通信协议形式。

1) 计算机链接通信协议

计算机链接(Computer Link)通信采用专用通信协议方式，所以计算机链接也称为专用通信协议(Specifying Dedicated Protocol)或控制协议(Control Protocol)。计算机链接通信是由计算机发出读写PLC数据的命令帧，PLC收到后自动生成和返回响应帧，但计算机的程序仍需用户编写。

2) 无协议数据传输

无协议(No Protocol)通信方式可以实现PLC与各种有RS-232C接口的设备(例如计算机、条形码阅读器和打印机)之间的通信，其通信方式使用RS指令来实现。这种通信方式最为灵活，PLC与RS-232C设备之间可以使用用户自定义的通信规约，但是PLC的编程工作量较大，对编程人员的要求较高。

PLC与计算机组成的通信系统无论基于上述哪种通信协议，PLC与上位机的通信都采用串行通信方式。下面首先介绍串行通信协议的格式，然后分别介绍计算机链接通信和无协议通信。

9.3.1 串行通信协议的格式

在计算机链接通信和无协议通信时，计算机与PLC之间采用主从应答方式，计算机始终处于主动状态，根据需要向PLC发出读/写命令，下位机处于被动状态，只能响应上位机的命令。读数据时，上位机通过通信口向 PLC 发出读数据命令，PLC 响应命令并将数据准备好，上位机再次读通信口，即可读到所需数据。写数据时，上位机通过通信口向 PLC 发布写命令及数据，PLC 即可接收。PLC 通信模块有多种命令代码，计算机通过向 PLC 发出不同的命令，可以灵活地对其位或字软设备以及特殊功能模块的缓冲区进行读写。

通信格式决定了计算机链接和无协议通信方式的通信设置(数据长度、奇偶校验形式、波特率和协议方式等)。因此，为了保证 PLC 和计算机之间通信时发送和接收数据正确完成，系统的通信必须按规定的通信协议的格式处理。可以通过 PLC 程序对 16 位的特殊数据寄存器 D8120 设置通信格式。D8120 可设置通信的数据长度、奇偶校验形式、波特率和协议方式。D8120 的设置方法见表 9-7，表中的 b0 为最低位，b15 为最高位。设置好后，需关闭 PLC 电源，然后重新接通电源，才能使设置有效。表 9-8 是 D8120 的位定义。除 D8120 外，通信中还会用到其他的一些特殊辅助继电器和特殊数据寄存器，这些元件和其功能见表 9-9。

表 9-7　串行通信格式

b15	b14	b13	b12～b10	b9	b8	b7～b4	b3	b2、b1	b0
传输控制	协议	校验和	控制线	结束符	起始符	传输速率	停止位	奇偶校验	数据长度

表 9-8　D8120 的位定义

<table>
<tr><th rowspan="2">位　号</th><th rowspan="2">意　义</th><th colspan="2">内　容</th></tr>
<tr><th>0 (OFF)</th><th>1 (ON)</th></tr>
<tr><td>0</td><td>数据长度</td><td>7 位</td><td>8 位</td></tr>
<tr><td>b1
b2</td><td>奇偶性</td><td colspan="2">(b2，b1)
(0，0)：无奇偶校验
(0，1)：奇校验
(1，1)：偶校验</td></tr>
<tr><td>b3</td><td>停止位</td><td>1 位</td><td>2 位</td></tr>
<tr><td>b4
b5
b6
b7</td><td>波特率(b/s)</td><td colspan="2">(b7，b6，b5，b4)　(b7，b6，b5，b4)
(0，0，1，1)：300　(0，1，1，1)：4800
(0，1，0，0)：600　(1，0，0，0)：9600
(0，1，0，1)：1200　(1，0，0，1)：19200
(0，1，1，0)：2400</td></tr>
<tr><td>b8[1]</td><td>起始标志字符</td><td>无</td><td>起始字符在 D8124 中，默认值为 STX (02H)</td></tr>
<tr><td>b9[1]</td><td>结束标志字符</td><td>无</td><td>结束字符在 D8125 中，默认值为 ETX (03H)</td></tr>
<tr><td>b10
b11
b12</td><td>控制线</td><td colspan="2">(b12，b11，b10)
(0，0，0)：无应用<RS-232C 接口>
(0，0，1)：终端适配器<RS-232C 接口>
(0，1，0)：转换适配器<RS-232C 接口>(FX_{2N} V2.0 及以上)
(0，1，1)：普通格式 1<RS-232C 接口>，<RS-485(422)接口>[3]
(1，0，1)：普通格式 2<RS-232C 接口>(仅用于 FX，FX_{2N})</td></tr>
</table>

续表

位 号	意 义	内 容	
		0 (OFF)	1 (ON)
	DTR 检查(控制线)	发送和接收	接收
	控制线形式 II	无	H/W
b13[②]	和检查	和检查码不附加	和检查码自动附加
b14[②]	协议	无协议	专用协议
b15	传送控制协议	协议格式 1	协议格式 4

注：① 当使用计算机链接时，确认将其设定为“0”。

② 当使用非协议通信时，确认将其设定为“0”。

③ 当采用 RS-485(422)接口时，控制线按此设置。当不用控制线操作时，通信控制线也同样设置。

表 9-9 特殊辅助继电器和特殊数据寄存器及其功能

特殊辅助继电器	功能描述	特殊数据寄存器	功能描述
M8121	数据发送延时(RS 命令)	D8120	通信格式 (RS 命令、计算机链接)
M8122	数据发送标志(RS 命令)	D8121	站号设置 (计算机链接)
M8123	完成接收标志(RS 命令)	D8122	未发送数据数(RS 命令)
M8124	载波检测标志(RS 命令)	D8123	接收的数据数(RS 命令)
M8126	全局标志(计算机链接)	D8124	起始字符(初始值为 STX，RS 命令)
M8127	请求式握手标志(计算机链接)	D8125	结束字符(初始值为 EXT，RS 命令)
M8128	请求式出错标志(计算机链接)	D8127	请求式起始元件号寄存器(计算机链接)
M8129	请求式字/字节转换(计算机链接)，超时判断标志(RS 命令)	D8128	请求式数据长度寄存器(计算机链接)
M8161	8/16 位转换标志(RS 命令)	D8129	数据网络的超时定时器设定值(RS 命令和计算机链接，单位为 10ms，为 0 时表示 100ms)

【例 9.5】 根据表 9-10 所列参数对特殊数据寄存器 D8120 进行设置，编写的参数设定程序如图 9.19 所示。

表 9-10 设置特殊数据寄存器

数据长度	7 位
奇偶性	偶
停止位	2 位
波特率	9600bit/s
协议	无协议
启动标志字符	应用
结束标志字符	应用
DTR 检查	接收
控制线	格式 1

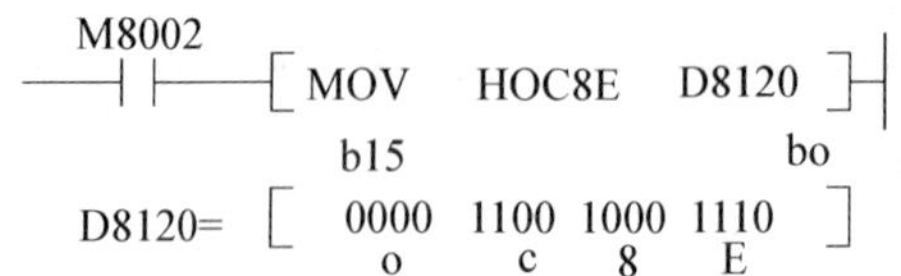

图 9.19 所编写的程序

9.3.2 计算机链接通信协议

计算机链接通信采用专用通信协议，由计算机发出读写 PLC 数据的命令帧，PLC 收到后自动生成和返回响应帧，但是计算机的程序仍需用户编写。

计算机链接可以用于一台计算机与一台配有 RS-232C 通信接口的 PLC 通信(见图 9.20)，计算机也可以通过 RS-485 通信网络与最多 16 台 PLC 通信(见图 9.21)，RS-485 网络与计算机的 RS-232C 通信接口之间需要使用 FX-485PC-IF 转换器。

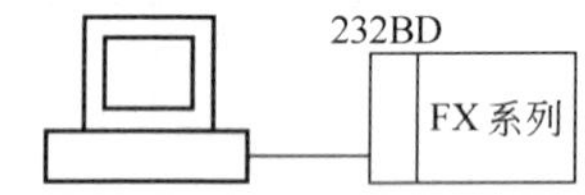

图 9.20 一台计算机与一台 PLC 链接通信

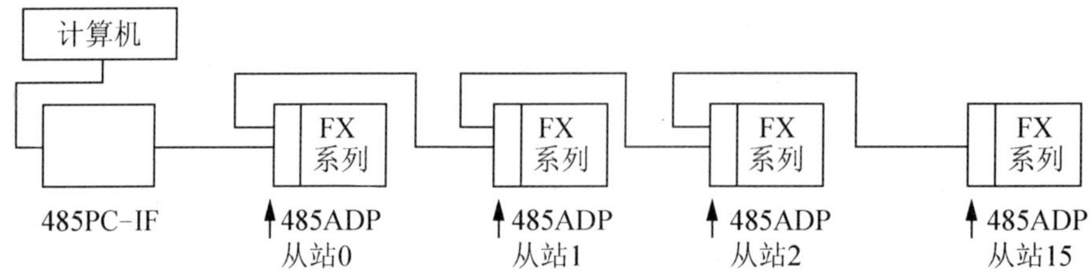

图 9.21 计算机与多台 PLC 链接通信

1. 计算机与 PLC 链接数据流的传输格式

计算机和 PLC 之间数据交换和传输(也称数据流)有 3 种形式：计算机从 PLC 中读数据；计算机向 PLC 写数据和 PLC 向计算机写数据。不论计算机和 PLC 之间交换和传输数据时是哪种数据流形式，都按图 9.22 的格式进行。

控制代码	PLC 站号	PLC 标识号	命令	报文等待时间	数据字符	校验和代码	控制代码 CR/LF

图 9.22 数据传输的基本格式

图 9.22 所示的计算机链接协议中各组成部分的意义如下。

1) 控制代码

控制代码如表 9-11 所示。PLC 接收到单独的控制代码 EOT(发送结束)和 CL(清除)时，将初始化传输过程，此时 PLC 不会作出响应。在以下几种情况时，PLC 将会初始化传输过程：

(1) 电源接通；

(2) 数据通信正常完成；

(3) 接收到发送结束信号(EOT)或清除信号(CL)；

(4) 接收到控制代码 NAK；

(5) 计算机发送命令报文后超过了超时检测时间。

计算机使用 RS-485 接口时，在发出命令报文后如果没有信号从 PLC 传输到计算机接口，就会在计算机上产生帧错误信号，直到接收到来自 PLC 的文本开始(STX)、确认(ACK)和不能确认(NAK)信号之中的任何一个为止。检测到通信错误时，PLC 向计算机发送不能确认(NAK)信号。

用计算机链接协议从计算机向 PLC 发送的命令执行完后，必须相隔约两个 PLC 扫描周期，计算机才能再次发送命令。

表 9-11 控制代码

信　号	代　码	功能描述	信　号	代　码	功能描述
STX	02H	报文开始	LF	0AH	换行
ETX	03H	报文结束	CL	0CH	清除
EOT	04H	发送结束	CR	0DH	回车
ENQ	05H	请求	NAK	15H	不能确认
ACK	06H	确认			

2) 工作站号

工作站号决定计算机访问哪一台 PLC，同一网络中各 PLC 的站号不能重复，否则将会出错。但不要求网络中各站的站号是连续的数字。在 FX 系列中用特殊数据寄存器 D8121 来设定站号，设定范围为 00H～0FH。

3) PLC 标志

PLC 的标志号用于识别三菱公司 A 系列 PLC 的 MELSECNET(Ⅱ)或 MELSECNET/B 网络中的 CPU，用两个 ASCII 字符来表示。FX 系列 PLC 的标志号用十六进制数 FF 对应的两个 ASCII 字符“46H，46H”来表示。

4) 命令

计算机链接中的命令用来指定操作的类型，例如读、写等，见表 9-12。

表 9-12 计算机链接中的命令

命　令	功　能	FX_{2N}、FX_{2NC}、FX_{1N}
BR	以点为单位读位元件(X、Y、M、S、T、C)组	256 点
WR	以 16 点为单位读位元件组或读字元件组	32 字，512 点
BW	以点为单位写位元件(Y、M、S、T、C)组	160 点
WW	以 16 点为单位写位元件组	10 字，160 点
	写字元件组(D、T、C)	64 点
BT	对多个位元件分别置位/复位(强制 ON/OFF)	20 点
WT	以 16 点为单位对位元件置位/复位(强制 ON/OFF)	10 字，160 点
	以字元件为单位，向 D、T、C 写入数据	10 字
RR	远程控制 PLC 启动	
RS	远程控制 PLC 停机	
PC	读 PLC 的型号代码	

续表

命　令	功　能	FX_{2N}、FX_{2NC}、FX_{1N}
GW	置位/复位所有连接 PLC 的全局标志	1 点
——	PLC 发送请求式报文，无命令，只能用于 1∶1 系统	最多 64 字
TT	返回式测试功能，字符从计算机发出，又直接返回到计算机	254 个字符

5) 报文时间

计算机在接收和发送状态之间转换时，需要一定的延迟时间。报文等待时间是用来决定当 PLC 接收到从计算机发送过来的数据后，需要等待的最少时间，然后才能向计算机发送数据。报文等待时间以 1.0ms 为单位，可以在 0～1.50ms 之间设置，用 ASCII 码表示。

6) 数据字符

数据字符即所需发送的数据报文信息，其字符个数由实际情况决定。如读命令中的数据字符包括需要读取数据信息的存储器首地址和要读取数据的位数或字数。PLC 返回的报文数据区中则是要读取的数据。

7) 校验和代码

校验和代码用来校验接收到的信息中数据是否正确。将报文的第一个控制代码与校验和代码之间所有字符的十六进制数形式的 ASCII 码求和，把和的最低两位十六进制数作为校验和代码，并且以 ASCII 码形式放在报文的末尾。

当 D8120 的 b13 位为 1 时，PLC 发送响应报文时自动地在报文末尾加上校验和代码。接受方收到校验和后，根据接收到的字符计算出校验和代码，并与接收到的校验和代码比较，可以检查出接收到的数据是否出错。

当 D8120 的 b13 位为 0 时，发送的报文不附加校验和，接受方也不检查校验和。

8) 控制代码

D8120 的 b15 位设置为 1 时，选择控制协议格式 4，PLC 在报文末尾加上控制代码 CR/LF(回车、换行符)。

2. 计算机从 PLC 读取数据

计算机从 PLC 读取数据的过程分为 A、B、C 等 3 部分(见图 9.23)。下面以控制协议格式 4 为例，介绍计算机读取 PLC 数据的过程及数据传输格式。

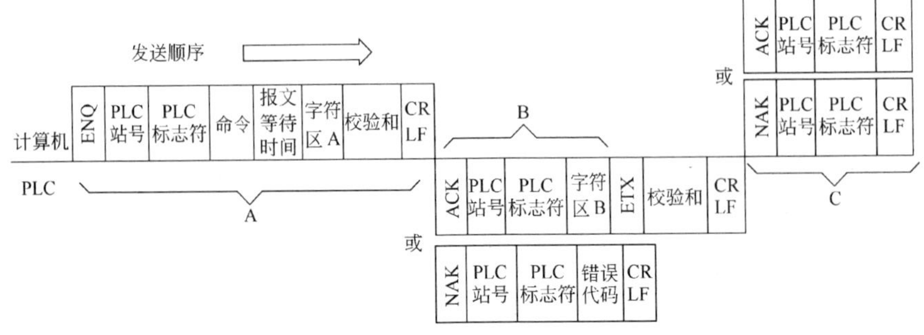

图 9.23　计算机读取 PLC 数据的数据传输格式

(1) 计算机向 PLC 发送读数据命令报文(A 区)，以控制代码 ENQ(请求)开始，后面是计算机要发送的数据，数据按从左至右的顺序发送。

(2) PLC 接收到计算机的命令后，向计算机发送计算机要求读取的数据，该报文以控制代码 STX 开始(B 部分)。

(3) 计算机接收到从 PLC 中读取的数据后，向 PLC 发送确认报文，该报文以 ACK 开始(C 部分)，表示数据已收到。

(4) 计算机向 PLC 发送读数据的命令有错误时(例如，命令格式不正确或 PLC 站号不符等)，或在通信过程中产生错误，PLC 将向计算机发送有错误代码的报文，即 B 部分以 NAK 开始的报文，通过错误代码告诉计算机产生通信错误的可能原因。计算机接收到 PLC 发来的有错误的报文时，向 PLC 发送无法确认的报文，即 C 部分以 NAK 开始的报文。

3. 计算机向 PLC 写数据

计算机向 PLC 写数据的过程分为 A、B 两部分(见图 9.24)。

(1) 计算机首先向 PLC 发送写数据命令(图 9.24 中的 A 部分)。

(2) PLC 接收到写数据命令后，执行相应的操作，执行完成后向计算机发送确认信号(B 部分以 ACK 开头的报文)，表示写数据操作已完成。

(3) 若计算机发送的写命令有错误或者在通信过程中出现了错误，PLC 将向计算机发送 B 部分中以 NAK 开头的报文，通过错误代码告诉计算机产生通信错误的可能原因。

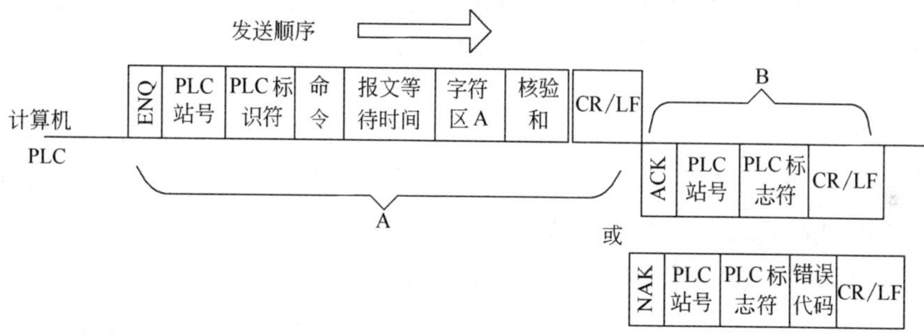

图 9.24 计算机向 PLC 写数据的数据传输格式

4. 应用举例

【例 9.6】 编程口操作命令类型与通信端口初始化。

串行通信是计算机与其他机器之间进行通信的一种常用方法，在 Windows 操作系统中提供了实现各种串行通信的 API 函数。通过 SC-08 编程电缆或 FX232AW 模块，可将计算机的串行通信口 RS-232 和 PLC 的编程口连接起来，这样计算机就可对 PLC 的 RAM 区数据进行读、写操作。由 PLC 本身所具有的特性，可对 PLC 进行以下 4 种类型的操作：

(1) 位元件或字元件状态读操作(CMD0)；

(2) 位元件或字元件状态写操作(CMD1)；

(3) 位元件强制 ON 操作(CMD7)；

(4) 位元件强制 OFF 操作(CMD8)。

另外，在进行上述四类操作之前，首先要对端口进行初始化操作，即设定通信协议(即设置通信波特率、数据位数、数据停止位及奇偶校验等)。在 Windows 的 SDK 中定义了一个结构 DCB，该结构详细说明了如何对通信端口进行控制，所以通信端口的初始化也是以这个结构的正确设置为中心进行的。用VC++语言实现端口初始化如下：

```
BOOL CSerial::Open(int nPort)
{
    //nPort 为微型计算机串行通信口端口号。nPort=1 为端口 1；nPort=2 为端口 2。
    char szPort\[15\];
    DCB dob;
m_hIDComDev=CreateFile(szPort , GENERIC_READ|GENERIC_WRITE , 0 , NULL ,
OPEN_EXISTING, FILE_ATTRIBUTE_NOMAL|FILE_FLAG_OVERLAPPED, NULL)
    dcb.DCBlength=sizeof(DCB);
    GetCommState(m_hIDCDev, &dcb);      //取得通信资源的当前设置
    dcb.BaudRate=9600;                  //设定波特率为 9600
    dcb.ByteSize=7;                     //7 位数据
    dcb.Parity=2;                       //偶校验
    dcb.StopBits=0;                     //设定 1 个停止位
    if(SetCommState(m_hIDComDev, &dcb)) return(TRUE))
    else return(FALSE);                 //设置端口，若设置成功则返回 TURE，否则
                                          返回 FALSE
}
```

需要说明的是CSerial是一个用于串行通信的类，它包含了进行串行通信所需的函数。除上述端口初始化成员函数Open外，还包括另两个重要的成员函数：一个是endData，作用是把数据从一个缓冲区发送到串行端口。另一个是ReadData，作用是从端口的接收缓冲区中读入数据。

其次，在每进行一次上述4类操作的一种操作以前，还要进行握手联络。对PLC发请求ENQ(代码为0X05)，然后读PLC的响应信号，如果读到的响应信号为ACK(代码为0X06)，则表示PLC已准备就绪，等待接收通信数据。握手联络VC++语言视PLC已准备就绪，等待接收通信数据。握手联络VC++语言如下。

```
BOOL CNTJD1g::ReadFromPLC(char *Read_char char *Read_address, int
     eadbyes)
{
     CSerial Serial;//用于串行通信的类
     char read_BUFFER;
     if(Serial.Open(2)//初始化串行口通信口 COM2
     { Serial.SendData(&ENQ_request, 1);//发送联络信号
       Sleep(1000);//等待 1 秒钟
       Serial.ReadData(&read_BUFFER, 1);//读取 PLC 响应信号
       if(read_BUFFER= =ACK)
       { 如果 PLC 响应信号等于 ACK，则进行上述四种操作：}
}
Serial.Close();//操作完毕，关闭通信口
}
```

【例9.7】 编程口命令的操作。

以位元件或字元件状态读操作为例。

操作对象元件：PLC内部的X，Y，M，S，T，C，D元件；

命令格式：

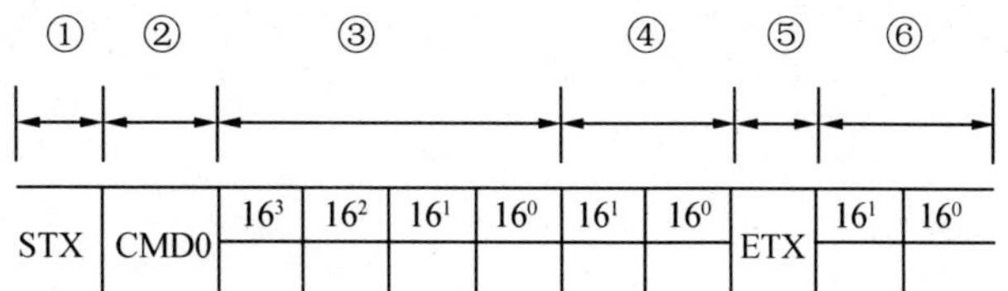

说明：

①·为读命令起始标志 STX，代码为 0X02。

② 为位元件或字元件状态读命令 CMD0，命令代码为 0X30。

③ 为读位元件或字元件的 4 位起始地址，高位先发，低位后发，且是以 ASCII 码的形式发送。

④ 为一次读取元件或字元件的个数，最多一次可读取 0Xff 个字节的元件，以 ASCII 码的形式发送。

⑤ 为停止位标志 ETX，代码为 0X03。

⑥ 为 2 位和校验，和累计为②、③、④项代码，取其和最低 2 位转化成 ASCII 码，高位先发，低位后发。

在发送完上述命令格式代码后，就可直接读取 PLC 响应的信息。响应信息格式如下：

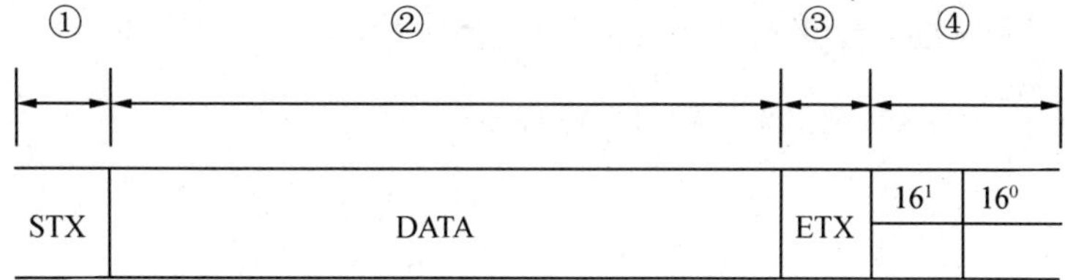

VC++语言实现过程如下。

```
BOOL CNTJDlg::Read From PLC(Char *Read char char *Read_address， int
Read_bytes)
 {
char       senddatasum_CHECK\[2\];char       readdatasum_CHECK\[2\];char
total_DATABYTES\[2\];char readdatasum_check\[2\];int readdata_sum;
int datasum_check=0; int i;
Serial.SendData(&STX_star, 1); //向 PLC 发送"开始"代码
Serial.SendData(&CMDO_read, 1);//发送"读"命令代码
datasum_check+=CMDO_read;
for (i=0;i<4;i++)
{
    Serial.SendData(&Read_address\[i\], 1);//发送起始地址的 ASCII 代码
    datasum_check+total_DATABYTES\[i\];
}
Change to ASCII(total DATABYTES, Read_bytes);//将字节数转化为 ASCII 代码
for (i=0;i<2;i++)
{
    Serial.SendData(&total_DATABYTES\[i\], 1);//发送元件字节数的 ASCII 代码
    datasum_check+total_DATABYTES\[i\];
}
Serial.SendData(&ETX_end, 1);//发送"结束"标志代码
senddatasum_CHECK+ETX_end;
Change_to_ASCII(senddatasum_CHECK, senddatasum_CHECK);//将"和"转化为
                                                    ASCII 码
for (i=0;i<2;i++) Serial.SendData(&senddatasum_CHECK\[i\], 1);
```

```
Sleep(1000);//等待 PLC 响应
Serial.ReadData(&read_BUFFER, 1);
if (read_BUFFER= =STX_start)
{
   readdata_sum=0;
   for(i=0;i<2*Read_bytes;i++)
   {
      Serial.ReadData(&Read_char\[i\], 1;)//读 Read_bytes 个字节
      readdata_sum+Read_char\[i\];
}
Serial.ReadData(&read_BUFFER, 1);
if(read_BUFFER= =ETX_end)
{
  Serial.ReadData(readdatasum_CHECK, 2);//读入的"和"的低 2 位 ASCII 码
  Readdata_sum+=ETX_end;
}
Change_to_ ASCII(readdatasum_check, readdatasum_sum);//将计算得到的"和"转
                                                      化为 ASCII 码
if (*readdatasum_CHECK= =*readdatasum_check)//"和"校验
{
   AfxMessageBox("数据读出成功！ ")return TRUE;
}
    else {
       AfxMessageBox("校验错误")return FALSE.
    }
}
}
```

9.3.3 无协议数据传输

大多数 PLC 都有串行接口无协议通信指令，如 FX 系列的 RS 指令(RS 指令可参见 FX 系列 PLC 用户手册)。无协议通信方式可以实现 PLC 与各种有 RS-232C 接口的设备(例如计算机、条形码阅读器和打印机)之间的通信，可采用无协议 RS-485 转换器实现。由于 FX_{2N}-485-BD 模块内没有缓冲内存，因此数据的接收和发送要通过由 RS 指令所确定的数据寄存器实现。使用 RS 指令的通信方式最为灵活，PLC 与 RS-232C 设备之间可以使用用户自定义的通信规约，但是 PLC 的编程工作量较大，对编程人员的要求较高。

【例 9.8】 PLC 与三菱公司的变频器的无协议通信应用实例。

解：(1) 系统配置。

三菱公司 PLC：$FX_{2N}+FX_{2N}$-485-BD

三菱公司的变频器：A500 系列、E500 系列、F500 系列、F700 系列

两者之间通过网线连接(网线的 RJ 插头和变频器的 PU 插座接)，使用两对导线连接，即将变频器的 SDA 与 PLC 通信板($FX_{2N}+FX_{2N}$-485-BD)的 RDA 连接，变频器的 SDB 与 PLC 通信板(FX2N+FX2N-485-BD)的 RDB 接，变频器的 RDA 与 PLC 通信板($FX_{2N}+FX_{2N}$-485-BD)的 SDA 接，变频器的 RDB 与 PLC 通信板($FX_{2N}+FX_{2N}$-485-BD)的 SDB 接，变频器的 SG 与 PLC 通信板($FX_{2N}+FX_{2N}$-485-BD)的 SG 接。

(2) 变频器的设置。

PLC 和变频器之间进行通信，通信规格必须在变频器的初始化中设定，如果没有进行初始设定或有一个错误的设定，数据将不能进行传输。变频器的设置见表 9-13。

表 9-13 变频器的设置

参数号	名 称	设定值	说 明
117	站号	0	设定变频器站号为 0
118	通信速率	96	设定波特率为 9600bit/s
119	停止位长/数据位长	11	设定停止位 2 位，数据位 7 位
120	奇偶校验有/无	2	设定为偶校验
121	通信再试次数	9999	即使发生通信错误，变频器也不停止
122	通信校验时间间隔	9999	通信校验终止
123	等待时间设定	9999	用通信数据设定
124	CR，LF 有/无选择	0	选择无 CR，LF

注：① 对于 122 号参数一定要设成 9999，否则当通信结束以后且通信校验互锁时间到时，变频器会产生报警并且停止(E.PUE)。

② 79 号参数要设定成 1，即 PU 操作模式。

③ 每次参数初始化设定完以后，需要复位变频器。如果改变与通信相关的参数后，变频器没有复位，通信将不能进行。

(3) PLC 的设置。

三菱公司 FX 系列 PLC 在设置了 D8129 后(见表 9-14)，确定关掉 PLC 的电源，然后再打开。

表 9-14 PLC 与变频器无协议通信格式设置

项 目	特 征
数据长度	7 位
奇偶性	偶
停止位	2 位
波特率	9600 bit/s
起始标志字符	无
结束标志字符	无
和校验码	无
协议	无协议

(4) 控制要求。

① 当 M10 接通一次以后变频器进入正转状态。

② 当 M10 接通一次以后变频器进入停止状态。

③ 当 M10 接通一次以后变频器进入反转状态。

④ 当 M10 接通一次以后读取变频器的运行频率(D700)。

⑤ 当 M10 接通一次以后写入变频器的运行频率(D700)。

(5) PLC 程序。

PLC 与变频器进行通信时的 PLC 程序如图 9.25 所示。

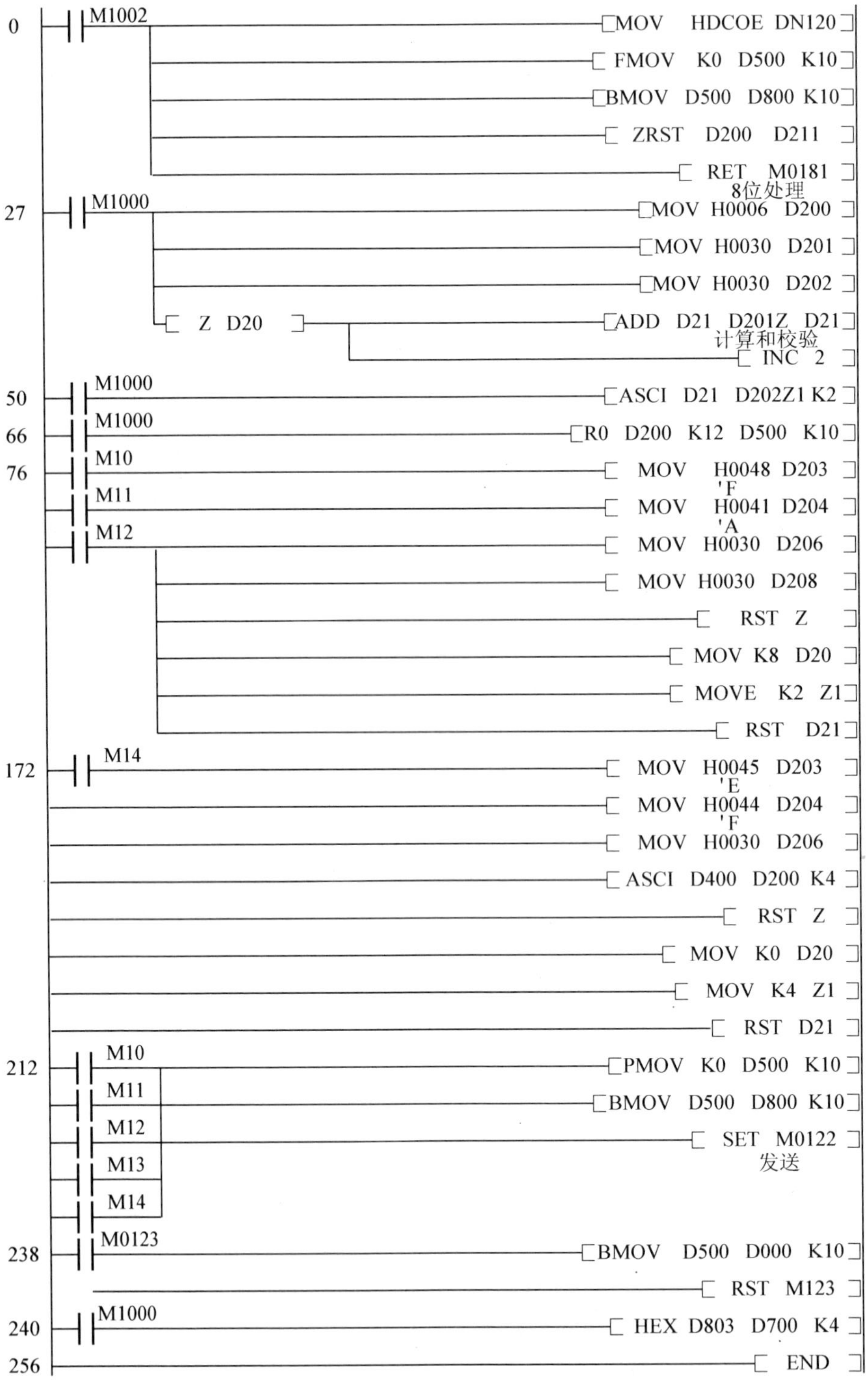

```
0    M1002    [MOV  HDCOE  DN120]
              [FMOV  K0  D500  K10]
              [BMOV  D500  D800  K10]
              [ZRST  D200  D211]
              [RET  M0181]
                    8位处理
27   M1000    [MOV  H0006  D200]
              [MOV  H0030  D201]
              [MOV  H0030  D202]
              [Z  D20]  [ADD  D21  D201Z  D21]
                          计算和校验
                        [INC  2]
50   M1000    [ASCI  D21  D202Z1 K2]
66   M1000    [R0  D200  K12  D500  K10]
76   M10      [MOV  H0048  D203]
                         'F
     M11      [MOV  H0041  D204]
                         'A
     M12      [MOV  H0030  D206]
              [MOV  H0030  D208]
              [RST  Z]
              [MOV  K8  D20]
              [MOVE  K2  Z1]
              [RST  D21]
172  M14      [MOV  H0045  D203]
                         'E
              [MOV  H0044  D204]
                         'F
              [MOV  H0030  D206]
              [ASCI  D400  D200  K4]
              [RST  Z]
              [MOV  K0  D20]
              [MOV  K4  Z1]
              [RST  D21]
212  M10      [PMOV  K0  D500  K10]
     M11      [BMOV  D500  D800  K10]
     M12      [SET  M0122]
                     发送
     M13
     M14
238  M0123    [BMOV  D500  D000  K10]
              [RST  M123]
240  M1000    [HEX  D803  D700  K4]
256           [END]
```

图 9.25　PLC 与变频器进行通信的 PLC 程序

(6) 程序说明。

① 当 M10 接通一次以后变频器进入“正转”状态。

② 当M11接通一次以后变频器进入“停止”状态。

③ 当M12接通一次以后变频器进入“反转”状态。

④ 当M13接通一次以后读取变频器进入“频率”(D700)。

⑤ 当M14接通一次以后写入变频器进入“频率”(D400)。

小　　结

三菱公司FX系列PLC具有很强的通信功能。FX系列PLC采用通信模块来完成与主计算机、其他PLC或其他智能控制设备(如变频器、打印机等)之间的通信。FX系列PLC的通信方式根据通信协议的不同分为以下几种类型。

(1) N：N链接(N：N network)。用于PLC与PLC之间构成的小系统的数据传输。

(2) 并行链接(Parallel link，1：1链接)。用于两台PLC之间最多100个特殊辅助继电器和10个数据寄存器的数据传输。

(3) 计算机链接(Computer Link)应用。RS-485(422)模块连接1台计算机与最多16台PLC(1：N)按照专有协议(Dedicated Protocol，无须梯形图，计算机直接读写操纵PLC)通信协议方式进行数据传输。

(4) 无协议(No Protocol，也称RS指令通信)通信方式。采用RS指令编写的梯形图形式完成PLC与带有RS-232C接口设备(如个人计算机、条码阅读器和打印机等)的数据通信。

习　　题

1. 比较串行通信和并行通信的异同点。
2. 什么是单工、半双工和全双工通信方式？
3. 简述PLC与PLC之间的并行链接技术的含义。
4. N：N链接网络的系统设置内容有哪些？各站之间是怎样交换数据的？
5. 如何构置1：1双机并行链接通行系统？并行链接的两台PLC是怎样交换数据的？
6. 简述计算机与PLC链接数据流的传输格式。
7. 简述计算机读取PLC的数据时，双方的数据传输过程。
8. 简述计算机向PLC写入数据时，双方的数据传输过程。

第 10 章 其他常用 PLC 系统简介

除了三菱公司 FX 系列 PLC 外，目前市场较为流行的中小型 PLC 还有日本欧姆龙公司 C20 型 PLC 和德国西门子公司 S7-200 系列 PLC。本章通过对比和举一反三的方式介绍这两种 PLC，使读者能够很快地对这两种 PLC 有一个初步的总体了解，以便于实际工作中的选用。

教学要求

通过本章教学使学生初步掌握欧姆龙 C20 型 PLC 和西门子 S7-200 系列 PLC 的基本指令和梯形图设计，能够运用这两种 PLC 来实现逻辑控制。

10.1　欧姆龙公司 C 系列 C20 普及型 PLC

C20 型 PLC 是欧姆龙公司 C 系列 PLC 的一种普及型 PLC，通过 C20 型 PLC 的学习，可以了解欧姆龙公司 C 系列 PLC 的基本指令格式、梯形图设计和应用，在此基础上可以快速掌握欧姆龙公司其他 PLC 的使用。

10.1.1　C20 的性能

C20 有基本型和扩展型两种型号。基本型容量为 1194 个程序语句，28 个 I/O 点及 136 个内部辅助继电器；扩展型除了 I/O 点能增加到 140 个以外，其他功能与基本型相同。C20 的性能见表 10-1。

表 10-1　C20 的性能

性能指标		不可扩展型	可扩展型
控制系统		程序存储系统	
编程系统		梯形系统	
指令	指令字长	6 位/地址	
	指令数	27	
编程容量		512 地址	1194 地址
执行时间		10μs/地址	
I/O 继电器数		I:16 点(0000～0015)	I: 80 点(0000～0415)
		O:12 点(0500～0511)	O: 60 点(0500～0911)
内部继电器	内部辅助继电器	136 点	
	定时器计数器	48 个(TIM/CNT00～47) TIMER：0.1～999.9s(高速 0.01～99.99) COUNTER：0～9999 次	
	保持继电器	160 点(HR000～915)	
	微分输出	48 个(DIFU/DIFD 指令)	
	暂存继电器	8 点(TR0～7)	
	特殊辅助继电器	1808：电池故障出现时 ON 1809、1810、1811、1812：常 OFF 1813：常 ON 1814：常 OFF 1815：程序执行一个扫描周期后 ON 1900：0.1s 时钟 1901：0.2s 时钟 1902：1s 时钟 1903：运算结果不以 BCD 码输出时 ON 1904：运算结果有进位时 ON 1905：比较结果(>)ON 1906：比较结果(=)ON 1907：比较结果(<)ON	

续表

性能指标		不可扩展型	可扩展型
指示灯	POWER(红)	POWER ON：亮；POWER OFF：灭	
	RUN(红)	PLC RUN 状态：亮；PLC STOP 状态：OFF	
	ERR(红)	故障：亮；正常：灭	
	ALARM(红)	故障引起 PLC 停：闪；正常：灭	
继电器程序特殊功能		断电时，让继电器和计数器保持当前数据	

C20 可以根据控制系统的 I/O 点数选用 16 点输入/12 点输出，32 点输入/24 点输出，48 点输入/36 点输出，64 点输入/48 点输出，80 点输入/60 点输出等主机模块。

C20 共有 48 个定时器/计数器，每个定时器的范围是 0.01s～999.9s，每个计数器的计数范围是 1～9999。C20 还有高速定时功能，定时范围是 0.01s～999.9s。

C20 除了具有一般小型 PLC 所具备的逻辑运算指令、定时指令、计数指令等以外，还具有数值计算指令，例如加法、减法、比较、移位等指令，能适应较为复杂的开关量控制。

C20 机的编程容量为 1194 个指令地址。C20 型 PLC 既可运行 RAM 中的用户程序，也可以运行 EPROM 中的用户程序。C20 具有 RAM 和 EPROM 基本操作的灵活性，当使用 RAM 时，用户的程序可以修改和重新写入；而使用 EPROM 时，则可以对已经定型的程序加以固化。

10.1.2 C20 的选件和配置

1. C20 的选件

C20 采用模块结构，体积小，安装方便。C20 主要有以下几种选件。

1) 3G2C7-CPU44E

可扩展的主模块，外形尺寸为 210mm×250mm×59.5mm。在这个模块上有微处理器、RAM/ROM、16 点输入和 12 点输出。还有可编程控制台(3G2A6-PRO15E)或 EPROM 写入器(3G2A5-PRW04E)相连的接口，该模块是必选模块。

2) 3G2C7-MC223

28 点 I/O 扩展模块，外形尺寸为 210mm×250mm×59.5mm。该模块有 16 点输入，12 点输出。通过扁平电缆与主模块相连。

3) 3G2C7-MC224

56 点 I/O 扩展模块，外形尺寸为 210mm×250mm×59.5mm。该模块有 32 点输入，24 点输出，通过扁平电缆与主模块相连。

4) 3G2A6-PRO15E

编程器。可直接插到主模块上，不占安装位置，主要用于输入或修改用户程序，监控 PLC 运行状态。

5) 3G2A5-PRW04E

EPROM 写入器。可直接插到主模块上，不占安装位置，主要用于将 PLC 存储器中的用户程序写入 EPROM，或将 EPROM 中的用户程序读到 PLC 的 RAM 用户程序区。

2. C20 的配置

由于 C20 采用模块式结构，用户可以根据实际需要选购相应的模块，使成本降低。例如，一个工程系统需要购置多台 C20，就可以只购买一台编程器和一台 EPROM 写入器。

用户根据控制系的规模，可以选择的配置如下。

(1) 16 点输入，12 点输出：只购置主模块。

(2) 32 点输入，24 点输出：主模块＋I/O 28 点扩展。

(3) 48 点输入，36 点输出：主模块＋I/O 56 点扩展。

(4) 64 点输入，48 点输出：主模块＋I/O 56 点扩展＋I/O 28 点扩展。

(5) 80 点输入，60 点输出：主模块＋I/O 56 点扩展＋I/O 56 点扩展。

3. C20 的通道和继电器

C20 有位运算指令，如逻辑运算指令、保持指令、定时器指令和计数指令；也有字运算指令，如加法、减法、比较、传递等。为了完成这些指令功能，C20 将 I/O 和内部变量单元分为通道和继电器。

1) 通道(CHANNEL)

C20 有 00CH～04CH 5 个输入通道，05CH～09CH 5 个输出通道，10CH～17CH 8 个内部通道，HR00CH～HR09CH 10 个保持通道，每个通道由 16 个继电器构成。

2) 继电器号

继电器号一般由两部分组成

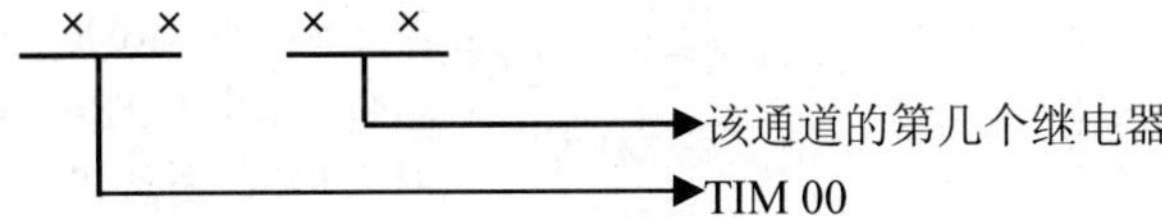

例如，1015 表示第 10 通道的第 16 个继电器；HR00，表示 HR 通道的第一个继电器。

C20 共有 80 个输入继电器，80 个输出继电器，136 个内部继电器，16 个专用继电器，160 个保持继电器，48 个定时器/计数器等。

4. 工作原理和组成

C20 与其他典型 PLC 一样其工作原理也是扫描工作原理。其基本构成与 FX_{2N} 系列 PLC 相同，由 CPU、输入接口、输出接口、扩展接口、编程器、存储器及后备电池和电源组成。

10.1.3 C20 的基本指令

C20 使用 C 系列的共用指令，包括基本指令和专用指令。

C20 的基本指令如表 10-2 所示。C20 型 PLC 基本指令梯形图见表 10-3。

表 10-2　C20、FX_{2N}和 S7-200 型 PLC 基本指令比较

C20 指令	FX_{2N} 对应指令	S7-200 对应指令	符　号	操作数字	功　能	数　据
LD	LD	LD		继电器号	以常开触点开始的操作符号	继电器编号： 输入/输出继电器 0000～0915 辅助继电器 1000～1907 保持继电器 HR000～HR915 定时器 TIM00～47 (设定时间：0～9999) 计数器 CNT00～47 (设定值：0～9999) 暂存继电器 TR0～TR7 (TR 只用在 LD 指令上) (对应 FX_{2N} 系列 PLC 元件：X，Y，M，S，T，C)
LD NOT	LDI	LDN		继电器号	以常闭触点开始的操作符号	
AND	AND	A		继电器号	串联常开触点	
AND-NOT	ANI	AN		继电器号	串联常闭触点	
OR	OR	O		继电器号	并联常开触点	
OR-NOT	ORI	ON		继电器号	并联常闭触点	
AND-LD	ANB	ALD			并联电路块串联	
OR-LD	ORB	OLD			串联电路块并联	
OUT	OUT	=		继电器号	把相应电路的操作结果输出给指定的输出继电器，辅助继电器，暂存继电器或移位继电器中	继电器编号： 输出继电器 0500～0915 辅助继电器 1000～1807 保持继电器 HR000～HR915 暂存继电器 TR0～TR7 (对应 FX_{2N} 系列 PLC 元件：Y，M，S，T，C)
TIM	T			定时器号和设定时间常数	接通延时 0～999.9 秒	计数器和定时器编号均为 00～47，设定值为 0000～9999
CNT	C			计数器号和设定计数值	减计数操作，设定值 0～999.9 秒	

表 10-3　C20、FX_{2N}和 S7-200 型 PLC 基本指令梯形图比较

C20 基本指令梯形图	FX_{2N}基本指令梯形图	S7-200 基本指令梯形图	指令表 (C20 型 PLC)	说明 (C20 型 PLC)
(LD、AND、OR、OUT) 0000　0001 0002　0500	(LD、AND、OR、OUT) X000　X001 X002　Y000	(LD、AN、O、=) I0.0　I0.1　Q0.0 I0.2	LD 0000 AND 0001 OR 0002 OUT 0500	输入继电器 0000 和 0001 ON 时或输入继电器 0002 ON 时，输出继电器 0500 ON

续表

C20 基本指令 梯形图	FX2N 基本指令 梯形图	S7-200 基本指令 梯形图	指令表 (C20 型 PLC)	说明 (C20 型 PLC)
(LD NOT、AND NOT、OR NOT) 0000 0001 0002 0500	(LDI、ANI、ORI) X000 X001 X002 Y000	(LDN、A、ON) I0.0 I0.1 Q0.0 I0.2	LD NOT 0000 AND NOT 0001 OR NOT 0002 OUT 0500	输入继电器 0000 和 0001 OFF 时或输入继电器 0002 OFF 时，输出继电器 0500 ON
(AND LD) 0000 0002 0001 0003 0500	ANB X000 X002 X001 X003 Y000	(ALD) I0.0 I0.2 Q0.0 I0.1 I0.3	LD 0000 OR 0001 LD 0002 OR 0003 AND LD OUT 0500	输入 0000 和 0002 ON 或 0000 和 0003 ON 或 0001 和 0002 ON 或 0001 和 0003 ON 时，输出继电器 0500 ON
(OR LD) 0000 0001 0002 0003 0500	X000 X001 X002 X003 Y000	(OLD) I0.0 I0.1 Q0.0 I0.2 I0.3	LD 0000 AND 0001 LD 0002 AND 0003 OR LD OUT 0500	输入 0000 和 0001 ON 或 0002 和 0003 ON 时，输出继电器 0500 ON
(TIMER) 0000 0001 TIM 00 #0075 TIM 00 0500	X000 X001 T0 K75 T0 Y000	(TIMER) I0.0 I0.1 T0 IN TON 75 PT T0 Q0.0	LD 0000 AND NOT 0001 TIM 00 #0075 LD TIM 00 OUT 0500	输入继电器 0000 和 0001 都闭合时(即 0000 ON 和 0001 OFF)7.5 秒后 TIM 00 闭合，输出继电器 0500 ON
(CNTER) 0000 0001 CNT00 #0003 CNT00 0500	X001 RST C0 X000 C0 K3 C0 Y000	增计数器 CTU I0.0 C20 CUCTU I0.1 R +3 PV C20 Q0.0	LD 0000 LD 0001 CNT00 #0003 LD CNT00 OUT 0500	输入继电器 0000 通断 3 次时使 CNT 接通，输出继电器 0500 ON，当输入继电器 0001 接通时，CNT 复位输出继电器 OFF

10.1.4　C20 的专用指令

除了基本指令之外，C20 还提供若干专用指令，这些指令都要用到 FUN 键来键入 PLC，为了在程序中安排一条专用指令，按：

1. 程序结束指令(END)

程序结束指令 END 的定义及功能见表 10-4。

表 10-4　程序结束指令的定义与功能

指令符	功能号	名称	指令功能	梯形图符号
END	FUN 01	程序结束指令	表示程序结束，与 FX_{2N} 系列 PLC 的 END 类似	—[END]

2. 分支指令对(IL/ILC)

分支指令对(IL/ILC)也称为联锁 IL(02)与联锁清除 ILC(03)指令，其定义及功能见表 10-5。

表 10-5　分支指令对的定义与功能

指令符	功能号	名称	指令功能	梯形图符号
IL	FUN 02	连锁	使电路有一个新的分支起点	—[IL]
ILC	FUN 03	连锁清除	使电路分支到 OUT 指令	—[ILC]

指令说明：

(1) IL(联锁)总是与 ILC(联锁清除)一起使用。当不满足 IL 执行条件即 IL 支路前面的位是 OFF 时，在 IL 和 ILC 之间的那一部分程序就不执行，在 IL 和 ILC 之间的那部分程序中输出继电器状态见表 10-6。

表 10-6　条件是 OFF 时 IL 与 ILC 指令之间的每个继电器状态

输出继电器，内部辅助继电器	OFF
定时器	复位
计数器、移位寄存器、保持继电器	保持当前状态

(2) IL 与 ILC 应配合使用，当 IL 未接通时，IL 与 ILC 之间的输出都为 OFF，当 IL 接通时，IL 与 ILC 之间的电路正常工作。

(3) 当一个电路分支到多个 OUT 指令时，IL 和 ILC 应成双使用。如果没有成双使用，在程序检查过程中会出现错误。

【例 10.1】 IL 与 ILC 指令的应用编程见图 10.1。

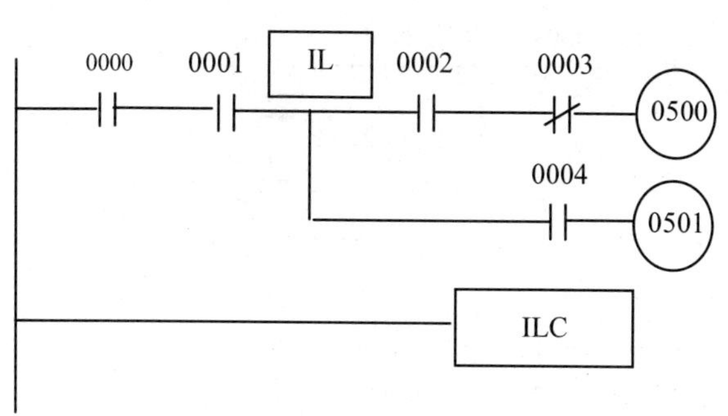

地址	指令	数据
0200	LD	0000
0201	AND	0001
0202	IL(02)	
0203	LD	0002
0204	AND NOT	0003
0205	OUT	0500
0206	LD	0004
0207	OUT	0501
0208	ILC(03)	

图 10.1　IL 与 ILC 指令的应用编程

3. 支路(TR)

TR 不是独立的编程指令，独立的 TR 称为暂存继电器。TR 必须和 LD 或 OUT 等基本指令一起使用。TR 位使用方法和编程见例 10.2。

TR 定义及功能与 FX_{2N} PLC 对应指令如表 10-7 所示。

表 10-7　C20 型 PLC 中 TR0～7 与 FX_{2N} MPS、MPP、MRD 应用对照表

C20 指令	FX_{2N} 指令	梯形图	功　能
OUT TR0～7	MPS	TR0	暂存
LD TR0～7	MPP 或 MRD		读出

指令说明：

(1) 一个暂存继电器 TR 位可以用在具有一个以上输出分支的地方作为一个暂存工作位。当一个梯形图程序不能用 IL 或 ILC 编程时，可以使用 TR。

(2) 共有 8 个 TR 位可供使用，即 TR0 到 TR7。在一个程序中，这些位的使用次数没有限制，但是在同一个块中不能重复使用。

(3) TR 和 IL/ILC 指令比较：在同一梯形图中既可以用 TR 编程也可以用 IL/ILC 编程。因为 IL/ILC 指令不需要像 LD TR 那样多占存储地址，所以程序中应尽可能使用 IL/ILC 指令代替 TR 位的使用，这样既可使程序缩短，又可节省存储空间。

【例 10.2】 TR 的梯形图见图 10.2。

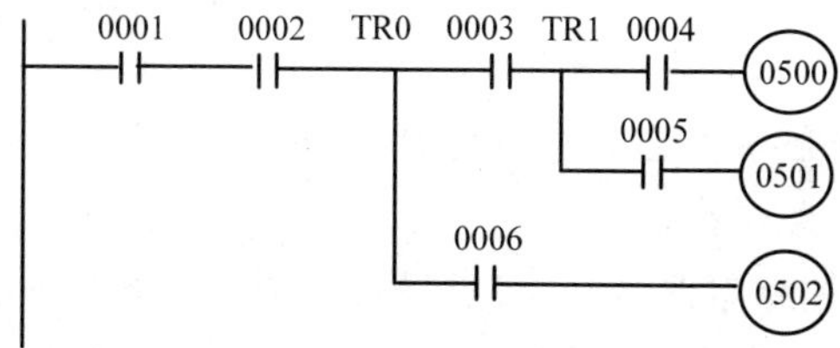

图 10.2　TR0、TR1 应用示例

【例 10.3】 TR0、TR1 在不同组内重复使用的编程见图 10.3。

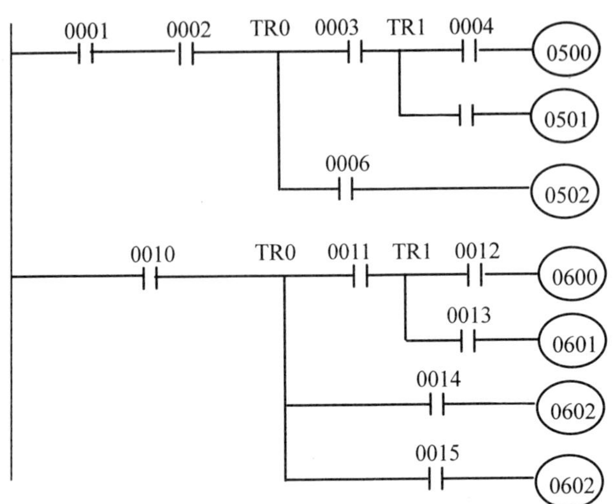

图 10.3 TR0、TR1 重复使用情况

4. 串行移位指令(SFT)

SFT 的梯形图符号如表 10-8 所示。B 和 E 是某一个继电器区的两个通道号，且 B≤E。SFT 的移位操作是在从 B 开始、到 E 结束的所有连续的通道上进行的。当移位脉冲 P 产生一次 OFF～ON 的变化时，SFT 指令将由连续通道以高位在前、低位在后的顺序依次排列成的二进制位序列左移一位，E 通道的最高位将移失，中间各通道的最高位移入前一通道的最低位，B 通道的最高位移入到上一通道的最低位，其最低位移入的是输入端 IN 的状态。当复位输入 R 为 ON 时，将使 B 至 E 的所有通道置 0。

串行移位指令(SFT)的定义及功能见表 10-8。

表 10-8 串行移位指令 (SFT)指令的定义与功能

指令符	功能号	名称	指令功能	梯形图符号
SFT	FUN 10	串行移位指令	相当于一个串行输入移位寄存器	N [SFT B E]

指令说明：

(1) 移位寄存器必须按照输入、时钟、复位和 SFT 指令的顺序(首通道到末通道)编程。

(2) 每一条 SFT 指令必须有若干 16 位的单元来作为其数据移动位。例 10.4 中，是从 0500 到 0515 共 16 位来移动数据。

(3) 利用被指定通道的继电器号，可把移位寄存器的 16 位内容一位一位地输出。

【例 10.4】 SFT 指令的编程见图 10.4。

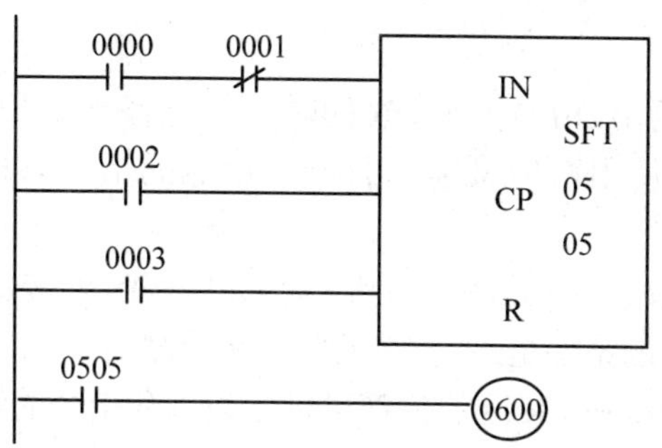

地址	指令	数据
0200	LD	0000
0201	AND NOT	0001
0202	LD	0002
0203	LD	0003
0204	FUN 1 0	05
		05
0205	LD	0505
0206	OUT	0600

图 10.4　SFT 指令的编程

当输入 0002 在上升沿时，把输入 0000 和 0001 的串联状态向输出继电器(或内部辅助继电器)通道中传送。本例中 0000 和 0001 的串联状态为 ON 时，当 0002 第一次 ON 开始，0000 和 0001 的串联状态数据“1”移入 0500，0500 为 ON(即数据为 1)；而后 0002 每 ON 一次，0500 的“1”数据依次移入 0501、0502、…、0515，并保持下来；当 0000 和 0001 的串联状态改为 OFF 时，时钟 0002 每 ON 一次，0500、0501、…、0515 依次断开；输入 0003 接通时，复位回零，通道全打开。该例中当 0505 闭合时，输出 0600 接通。

通道可以是输出继电器、内部辅助继电器 0500～1715，也可以是保持继电器 HR000～HR915，首通道和末通道还可以是同一个通道，如例 10.4 中的情况。

若需要大于 16 位的移位寄存器，可以由两级或多级 16 位移位寄存器组成。例如，从 10 通道再转入 11 通道，此时，指令中首通道号就要设定为 10，末通道号设定为 11。

5. 保持指令(KEEP)

保持指令可以用来形成一个锁存继电器，置位输入 S 为 ON 时，继电器输出为 ON 并保持；复位输入 R 为 ON 时，继电器复位。继电器包括：输出继电器 0500～1807，保持继电器 HR000～915。串行移位指令 (KEEP)的定义及功能见表 10-9。

表 10-9　保持指令 (KEEP)指令的定义与功能

指令符	功能号	名称	指令功能	梯形图符号
KEEP	FUN 11	保持指令	相当于一个锁存器	KEEP

【例 10.5】 KEEP 指令的编程见图 10.5 所示。当输入 0001 和 0002 都闭合时，输出继电器 0500 即接通，并保持下来，只有当 0003 和 0004 都闭合时，继电器 0500 才断开。

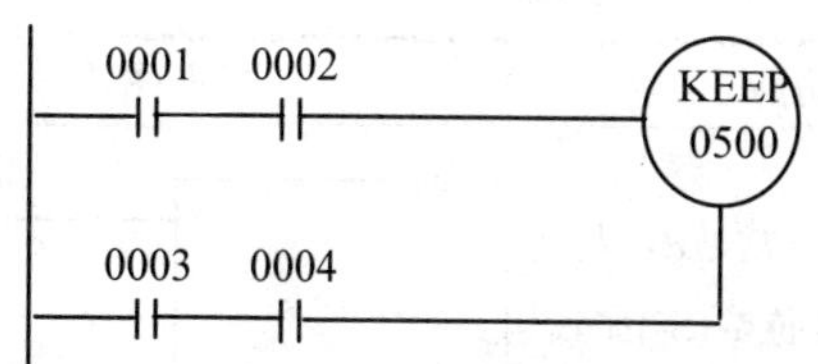

地址	指令	数据
0200	LD	0001
0201	AND	0002
0202	LD	0003
0203	AND	0004
0204	FUN 11	0500

图 10.5　KEEP 指令的编程

6. 微分指令(DIFU/ DIFD)

上升沿微分输出 DIFU 和下降沿微分输出 DIFD 变为 ON 的时间只维持一次扫描时间。当微分指令(即前面有一个@的指令)不能使用，但又需要有一个特定的指令只执行一次扫描的时间时，就可以使用这些微分指令。

上升沿输出 DIFU 为 ON 的条件是：在指令的输入端检测到一个 OFF→ON 的转变信号时，DIFU 输出为 ON。下降沿输出 DIFD 为 ON 的条件是：在指令的输入端检测到一个 ON→OFF 的转变时，DIFD 输出为 ON。IR、HR、AR 和 LR 区的位都可以作为微分指令的输出位。

微分指令(DIFU/DIFD)的定义及功能见表 10-10。与本指令相对应的 FX_{2N} PLC 的指令是 PLS。

表 10-10 微分指令的定义与功能

指令符	功能号	名称	指令功能	梯形图符号
DIFU	FUN 13	上升沿微分输出	变为 ON 的时间只维持一次扫描时间	DIFU/ DIFD
DIFD	FUN 14	下降沿微分输出		

【例 10.6】 微分指令(DIFU)的编程见图 10.6。当串联触点 0000 和 0001 闭合时，在闭合的上升沿，使输出继电器 0500 ON 一个扫描周期，而后 OFF。

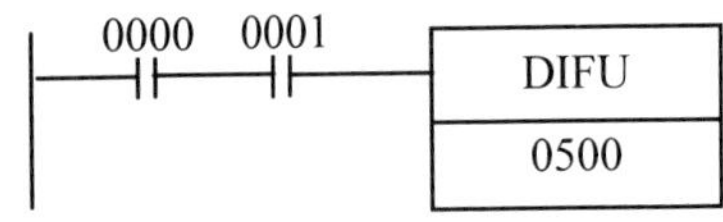

地址	指令	数据
0200	LD	0000
0201	AND	0001
0202	FUN 1 3	0500

图 10.6 DIFU 微分指令的编程

【例 10.7】 微分指令(DIFD)的编程见图 10.7。当 0000 从 ON 变为 OFF 时的下降沿，可使输出继电器 0500 ON 一个扫描周期，而后 OFF。

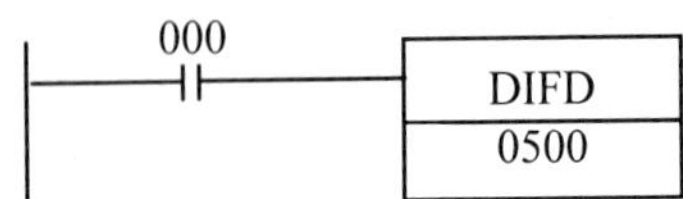

地址	指令	数据
0200	LD	0000
0201	FUN 1 4	0500

图 10.7 DIFD 微分指令的编程

7. 比较指令(CMP)

比较指令(CMP)的定义及功能见表 10-11，S_1、S_2 中至少要有一个是通道的内容(不是常数)。

表 10-11 比较指令的定义与功能

指令符	功能号	名称	指令功能	梯形图符号
CMP	FUN 20	比较指令	将通道数据或 4 位常数(S_1)与另一通道数据或 4 位数(S_2)比较	CMP / S_1 / S_2

【例 10.8】 比较指令的编程如图 10.8，当输入继电器 0000 ON 时，输入 TIM00 的运行数

据与 2500 比较，其结果输出到专用辅助继电器结果区 1905～1907。比较结果见表 10-12 和表 10-13。

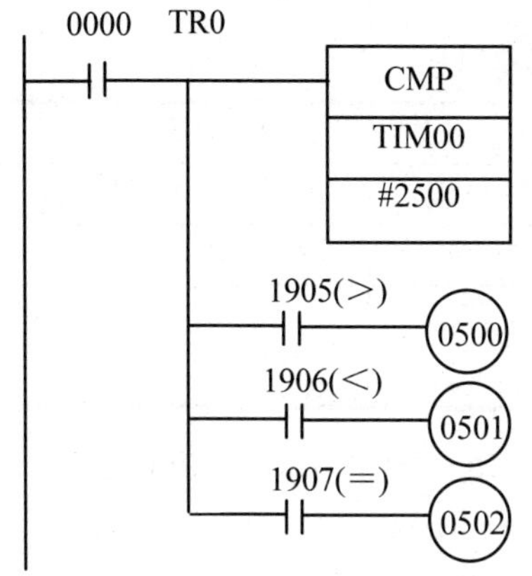

地址	指令	数据	地址	指令	数据
0200	LD	0000	0208	LD	TR0
0201	OUT	TR0	0209	AND	1906
0202	FUN 2 0		0210	OUT	0501
0203		TIM00	0211	LD	TR0
0204		#2500	0212	AND	1907
0205	LD	TR0	0213	OUT	0502
0206	AND	1905			
0207	OUT	0500			

图 10.8　比较指令的编程

表 10-12　专用辅助继电器的输出结果

专用辅助继电器结果区	1905	1906	1907
TIM00>2500	1	0	0
TIM00=2500	0	1	0
TIM00<2500	0	0	1

表 10-13　S_1、S_2 的数据区域

数据区域	编　号
输入输出继电器、内部辅助继电器	00～17CH
保持继电器	HR0～9CH
定时器/计数器	TIM/CNT00～47
常数	#0000～FFFF

8. 传输指令(MOV)和反传输指令(MVN)

指令 MOV/ MVN 的定义及功能见表 10-14，数据通道 S、D 的编号见表 10-15。

表 10-14　比较指令的定义与功能

指令符	功能号	名　称	指令功能	梯形图符号
MOV	FUN 21 (S)(D)	传输指令	把一个通道的数据或 4 位常数(S)传送到一个指定的通道(D)	MOV S D
MVN	FUN 22(S)(D)	传输指令	把一个通道的数据或 4 位常数求反后传送到一个指定的通道(D)	MVN S D

指令说明：

若被传送的数据为 0，则专用辅助寄存器 1906 接通，否则断开。

表 10-15　S、D 的数据区域

数据区域	S	D
输入/输出继电器、内部辅助继电器	00～17	05～17
保持继电器	HR0～9	HR0～9
定时器/计数器	TIM/CNT00～47	
常数	#0000～FFFF	

【例 10.9】 当 0000 接通时，MOV 把 10CH(1000～1015)的 16 位数据传送到 HR9CH(HR900～HR915)，然后，由 MVN 求反再传送到 HR0CH(HR000～HR015)。编程见图 10.9。

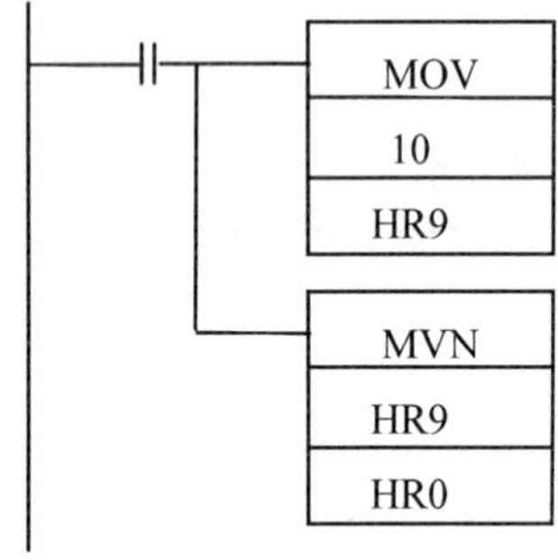

地址	指令	数据
0200	LD	0000
0201	FUN 21	
		10
		HR9
0202	FUN 22	
		HR9
		HR0

图 10.9　MOV/MVN 指令的编程

9. *加法指令*(ADD)

指令 ADD 的定义及功能见表 10-16。数据通道 S_1、S_2、D 的区域编号见表 10-17。

表 10-16　加法指令的定义与功能

指令符	功能号	名称	指令功能	梯形图符号
ADD	FUN 30 (S_1) (S_2) (D)	加法指令	将一个通道的数据(S_1)或 4 位常数与指定通道数据(S_2)或 4 位常数带进位相加，结果输出到指定通道(D)	ADD S_1 S_2 D

指令说明：

(1) 在实现 ADD 指令之前，应安排一条 CLC 指令来清除进位标志(1904)。

(2) 该指令为 4 位 BCD 数据相加，若相加结果为 0，则 1906 接通；若有进位，则 1904 接通。

表 10-17　S_1、S_2、D 的数据区域

数据区域	S_1、S_2	D
I/O 继电器、内部辅助继电器	00～19	05～17
保持继电器	HR0～9	HR0～9
定时器/计数器	TIM/CNT00～47	
常数	#0000～FFFF	

10. 减法指令(SUB)

指令 SUB 的定义及功能见表 10-18。数据通道 S_1、S_2、D 的区域编号与加法指令的相同，见表 10-17。

表 10-18　减法指令的定义与功能

指令符	功能号	名称	指令功能	梯形图符号
SUB	FUN 31 (S_1) (S_2) (D)	加法指令	将一个通道的数据(S_1)或 4 位常数减去指定通道数据(S_2)或 4 位常数，并具有进位，结果输出到指定通道(D)	SUB / S_1 / S_2 / D

指令说明：

(1) 在实现 SUB 指令之前，应安排一条 CLC 指令来清除进位标志(1904)。

(2) 该指令为 4 位 BCD 数据带进位(1904)相减，若相减结果为 0，则 1906 接通，若结果为负数，则 1904 接通。

10.2　西门子公司 S7-200 PLC

S7-200 PLC 是西门子公司生产的一种小型 PLC，其许多功能达到大、中型 PLC 的水平，而价格却和小型 PLC 接近。特别是 S7-200 CPU22 系列 PLC(CPU21X 系列的替代产品)，具有多种功能模块和人机界面(HMI)可供选择，便于系统的集成，并很容易组成 PLC 网络；此外还具有功能齐全的编程和工业控制组态软件，使得 S7-200 在完成控制系统的设计时更加简单，几乎可以完成任何功能的控制任务。

S7 系列还有 S7-300 和 S7-400 系列，分别为中、大型 PLC，完全可以替代西门子早期的 S5 系列 PLC。S7 系列 PLC 的编程均使用 STEP7 编程语言。因此本节以 S7-CPU22X 系列为例，介绍 S7-200 系列 PLC 的硬件系统、内部元件和寻址方式等。

10.2.1　S7-200 系列 PLC 的硬件系统

SIMATIC S7-200 结构小巧，可靠性高，运行速度快，硬件系统的配置方式采用整体式加积木式。即主机中包含一定数量的输入/输出(I/O)点，同时可以扩展 I/O 模块和各种功能模块。

1. 硬件系统基本构成

S7-200 PLC 的硬件主要由以下部分组成。

1) 基本单元

基本单元即 CPU 模块，也称为主机或本机。它包括 CPU、存储器、基本输入/输出点和电源等。实际上基本单元就是一个完整的控制系统，可以单独完成一定的控制任务。S7-200 系列小型 PLC 有如下五种不同结构配置的 CPU 单元。

(1) CPU 221：有 6 输入/4 输出，I/O 点数量共计 10 点，无扩展能力，程序和数据存储容量较小，有一定的高速计数处理能力，非常适合于少点数的控制系统。

(2) CPU 222：有 8 输入/6 输出，I/O 点数量共计 14 点。和 CPU 221 相比，它可以进行一定模拟量的控制和 2 个模块的扩展，因此是应用更广泛的全功能控制器。

(3) CPU 224：有 14 输入/10 输出，I/O 点数量共计 24 点。和前两者相比，存储容量扩大了一倍，它可以有 7 个扩展模块，有内置时钟，它有更强的模拟量和高速计数的处理能力，是使用的最多的 S7-200 产品。

(4) CPU 226：有 24 输入/16 输出，I/O 点数量共计 40 点。和 CPU 224 相比，增加了通信口的数量，通信能力大大增强。它可用于点数较多、要求较高的小型或中型控制系统。

(5) CPU 226 XM：这是西门子公司后来推出的一种增强型主机，在用户程序存储容量和数据存储容量上进行了扩展，其他指标和 CPU 226 相同。

2) 扩展单元

主机 I/O 点数量不能满足控制系统的要求时，用户可以根据需要扩展各种 I/O 模块。典型的数字量输入/输出扩展模块见表 10-19，特殊功能扩展模块见表 10-20。

表 10-19　典型数字量 I/O 扩展模块

输入扩展模块 EM221	输出扩展模块 EM222	I/O 混合扩展模块 EM223
8 点 24V DC 输入 8 点 AC 120/230 输入 16 点 24V DC 输入	8 点 24V DC(晶体管)输出 8 点 AC 120/230 V 输出 8 点继电器输出	4 点 24 V DC 输入/4 V DC 输出 4 点 24 V DC 输入/4 V 继电器输出 8 点 24 V DC 输入/8 V DC 输出
	4 点 24V DC 输出，每点 5A 4 点继电器输出，每点 10A	8 点 24 V DC 输入/8 V 继电器输出 16 点 24 V DC 输入/16 V DC 输出 16 点 24 V DC 输入/16 V 继电器输出

表 10-20　模拟量 I/O 扩展模块

模拟量输入扩展模块 EM231	模拟量输出扩展模块 EM232	模拟量 I/O 扩展模块 EM235
4 路模拟量输入 2 路热电阻输入 4 路热电偶输入	2 路模拟量输出	4 路模拟量输入/1 路模拟量输出

3) 特殊功能模块

当需要完成某些特殊功能的控制任务时，需要扩展功能模块。它们是完成某种特殊控制任务的一些装置。特殊功能模块有 EM235 位置控制模块、EM277 PROFIBUS-DP 模块、EM241 调制解调器模块、CP243-1 以太网模块、CP243-2 AS-i 接口模块等。

4) 相关设备

相关设备是为充分和方便地利用系统的硬件和软件资源而开发和使用的一些设备，主要有编程设备、人机操作界面和网络设备等。

5) 工业软件

工业软件是为更好地管理和使用这些设备而开发的与之相配套的程序，主要由标准工具、工程工具、运行软件和人机接口软件等几大类构成。

2. I/O 点数扩展和编址

CPU 22X 系列的每种主机所提供的本机 I/O 点的 I/O 地址是固定的，进行扩展时，可以在 CPU 右边连接多个扩展模块，每个扩展模块的组态地址编号取决于各模块的类型和该模块在 I/O 链中所处的位置。编址方法是同种类型输入或输出的模块在链中按与主机的位置而递增，其他类型模块的有无以及所处的位置不影响本类型模块的编号。

【例 10.10】 某一控制系统选用 CPU224，系统所需的 I/O 点数各为：数字量输入 24 点、数字量输出 20 点、模拟量输入 6 点和模拟量输出 2 点。

解： 该系统可有多种不同模块的选取组合，并且各模块在 I/O 链中的位置排列方式也有可能有多种，图 10.10 所示为其中的一种模块连接形式。表 10-21 为其对应的各模块的编址情况。

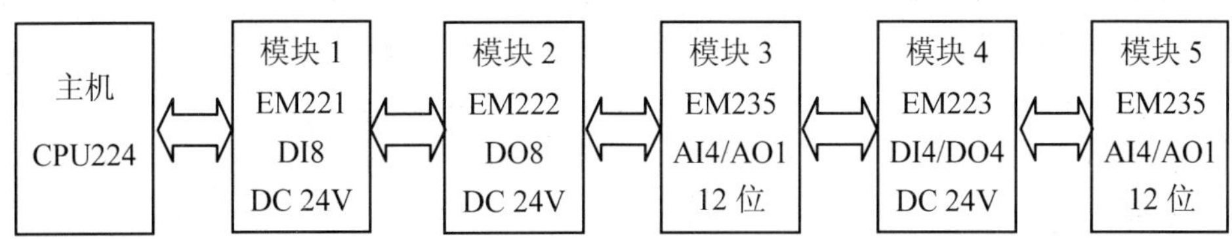

图 10.10　模块连接方式

表 10-21　各模块编址

主机 I/O				模块 I/O	模块 2 I/O	模块 3 I/O	模块 4 I/O		模块 5 I/O
I0.0	Q0.0	I1.0	Q1.0	I2.0	Q2.0	AIW0 AQW0	I3.0	Q3.0	AIW8
I0.1	Q0.1	I1.1	Q1.1	I2.1	Q2.1	AIW2	I3.1	Q3.1	AQW2
I0.2	Q0.2	I1.2		I2.2	Q2.2	AIW4	I3.2	Q3.2	AIW10
I0.3	Q0.3	I1.3		I2.3	Q2.3	AIW6	I3.3	Q3.3	AIW12
I0.4	Q0.4	I1.4		I2.4	Q2.4				AIW14
I0.5	Q0.5	I1.5		I2.5	Q2.5				
I0.6	Q0.6			I2.6	Q2.6				
I0.7	Q0.7			I2.7	Q2.7				

10.2.2　S7-200 系列 PLC 的内部资源及寻址方式

1. 软元件

PLC 进行软件设计中的各种各样的逻辑器件和运算器件称为编程元件或软元件。它们用来完成程序所赋予的逻辑运算、算术运算、定时、计数等功能。S7-200 有以下软元件。

(1) 输入/输出继电器(I/Q)。S7-200 系列 PLC 的输入/输出继电器功能与三菱公司 FX_{2N} 系列 PLC 中的 X/Y 一样。

(2) 通用辅助继电器(M)。S7-200 系列 PLC 的辅助继电器功能与三菱公司 FX_{2N} 系列 PLC 中的 M 一样。

(3) 特殊辅助继电器(SM)。具有特殊功能或用来存储系统的状态变量、有关控制参数和信息的辅助继电器称为特殊继电器，其代号为 SM (SM0.0～SM0.7，SM1.0～SM1.7)，相当于三菱公司 FX_{2N} 系列 PLC 中的 M8000～M8255。

例如：

SM0.0，始终为 ON。

SM0.1，首次扫描为 1，以后为 0，常用来对程序进行初始化，属只读型。

SM0.3，开机进入 RUN 时为 ON 一个扫描周期，可在不断电的情况下代替 SM0.1 的功能。

(4) 变量存储器(V)。变量存储器用来存储变量，它可以存放程序执行过程中控制逻辑操作的中间结果，也可以使用变量存储器来保存与工序或任务相关的其他数据。在进行数据处理时，变量存储器会经常用到。

(5) 局部变量存储器(L)。

(6) 顺序控制继电器(S)。顺序控制继电器用在顺序控制或步进控制中。在 FX_{2N} 系列 PLC 中称为状态(器)元件。

(7) 定时器(T)。

(8) 计数器。

(9) 模拟量输入映像寄存器(AI)、模拟量输出映像寄存器(AQ)。

(10) 高速计数器。

(11) 累加器。

2. 软元件数据类型及范围寻址

S7-200 系列 PLC 的数据类型可以是字符串、布尔型(0 或 1)、整型和实型(浮点数)。

S7-200 系列 PLC 中的常数可以有二进制、十进制、十六进制、ASCII 码和浮点数(实数)等多种形式。几种常数形式分别如表 10-22 所示。表中的#为常数的进制格式说明符，如果常数无任何说明符，则系统默认为十进制数。

表 10-22 S7-200 系列 PLC 中常数表示方法

进制	书写格式	举例
十进制	十进制数值	1052
十六进制	16#十六进制值	16#8AC6
二进制	2#二进制值	2#1010-0011-1101-0001
ASCII 码	‘ASCII 码文本’	‘show terminals’
浮点数	ANSI/IEEE 754 – 1985 标准	(正数)+1.75495E-38～+3.402823E+38
		(负数)-1.75495E-38～-3.402823E+38

3. 软元件直接寻址

S7-200 PLC 的存储单元按字节进行编址，无论所寻址的是何种数据类型，通常应指出它所在存储区域内的字节地址。每个单元都有唯一的地址，这种直接指出元件名称的寻址方式称为直接寻址。

1) 位寻址格式

按位寻址的格式为 Ax.y

其中，A 为元件名称；x 为字节地址；y 为字节内的位地址。使用时必须指定元件名称、字节地址和位号。如图 10.11 所示是输入继电器的位寻址格式。

可以进行位寻址的编程元件有：输入继电器(I)、输出继电器(Q)、通用辅助继电器(M)、特殊辅助继电器(SM)、局部变量存储器(L)、变量存储器(V)和顺序控制继电器(S)。

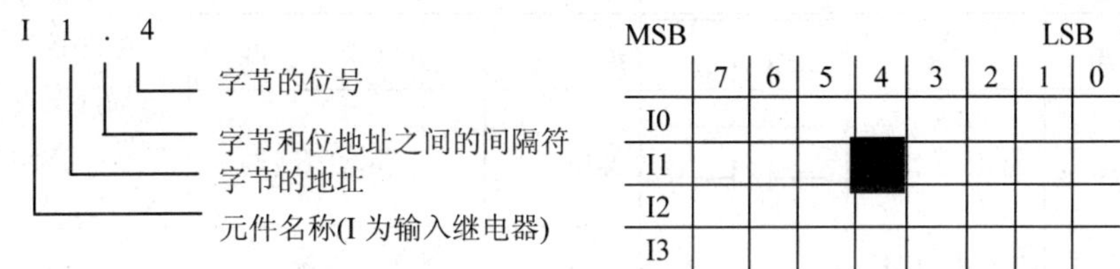

图 10.11　CPU 存储器中位数据表示方法举例(位寻址)

2) 特殊器件的寻址格式

存储区内另有一些元件是具有一定功能的器件，不用指出它们的字节，而是直接写出其编号。这类元件包括定时器(T)、计数器(C)、高速计数器(HC)和累加器(AC)。其中 T 和 C 地址编号中均包含两个含义，如 T10，既表示 T10 的定时器状态信息，又表示该定时器的当前值。

3) 字节、字和双字的寻址格式

对字节、字和双字数据，直接寻址时需要指明元件名称、数据类型和存储区域内的首字节地址。如图 10.12 所示是以变量存储器为例分别存取字节、字和双字 3 种长度数据的比较。

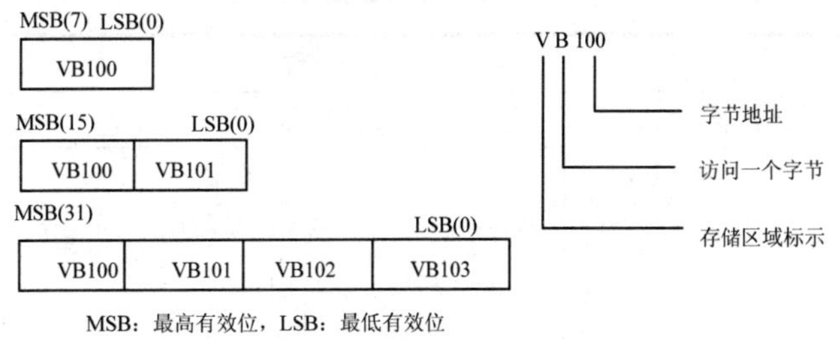

图 10.12　存取 3 种长度数据的比较

10.2.3　S7-200 系列 PLC 基本逻辑指令及举例

S7-200 系列 PLC 的部分基本逻辑指令如表 10-23 所示。

表 10-23　C20、FX_{2N}和 S7－200 型 PLC 基本指令比较

S7-200 指令	FX_{2N}对应指令	C20 对应指令	梯形图符号	操作数字	功能	操作数
OLD	ORB	OR-LD			串联电路块联	
LD	LD	LD		继电器号	以常开触点开始的操作符号	输入继电器 I 输出继电器 Q 辅助继电器 M 特殊辅助继电器 SM 定时器 T 计数器 C 变量存储器 V 顺序控制继电器 S 局部变量存储器 L (对应 FX_{2N}PLC 元件的 X，Y，M，S，T，C)
LDN	LDI	LD NOT		继电器号	以常闭触点开始的操作符号	
A	AND	AND		继电器号	串联常开触点	
AN	ANI	AND-NOT		继电器号	串联常闭触点	
O	OR	OR		继电器号	并联常开触点	
ON	ORI	OR-NOT		继电器号	并联常闭触点	
ALD	ANB	AND-LD			并联电路块串联	
OLD	ORB	OR-LD			串联电路块并联	
EU	PLS		P		上升沿脉冲	无操作数
ED	PLF		N		下降沿脉冲	无操作数
=	OUT	OUT		继电器号	线圈驱动指令	继电器编号： I，Q，M，SM，T，C，V，S，L

除以上基本指令外，还有如下基本指令。

1．计数器指令

计数器指令格式如表 10-24 所示。

表 10-24　计数器指令格式

格式	名　称		
	增计数器	增减计数器	减计数器
梯形图	计数器号 计数脉冲输入—CU　CTU 复位输入—R 计数设定值—PV	计数器号 增计数脉冲输入—CU　CTUD 减计数脉冲输入—CD 复位输入—R 计数设定值—PV	计数器号 计数脉冲输入—CD　CTD 复位输入—R 计数设定值—PV
指令	CTU C***，PV	CTUD C***，PV	CTD C***，PV

2．定时器指令

定时器指令格式如表 10-25 所示。

表 10-25 定时器指令格式

格式	名称		
	接通延时定时器	有记忆接通延时定时器	断开延时定时器
梯形图	定时器号 定时输入端—IN TON 时间常数—PT	定时器号 定时输入端—IN TONR 时间常数—PT	定时器号 定时输入端—IN TOF 时间常数—PT
分辨率和定时器编号	1ms：T32，T96 10ms：T33～T36，T97～T100 100ms：T37～T63，T101～T255	1ms：T0，T64 10ms：T1～T4，T65～T68 100ms：T5～T31，T69～T95	1ms：T32，T96 10ms：T33～T36，T97～T100 100ms：T37～T63，T101～T255
指令	TON T***，PT 举例：定时输入端接 I0.0，定时器编号为 T35，定时时间为 1s，指令为 LD I0.0 TON T35，+100	TONR T***，PT 举例：定时输入端接 I0.0，定时器编号为 T2，定时时间为 1s，指令为 LD I0.0 TONR T2，+100	TOF ***，PT 举例：定时输入端接 I0.1，定时器编号为 T2，定时时间为 1s，指令为 LD I0.1 TOF T2，+100

3. 置位、复位指令

置位(set)/复位(reset)指令的梯形图和指令形式及功能如表 10-26 所示。

表 10-26 置位/复位指令的功能

	梯形图	指令	功能	FX_{2N} 系列 PLC 对应的指令
置位指令	bit ——(S) N	S bit, N	从 bit 开始的 N 元件置 1 并保持	SET Y, M, S
复位指令	bit ——(R) N	R bit，N	从 bit 开始的 N 元件清零并保持	SET Y, M, S, D, V, Z

应用示例如表 10-27 所示。

表 10-27 置位/复位指令的应用示例

梯形图 LAD	指令 STL	时序图	FX_{2N} 对应的梯形图
I0.2 —| |— Q0.2 (S) 2 I0.3 —| |— Q0.2 (R) 2	LD I0.2 S Q0.2, 2 LD I0.3 R Q0.2, 2	I0.2 I0.3 Q0.2, Q0.3	X0 —| |— SET Y0 X1 —| |— RST Y0

以上介绍了 S7-200 PLC 的基本指令，在这里对功能指令和步进顺控指令不予介绍，请读者参考其他书籍。S7-200 PLC 基本指令梯形图如表 10-28 所示。

表 10-28　C20、FX_{2N}和 S7-200 型 PLC 基本指令梯形图

S7-200 基本指令梯形图	FX_{2N}基本指令梯形图	C20 基本指令梯形图	指令表(S7-200)	说明(S7-200)
(LD、AN、O、=) I0.0　I0.1　O0.0 I0.2	(LD、AND、OR、OUT) X000　X001 X002　Y000	(LD、AND、OR、OUT) 0000　0001 0002　0500	LD　I0.0 A　I0.1 O　I0.2 =　Q0.0	输入继电器 I0.0 和 I0.1 ON 时或输入继电器 I0.2 ON 时，输出继电器 Q0.0 ON
(LDN、A、ON) I0.0　I0.1　Q0.0 I0.2	(LDI、ANI、ORI) X000　X001 X002　Y000	(LD NOT、AND NOT、OR NOT) 0000　0001 0002　0500	LDN　I0.0 AN　I0.1 ON　I0.2 =　Q0.0	输入继电器 I0.0 和 I0.1 OFF 时或输入继电器 I0.2 OFF 时，输出继电器 Q0.0 ON
(ALD) I0.0　I0.2　Q0.0 I0.1　I0.3	(ANB) X000　X002 X001　X003　Y000	(AND LD) 0000　0002 0001　0003　0500	LD　I0.0 O　I0.1 LD　I0.2 O　I0.3 ALD =　Q0.0	输入 I0.0 和 I0.2 ON 或 I0.0 和 I0.3 ON 或 I0.1 和 I0.2 ON 或 I0.1 和 I0.3 ON 时，输出继电器 Q0.0 ON
(OLD) I0.0　I0.2　Q0.0 I0.1　I0.3	(ORB) X000　X001 X002　X003　Y000	(OR LD) 0000　0001 0002　0003　0500	LD　I0.0 A　I0.1 LD　I0.2 A　I0.3 OLD =　Q0.0	输入 I0.0 和 I0.1 ON 或 I0.2 和 I0.3 ON 时，输出继电器 Q0.0 ON
(TIMER) I0.0　I0.1　T0 IN TON 75　PT T0　Q0.0	X000　X001　T0 K75 T0　Y000	(TIMER) 0000　0001　TIM0 0 #0075 TIM 00　0500	LD　I0.0 AN　I0.1 TON T0,+75 LD　T0 =　Q0.0	输入继电器 I0.0 和 I0.1 都闭合时(即 I0.0 ON 和 I0.1 OFF)7.5 秒后 T0 闭合，输出继电器 Q0.0 ON
增计数器 CTU I0.0　C20 CUCTU I0.1　R +3　PV C20　Q0.0	X001　RST　C0 X000　C0 K3 C0　Y000	(CNTER) 0000　CNT0 0 0001　#0003 CNT00　0500	LD　I0.0 LD　I0.1 CTU C20,+3 LD　C20 =　Q0.0	输入继电器 I0.0 通断 3 次时使 C20 接通，输出继电器 Q0.0 ON，当输入继电器 I0.1 接通时，C20 复位输出继电器 OFF

10.3　三种 PLC 应用程序举例

10.1 与 10.2 节介绍并比较了三种常用 PLC 欧姆龙公司 C20、西门子公司 S7-200 和 FX_{2N} PLC 的基本逻辑指令和部分功能指令的功能、格式、梯形图、STL 语句和应用示例，下面将综合应用这三种 PLC 的元件和指令来进行简单程序设计，并进行对比分析。首先介绍一些简单常用电路的程序设计，然后进行综合应用程序设计。

10.3.1　简单程序举例

【例 10.11】 瞬时接通/延时断开程序。该电路要求在输入信号有效时，立刻有输出；而输入信号断开后，输出信号延时一段时间才断开。

解： C20 和 S7-200 两种 PLC 的瞬时接通/延时断开控制的编程如表 10-29 所示。

表 10-29　瞬时接通/延时断开程序比较

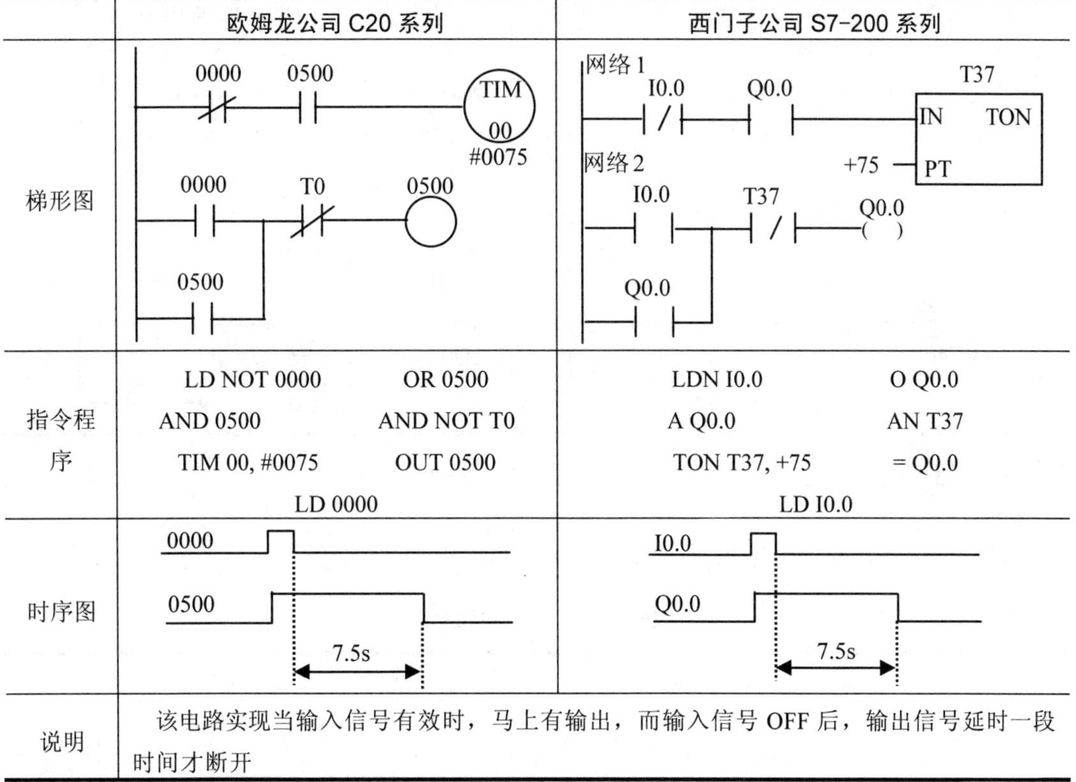

	欧姆龙公司 C20 系列	西门子公司 S7-200 系列
梯形图	0000　0500　TIM 00 #0075 0000　T0　0500 0500	网络 1　I0.0　Q0.0　T37　IN　TON　+75　PT 网络 2　I0.0　T37　Q0.0 Q0.0
指令程序	LD NOT 0000 AND 0500 TIM 00, #0075 LD 0000 OR 0500 AND NOT T0 OUT 0500	LDN I0.0 A Q0.0 TON T37, +75 LD I0.0 O Q0.0 AN T37 = Q0.0
时序图	0000 0500 7.5s	I0.0 Q0.0 7.5s
说明	该电路实现当输入信号有效时，马上有输出，而输入信号 OFF 后，输出信号延时一段时间才断开	

【例 10.12】 延时接通/延时断开程序。该电路要求有输入信号接通后，停一段时间输出信号才接通；而输入信号断开后，输出信号延时一段时间才断开。

解： 延时接通/延时断开的梯形图和指令程序如表 10-30 所示。

表 10-30　延时接通/延时断开程序

	欧姆龙公司 C20 系列		西门子公司 S7-200 系列	
梯形图	0000　0500　TIM 00　#0040 T0　T1　0500 0500 0000　0500　TIM 01　#0075		网络 1　I0.0　Q0.0　T37　IN　TON　+40　PT 网络 2　T37　T35　Q0.0 Q0.0 I0.0　Q0.0　T35　IN　TON 网络 3　+75　PT	
指令程序	LD　0000 AND NOT　0500 TIM 00,　#0040 LD　T0	OR　0500 AND NOT　T1 OUT　0500 LD NOT　0000 AND　0500 TIM01　0075	LD I0.0 AN Q0.0 TON T37, +40 LD T37	O Q0.0 AN T35 = Q0.0 LDN I0.0 A Q0.0 TON T35, +75
时序图	0000 0500 4s　7.5s		I0.0 Q0.0 4s　7.5s	

【例 10.13】 振荡电路程序。振荡电路也叫闪烁电路如表 10-30 所示，主要用于报警、娱乐等场合。

解：振荡电路的梯形图和指令程序如表 10-31 所示。

表 10-31　振荡电路程序

	欧姆龙公司 C20 系列	西门子公司 S7-200 系列
梯形图	0000　TIM 01　TIM 00　#0020 TIM 00　TIM 01　#0010 TIM 00　0500	网络 1　I0.0　T38　T37　IN　TON　+20　PT 网络 2　T37　T38　IN　TON　+10　PT 网络 3　T37　Q0.0

续表

	欧姆龙公司 C20 系列		西门子公司 S7-200 系列	
指令程序	LD 0000 AND NOT TIM 01 TIM 00, #0020 LD TIM 00	TIM 01, # 0010 LD TIM 00 OUT 0500	LD I0.0 AN T38 TON T37, +20 LD T37	TON T38, +10 LD T37 = Q0.0
时序图	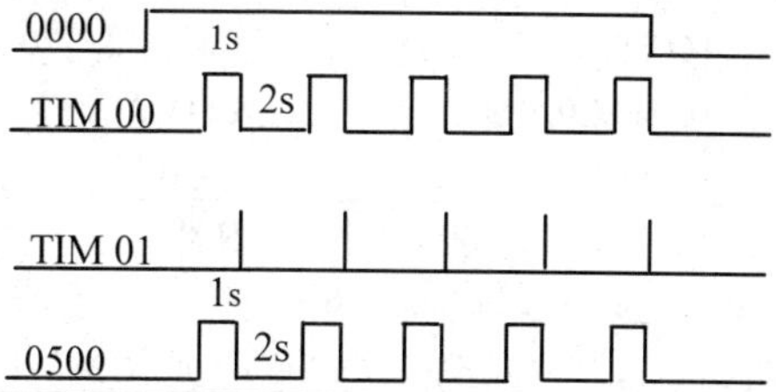 0000 1s TIM 00 2s TIM 01 1s 0500 2s		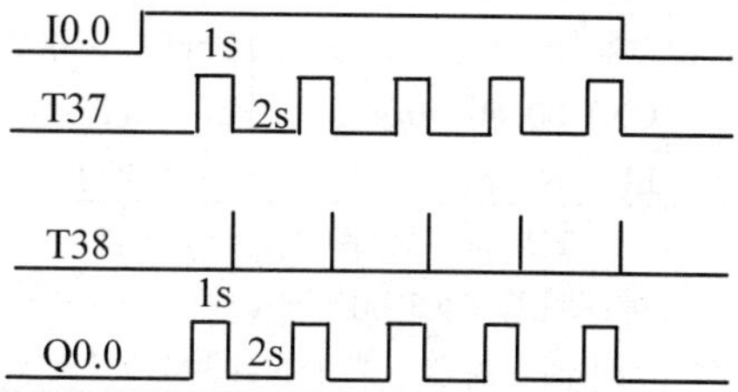 I0.0 1s T37 2s T38 1s Q0.0 2s	

【例 10.14】 长延时电路程序。当需要延时时间很长时，常需要使用几个定时器与计数器组合的电路来实现。

解：长延时电路的梯形图和指令程序如表 10-32 所示，长延时定时时间为 15 小时 12 分。

表 10-32 长延时电路程序

	欧姆龙公司 C20 系列	西门子公司 S7-200 系列
梯形图	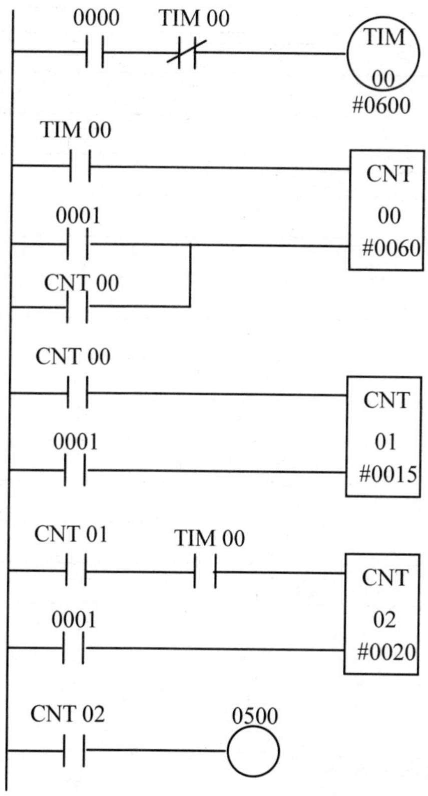 0000 TIM 00 TIM 00 #0600 TIM 00 CNT 00 #0060 0001 CNT 00 CNT 00 CNT 01 #0015 0001 CNT 01 TIM 00 CNT 02 #0020 0001 CNT 02 0500	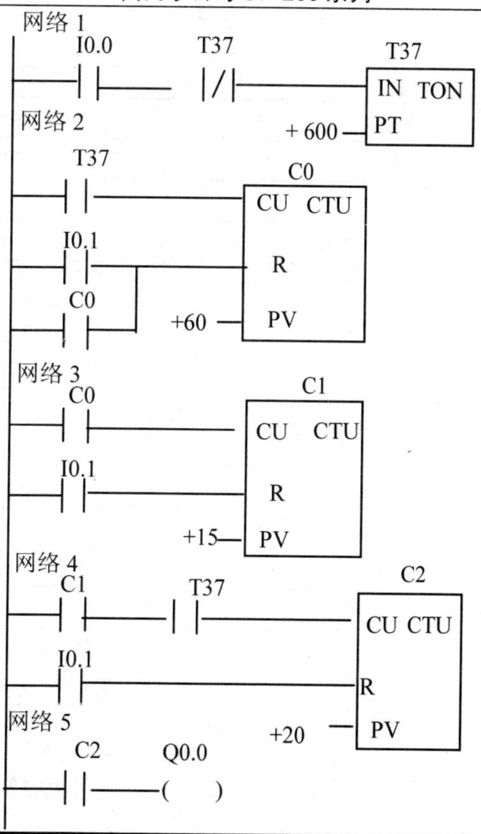 网络 1 I0.0 T37 T37 IN TON +600 PT 网络 2 T37 C0 CU CTU I0.1 R C0 +60 PV 网络 3 C0 C1 CU CTU I0.1 R +15 PV 网络 4 C1 T37 C2 CU CTU I0.1 R +20 PV 网络 5 C2 Q0.0 ( )

续表

	欧姆龙公司 C20 系列		西门子公司 S7-200 系列	
指令程序	LD 0000 ANI TIM 00 TIM 00, #0600 LD TIM 00 LD 0001 OR CNT 00 CNT 00, #0060 LD CNT 00	LD 0001 CNT 01, #0015 LD CNT 01 AND TIM 00 LD 0001 CNT 02, #0020 LD CNT 02 OUT 0500	LD I0.0 AN T37 TON T37, +600 LD T37 LD I0.1 O C0 CTU C0, +60 LD C0	LD I0.1 CTU C1, +15 LD C1 A T37 LD I0.1 CTU C2, +20 LD C2 = Q0.0
说明	TIM 00 每分钟产生一个脉冲，TIM 00 为分钟计时器，CNT 00 每小时产生一个脉冲，CNT 00 为小时计时器，当 15h 计时到时，CNT 01 触点接通，CNT 02 再计时 20min，则总计时时间为 15 小时 20 分，此后，输出继电器 0500 接通		T37 每分钟产生一个脉冲，故 T37 为分钟计时器，C0 每小时产生一个脉冲，故 C0 为小时计时器，当 15h 到时，C1 触点接通，C2 再计时 20min，则总计时时间为 15 小时 20 分，此后，输出继电器 Q0.0 接通	

10.3.2 综合应用举例

【例 10.15】 机械手将传送带 A 上的物体搬运到传送带 B 上，其时序图如图 10.13 所示，本例中将应用前面介绍的 3 种 PLC 进行编程。

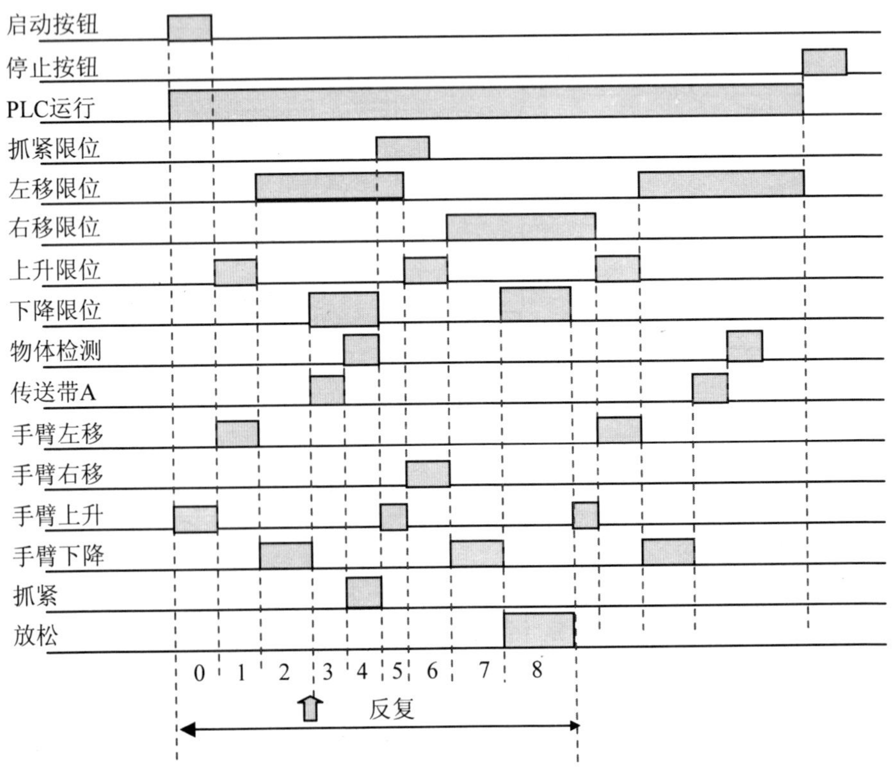

图 10.13 搬运机械手时序

解：

(1) 确定 I/O 元件如表 10-33 所示。

表 10-33　确定 I/O 元件

		三菱公司 FX_{2N} 系列	欧姆龙公司 C20 系列	西门子公司 S7-200 系列
输入继电器	启动按钮	X000	0000	I0.0
	停止按钮	X001	0001	I0.1
	抓紧限位	X002	0002	I0.2
	左移限位	X003	0003	I0.3
	右移限位	X004	0004	I0.4
	上升限位	X005	0005	I0.5
	下降限位	X006	0006	I0.6
	物体检测	X007	0007	I0.7
输出继电器	输送带 A	Y000	0500	Q0.0
	左移	Y001	0501	Q0.1
	右移	Y002	0502	Q0.2
	上升	Y003	0503	Q0.3
	下降	Y004	0504	Q0.4
	抓	Y005	0505	Q0.5
	放	Y006	0506	Q0.6

(2) 3 种 PLC 的梯形图及指令见表 10-34、表 10-35 和表 10-36。

表 10-34　欧姆龙公司 C20 系列可编程控制器梯形图及指令

梯形图	说明	指令表	
0000　0001　1000 1000 1000　H009　DIFU 1001 1001　MOV #0001 H0 1809　SFT 1002　H0 1815　H0 H009		LD 0000	AND 0006
		OR 1000	OR LD
		AND NOT 0001	
	从 HR000 开始移位	OUT 1000	LD HR 008
		LD 1000	AND TIM 00
		AND NOT HR 009	OR LD
	特殊辅助继电器 1809 常为 OFF，1815 程序执行 1 个扫描周期后 ON	DIFU 1001	AND NOT 1003
		LD 1001	OUT 1002
		MOV	LD 1002
		#0001	OUT 1003
		HR 000	LD HR 000
		LD 1809	AND 1000
		LD 1002	OR HR 005

续表

<table>
<tr><th>梯形图</th><th>说明</th><th colspan="2">指令表</th></tr>
<tr><td rowspan="26"> 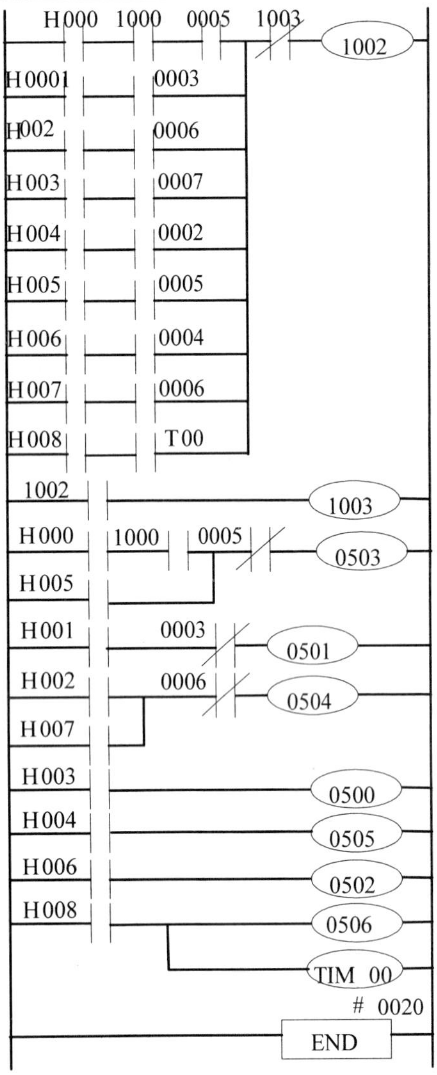H000 1000 0005 1003 1002
H0001 0003
H002 0006
H003 0007
H004 0002
H005 0005
H006 0004
H007 0006
H008 T00
1002 1003
H000 1000 0005 0503
H005
H001 0003 0501
H002 0006 0504
H007
H003 0500
H004 0505
H006 0502
H008 0506
TIM 00
0020
END</td><td>脉冲信号</td><td>LD 1815</td><td>AND NOT 0005</td></tr>
<tr><td>移位</td><td>OR HR 009</td><td>OUT 0503</td></tr>
<tr><td>(步进信号)</td><td>SFT HR 000</td><td>LD HR 001</td></tr>
<tr><td></td><td>HR 000</td><td>AND NOT 0003</td></tr>
<tr><td></td><td>LD HR 000</td><td>OUT 0501</td></tr>
<tr><td></td><td>AND 1000</td><td>LD HR 002</td></tr>
<tr><td></td><td>AND 0005</td><td>OR HR 007</td></tr>
<tr><td>上升</td><td>LD HR 001</td><td>AND NOT 0006</td></tr>
<tr><td></td><td>AND 0003</td><td>OUT 0504</td></tr>
<tr><td></td><td>OR LD</td><td>LD HR 003</td></tr>
<tr><td>左移</td><td>LD HR 002</td><td>OUT 0500</td></tr>
<tr><td>下降</td><td>AND 0006</td><td>LD HR 004</td></tr>
<tr><td></td><td>OR LD</td><td>OUT 0505</td></tr>
<tr><td>传送带 A</td><td>LD HR 003</td><td>LD HR 006</td></tr>
<tr><td>抓</td><td>AND 0007</td><td>OUT 0502</td></tr>
<tr><td>右移</td><td>OR LD</td><td>LD HR 008</td></tr>
<tr><td>放</td><td>LD HR 004</td><td>OUT 0506</td></tr>
<tr><td></td><td>AND 0002</td><td>TIM 00</td></tr>
<tr><td></td><td>OR LD</td><td>#0020</td></tr>
<tr><td></td><td>LD HR 005</td><td>END</td></tr>
<tr><td></td><td>AND 0005</td><td></td></tr>
<tr><td></td><td>OR LD</td><td></td></tr>
<tr><td></td><td>LD HR 006</td><td></td></tr>
<tr><td></td><td>AND 0004</td><td></td></tr>
<tr><td></td><td>OR LD</td><td></td></tr>
<tr><td></td><td>LD HR 007</td><td></td></tr>
</table>

表 10-35　三菱公司 FX_{2N} 系列可编程控制器梯形图及指令

梯形图	说明	语句表	
X000 X001 (M100) M100 M100 M009 [PLS M101] M101 [MOV K1 K3M0] M102 [SFTL(P) M8001 M0 K12 K1] M 009 [MOV(P) K0 K3M0] M8002 M000 M100 X005 M103 (M102) M001 X003 M002 X006 M003 X007 M004 X002 M005 X005 M006 X004 M007 X006 M008 T000 M102 (M103) M000 M100 X005 (Y003) M005 M001 X003 (Y001) M002 X006 (Y004) M007 M003 (Y000) M004 (Y005) M006 (Y002) M008 (Y006) (T000) K20 [END]		LDX 000	
		OR M100	
		ANI X001	
		OUT M100	ORB
		LD M100	LD M008
	从 M000	ANI M009	AND T000
	开始移位	PLS M101	ORB
		LD M101	ANI M103
		MOV K1, K3M000	OUT M102
	脉冲信号	LD M102	LD M102
		SFTL(P) M8001, M100, M0,	OUT M103
		K12, K1	LD M000
		LD M009	AND M100
		OR M8002	OR M005
		MOV K0, K3M000	ANI X005
	移位	LD M000	OUT Y003
	步进信号	AND M100	LD M001
		AND X005	ANI X003
		LDM001	OUT Y001
		AND X003	LD M002
		ORB	OR M007
	上升	LD M002	ANI X006
		AND X006	OUT Y004
		ORB	LD M003
	左移	LD M003	OUT Y000
	下降	AND X007	LD M004
		ORB	OUT Y005
	传送带 A	LD M004	LD M006
		AND X002	OUT Y002
	抓	ORB	LD M008
	右移	LD M005	OUT Y006
	放	AND X005	OUT T000
		ORB	K20
		LD M006	END
		AND X004	
		ORB	
		LD M007	
		AND X006	

表 10-36　西门子公司 S7-200 可编程控制器梯形图及指令

梯形图	说明	语句表	

网络1 I0.0 I0.1 M2.0
M2.0
网络2 M2.0 M1.1 P M2.1
网络3 M2.1 MOV_W EN ENO 1 IN OUT MW0
网络4 M2.2 MOV_W
SM0.3 EN ENO
M0.0 DATA
1.2 IN OUT
网络5 M1.1 MOV_W EN ENO
SM0.3 0 IN OUT MW0
网络6 M0.0 M2.0 I0.5 M2.3 M2.2
M0.1 I0.3
M0.2 I0.6
M0.3 I0.7
M0.4 I0.2
M0.5 I0.5
M0.6 I0.4
M0.7 I0.6
M0.8 T37
网络7 M2.2 M2.3
网络8 M0.0 M2.0 I0.5 Q0.3
M0.5
网络9 M0.1 I0.3 Q0.1
网络10 M0.2 I0.6 Q0.4
网络11 M0.7
网络12 M0.3 Q0.0
网络13 M0.4 Q0.5
网络14 M0.5 Q0.2
网络15 M0.6 Q0.6
T37
IN TON
+20 PT
	脉冲
	信号
	
	移位
	
	步进
	信号
	
	上升
	
	左移
	
	下降
	
	传送带 A
	
	抓
	右移
	放
		LD I0.0
		O M2.0
		AN I0.1
		= M2.0
		LD M2.0
		AN M1.1
		EU
		= M2.1
		LD M2.1
		MOVW 1, MW0
		LD M2.2
		SHRB SM0.3
		M0.0, 12
		LD M1.1
		O SM0.3
		MOVW 0, MW0
		LD M0.0
		A M2.0
		A I0.5
		LD M0.1
		A I0.3
		OLD
		LD M0.2
		A I0.6
		OLD
		LD M0.3
		A I0.7
		OLD
		LD M0.4
		A I0.2
		OLD
		LD M0.5
		A I0.5
		OLD
		LD M0.6
		A I0.4
			OLD
			LD M0.7
			A I0.6
			OLD
			LD M0.8
			A T37
			OLD
			AN M2.3
			= M2.2
			LD M2.2
			= M2.3
			LD M0.0
			A M2.0
			O M0.5
			AN I0.5
			= Q0.3
			LD M0.1
			AN I0.3
			= Q0.1
			LD M0.2
			O M0.

上面应用了移位指令来实现顺序控制，实际上，FX_{2N}和 S7-200 都有很强的步进顺控制指令，使用步进顺控指令来实现本应用实例是非常容易的事情。这里，只是为了综合应用 3 种 PLC 的基本指令和部分功能指令，并进行比较，使读者对欧姆龙公司 C20 系列 PLC 和西门子 S7-200 PLC 有一个初步了解，以便在掌握了本书介绍的三菱公司 FX_{2N}系列 PLC 的基础上能够很快地、举一反三地掌握其他两种 PLC 的原理和应用。

小　结

本章在前面章节介绍了 FX_{2N}PLC 的工作原理、基本指令、步进顺控指令的基础上，对比介绍了欧姆龙公司 C20 普及型 PLC 和西门子公司 S7-200 小型机 PLC 的基本指令格式、功能和梯形图设计，并且应用 3 种 PLC 进行了简单程序设计和综合应用。这 3 种 PLC 在基本指令、步进顺控指令方面有相似之处，本章可作为了解 C20、S7-200 型 PLC 的入门知识。

习　题

1．应用 C20 的指令对例 4.21 进行编程。
2．应用 C20 的指令对例 4.23 进行编程。
3．应用 C20 的指令对例 4.24 进行编程。
4．应用 S7-200 的指令对例 4.21 进行编程。
5．应用 S7-200 的指令对例 4.23 进行编程。
6．应用 S7-200 的指令对例 4.24 进行编程。

第 11 章 可编程控制器的编程工具

教学提示

不同厂家的 PLC 有不同类型的编程软件及编程工具。市场中常见的编程软件有三菱公司的 FXGP/WIN 和 GX Developer、西门子公司 S7 系列的 STEP7-MCRO/WIN 及欧姆龙公司的 CX-Programmer 和 CX-Simulator 等。此外由于在某些低配置的工业控制计算机上还有可能使用 DOS 操作系统，因此三菱公司还有用于 DOS 操作系统的编程软件 MELSEC MEDOC。常用的编程工具是手持编程器。本章重点介绍三菱公司针对 FX 系列 PLC 开发的编程软件及三菱公司的手持编程器 FX-20P-E。学习时只要抓住建立程序过程的主要步骤和操作的要点，经过实际操作后就完全可以掌握这些编程工具及编程软件的应用。

教学要求

本章要求学生了解可编程控制器编程工具及编程软件的基本知识，了解和掌握 Windows 环境下的常用编程软件的使用方法。学习过程中，重点要放在常用编程软件的系统菜单及其构成以及建立程序、验证程序的过程和程序下载上载的主要步骤上。同时还要熟悉和掌握手持编程器的组成与操作面板，手持编程器的操作过程。

可编程控制器编程工具主要有手持编程器和专用图形编程器，编程软件包括 DOS 操作系统下的软件、Windows 环境下的编程软件。

Windows 下的编程软件具有用户界面友好，功能全面，使用方便等特点。编程软件一般包含有多个工具。本章重点介绍三菱公司的编程软件 FXGP/WIN 和 GX Developer。

FXGP/WIN 版本 2.X 支持三菱公司的 FX_0、FX_{0S}、FX_{0N}、FX_1、FX_2、FX_{2C}、FX_{1S}、FX_{1N}、FX_{2N}、FX_{2NC} 等型号的可编程控制器。

GX Developer 可以对三菱公司 FX 系列、A 系列、Q 系列和 QnA 系列的可编程控制器进行编程。GX Developer 中还包含仿真工具 LLT。

11.1 基于 DOS 的编程软件 MEDOC

三菱公司 FX 系列 DOS 下的编程软件为 MELSEC MEDOC，目前使用的频率逐步降低。但是因其软件体积小，在低配置的运行 DOS 的工业控制计算机上还有一定的应用，因此本节对 MELSEC MEDOC 做简要介绍。

11.1.1 MEDOC 系统概述

安装 MELSEC MEDOC 所要求的计算机配置较低，安装 MELSEC MEDOC 后，输入安装目录下的可执行文件 medoc.exe，按 Enter 键，程序运行后，屏幕上显示如图 11.1 所示的系统菜单。

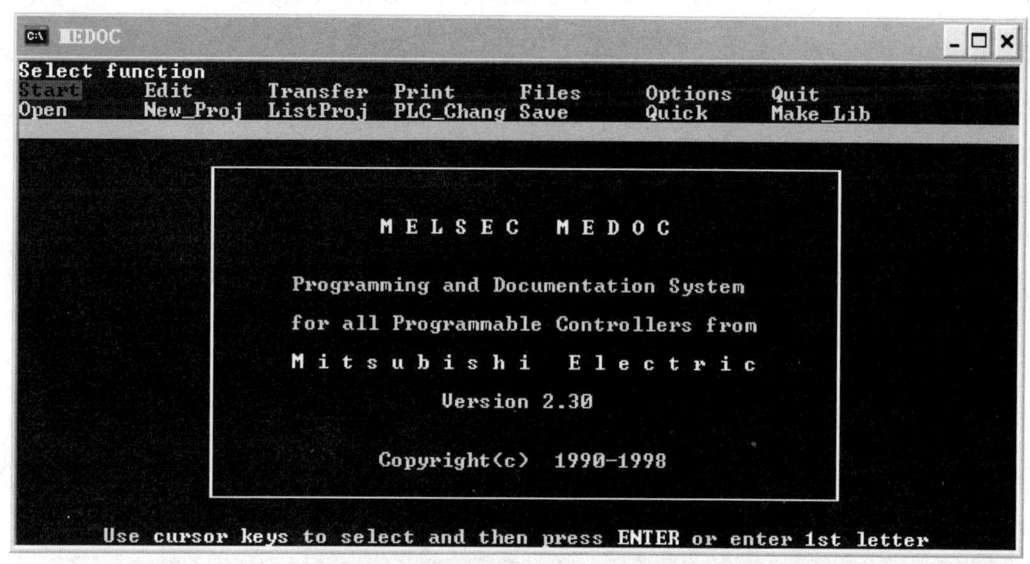

图 11.1 MELSEC MEDOC 的系统菜单

系统菜单包含：启动功能、编辑功能、传送功能、打印功能、文件功能、配置功能、退出功能。

使用菜单的方法是用键盘上的左、右键方向键，系统菜单下的第 2 行为对应的下级子菜单。一旦选中系统菜单的子菜单项，则该菜单项名称会显示在系统菜单的右上角，如图 11.2 所示。

11.1.2 MEDOC 的主要功能

1. *启动功能*

启动功能(Start)包含：打开旧文件、建立新文件、文件列表、更换 PLC 类型、文件保存、快速显示文件表、建立程序库，如图 11.2 所示。

图 11.2 MELSEC MEDOC 的启动功能菜单

2. *编辑功能*

编辑功能(Edit)包含：编辑程序标题、编辑地址表、编辑语句表、编辑梯形图、编辑 PLC 参数、文字编辑、其他菜单，如图 11.3 所示。

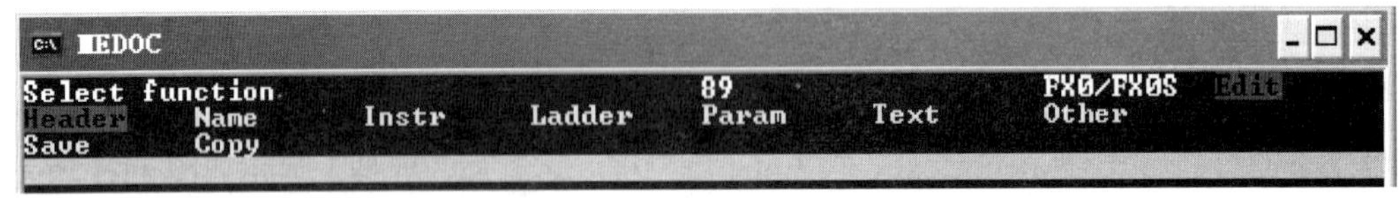

图 11.3 MELSEC MEDOC 的编辑功能菜单

3. *传送功能*

传送功能(Transfer)包含：与 PLC 通信，与 GPP 通信、控制 PLC 运行/停止、设置 PLC 通信参数、形成 Eprom 文件，如图 11.4 所示。

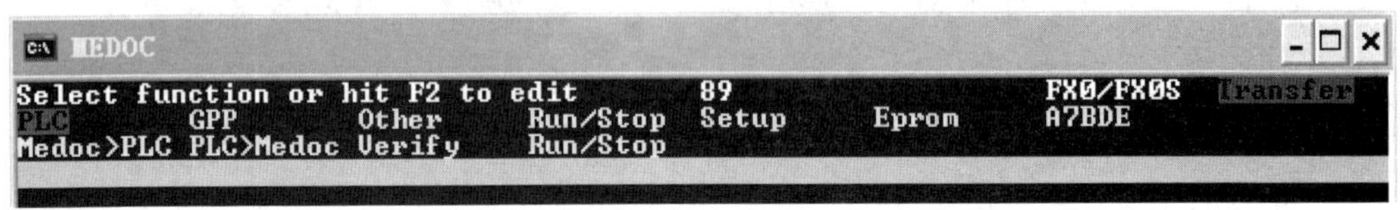

图 11.4 MELSEC MEDOC 的传送功能菜单

4. *打印功能*

打印功能(Print)包含：选择打印清单、选择 I/O 地址范围、选择标题形式、启动打印、打印存盘、恢复打印设置、恢复缺省打印设置、设置打印参数，如图 11.5 所示。

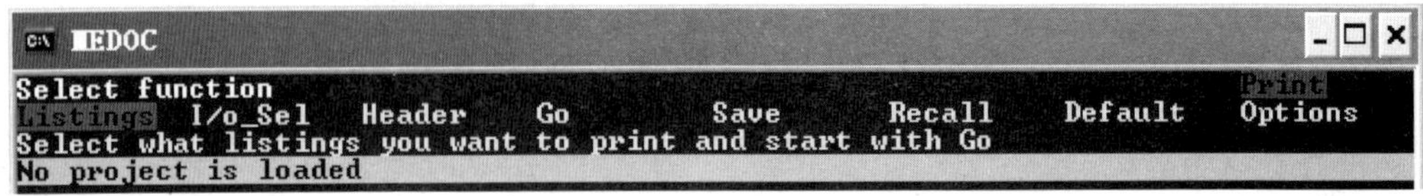

图 11.5 MELSEC MEDOC 的打印功能菜单

5. 文件功能

文件功能(Files)包含：列文件清单、设置工作目录、复制、删除、更名、存盘、设置快速列表开关、磁盘格式化，如图 11.6 所示。

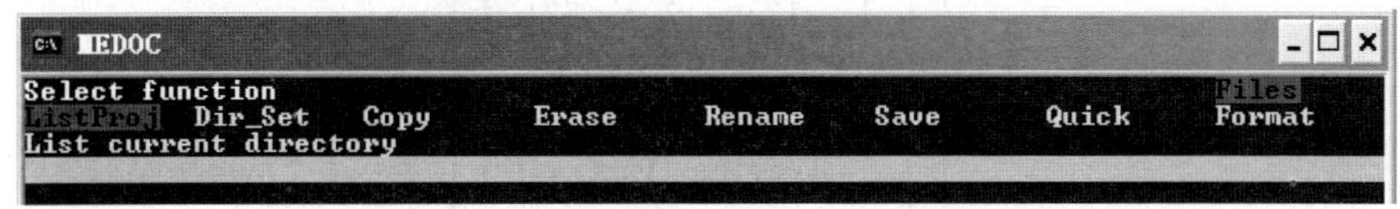

图 11.6　MELSEC MEDOC 的文件功能菜单

11.1.3　编辑一个新的 MEDOC 程序的主要步骤

编辑一个新的 MEDOC 程序的主要步骤如下。

(1) 进入 Start 菜单，在 New_Proj 子菜单下建立一个新程序，将其命名并选择 PLC 类型，按 Esc 键退出菜单。

(2) 利用 Edit 菜单下的 Instr 子菜单进行程序语句的编写，使用 F2 键切换光标进入或退出工作区，在编写程序的过程中使用 F5 键与 F6 键插入和删除一行指令或注释。可以直接输入 PLC 的指令。

(3) 编程结束使用 F7 键启动/结束梯形图编辑。

(4) 退出工作区，使用子菜单 Save 保存所编写的程序，使用子菜单 Ladder 查看梯形图。

(5) 退出 Edit 菜单，使用传送功能(Transfer)菜单下的 Medoc>PLC 菜单项与 PLC 进行连接，下载编好的程序。

(6) 将可编程控制器的运行/停止开关拨到运行(Run)，联机检验编程结果。

注意：编程过程中如有不明之处，可使用 F1 键(帮助键)查看屏幕上显示的帮助信息，也可使用 F8、F9 键进行启动/停止联机监视 I/O 状态和启动/停止联机元件监视。

11.2　手持编程器

三菱公司的手持编程器有多种，FX-20P-E 编程器是比较常用的一种。FX-20P-E 手持编程器有 4 行显示，可以用于 FX 系列可编程控制器，有联机和脱机两种操作方式。

11.2.1　手持编程器的组成和操作面板

1. 手持编程器的组成

手持编程器由液晶屏、ROM 写入器模块的接口、存储器卡盒的接口及键盘组成。FX-20P-E 配有 FX-20P-CAB 电缆或 FX-20P-CAB0 电缆，用于与 FX 系列可编程控制器连接。

2. 手持编程器的操作面板

手持编程器 FX-20P-E 的操作面板如图 11.7 所示。编程器上各键的作用如下：

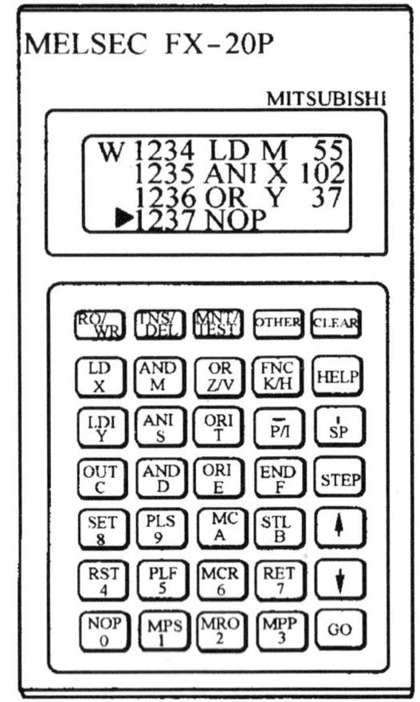

图 11.7　手持编程器的操作面板

(1) 功能键。读出/写入功能键(RD/WR)，插入/删除功能键(INS/DEL)，监视/测试功能键(MNT/TEST)。各个功能键轮流起作用：按第一次时选择第一个功能，再按一次选择第二个功能。

(2) 其他键(OTHER)。在任何状态下按该键则显示方式菜单。

(3) 清除键(CLEAR)。用于清除显示屏上的出错信息或恢复原来的画面。如在按执行键(GO)前按此键即可清除输入的数据。

(4) 帮助键(HELP)。显示应用指令一览表。在监控时进行十进制和十六进制数的转换。

(5) 空格键(SP)。输入时用此键设定元件号和常数。

(6) 步序键(STEP)。用于设定步序号。

(7) 光标键(↑)、(↓)。用于移动光标和提示符，指定当前元件的前一个或后一个元件，或者做行滚动。

(8) 执行键(GO)。用于指令的确认，执行，显示后面的画面和再搜索。

(9) 指令、元件符号、数字键。上部为指令，下部为元件符号或数字。上、下部的功能是根据当前所执行的操作自动进行切换；下部的元件符号(Z/V)、(K/H)、(P/I)交替起作用。

11.2.2　手持编程器的操作过程

手持编程器的整个操作过程包括操作准备、方式选择、编程、监控和测试等。

(1) 操作准备。打开 PLC 上部连接手持编程器用的插座盖板，用手持编程器带的电缆连接 PLC，接通 PLC 电源。

(2) 方式选择。用手持编程器的键盘操作进行联机/脱机方式和功能选择。

(3) 编程。先将 PLC 内部用户存储器的程序全部清除，然后用编程器的编辑功能进行编程。

(4) 监控。监控写入的程序是否正确，确认所指定元件的动作和控制状态。

(5) 测试。对所指定元件进行强制 ON/OFF 设置以及常数修改。

11.2.3　编程操作

编写程序的步骤如下。

(1) 先关闭电源，准备用 FX-20P-CAB 电缆或 FX-20P-CAB0 电缆连接手持编程器与可编程控制器。

(2) 启动系统：接通可编程控制器的电源，复位手持编程器。

(3) 设定联机/脱机方式：根据所采用的方式，选择联机/脱机方式，按执行键。

(4) 编程操作：利用写入/读出、插入/删除功能键编写程序。

(5) 结束。

1. 读出程序以便阅读

读出方式有根据步序号、指令、元件及指针等 4 种。联机方式中，可编程控制器状态为运行时只能根据步序号读出；可编程控制器状态为停止时，可以根据指令、元件以及指针读出。脱机方式中，无论可编程控制器运行或停止，所有读出方式均有效。先按[RD/WR]键，确认显示屏左上角显示“R”字母。

1) 根据步序号读出(可编程控制器状态：RUN、STOP)

指定步序号，由用户程序存储器读出并显示程序。

例如，读出第 20 步的程序，操作为按[STEP]键，输入指定的步序号 20，按[GO]键，执行读出。

2) 根据指令读出

例如，读出指令 ORB，操作为输入指令 ORB，按[GO]键。

3) 根据指针读出

例如，读出指针编号为 3 的标号。操作为依次输入 P 和 3，按[GO]键。

4) 根据元件读出

例如，读 X001。操作为依次输入 SP 和 X001，按[GO]键。

2. 写入程序

当可编程控制器状态为停止时方可写入。写入操作有基本指令、应用指令、元件、标号等。先按[RD/WR]键确认显示屏左上角显示字母“W”。

1) 基本指令的输入

例如，输入 LD Y001 指令。操作为依次输入 LD 和 Y001，按[GO]键。

2) 应用指令的输入

例如，输入 D MOV P D0 D2 指令。操作如下：

按[FNC]键；指定 32 位指令时，在输入指令号前或后，按[D]键；输入指令号；写入元件时，按[SP]键后，依次输入元件符号和元件号；按[GO]键。

3) 元件的输入

例如，写入 MOV K2 Y09 ZD2 指令。操作如下：

根据写入操作步骤，输入指令或指令号；输入元件符号；输入元件号；按[GO]键。

4) 标号的输入

例如，输入的标号编号为 4。操作如下：

按[P]键，输入标号编号，按[GO]键。

5) 程序的改写

例如，在 101 步上写入指令 OUT T55 K111。操作如下：

根据步序号读出程序，按[WR]，依次输入指令、元件符号及元件号，按[SP]键，输入第二元件符号和元件号，按[GO]键输入。

6) NOP 成批写入

例如，在 100 步到 120 步范围内成批写入 NOP。操作如下：

按[RD/WR]键两次后，将光标移至写入 NOP 的起始位置，依次输入[NOP]、[K]键，再输入终止步序号，按[GO]键。

注意：编写程序时换行可以使用光标键(↑)、(↓)直接操作，也可使用步序键(STEP)，输入指定行数进行换行操作。

3. 插入

当可编程控制器状态为停止时方可插入。插入操作是根据步序号读出程序，在指定的位置上插入指令或指针。

4. 删除

当可编程控制器状态为停止时方可删除。删除分为逐条删除、指定范围删除和 NOP 的成批删除。

5. 监视/测试操作

监视功能包括元件的监视、导通检查和动作状态的监视等内容。测试功能包括强制 ON/OFF，修改 T、C、D、Z、V 的当前值和 T、C 的设定值，文件寄存器的写入等内容。

监视/测试的操作步骤：准备—启动系统—设定联机方式—监视/测试操作。

6. 其他操作

其他操作是除编程、监视/测试以外的各种操作，分为联机方式和脱机方式。

(1) 联机方式的操作步骤为准备、启动系统、设定联机方式、方式菜单选择。

(2) 在脱机方式下可以对手持编程器内部存储器进行存取。

11.3 编程软件 FXGP/WIN

FXGP/WIN 是三菱公司针对 FX 系列可编程控制器开发的编程软件，运行在 Windows 平台上，FXGP/WIN 2.X～3.X 可支持三菱公司的 FX_0、FX_{0S}、FX_{0N}、FX_1、FX_2、FX_{2C}、FX_{1S}、FX_{1N}、FX_{2N}、FX_{2NC} 等型号的可编程控制器进行编程以及对软元件进行实时监控。

FXGP/WIN 文件构成如图 11.8 所示。其中，TMPTOFXW.EXE 用于转换 Medoc 文件。

图 11.8　FXGP/WIN 文件构成

11.3.1　进入程序编制环境

双击 FXGP/WIN. EXE 的图标，进入未打开文件时的开始菜单，如图 11.9 所示。

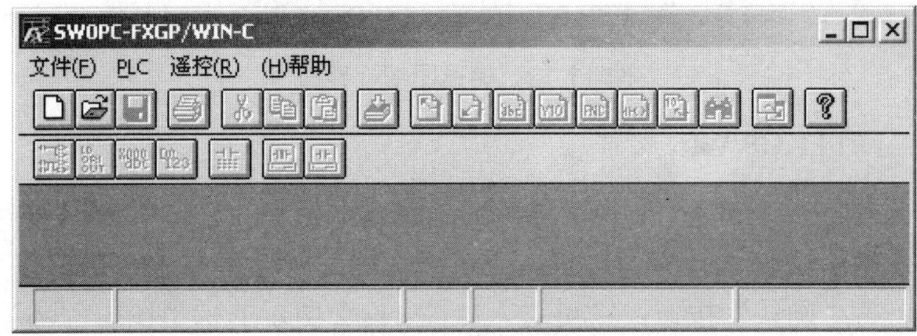

图 11.9　FXGP/WIN 未打开文件时的开始菜单

1. 建立新的 FXGP/WIN 文件

如图 11.10 所示，在菜单中选择“文件(F)”菜单下的“新文件(N)”子菜单或者单击图标，则显示如图 11.11 所示的“PLC 类型设置”界面，选择合适的 PLC 类型，按“确认”，则可进入如图 11.12 所示的梯形图编程环境。

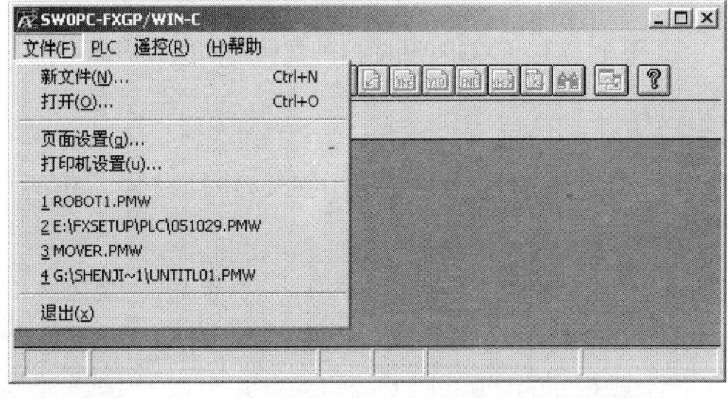

图 11.10　FXGP/WIN 未打开文件时的文件菜单

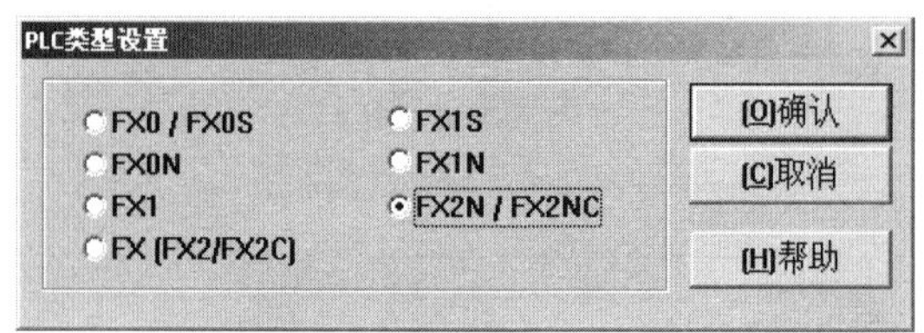

图 11.11　FXGP/WIN 新建文件时的 PLC 类型设置界面

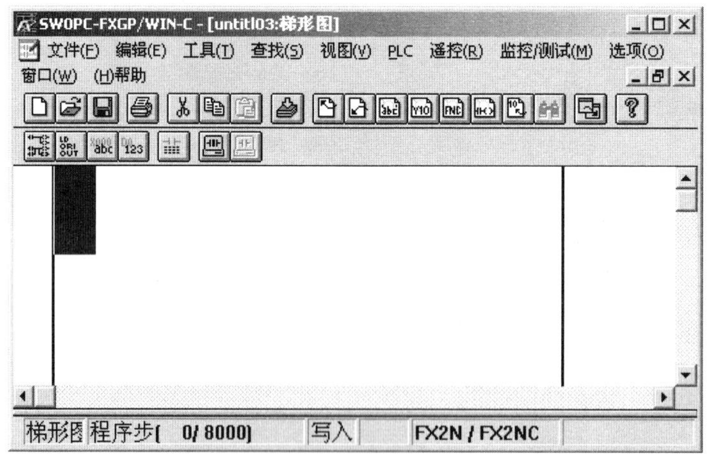

图 11.12　梯形图编程界面

2. 打开已有的 FXGP/WIN 文件

在菜单中选择“文件(F)”菜单下的“打开(O)”子菜单或者单击图标，则显示如图 11.13 所示的 PLC 文件选择界面，单击合适的文件夹，选择合适的 PLC 文件，单击“确定”按钮，再单击“确认”按钮，则可进入如图 11.12 所示的梯形图编程环境。

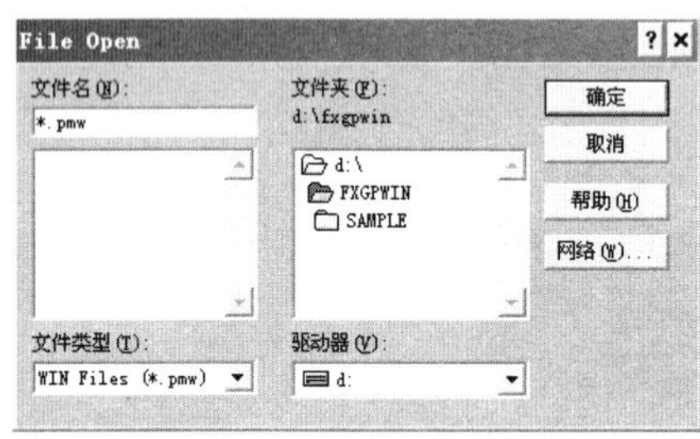

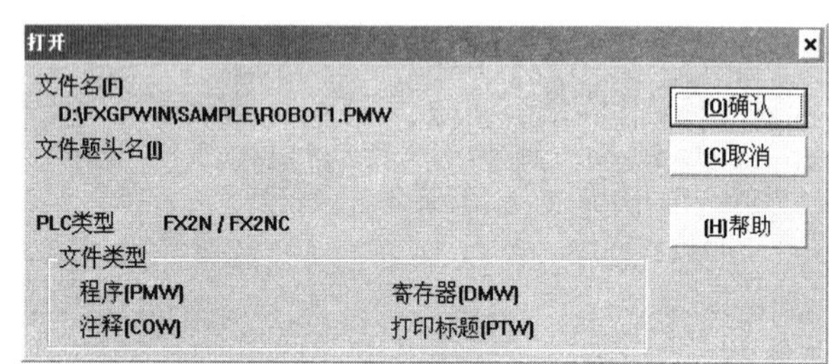

图 11.13　FXGP/WIN 打开文件时的选择界面

3. 从 PLC 中读入程序

确认 PLC 与计算机已经正确地连接了通信电缆，并且设置了正确的通信端口和正确的传送速率，PLC 处于通电状态。

在菜单中选择“PLC”菜单下的“程序读入(r)”子菜单，或按 Alt+P 组合键再按 r 键，则显示如图 11.11 所示的 PLC 类型设置界面，选择合适的 PLC 类型，按“确认”后，等待数十秒或几分钟(取决于计算机的配置、PLC 程序的大小以及传送速率的设置)，则读入程序并进入如图 11.12 所示的梯形图编程环境。

11.3.2 编写或编辑程序及注释

1. 选择编程方式

使用 FXGP/WIN 编程时可选梯形图、指令表和 SFC 编程方式，如图 11.14 所示，即在“视图(V)”菜单下的“梯形图(L)”或者“指令表(I)”或者“SFC(S)”三者之间切换。如选择“梯形图(L)”则可进入如图 11.12 所示的梯形图编程界面。

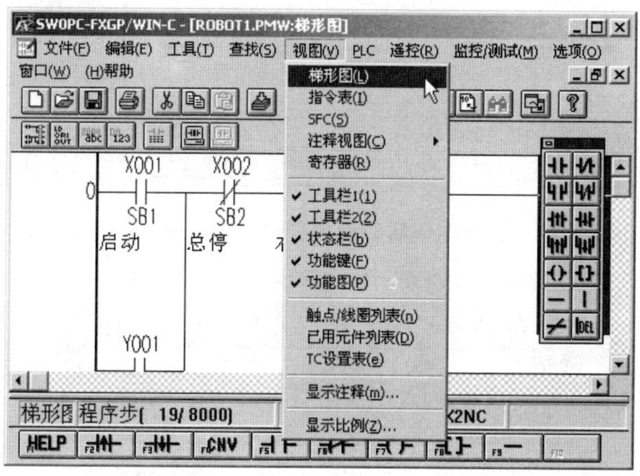

图 11.14 编程时可选梯形图、指令表和 SFC 等

2. 编写梯形图程序

“视图(V)”菜单下的“功能键(F)”和“功能图(P)”前必须打勾，以便显示功能键和功能图。如图 11.14 所示。

编写程序时，梯形图程序中的软元件可以通过功能键、功能图或者“工具(T)”菜单下的“触点(n)”子菜单和“连线(W)”子菜单来输入，如图 11.15 所示。

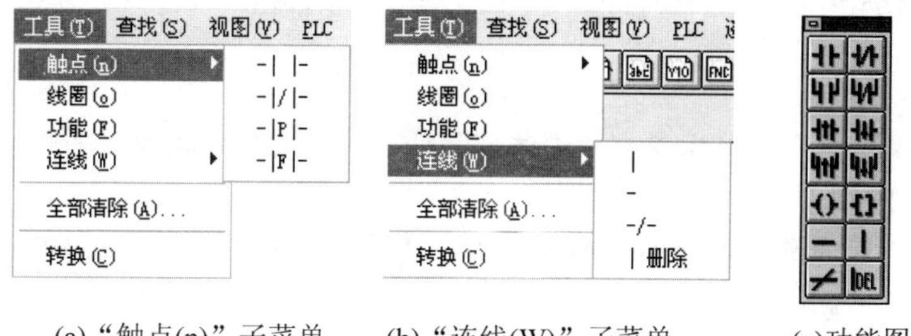

(a)“触点(n)”子菜单 (b)“连线(W)”子菜单 (c)功能图

图 11.15 工具菜单界面和功能图界面

例如，选择“工具(T)”菜单下的“触点(n)”子菜单中的常开触点，或者点击功能图、功能键界面(图 11.16)上的常开触点图标，如图 11.17 所示，会显示如图 11.18 所示的梯形图编程时的输入元件界面，可以输入各种软元件。

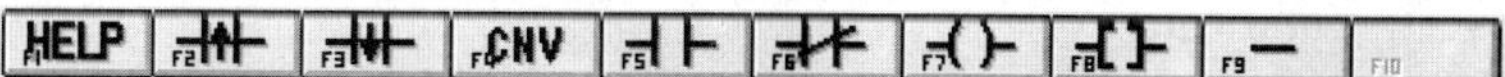

图 11.16 梯形图编程时的功能键

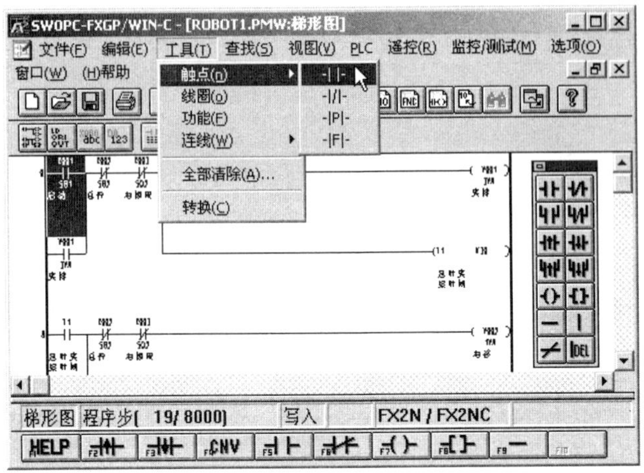

图 11.17 梯形图编程时工具菜单、功能图和功能键界面

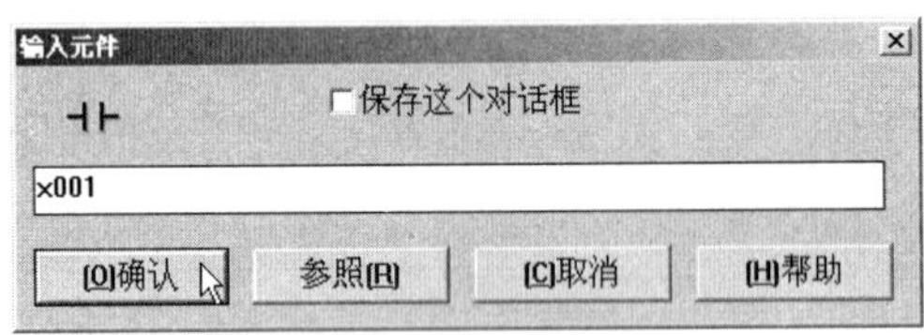

图 11.18 梯形图编程时输入元件界面

选择“线圈(o)”子菜单或点击功能图、功能键上的线圈图标，可以输入I/O继电器Y、辅助继电器M，时间继电器 T、计数器C和状态继电器S等。

选择“功能(F)”子菜单或点击功能图、功能键上的功能图标，可以输入功能指令。

选择“连线(W)”子菜单或点击功能图、功能键上的连线图标，可以输入连线，也可以用Del键删除连线，或点击功能图的删除连线图标，来删除竖线。

选择“全部清除(A)”子菜单项，并点击“确认”，可以清除全部程序的内容。

选择“转换(C)”子菜单项或点击工具栏上的转换图标，可以转换已经输入的梯形图。

3. 编辑程序

可以使用“编辑”菜单和“查找”菜单完成查找、复制、剪切、粘贴、行插入等编辑操作，如图11.19所示。

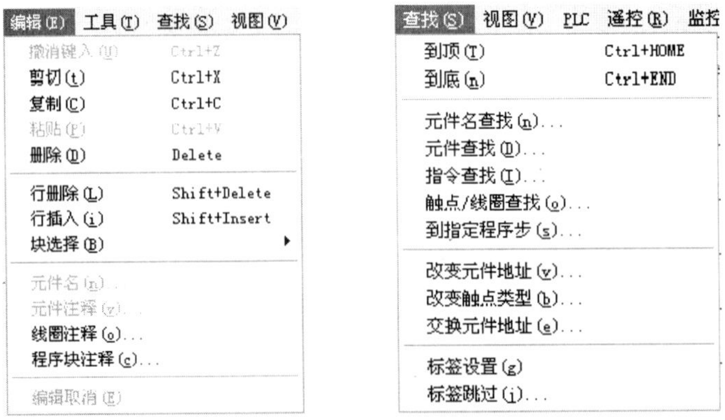

图 11.19 编辑和查找菜单界面

4. 指令表程序

选择“视图(V)”菜单下的“指令表(I)”或者单击工具栏 2 中的“指令表视图”图标切换到如图 11.20 所示的指令表程序编程界面。移到相应的行上，可以直接输入指令。

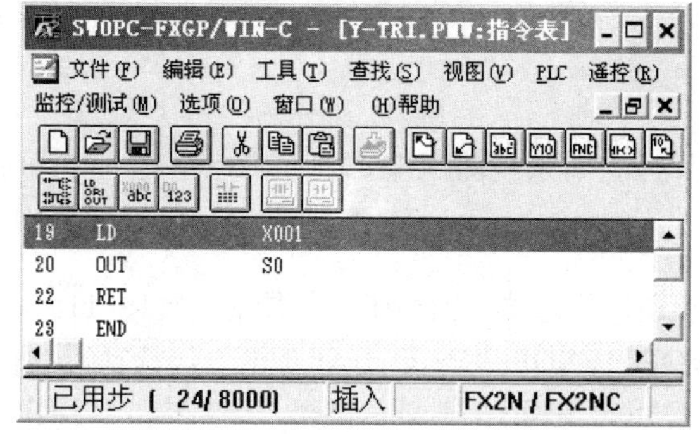

图 11.20 指令表程序编程界面

5. 程序检查

选择如图 11.21 所示的“选项(O)”菜单下的“程序检查(c)”子菜单项，则可进入如图 11.22 所示的程序检查界面。可以选择“语法错误检查(t)”、“双线圈检验(D)”和“电路错误检查(C)”。如选择“双线圈检验(D)”，则检查软元件的重复，每点击一次“确认”，就显示一组有重复的软元件。如选择“语法错误检查(t)”，则检查有无语法错误。如选择“电路错误检查(C)”，则检查有无电路错误，并在结果窗口里显示有无错误。

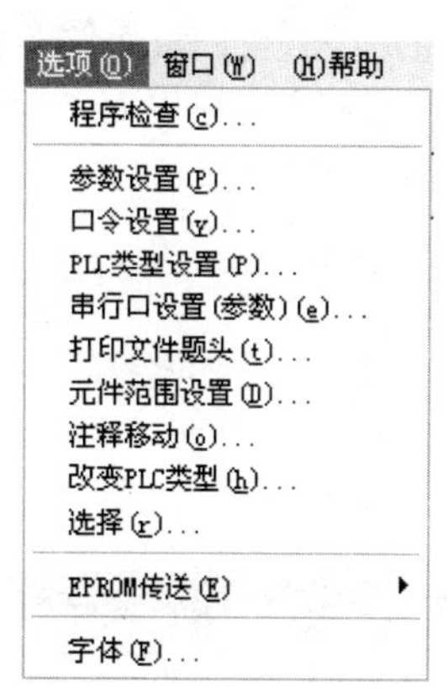

图 11.21 “选项”菜单界面

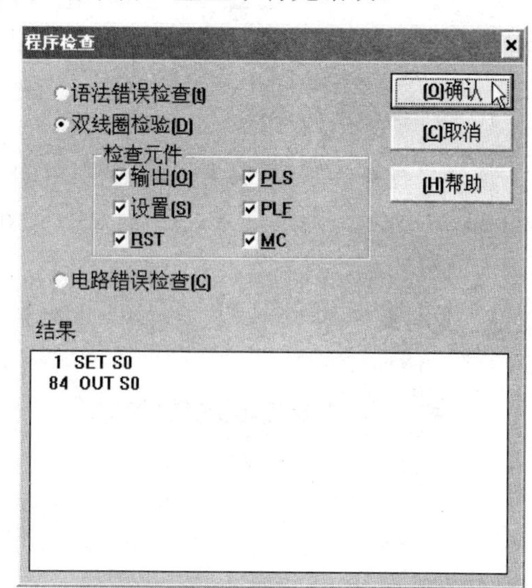

图 11.22 选项菜单下的程序检查界面

6. 文件存盘

选择“文件(F)”菜单下的“保存(S)”或者“另存为(a)”命令，或者单击图标按钮。如选择“保存(S)”命令则可进入保存界面，输入文件题头名，单击“确认”按钮。如选择

“另存为(a)”命令则可进入另存为界面，输入文件名，单击“确认”按钮；再输入文件题头名，单击“确认”按钮。

7. 退出 FXGP/WIN

选择“文件(F)”菜单下的“退出(x)”，即可退出 FXGP/WIN 主程序。

8. 窗口菜单

选择“窗口(W)”菜单，可选视图顺排(C)、窗口水平排列(T)和窗口垂直排列(v)。

9. 使用帮助菜单

选择“(H)帮助”菜单，再选择“索引(I)”就能显示如图 11.23 所示的帮助菜单。单击“目录”，再单击“SWOPC-FXGP/WIN-C 操作指南”，选择需要帮助的项目。如果单击“SWOPC-FXGP/WIN-C 用户指南”，则显示概貌、产品构成和操作环境。

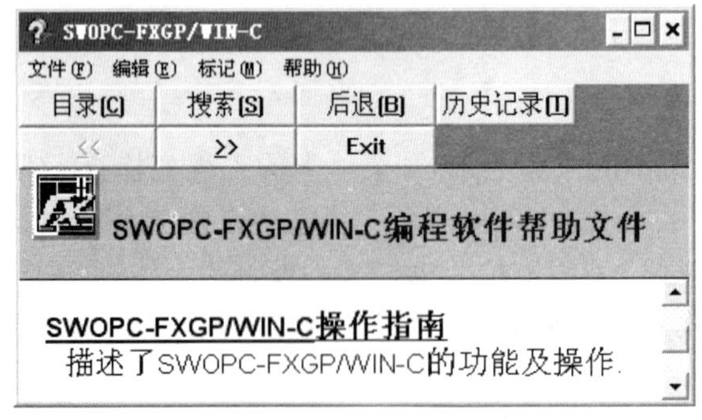

图 11.23 帮助菜单界面

10. 对梯形图的注释

选择“视图(V)”菜单下“注释视图(C)”子菜单项中的“元件注释/元件名称(D)”项，如图 11.24 所示，则可进入如图 11.25 所示的元件注释/元件名称编辑界面，可以在其中输入中文注释。

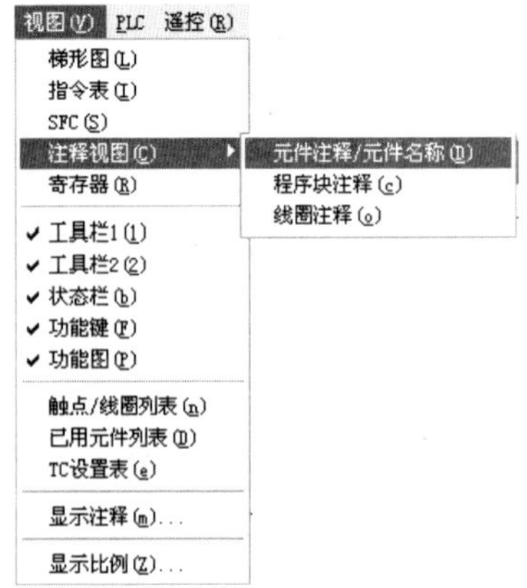

图 11.24 “视图”菜单下的“注释视图”子菜单

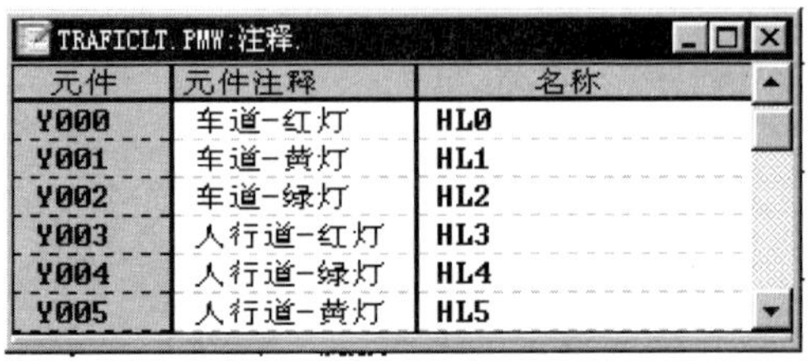

TRAFICLT.PMW:注释

元件	元件注释	名称
Y000	车道-红灯	HL0
Y001	车道-黄灯	HL1
Y002	车道-绿灯	HL2
Y003	人行道-红灯	HL3
Y004	人行道-绿灯	HL4
Y005	人行道-黄灯	HL5

图 11.25 元件注释/元件名称编辑界面

选择“视图(V)”菜单下的“显示比例(Z)”子菜单项，完成对显示比例的设置。为了

显示如图 11.26 所示的带注释的 PLC 梯形图，需要选择“视图(V)”菜单下的“显示注释(m)”子菜单项，显示如图 11.27 所示的“梯形图注释设置”界面，可以在希望显示的注释前的选择框内打勾，或者在显示范围内设定注释所占区域的大小。

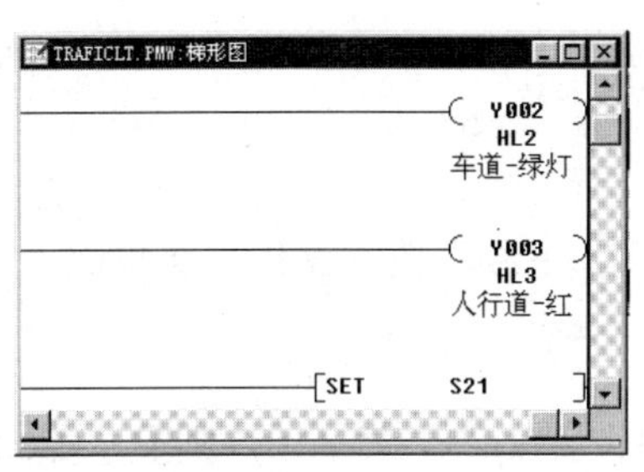

图 11.26　PLC 梯形图的注释

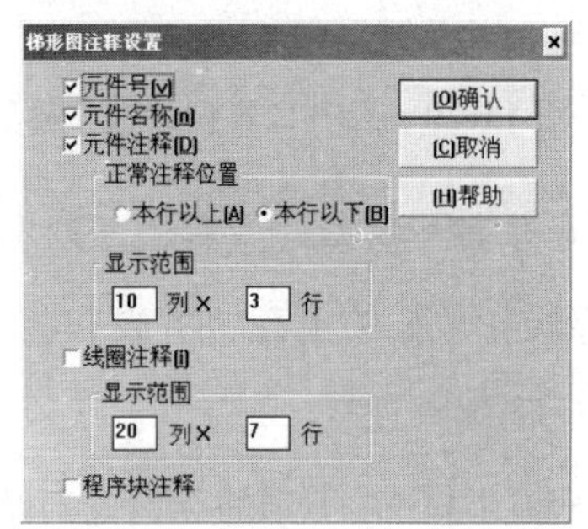

图 11.27　“梯形图注释设置”界面

11.3.3　程序的下载和上载

先要确认 PLC 与计算机已经正确地连接了通信电缆，并且设置了正确的通信端口，设置了正确的传送速率，PLC 处于通电状态。

1. 程序的上载

选择如图 11.28 所示的“PLC”菜单下的“传送(T)”子菜单项的“读入(R)”项，则可进入如图 11.29 所示的“PLC 类型设置”界面。设置 PLC 类型，按“确认”后，等待数十秒或几分钟后(取决于计算机的配置、PLC 程序的大小及传送速率的设置)，则读入程序。

2. 程序的下载

选择如图 11.28 所示的“PLC”菜单下的“传送(T)”子菜单项的“写出(W)”项，则可进入如图 11.30 所示的“PLC 程序写入”范围设置界面。设置写入范围，单击“确认”按钮后，等待数十秒或几分钟后，则写入程序到 PLC。

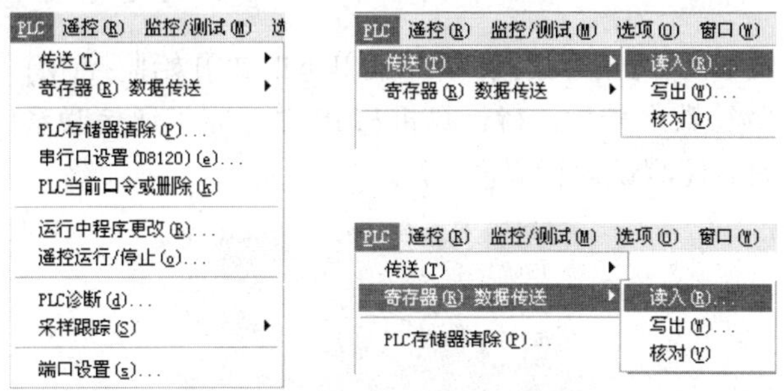

图 11.28　PLC 菜单下的程序传输

3. 程序的核对

选择如图 11.28 所示的“PLC”菜单下的“传送(T)”子菜单项的“核对(V)”项，则核对计算机中的程序与 PLC 中的程序是否一致，等待数十秒或几分钟后完成核对。

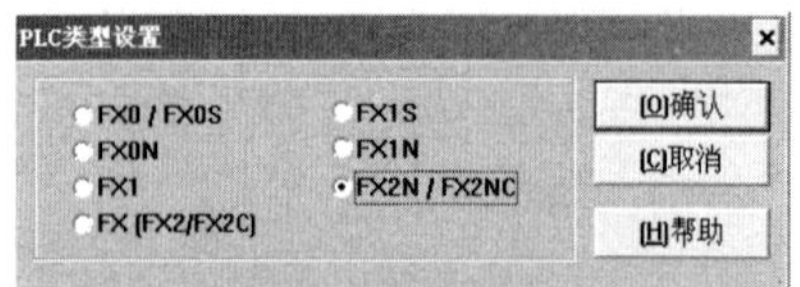

图 11.29 “PLC 类型设置”界面图

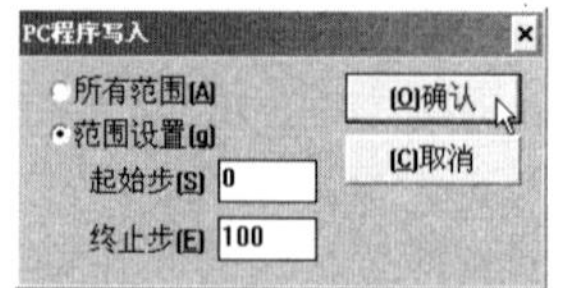

图 11.30 “PLC 程序写入”范围设置界面

4. 寄存器和数据的上载、下载和核对

寄存器和数据的上载、下载和核对与程序的上载、下载和核对操作方法相似。

5. 通信端口设置

选择如图 11.28 所示的“PLC”菜单下的“端口设置(s)”子菜单项，则显示如图 11.31 所示的“端口设置”菜单。

端口可以选择 COM1 到 COM4，传送速率可以选择 9600bit/s 或者 19200bit/s。

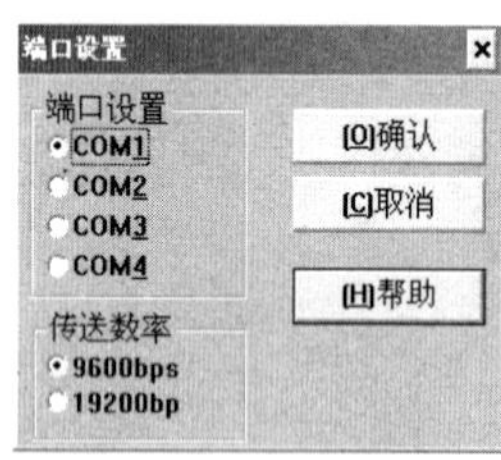

图 11.31 PLC 菜单下的通信设置界面

11.3.4 软元件的监控及强制设置

在 FXGP/WIN 中调试 PLC 程序时，可以监控软元件的状态及元件的强制设置，这可以应用监控测试菜单完成。

确认 PLC 与计算机已经正确地连接了通信电缆，并且设置了正确的通信端口，设置了正确的传送速率，PLC 处于通电状态。否则会显示通信错误，不能完成监控。

1. 梯形图监控

选择如图 11.32 所示的“监控/测试(M)”菜单下的“开始监控(M)”子菜单项，则进入梯形图程序的监控，等待数十秒后，待计算机与 PLC 建立了通信联系后，就开始监控，并显示如图 11.33 所示的监控测试运行界面。

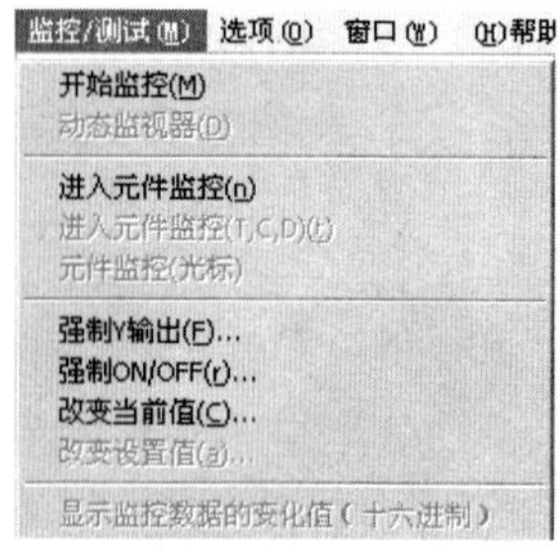

图 11.32 “监控/测试(M)”菜单

当前处于“ON”状态的软元件均显示高亮的颜色，一般为绿色。可以上下滚动梯形图程序(如图 11.33 所示)，了解和监控 PLC 程序的运行状况。

图 11.33 监控测试菜单下的监控运行界面

2. 软元件监控

选择如图 11.32 所示的“监控/测试(M)”菜单下的“进入元件监控(n)”子菜单项，则进入元件监控，选择所要监控的软元件，如图 11.34 所示，等待数十秒后，显示软元件的监控测试运行界面。当前处于“ON”状态的软元件，在对应的触点和线圈处均显示高亮的颜色方框，一般为绿色。

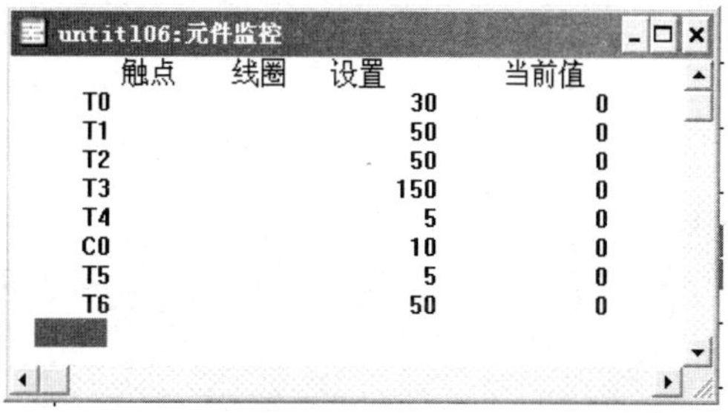

untit106:元件监控

	触点	线圈	设置	当前值
T0			30	0
T1			50	0
T2			50	0
T3			150	0
T4			5	0
C0			10	0
T5			5	0
T6			50	0

图 11.34 监控测试菜单下的元件监控界面

3. 软元件强制设置

选择如图 11.32 所示的“监控/测试(M)”菜单下的“强制 ON/OFF(r)”子菜单项，则进入软元件强制设置界面，如图 11.35 所示。输入相应的 X、Y、M 等，单击“设置”按钮，即表示置位(SET)状态，单击“确认”按钮可以强制 ON，选择“重新设置(R)”即表示复位(RESET)，单击“确认”按钮可以强制 OFF。如选择软元件 X005，单击“设置(SET)”按钮，即表示置位状态，单击“确认”按钮可以强制 ON，相当于 PLC 上与 X005 相连的开关的常开触点闭合。

4. 输出元件 Y 强制设置

选择如图 11.32 所示的“监控/测试(M)”菜单下的“强制 Y 输出 (F)”子菜单项，则进入输出元件 Y 强制设置界面，如图 11.36 所示。输入与 Y 相应的元件号，选择“ON”，即表示置位(SET)状态，单击“确认”按钮可以强制 ON，选择“OFF”即表示复位(RESET)，单击“确认”按钮可以强制 OFF。

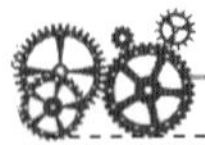

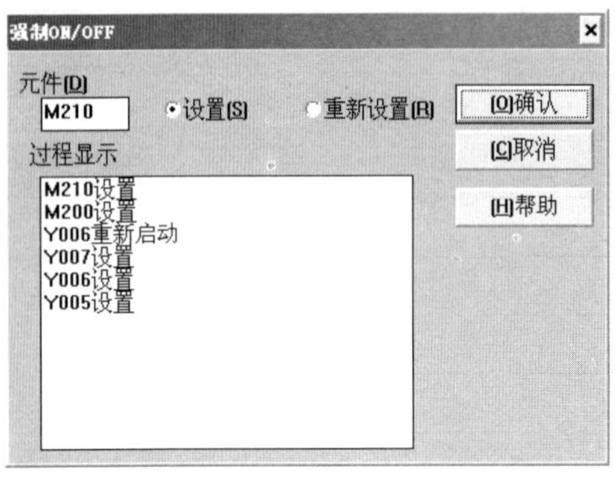

图 11.35 ON/OFF 强制设置界面

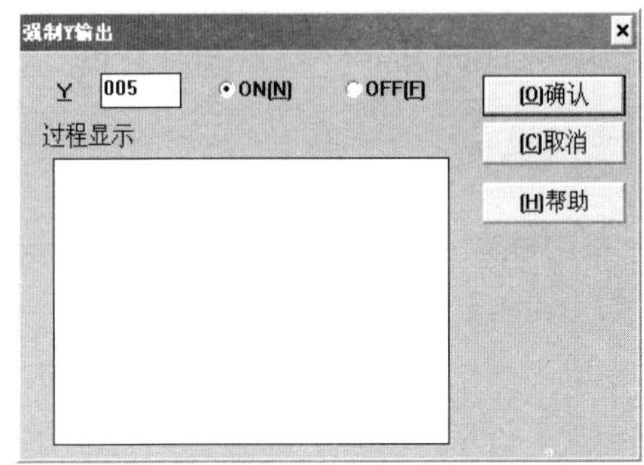

图 11.36 输出元件 Y 强制 ON/OFF 设置界面

如选择软元件 Y005，选择“ON”，即表示置位状态，单击“确认”按钮可以强制 ON，相当于 PLC 上与 Y005 相连的触点闭合，对应的指示灯亮。

11.3.5 程序的打印

1. 程序的打印

选择如图 11.37 所示的“文件(F)”菜单下的“打印(P)”子菜单或者单击图标🖨，则显示如图 11.38 所示的打印 PLC 程序文件时的选项设置界面选择界面，选择合适的项目，设置范围和显示比例，再单击“确认”按钮，则可完成程序的打印。

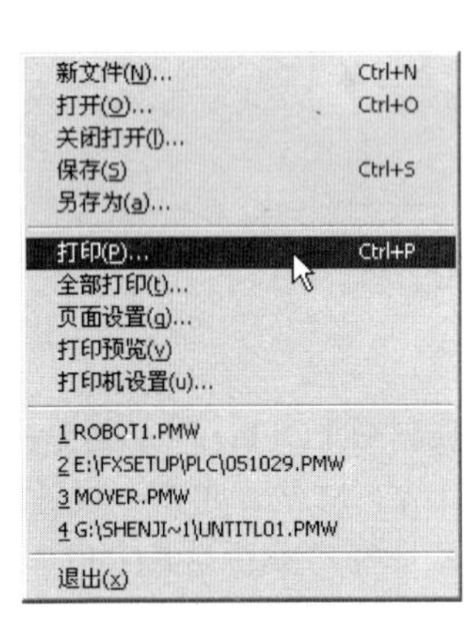

图 11.37 “文件”菜单界面

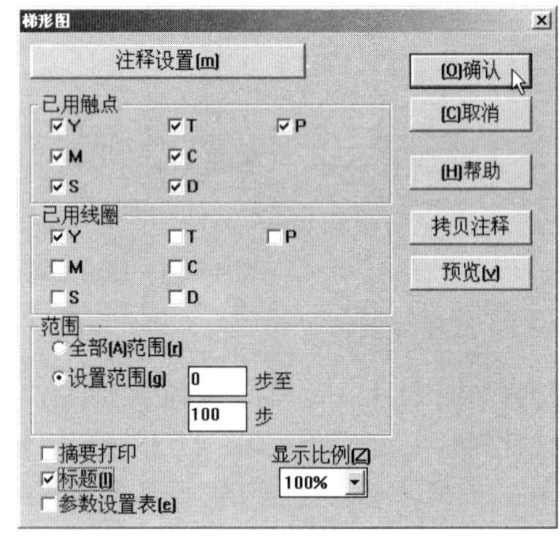

图 11.38 打印梯形图时的选项设置界面

2. 程序的全部打印

选择如图 11.37 所示的“文件(F)”菜单下的“全部打印(t)”子菜单，则显示如图 11.39 所示的全部打印时的选项设置界面，从项目列表选择合适的项目，添加到打印列表中，单击“向上”/“向下”按钮，则可对打印列表排序，单击“细节”按钮，显示如图 11.38 所示的设置界面，可设置范围和打印比例后单击“确认”按钮，再单击“确认”按钮，则可完成程序的打印。

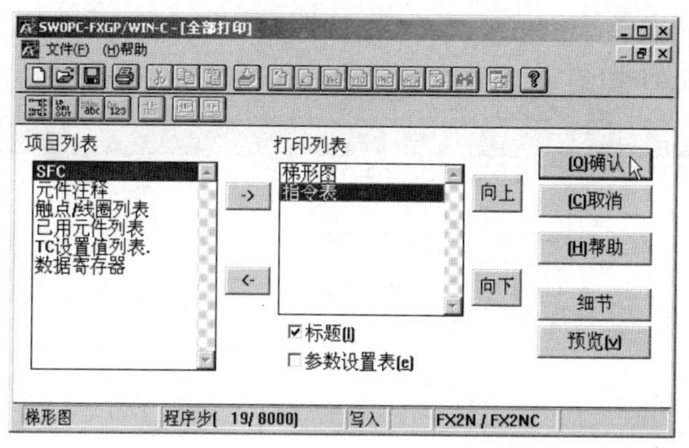

图 11.39　全部打印时的选项设置界面

3. 字体的设置

选择如图 11.21 所示的“选项(O)”菜单下的“字体(F)”子菜单项，则可进入如图 11.40 所示的字体选项设置界面。选择合适的字体、字型、字符集和大小，单击“确定”按钮，则可完成设置。

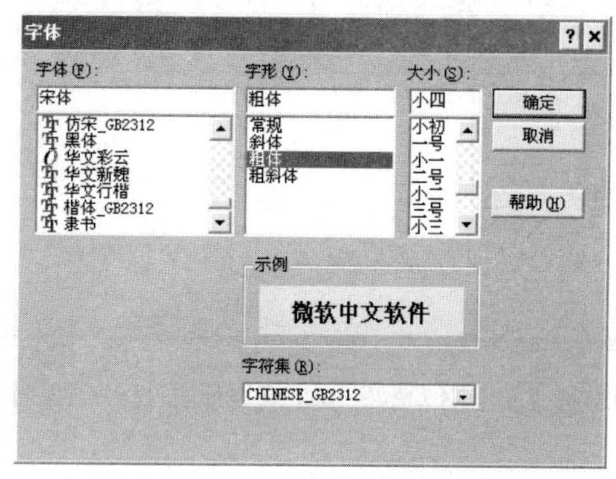

图 11.40　字体选项设置界面

11.4　编程软件 GX Developer

Windows 下的编程软件 GX Developer 具有用户界面友好、功能全面、使用方便等特点。GX Developer 可以对三菱公司 FX 系列、A 系列、Q 系列和 QnA 系列的可编程控制器进行编程，即 FX 系列 GX Developer 支持 FX_0、FX_{0S}、FX_{0N}、FX_1、FX_2、FX_{2C}、FX_{1S}、FX_{1N}、FX_{2N}、FX_{2NC} 等型号的可编程控制器。

11.4.1　程序编制环境及功能

1. 进入程序编制环境

当在计算机中安装好编程软件后，在计算机的开始菜单中选“程序”，找 MELSOFT，选 GX Developer 启动项，或者在 GX Developer 的安装目录下，一般为盘符:\MELSEC\Gppw，双击 Gppw.exe，就可以进入 GX Developer 程序编制环境。当双击用户程序的工程文件时，例如，双击 Gppw.gpj 或者 Gppw.gps，也可以进入 GX Developer 程序编制环境。其主菜单和工具栏分别如图 11.41 和图 11.42 所示。

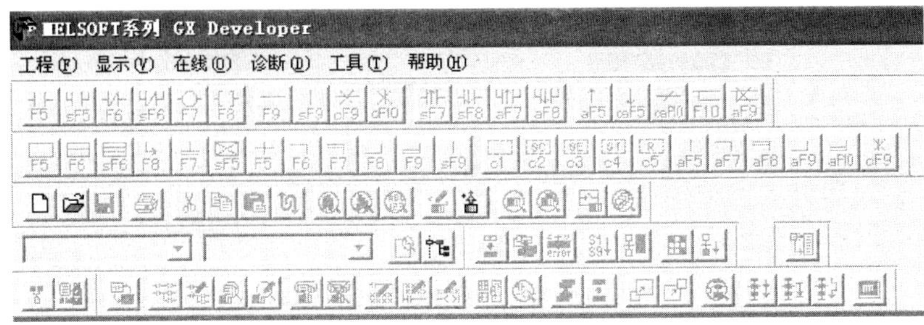

图 11.41　GX Developer 编程环境

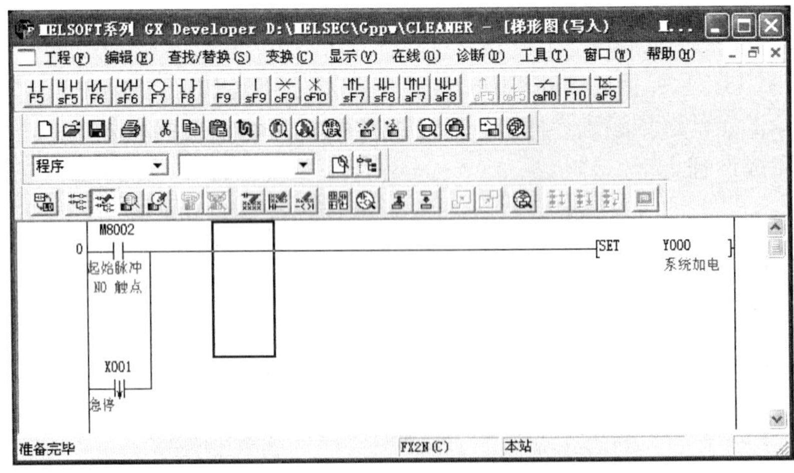

图 11.42　GX Developer 编程环境(打开工程时)

2. 工具栏

工具栏也称工具条，直接单击工具栏上的图标，可以实现快捷的操作。GX Developer 编程环境中有 8 种工具条，包括标准工具条、程序工具条、梯形图标记工具条、梯形图(SFC)工具条、SFC 块工具条、数据切换工具条、注释工具条、软元件填充工具条。

全部工具条如图 11.43 所示。

(a) 标准工具条

(b) 程序工具条

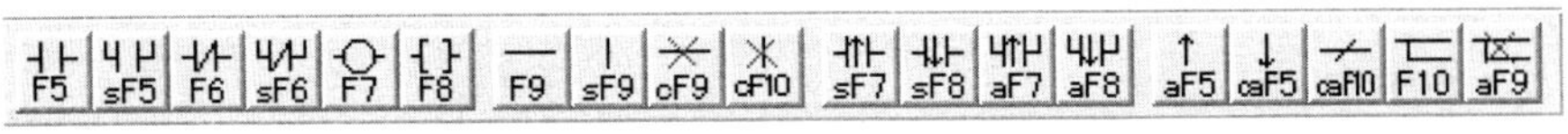

(c) 梯形图标记工具条

图 11.43　GX Developer 编程环境中有 8 种工具条

(d) 梯形图(SFC)工具条

(e) SFC 块工具条 　　(f) 注释工具条

(g) 数据切换工具条 　　(h) 软元件填充工具条

图 11.43(续)

例如，单击，即可实现工程数据的显示与关闭。有一种简单的方法，可得到工具条上图标按钮的注释，就是将鼠标的光标移动到某图标按钮上，图标按钮的注释即可出现在图标按钮的下方，如图 11.44 所示。

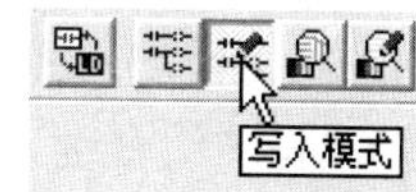

图 11.44　获得图标的注释

3. 基本文件操作功能

PLC 程序文件，都与“工程”文档相关，例如新建、打开、关闭、保存、另存 PLC 程序文件；PLC 程序文件的打印；改变 PLC 的类型都可以通过“工程”菜单中的对应菜单项目来完成。其他格式的 PLC 程序文件的读取和写入，可以通过“工程”菜单中的“读取其他格式的文件”和“写入其他格式的文件”菜单项目来完成。将程序从 PLC 传输到计算机(上载或者读取)或者从计算机写入到 PLC 中(下载或者写入)，可以通过“在线”菜单中的“PLC 读取”或者“PLC 写入”菜单项来完成。

如图 11.45 所示为已经打开工程时的“工程”菜单。

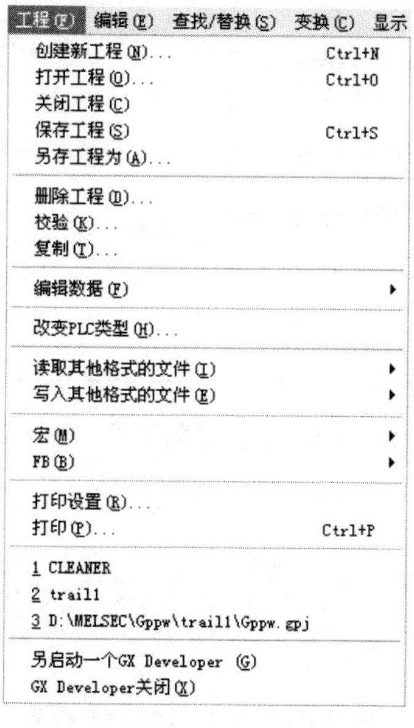

图 11.45　“工程”菜单

4. 梯形图程序编辑操作功能

梯形图程序的输入，可以使用梯形图标记工具条中的图标按钮，或“编辑(E)”菜单中的“梯形图标记(S)”子菜单来输入，如图 11.42 所示；梯形图程序的编辑，可以使用主菜单上的“查找/替换(S)”和“编辑(E)”菜单或者梯形图写入状态下的鼠标右键菜单来完成。

5. 转换

在梯形图写入模式下，输入完 PLC 程序后，需要将梯形图转换为 PLC 内部格式。

11.4.2 梯形图程序的建立及编辑操作

1. 建立梯形图程序文件

先进入 GX Developer 程序主界面。通过单击“工程”菜单中的“创建新工程(N)”，或者按 Ctrl+N 组合键，或者单击标准工具条中的图标🗋，就出现如图 11.46 所示的“创建新工程”对话框，在下拉菜单中选择合适的 PLC 系列，选择合适的 PLC 类型；然后，选择程序类型，设置工程名和工程标题，最后单击“确定”，则可进入梯形图编程环境。

可以单击“浏览”按钮，选择梯形图程序所要存放的文件路径。

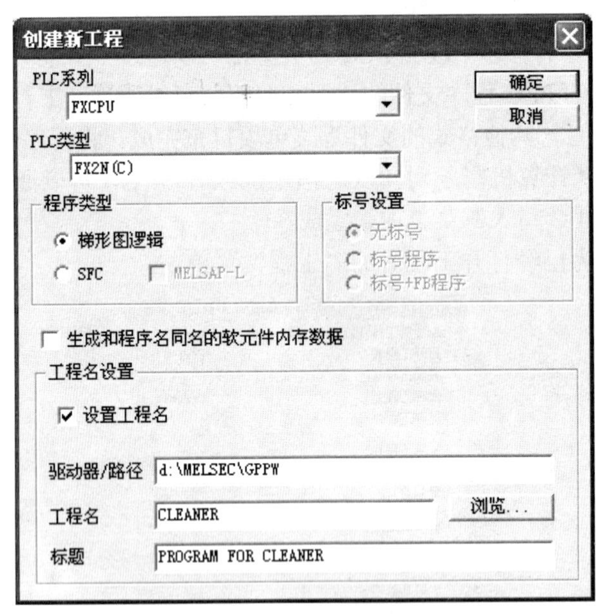

图 11.46 “创建新工程”对话框

2. 打开梯形图程序文件

进入 GX Developer 程序主界面。通过单击“工程”菜单中的“打开工程(O)”，或者按 Ctrl+O 组合键，或者单击标准工具条中的图标📂，就出现如图 11.47 所示的“打开工程”对话框。

选择梯形图程序工程文件所存放的文件路径，然后输入工程名，单击“确定”按钮，则可进入梯形图编程环境。

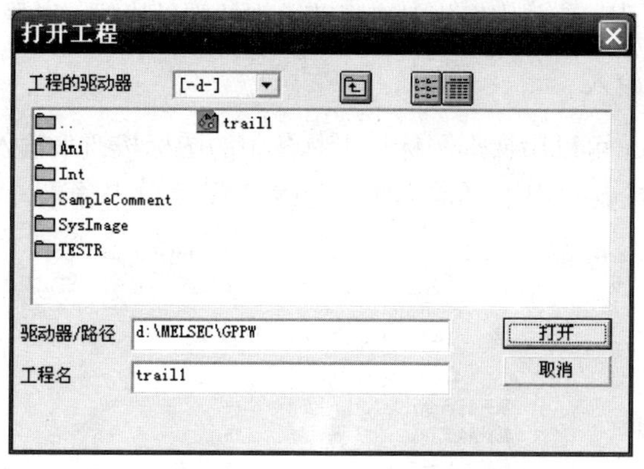

图 11.47 “打开工程”对话框

3. 读取梯形图程序文件

将程序从 PLC 传输到计算机(上载或者读取)，可以通过“在线(O)”菜单中的“PLC 读取(R)”菜单项来完成。或者在没有打开 PLC 工程文件的情况下，单击标准工具条中的图标，出现如图 11.48 所示的“选择 PLC 系列”对话框，在“PLC 系列”下拉菜单中选择 FXCPU，单击“确定”按钮。

图 11.48 “选择 PLC 系列”对话框

4. 读取其他格式的梯形图程序文件

在“工程(F)”菜单中选择“读取其他格式的文件(I)”，显示如图 11.49(a)所示的子菜单(已经建立工程)或者如图 11.49(b)所示的子菜单(未建立工程)，再选择相应的文件格式即可读入 PLC 程序。

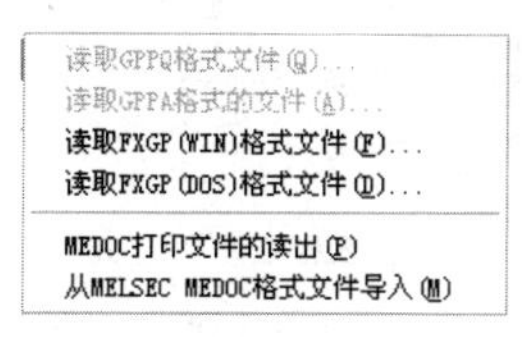

(a) 已经建立工程

读取GPPQ格式文件(Q)...
读取GPPA格式的文件(A)...
读取FXGP(WIN)格式文件(F)...
读取FXGP(DOS)格式文件(D)...

(b) 未建立工程

图 11.49 读取其他格式的文件子菜单

GX Developer 程序支持以下几种文件的读取。

(1) 从 DOS 环境下产生的 MEDOC 的打印文件导入梯形图程序文件。

(2) 从 MELSEC MEDOC 格式文件导入梯形图程序文件。

(3) FXGP/WIN 的格式文件。

(4) FXGP/DOS 的格式文件。

(5) FPPQ 的格式文件。

(6) FPPA 的格式文件。

这些都可以在“工程”菜单中选择对应子菜单中的文件格式，以导入到 GX Developer 中。

5. 梯形图程序的输入

梯形图程序的输入，可以用梯形图标记工具条中的图标按钮来输入，工具条如图 11.50(a)所示；或用“编辑(E)”菜单中的“梯形图标记(S)”子菜单来输入，如图 11.50(b)所示。

F5 sF5 F6 sF6 F7 F8 F9 sF9 cF9 cF10 sF7 sF8 aF7 aF8 aF5 caF5 caF10 F10 aF9

(a) 梯形图标记工具条

常开触点(A)...	F5
常闭触点(B)...	F6
并联常开触点(O)...	Shift+F5
并联常闭触点(R)...	Shift+F6
线圈(C)...	F7
应用指令(F)...	F8
竖线(V)...	Shift+F9
横线(H)...	F9
竖线删除(D)...	Ctrl+F10
横线删除(L)...	Ctrl+F9
上升沿脉冲(P)...	Shift+F7
下降沿脉冲(S)...	Shift+F8
并联上升沿脉冲(U)...	Alt+F7
并联下降沿脉冲(T)...	Alt+F8
运算结果取反(I)...	Alt+Ctrl+F10
取运算结果的脉冲上升沿(X)...	Alt+F5
取运算结果的脉冲下降沿(Y)...	Alt+Ctrl+F5

(b) 梯形图标记子菜单

图 11.50 梯形图标记工具条和子菜单

例如，要输入特殊继电器 M8000 的常开触点，单击梯形图标记工具条中的 F5 图标，或者在梯形图标记子菜单中选择“常开触点(A)”，或者按 F5 键，则会在 GX Developer 编程环境中显示如图 11.51 所示的软元件输入框，输入 M8000，单击“确定”按钮。

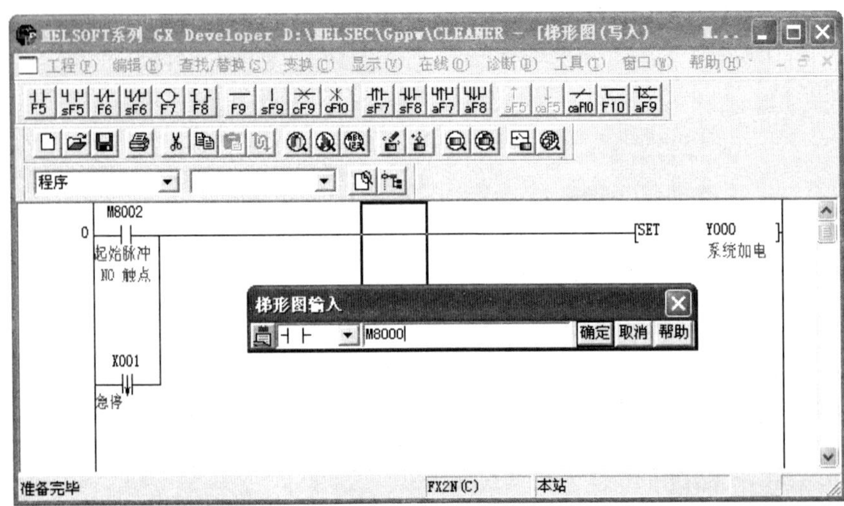

图 11.51 软元件输入

6. 梯形图程序编辑

梯形图程序编辑，可以使用主菜单上的“查找/替换(S)”和“编辑(E)”菜单或者梯形图写入状态下的右击出现的快捷菜单来完成，如图 11.52～图 11.54 所示。编辑梯形图程序时，要处于梯形图写入模式。在“编辑(E)”菜单中，用“读出模式(R)”、“写入模式(W)”切换梯形图模式。

通过“查找/替换(S)”菜单，可以找到所要编辑的位置；通过“编辑”菜单，可进行单行和列的插入或者删除，可进行剪切、复制、粘贴等操作。利用“编辑”菜单，完成对 TC 设置值的改变。

其他可以操作的项目，可以参阅图 11.52～图 11.54。

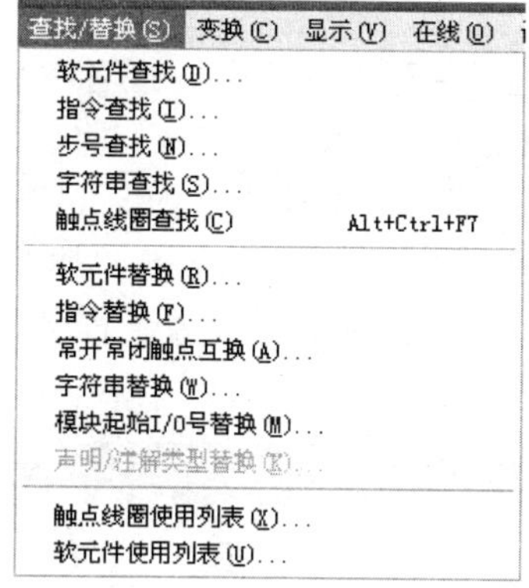

图 11.52 “查找/替换(S)”菜单

编辑(E) 查找/替换(S) 变换(C) 显示(V) 在	
撤消(U)	Ctrl+Z
返回至梯形图变换后的状态(A)	
剪切(T)	Ctrl+X
复制(C)	Ctrl+C
粘贴(P)	Ctrl+V
行插入(N)	Shift+Ins
行删除(E)	Shift+Del
列插入(H)	Ctrl+Ins
列删除(D)	Ctrl+Del
NOP批量插入(I)...	
NOP批量删除(F)	
划线写入(G)	F10
划线删除(J)	Alt+F9
TC设置值改变(X)...	
读出模式(R)	Shift+F2
• 写入模式(W)	F2
梯形图标记(S)	▸
文档生成(O)	▸

图 11.53 “编辑(E)”菜单

撤消(U)	Ctrl+Z
剪切(T)	Ctrl+X
复制(C)	Ctrl+C
粘贴(P)	Ctrl+V
行插入(N)	Shift+Ins
行删除(E)	Shift+Del
列插入(H)	Ctrl+Ins
列删除(D)	Ctrl+Del
划线写入(G)	F10
划线删除(J)	Alt+F9
软元件查找(D)...	
指令查找(I)...	
步号查找(N)...	
字符串查找(S)...	
触点线圈查找(C)	Alt+Ctrl+F7
触点线圈使用列表(X)...	
软元件使用列表(U)...	
变换(C)	F4

图 11.54 梯形图写入模式下的快捷菜单

7. 梯形图的转换

在梯形图写入模式下，输入完 PLC 程序后，需要将梯形图转换为 PLC 内部格式。未转换时，梯形图背景呈灰色，转换完成时，梯形图背景呈白色。

可以单击程序工具条中的程序变换图标，或者选择“变换(C)”菜单下的“变换(C)”菜单项，或者按下F4键，来完成转换。“变换(C)”菜单如图11.55所示。

如果有错误，或存在不能变换的梯形图，则不能完成转换，光标停留在出错处。需修正错误后，才能转换。为避免错误累积，方便差错，建议每输入一段程序，就做一次转换。

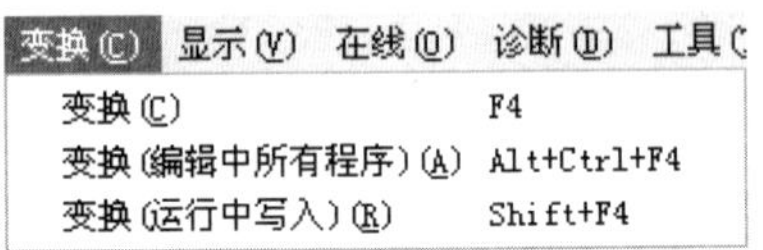

图11.55 “变换(C)”菜单

8. 梯形图程序的存储

通过单击“工程”菜单中的“保存工程(S)”，或者按Ctrl+S组合键，或者单击标准工具条中的图标，就可以保存梯形图文件。

如果选择工程时，没有输入工程名，则会出现如图11.56所示的“另存工程为”对话框。

单击“工程”菜单中的“另存工程为(A)”命令，就出现如图11.56所示的另存工程为对话框，该对话框可能要求选择合适的路径，设置工程名和工程标题，最后单击“保存”按钮，选择确认新建或者确认替换。

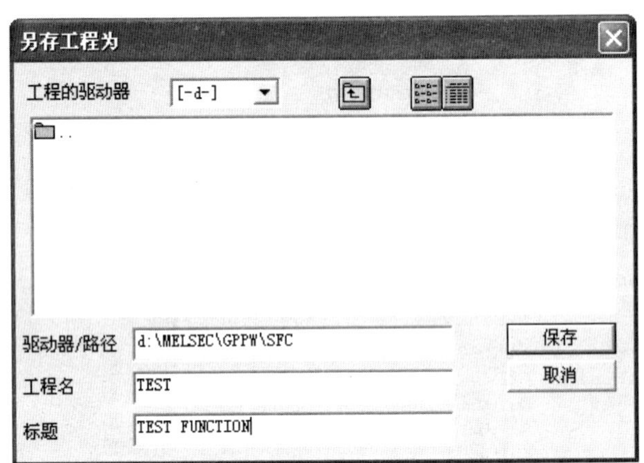

(a) 输入路径、工程名对话框

(b) 确认新建

(c) 确认替换

图11.56 另存工程对话框

11.4.3 梯形图程序下载到PLC

程序从计算机写入(或者下载)到PLC中，可以通过“在线”菜单中的“PLC写入”菜单项来完成。单击标准工具条中的图标，也可以将程序写入到PLC中。

如果通信有错误，就会显示错误信息。

11.4.4　PLC 程序的运行、监控与调试

1. PLC 程序的运行

当 PLC 的外围电路都已经接好，接通电源，将 PLC 的运行停止开关(RUN/STOP)拨到运行(RUN)位置，程序就开始运行。

2. PLC 程序的调试和监控

基本的调试任务主要有程序检查、参数检查，可以在工具菜单里选择，如图 11.57～图 11.58 所示。

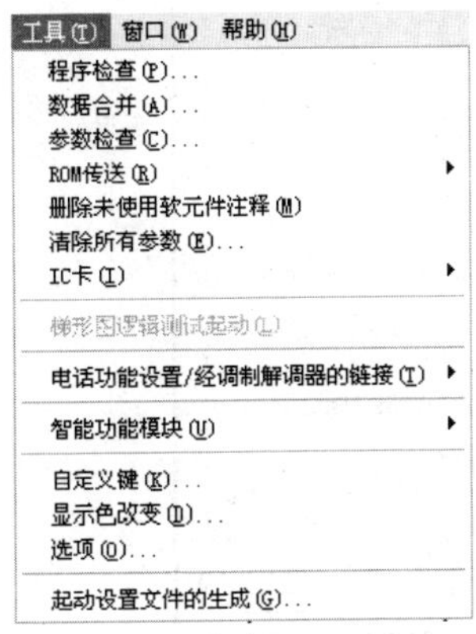

图 11.57　“工具”菜单

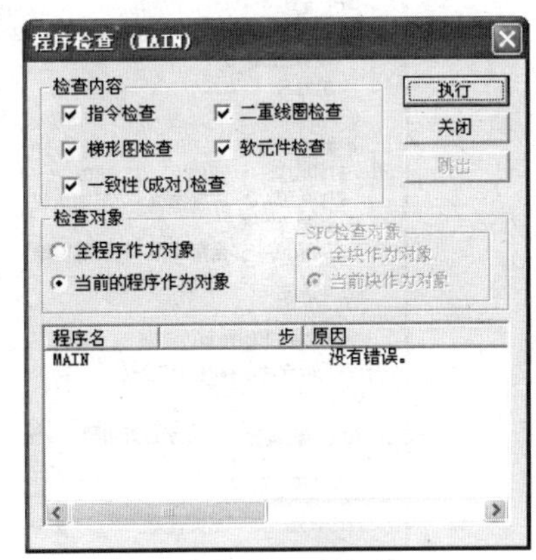

图 11.58　工具-程序检查

在“在线”菜单下，可以对 PLC 程序进行监视、调试、程序校验。在“调试”子菜单下，可以进行软元件测试、强制输入/输出、调试、跳跃执行、部分执行和单步执行，如图 11.59 所示。

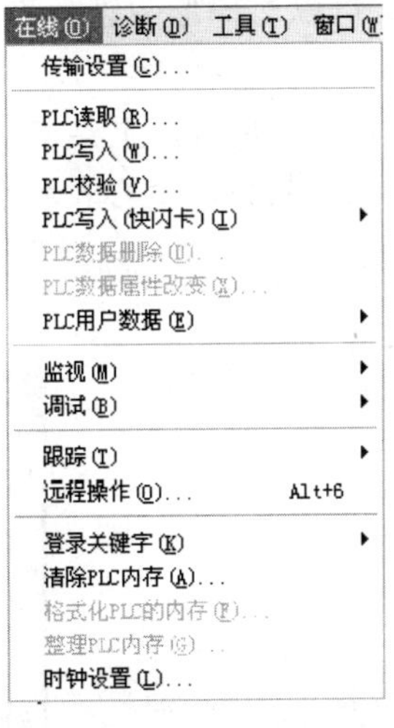

图 11.59　“在线”菜单

在“在线”菜单的“监视”子菜单下，可以完成或设置监视模式、监视(写入模式)，监视开始、监视停止，全画面监视开始，全画面监视停止，局部软元件监视，当前值监视切换，监视条件设置，监视停止条件设置，中断程序监视列表，扫描时间测定等。

11.4.5　PLC 程序的打印

通过单击“工程”菜单中的“打印(P)”，或者按 Ctrl+P 组合键，或者单击标准工具条中的图标，就出现如图 11.60 所示的“打印”对话框。可按示例设置打印项目。

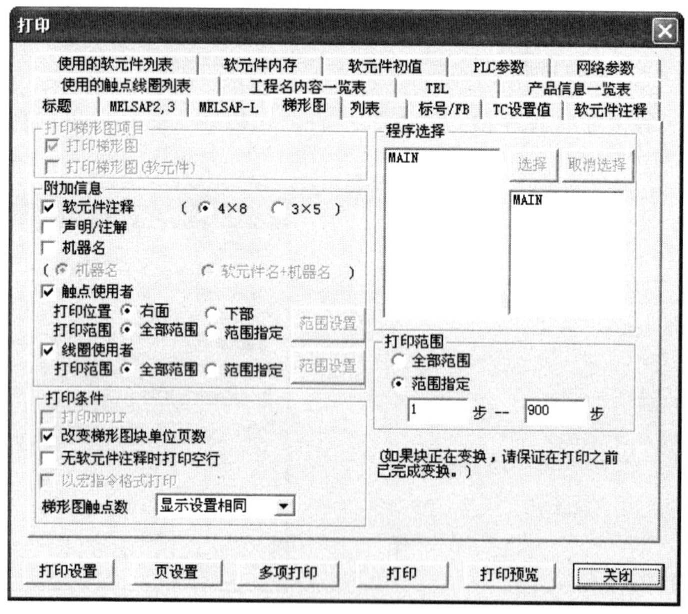

图 11.60　“打印”对话框

11.4.6　PLC 程序的注释和显示

在“显示”菜单(图 11.61)中，可以对梯形图进行放大缩小设置，以使梯形图显示得更为清楚。

可以在“工具条(T)”子菜单上设置是否在主菜单下显示 8 种工具条中的一部分。如图 11.62 所示，黑点表示需要显示该工具条，空心表示不需要显示该工具条。

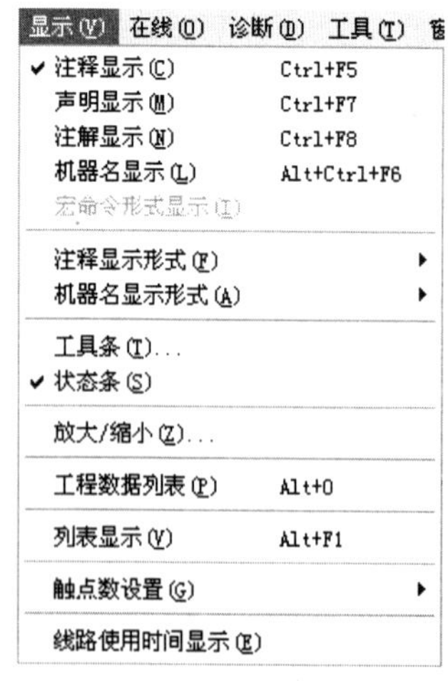

图 11.61　显示菜单

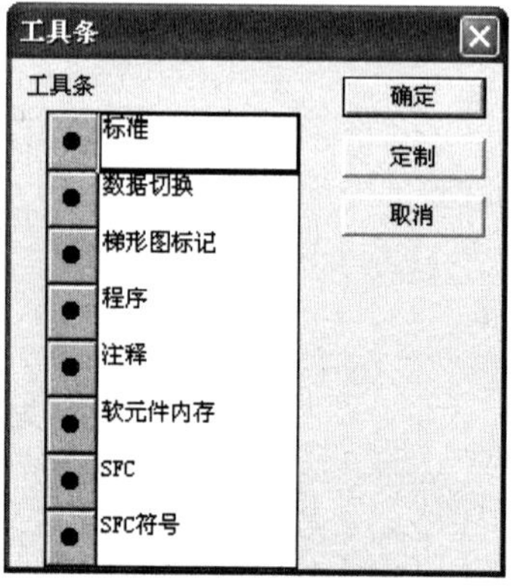

图 11.62　显示菜单-工具条设置

在“显示”菜单上，在“注释显示”项和“状态条”前打勾(即选中)，则梯形图中会显示软元件注释。

在工具条上单击工程数据列表图标，再单击工程数据列表中软元件注释下方的COMMENT前的图标，则显示如图11.63所示的软元件注释编辑框。

可以输入、编辑和修改软元件名所对应的注释，也可以输入、编辑和修改软元件名所对应的电器代号，即对应与电气原理图中的元件部件代号，GX Developer下称为机器名。

在工程数据列表显示窗口中，显示软元件注释窗口时，“编辑”菜单是用于编辑和设置软元件注释的，如图11.64所示。

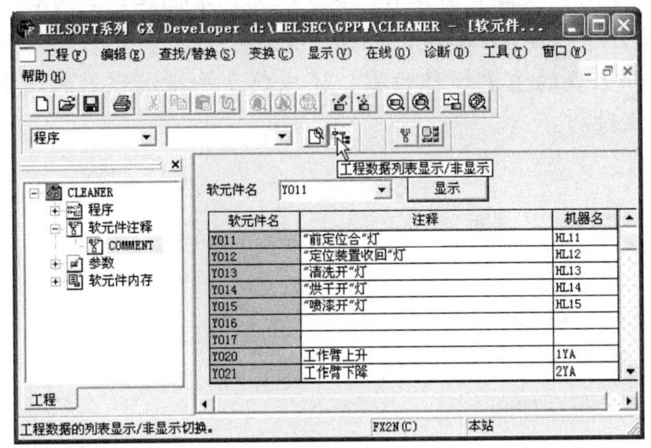

图11.63 工程数据列表显示窗口-软元件注释

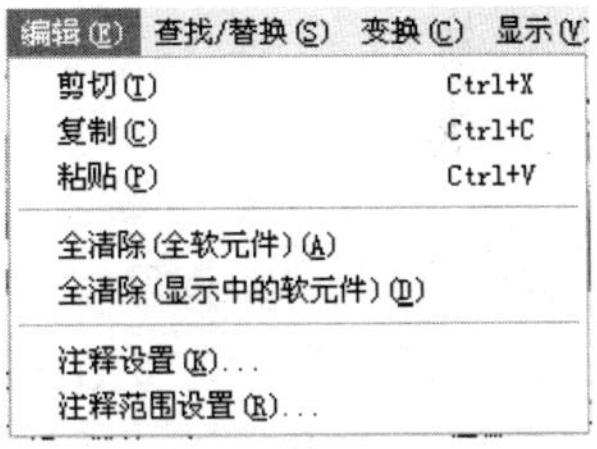

图11.64 软元件注释时的“编辑”菜单

11.4.7 帮助菜单

选择“帮助(H)”菜单(图11.65)，可以查询PLC出错代码、特殊继电器和特殊寄存器的定义和使用(图11.66)。选择“快捷键操作列表(K)”命令，可以列出通用快捷键、梯形图快捷键、指令表快捷键、SFC通用快捷键、SFC符号快捷键及SFC调试跟踪快捷键。

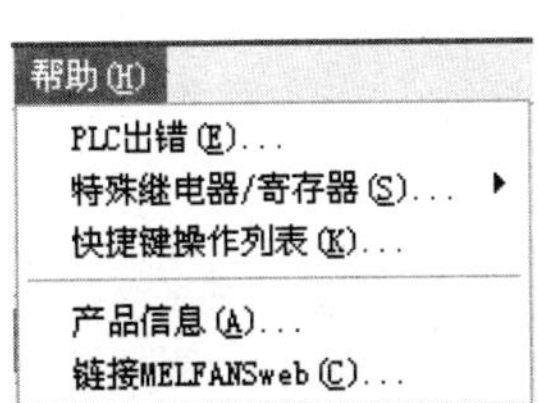

图11.65 “帮助(H)”菜单

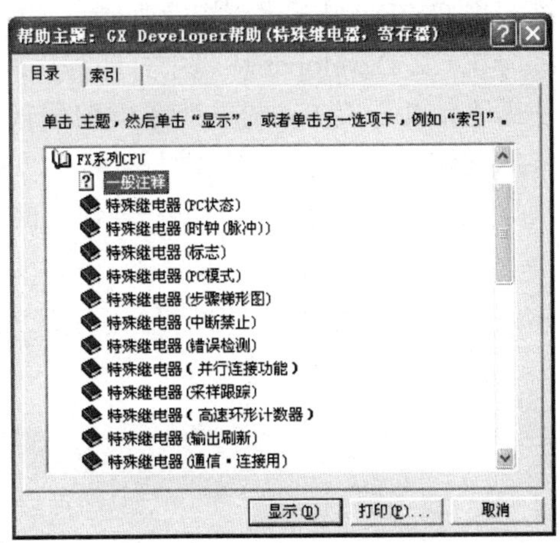

图11.66 “帮助”主题界面

小　　结

不同厂家的PLC有不同类型的编程软件及编程工具。市场中常见的编程软件有西门子公司S7系列的STEP7-MCRO/WIN、欧姆龙公司的CX-Programmer和CX-Simulator及三菱公司的FXGP/WIN和GX Developer等。此外由于在某些低配置的工业控制计算机上还有可能使用DOS操作系统，因此三菱公司还有用于DOS操作系统的编程软件MELSEC MEDOC。常用的编程工具有手持编程器及专用图形编程器。本章应重点掌握三菱公司针对FX系列PLC开发的编程软件FXGP/WIN和GX Developer的系统菜单功能及其构成以及建立程序、验证程序的过程和程序下载和上载的主要操作步骤，还应熟悉手持编程器的组成与操作面板功能键及手持编程器的操作过程。

习　　题

1. 三菱公司PLC的编程工具有哪些？各有什么特点？
2. 叙述用手持编程器编程的操作过程。
3. 叙述用编程软件FXGP/WIN编程的操作过程。
4. 应用FXGP/WIN编程，掌握编写或编辑注释的方法。
5. 练习用FXGP/WIN下载和上载程序。
6. 练习用FXGP/WIN监控及强制设置软元件。
7. 练习在FXGP/WIN环境中打印程序的方法。
8. 叙述用编程软件GX Developer编程的操作过程。
9. 应用GX Developer编程，掌握编写或编辑注释的方法。
10. 练习用GX Developer下载和上载程序。
11. 练习用GX Developer监控及强制设置软元件。
12. 练习在GX Developer环境中打印程序。
13. 使用“帮助”菜单，进一步了解编程软件的使用方法、技巧。
14. 依据具体条件，练习常用编程软件的安装方法。
15. 依据具体条件，练习常用编程软件之间不同文件格式的转换。

参 考 文 献

[1] 杜煜，姚鸿．计算机网络基础．北京：人民邮电出版社，2002.

[2] 汤以范．电气与可编程控制器技术．北京：机械工业出版社，2004.

[3] 俞国亮．PLC 原理与应用．北京：清华大学出版社，2005.

[4] 廖常初．FX 系列 PLC 编程及应用．北京：科学出版社，2004.

[5] 宋建成．可编程序控制器原理与应用．北京：机械工业出版社，2005.

[6] 耿文学，华熔．微机可编程序控制器原理、使用及应用实例．北京：电子工业出版社，1993.

[7] 吴中俊，黄永红．可编程序控制器原理及应用．北京：机械工业出版社，2004.

[8] 王永华．现代电气控制及 PLC 应用技术．北京：北京航空航天大学出版社，2004.

[9] 钟肇新，范建东．可编程序控制器原理及应用．广州：华南理工大学出版社，2000.

[10] 郁汉琪．电气控制与可编程序控制器应用技术．南京：东南大学出版社，2004.

[11] 求是科技工作室．PLC 应用开发技术与工程实践．北京：人民邮电出版社，2005.

[12] 钟肇新，范建东．可编程控制器原理及应用．3 版．广州：华南理工大学出版社，2003.

[13] 田瑞庭．常用可编程序控制器编程器及编程软件使用手册．北京：机械工业出版社，1994.

[14] 王兆义．可编程序控制器编程器．北京：机械工业出版社，1999.